Sandro Barbone Luigi Altavilla

Chimica facile

Seconda edizione

eBook Digitale Multimediale

FRANCO LUCISANO
EDITORE

Via Padova, 355 - 20132 MILANO
Tel. 02/27209291 - Fax 02/27209474
e-mail: info@edizionilucisano.it

Prima edizione: febbraio 2017

Seconda edizione di: La Chimica facile (2011)

Copertina: Laura Oriani
Coordinamento redazionale: Emanuela Colombo
Progetto grafico: Laura Oriani
Realizzazione grafica: Laura Oriani, Francesca Tomasello
Disegni: Daniela Blandino; Sandro Giordano - Luminousart
Fonti iconografiche: archivio Lucisano, Dreamstime.com, Fotolia.com
Fotografia di copertina: © Olivier Le Queinec

Gli Autori desiderano porgere un sincero ringraziamento ai colleghi e amici che hanno contribuito alla realizzazione dell'opera, in particolare a Pina De Angelis, Giancarlo Greco e Letizia Molgora.

Ristampe:

5 4 3 2 2017 2018 2019 2020 2021

Realizzare un libro è un'operazione complessa, che richiede numerosi controlli: sul testo, sulle immagini e sulle relazioni che si stabiliscono tra essi. L'esperienza suggerisce che è praticamente impossibile pubblicare un libro privo di errori: saremo quindi grati ai lettori che vorranno segnalarceli.

Presentazione

Chimica facile risponde all'esigenza di fornire le basi di Chimica necessarie per affrontare lo studio delle Scienze Naturali nel biennio delle Scuole Superiori.
Questa nuova edizione multimediale, nata grazie alle sollecitazioni e ai suggerimenti dei Colleghi che hanno utilizzato il testo in questi ultimi anni, si presenta fortemente rinnovata, nei contenuti, nell'impostazione didattica e nella veste grafica.
Ogni capitolo spiega in modo chiaro e semplice anche gli argomenti più complessi, fornendo una visione completa della Chimica Generale e Inorganica, e gli elementi essenziali della Chimica Organica.
Rispetto all'edizione precedente, l'ordine dei capitoli è stato reimpostato per realizzare un percorso didattico più lineare.
Ogni capitolo si conclude con esercizi di autoverifica, dai più semplici – dedicati in particolare agli studenti con Bisogni Educativi Speciali (BES) – a quelli più complessi, che consentono agli studenti di verificare autonomamente la loro preparazione e il loro livello di apprendimento.
Approfondimenti, animazioni, video ed esercizi interattivi, presenti nell'eBook, sono segnalati nelle pagine mediante icone colorate.

L'opera viene presentata in più versioni:

- la versione **base**, suddivisa in 11 capitoli relativi alle conoscenze base di Chimica Generale e Inorganica e di Chimica Organica;
- la versione **per gli indirizzi eno-gastronomico e socio-sanitario**, che sviluppa negli ultimi capitoli la Chimica degli alimenti;
- la versione **per l'indirizzo odontotecnico**, che affronta negli ultimi capitoli la Chimica dei materiali dentali.

Sono inoltre disponibili on line all'indirizzo

http://online.scuola.zanichelli.it/chimicafacile2ed/

- la **Guida al laboratorio**, per un approccio sperimentale della materia;
- nell'area riservata agli insegnanti, la **Guida del docente**, contenente numerose prove di verifica diversificate per venire incontro ai bisogni educativi speciali di alcuni studenti, e le **Lezioni in Power Point**.

Presentazione

Ecco qui riunite tutte le icone che ricorrono nel testo, alcune delle quali rinviano all'eBook multimediale.

Leggere sull'eBook	Letture che integrano gli argomenti del testo base, reperibili nel libro digitale.
Fare per apprendere	Semplici attività sperimentali che permettono di apprendere i principali concetti in modo operativo e non teorico.
... in English	Traduzione dei principali termini scientifici utilizzati in Chimica, riconoscendo il ruolo della lingua inglese in campo scientifico.
Link	Collegamenti a interessanti siti web italiani, per approfondire alcuni argomenti trattati nel testo, e a siti web inglesi, per un approccio diretto ad articoli scientifici in lingua inglese.
Animazioni/Video	Brevi animazioni e filmati realizzati in laboratorio che contribuiscono a comprendere e memorizzare anche i concetti scientifici più difficili.
Esercizi di autoverifica	Nel libro digitale è possibile eseguire in modo interattivo gli esercizi proposti e verificare immediatamente la loro correttezza.
Soluzioni	Per alcuni esercizi applicativi vengono fornite le soluzioni numeriche o grafiche che assicurano una verifica autonoma.

Sommario

Introduzione La Chimica e il metodo scientifico

Capitolo 1 La struttura della materia: miscugli e sostanze

Capitolo 2 Dalle sostanze all'atomo

Sommario

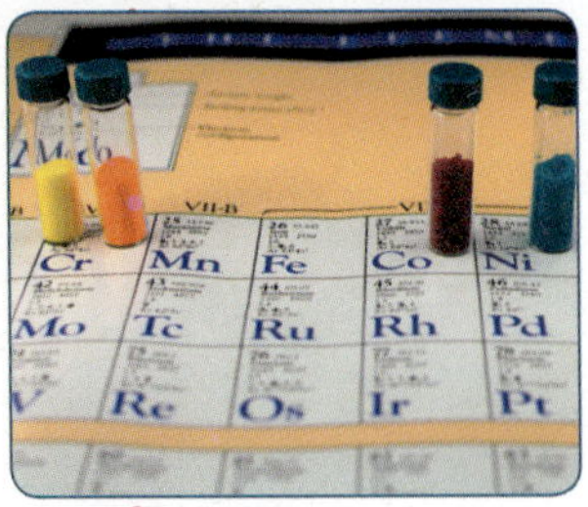

Capitolo 6 Lo stato liquido e le soluzioni

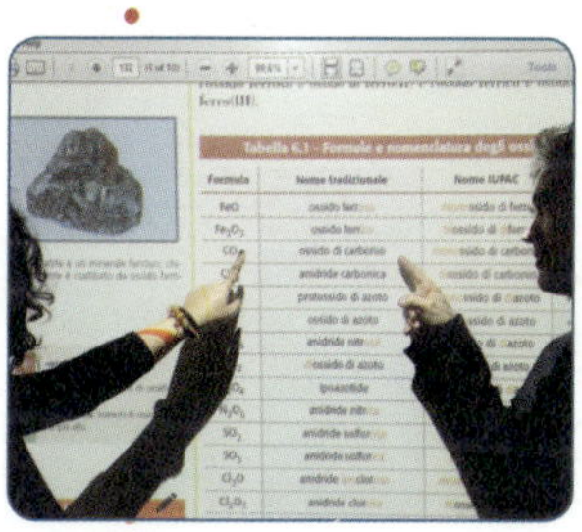

Capitolo 7 Nomenclatura dei composti inorganici

Capitolo 8 Le reazioni chimiche

Sommario

Introduzione

La Chimica e il metodo scientifico

Fare per apprendere

- Massa, volume e densità

1 La Chimica

La **Chimica** è la scienza che studia la composizione, la struttura, le proprietà e le trasformazioni della materia.

La Chimica studia in particolare la struttura e le proprietà delle **particelle** che costituiscono la materia (gli **atomi**, gli **ioni**, le **molecole**), le interazioni reciproche tra queste particelle (da cui hanno origine gli stati di aggregazione della materia: solido, liquido, aeriforme) e le trasformazioni (reazioni chimiche) cui esse sono sottoposte.

Le trasformazioni chimiche, o **reazioni chimiche**, comportano modificazioni della composizione chimica della materia.

Anche la Fisica studia la materia e le sue trasformazioni, occupandosi, in particolare, di quelle trasformazioni che non comportano modificazioni della composizione chimica e vengono definite **trasformazioni fisiche** [1].

1. Esempi di trasformazioni chimiche e fisiche: a sinistra, una trasformazione chimica, la combustione del legno; a destra due trasformazioni fisiche successive: evaporazione e condensazione dell'acqua. L'acqua evapora dalla superficie del lago e si condensa nell'aria fredda formando una nebbiolina visibile ai nostri occhi.

... in English

Atomo
Atom

Ione
Ion

Molecola
Molecule

Glossario

Atomo (dal greco *a-tomé* = indivisibile): particella elementare di cui è costituita la materia.

Ione: particella dotata di carica elettrica positiva (catione) o negativa (anione). Atomi e molecole diventano ioni se cedono o acquistano elettroni, particelle dotate di carica elettrica negativa.

Molecola: particella costituita da due o più atomi, legati tra loro; se gli atomi sono uguali, rappresenta la particella elementare di un elemento chimico; se sono diversi, di un composto chimico.

Nelle fotografie della figura 1 sono messe a confronto due trasformazioni, una chimica e l'altra fisica, che ben conosciamo. L'esempio di trasformazione o fenomeno fisico è l'evaporazione dell'acqua: sia l'acqua sia il vapore acqueo sono costituiti da molecole di acqua; è cambiato solo lo stato fisico di aggregazione delle molecole, non la composizione chimica.

Nella combustione del legno, invece, i prodotti (fumo, cenere) hanno una composizione chimica diversa dal legno da cui originano: è un processo chimico.

Per indagare sulla natura della materia e sulle sue trasformazioni, la Chimica, in quanto disciplina scientifica, utilizza il **metodo scientifico** o **metodo sperimentale**.

L'attività di laboratorio fornisce i dati oggettivi sperimentali, per mezzo dei quali i chimici hanno potuto elaborare i **princìpi** e le **teorie** sulle quali si basa questa importante disciplina.

Metodo scientifico sperimentale

2 Il metodo scientifico

Il **metodo scientifico** (o **metodo sperimentale**), introdotto nel XVII secolo da **Galileo Galilei**, si è affermato rapidamente nel corso del XVIII secolo: con il metodo sperimentale nasce la scienza moderna.

Galileo Galilei (1564-1642)

Fisico, filosofo, astronomo e matematico, è definito il padre del metodo sperimentale.
Il suo nome è legato al pendolo, al cannocchiale con il quale compì diverse scoperte astronomiche. Fu sostenitore della teoria copernicana (la Terra ruota intorno al Sole) e per questo fu condannato come eretico dalla Chiesa e costretto ad abiurare le sue convinzioni.

Il metodo scientifico prevede **tre tappe fondamentali**:
1. **osservazione** del fenomeno naturale da studiare;
2. formulazione di un'**ipotesi** in grado di spiegare il fenomeno;
3. **verifica sperimentale** dell'ipotesi proposta.

L'osservazione ripetuta del fenomeno, accompagnata dalla misurazione delle grandezze coinvolte, fornisce i dati da cui lo scienziato può elaborare la sua ipotesi.

L'ipotesi, confermata dalla verifica sperimentale, può essere enunciata come **principio** o **legge scientifica**.

Le ipotesi che riguardano uno o più fenomeni naturali, una volta confermate dalla verifica sperimentale, possono essere riunite in un'unica ipotesi più complessa, in grado di spiegarle e collegarle tra loro logicamente: viene formulata così una **teoria scientifica**.

Princìpi, leggi e teorie scientifiche, sostenute da prove che confermano la loro validità, non vanno considerate come verità assolute, perché sono valide fino a prova contraria. Infatti, nuove conoscenze possono costringerci a mettere in discussione e rivedere le teorie precedentemente formulate, integrandole, correggendole o sovvertendole completamente.

METODO SCIENTIFICO SPERIMENTALE

Prima tappa OSSERVAZIONE

Lo scienziato **osserva** un fenomeno naturale, cercando di annotare dettagliatamente ciò che vede. L'osservazione deve fornire dei dati qualitativi ma anche quantitativi; perciò si accompagna alla **misurazione**. Una sola osservazione non è, in genere, sufficiente per comprendere pienamente un fenomeno naturale: l'osservazione va perciò ripetuta, cercando di raccogliere il maggior numero di dati e informazioni. L'esecuzione di **esperimenti**, cioè la riproduzione artificiale dei fenomeni in laboratorio, fornisce ulteriori dati e informazioni.

Seconda tappa FORMULAZIONE DELL'IPOTESI

Una volta raccolto un gran numero di dati e informazioni, dobbiamo collegarle tra loro, cercare di interpretarle, dar loro un significato logico, formulando un'**ipotesi** che colleghi tra loro i fatti osservati.
Un fatto naturale può essere spiegato, a volte, in modi diversi o addirittura opposti: le ipotesi formulate, per essere ritenute valide, devono perciò essere verificate.

Terza tappa VERIFICA SPERIMENTALE

La verifica della validità dell'ipotesi proposta prevede la realizzazione di un **esperimento**, cioè una prova pratica che riproduce il fenomeno studiato e consente di effettuare le necessarie osservazioni e misurazioni.
Perché l'ipotesi possa essere considerata scientificamente valida, l'esperimento va ripetuto, nelle stesse condizioni, più volte.

3 Grandezze fondamentali e grandezze derivate

Una **grandezza** è una proprietà di un corpo materiale o di un fenomeno che è possibile esprimere quantitativamente per mezzo di un numero e che perciò si può **misurare**.

Glossario

Misurare: operare un confronto tra le grandezze misurate e le unità di riferimento (fissate opportunamente da organizzazioni scientifiche internazionali).

3.1 Il Sistema Internazionale di unità di misura (SI)

Le diverse nazioni utilizzano (per le stesse grandezze fisiche) unità di misura tra loro differenti: in Italia misuriamo le temperature in gradi centigradi Celsius, in Inghilterra in gradi Fahrenheit [2].

Per praticità, a livello mondiale, sono state scelte delle unità di misura "ufficiali", valide per tutte le nazioni. È stato, cioè, stabilito un **Sistema Internazionale di unità di misura** (**SI**).

2. Il termometro qui raffigurato indica la temperatura sia in gradi Celsius sia in gradi Fahrenheit, ma nel SI l'unità di misura della temperatura è il kelvin.

Link

http://www.oppo.it/calcoli/anteprima_um.html
http://www.oppo.it/normative/unita_misura_tabelle.htm
http://www.oppo.it/tabelle/unita_misura_conversioni.htm

Il Sistema Internazionale comprende le **unità di misura** di **sette grandezze fisiche fondamentali**:

Grandezze fondamentali del SI e loro unità di misura		
Grandezza	**Unità di misura**	**Simbolo dell'unità**
Lunghezza	metro	m
Massa	kilogrammo	kg
Intervallo di tempo	secondo	s
Temperatura	kelvin	K
Intensità di corrente	ampere	A
Intensità luminosa	candela	cd
Quantità di sostanza	mole	mol

Le unità di misura di tutte le altre grandezze fisiche si possono ricavare da queste unità fondamentali: per esempio, l'area si misura con il **metro quadrato** (**m²**), un quadrato che ha il lato lungo 1 m (l'area del quadrato è infatti lato × lato = lato²); il volume con il **metro cubo** (**m³**), la velocità (spazio percorso in un intervallo di tempo) in **metri al secondo** (**m/s**) e così via.

Queste unità di misura vengono dette **unità derivate**.

Grandezze derivate e relative unità di misura		
Area	m^2	lunghezza × lunghezza: m × m
Volume	m^3	m × m × m
Densità	kg/m^3	massa/volume
Velocità	m/s	lunghezza/tempo
Accelerazione	m/s^2	velocità/tempo
Forza	N (newton)	massa × accelerazione: $kg \times m/s^2$
Pressione	Pa (pascal)	forza/superficie: N/m^2
Energia	J (joule)	forza × spostamento: N × m

In molte situazioni è conveniente utilizzare multipli e sottomultipli delle unità, per esempio:

- per la distanza tra due città, come Roma e Milano, usiamo il **kilometro** (che è un multiplo del metro) e non il metro;
- per le dimensioni di una cellula (visibile solo al microscopio) utilizziamo il **micrometro** (milionesima parte del metro);
- per le dimensioni delle molecole e degli atomi il **nanometro** (miliardesima parte del metro) o il **picometro** (miliardesima parte del millimetro).

Leggere sull'eBook

- Errori di misura
- Cifre significative
- Notazione scientifica esponenziale

Multipli e sottomultipli

Prefisso e simbolo	Fattore di moltiplicazione
yotta (Y)	10^{24} = 1 000 000 000 000 000 000 000 000
zetta (Z)	10^{21} = 1 000 000 000 000 000 000 000
exa (E)	10^{18} = 1 000 000 000 000 000 000
peta (P)	10^{15} = 1 000 000 000 000 000
tera (T)	10^{12} = 1 000 000 000 000
giga (G)	10^{9} = 1 000 000 000
mega (M)	10^{6} = 1 000 000 MULTIPLI
kilo (k)	10^{3} = 1000
etto (h)	10^{2} = 100
deca (da)	10^{1} = 10
	Multipli e sottomultipli più utilizzati
deci (d)	10^{-1} = 0,1
centi (c)	10^{-2} = 0,01
milli (m)	10^{-3} = 0,001
micro (μ)	10^{-6} = 0,000 001 SOTTOMULTIPLI
nano (n)	10^{-9} = 0,000 000 001
pico (p)	10^{-12} = 0,000 000 000 001
femto (f)	10^{-15} = 0,000 000 000 000 001
atto (a)	10^{-18} = 0,000 000 000 000 000 001
zetto (z)	10^{-21} = 0,000 000 000 000 000 000 001
yotto (y)	10^{-24} = 0,000 000 000 000 000 000 000 001

A ogni grandezza corrisponde un'unità di misura. Nel Sistema Internazionale l'unità di misura della lunghezza è il metro; l'unità di misura per la massa è il kilogrammo, multiplo del grammo; l'unità di misura del volume è il metro cubo; l'unità di misura del tempo è il secondo ecc.
Nelle scienze è spesso necessario misurare ciò che è estremamente piccolo o estremamente grande. Perciò si usano i multipli e i sottomultipli. Questi vengono indicati facendo precedere da un "prefisso" il nome dell'unità di misura principale: così il prefisso **deci** indica la decima parte (il decimetro è la decima parte del metro); **centi** indica la centesima parte (centilitro è la centesima parte del litro); **milli**, la millesima parte; **deca** indica il multiplo dieci volte più grande (decametro = 10 metri); **etto** cento volte (ettolitro = 100 litri); **kilo** mille volte (kilometro = 1000 metri).
Oltre a questi più noti multipli e sottomultipli, gli scienziati usano grandezze ancora più piccole o grandi. La tabella elenca tutti i prefissi (e il simbolo corrispondente) dei multipli e sottomultipli fino a un milione di miliardi di miliardi (10^{24} ossia 1 seguito da 24 zeri!).
Alcune di queste grandezze sono ormai di uso comune: **mega**, **giga** e **tera** sono prefissi usati per i multipli delle unità di misura delle memorie dei computer (megabite, gigabite e terabite). Altre le incontriamo nello studio delle scienze (il **micrometro**, **μm**, millesima parte del millimetro), altre ancora le incontreremo solo se diventeremo scienziati specializzati in settori particolari.

3.2 Grandezze intensive ed estensive

Alcune grandezze non dipendono dalla dimensione del campione o dalla quantità di materia, ma solamente dal tipo di materiale di cui è fatto il campione stesso. Possiamo perciò distinguere:

- **grandezze intensive**, che non dipendono dalla quantità di materia del campione, ma solo dalla natura stessa della materia che lo costituisce. Sono esempi di grandezze intensive la **densità** di un corpo, la **temperatura**, la **pressione**;
- **grandezze estensive**, che dipendono dalla quantità di materia presente nel campione considerato, dalla sua dimensione: la **massa**, il **peso**, la **lunghezza**, il **volume** ecc.

?

Che differenza esiste tra grandezze estensive e grandezze intensive?

PDF **Leggere sull'eBook**

- Grandezze e unità di misura più utilizzate in Chimica

Capitolo 1 La struttura della materia: miscugli e sostanze

Obiettivi

- Definire i concetti di materia e di corpo materiale.
- Distinguere sistemi aperti, chiusi e isolati.
- Definire sostanze pure e miscugli.
- Distinguere miscugli omogenei ed eterogenei.
- Definire una soluzione.
- Indicare i principali metodi di separazione dei miscugli.
- Distinguere atomi, molecole, elementi e composti chimici.
- Distinguere i diversi stati di aggregazione della materia.
- Descrivere i passaggi di stato.

1 Materia e corpi

Tutti gli oggetti che ci circondano e che occupano lo spazio intorno a noi sono oggetti "materiali", cioè sono fatti di materia: una casa, un essere vivente, un libro, una penna, un granello di sabbia, una goccia di pioggia, una nuvola, l'aria che respiriamo sono tutte porzioni di materia a cui diamo il nome di corpi.

... in English
materia
matter
massa
mass

La **materia** è tutto ciò che occupa uno spazio ed è dotato di una massa. Un **corpo** è una porzione di materia. La **massa** è la quantità di materia di cui è costituito un corpo.

2 Le sostanze e i miscugli

I **corpi** sono fatti di materiali diversi: l'aria contiene **sostanze** come l'ossigeno, l'azoto, l'anidride carbonica; un chiodo è fatto di ferro; l'acqua è fatta di... acqua.

Le sostanze sono i vari tipi di materia che formano i corpi. I corpi hanno proprietà diverse perché sono fatti di sostanze diverse.

Sistema e ambiente

La Chimica studia porzioni delimitate di materia che vengono definite **sistemi** (o sistemi termodinamici). Essi vengono distinti, in base alle possibilità di scambi di materia ed energia con l'ambiente esterno, in sistemi aperti, sistemi chiusi e sistemi isolati.

- I **sistemi aperti** consentono un flusso sia di massa sia di energia con l'ambiente (per esempio una provetta aperta, contenente acqua, se viene riscaldata, riceve energia termica mentre libera all'esterno il vapore acqueo, ossia materia).
- I **sistemi chiusi** consentono un flusso di energia ma non di materia (per esempio una provetta a chiusura ermetica).
- I **sistemi isolati** non permettono un flusso né di energia né di massa con l'ambiente esterno (per esempio l'acqua contenuta in un thermos).

Sistema aperto: consente flussi di materia ed energia.

Sistema chiuso: consente scambi di energia ma non di materia.

Sistema isolato: non si hanno scambi né di materia né di energia.

2.1 Sostanze pure e miscugli

Alcuni corpi sono costituiti da **un solo tipo di sostanza**: il sale da cucina, lo zucchero, il ferro di un chiodo ecc. Per esempio, tutti i granelli di sale sono costituiti dalla stessa sostanza, il sale (in chimica cloruro di sodio). Il sale è perciò una sostanza pura [1].

Una **sostanza pura** è una porzione di materia a composizione chimica uniforme e costante, esprimibile con una formula chimica. Un sistema è puro se è costituito da una sola sostanza.

Tuttavia, la maggior parte dei corpi è costituita da **più sostanze mescolate tra loro**, che formano **miscugli** o **miscele**: l'aria è un miscuglio di gas, perché contiene sostanze diverse mescolate tra loro (ossigeno, azoto, anidride carbonica ecc.); la sabbia è un miscuglio di granelli di colore, forma e dimensioni diversi, costituiti da sostanze diverse [2]; l'acqua minerale è un miscuglio di acqua e sali minerali disciolti in essa.

1. Ogni granello di sale è costituito della stessa sostanza, il cloruro di sodio.

2. I diversi granelli di sabbia possono essere facilmente individuati e separati.

Fare per apprendere

• Osserviamo la materia: i miscugli

Elementi e composti

Le sostanze pure si distinguono in elementi e composti.
I **composti** sono sostanze pure scomponibili in sostanze più semplici, dette **elementi** (o sostanze elementari).

Vedi Capitolo 2
Dalle sostanze all'atomo

... in English

sostanza pura
pure substance

miscuglio
mixture

Leggere sull'eBook

- I colloidi

3. L'aria è sì un miscuglio omogeneo di gas, ma in essa si trovano sospese anche particelle solide (pulviscolo atmosferico) e goccioline di acqua allo stato liquido (che formano le nubi, la nebbia, la foschia): possiamo veramente considerarla un esempio di miscuglio omogeneo?

Esempi di miscugli eterogenei

Emulsioni: miscugli tra due liquidi non miscibili: goccioline di grasso (olio) in acqua, come nel latte.
Schiume: bollicine di gas disperse in liquido, solido o gel.
Fumi: particelle solide (carbone) disperse nell'aria.

2.2 Miscugli omogenei e miscugli eterogenei

L'aria è un miscuglio di gas, ma in ogni sua parte è sempre uguale: l'aria che respiriamo in classe, nel corridoio o in palestra contiene sempre pressappoco le stesse quantità di ossigeno, azoto e anidride carbonica. Inoltre non possiamo né distinguere né separare tra loro con facilità le diverse sostanze che la compongono.

Anche l'acqua minerale è una miscela di sostanze diverse: l'acqua e i sali minerali.

Ogni goccia di acqua minerale è uguale a tutte le altre e anche per l'acqua minerale non è possibile distinguere né separare con facilità le sostanze che la compongono (per separare l'acqua dai sali minerali dovremmo far evaporare tutta l'acqua).

L'**aria** e l'**acqua minerale** sono due **miscugli omogenei**, costituiti da sostanze diverse mescolate tra loro e distribuite omogeneamente in ogni parte del miscuglio [3].

I **miscugli** (o miscele) **omogenei** sono detti anche **soluzioni**. In una soluzione (come l'acqua minerale), la sostanza presente in maggior quantità è detta **solvente**, parola che vuol dire "che scioglie" (nell'acqua minerale il solvente è l'acqua), mentre le altre sostanze presenti, sciolte nel solvente, vengono dette **soluti** (nell'acqua minerale sono i sali minerali) [4].

Molto spesso le sostanze che costituiscono un corpo non sono distribuite omogeneamente in tutte le sue parti: per esempio, la sabbia è costituita da granelli diversi e in alcuni punti prevarranno quelli più chiari, in altri quelli più scuri. La sabbia è perciò un **miscuglio eterogeneo**, perché non è uguale in tutte le sue parti.

Le diverse sostanze che costituiscono un miscuglio eterogeneo possono essere individuate e separate con facilità.

In generale, un sistema è omogeneo se in esso non sono distinguibili fasi diverse ed eterogeneo quando, invece, è possibile distinguere due o più fasi.

> Per **fase** si intende una porzione delimitata di materia fisicamente distinguibile dalle altre, caratterizzata da proprietà intensive uniformi (colore, densità ecc.).

Un sistema puro generalmente è omogeneo, ma può essere presente talvolta in due stati fisici diversi e allora è chimicamente puro ma fisicamente eterogeneo: per esempio, acqua e ghiaccio. Questo si verifica durante i passaggi di stato (fusione, ebollizione).

4. Nell'acqua minerale frizzante (o gasata) sono evidenti le bollicine di gas (anidride carbonica) disperse nell'acqua: è un miscuglio omogeneo o eterogeneo?

3 Gli stati fisici di aggregazione della materia

I corpi che ci circondano possono presentarsi con aspetti diversi: alcuni, infatti, sono **solidi**, altri **liquidi** e altri sono come l'aria, cioè impalpabili (non si possono sentire al tatto) e vengono detti **aeriformi** (hanno la "forma" dell'aria). Queste diverse forme della materia sono dette **stati di aggregazione** [5].

- I **solidi** hanno una **forma propria**, che può essere modificata solo da una forza esterna; occupano uno spazio preciso, hanno cioè un **volume proprio**, che non cambia neanche se la forma del solido viene modificata; **non sono comprimibili**. Un sasso, una montagna, una sedia, una penna, un bicchiere, sono tutti esempi di solidi.
- I **liquidi**, come l'acqua che forma i mari e gli oceani, **non hanno una forma propria**, ma tendono ad assumere la forma del recipiente in cui sono contenuti, sono cioè **deformabili**; i liquidi hanno comunque un **volume proprio**, non riducibile, per cui non sono comprimibili.
- Gli **aeriformi**, come l'aria, **non hanno forma né volume propri** e **sono comprimibili**. Essi vengono distinti in gas e vapori. I **gas** a temperatura ambiente sono normalmente allo stato aeriforme e non possono condensare, mentre i **vapori** si formano da sostanze che, a temperatura ambiente, possono anche passare allo stato liquido.

Vedi — **Capitolo 6**
Lo stato liquido e le soluzioni

... in English

stato fisico
physical state

solido, liquido, aeriforme
solid, liquid, aeriform

Possiamo distinguere un gas da un vapore in base alla temperatura critica: questa è la temperatura al di sopra della quale una sostanza aeriforme non può essere più trasformata in liquido, neanche esercitando pressioni elevatissime. I gas hanno una temperatura critica molto bassa, per cui a temperatura ambiente non possono condensare. Per liquefare un gas occorrono temperature molto basse e pressioni molto elevate.

Leggere sull'eBook
- Lo stato solido

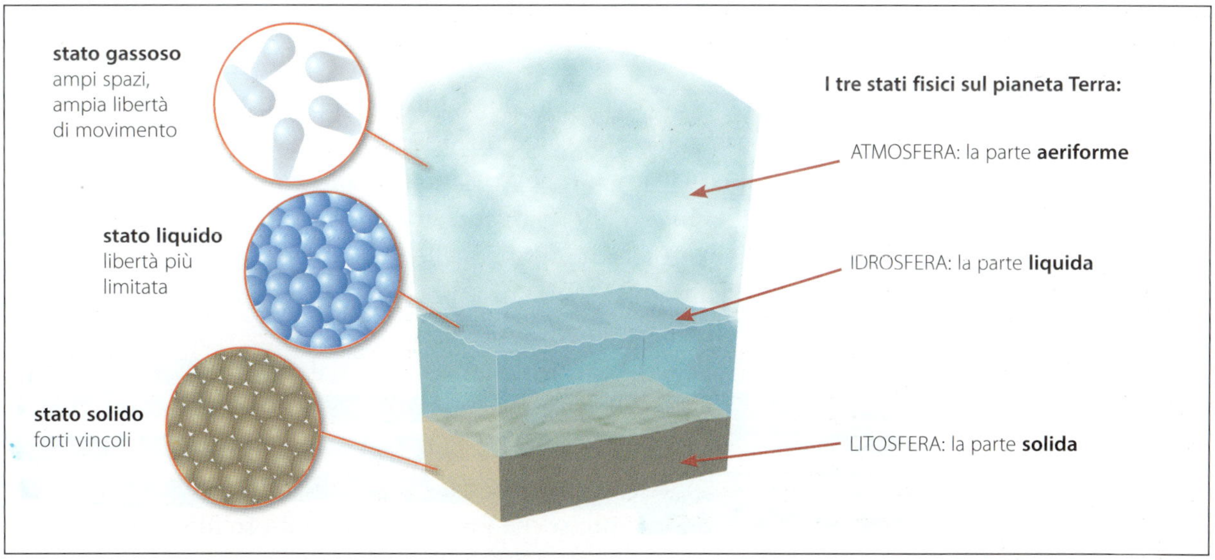

5. Le particelle che costituiscono un gas hanno ampia libertà di movimento; in un liquido hanno libertà più limitata e nei solidi sono presenti forti vincoli che mantengono quasi immobili le particelle.

Vedi Capitolo 4
Per le forze intermolecolari: I legami chimici

Perché solidi, liquidi e aeriformi hanno **diverse proprietà** e **diverso comportamento**?

Per rispondere a questa domanda occorre ricordare che la materia è costituita da **particelle** invisibili, che si possono aggregare in modi diversi. Queste particelle negli aeriformi sono libere di muoversi nello spazio, senza alcun limite; nei liquidi la libertà di movimento è ridotta, le particelle possono scorrere le une sulle altre ma non fluttuare liberamente come negli aeriformi; nei solidi le **interazioni** sono più forti e le particelle si mantengono quasi immobili, dando così al solido una forma e un volume proprio [6].

6. L'acqua, in natura, può presentarsi in ciascuno di questi tre stati di aggregazione: aeriforme, come il vapore acqueo presente nell'atmosfera o quello che fuoriesce insieme all'acqua dai geyser (a); liquido, come quella che scorre nei fiumi e riempie laghi e mari (b); solido, nel ghiaccio (c).

... in English
passaggi di stato
phase change

La propagazione del calore

Un corpo più caldo trasmette, spontaneamente, calore a un corpo più freddo, fino a quando i due corpi raggiungono la stessa temperatura.
Il calore si trasmette secondo tre diverse modalità:
1. per **conduzione**;
2. per **convezione**;
3. per **irraggiamento**.

4 I passaggi di stato

Se prendiamo del ghiaccio e lo portiamo a temperatura superiore a 0 °C, esso **fonde** e passa allo stato liquido. Riscaldando una pentola d'acqua, le molecole in superficie **evaporano**, passano cioè allo stato di vapore; quando la temperatura raggiunge i 100 °C l'acqua **bolle**, ossia tutte le molecole d'acqua contenute nella pentola, e non solo quelle in superficie, passano allo stato di vapore e si formano grosse bolle di vapore che, attraverso la massa d'acqua, arrivano in superficie per liberarsi nell'aria.

Questi processi avvengono per qualsiasi materiale: un solido, se riscaldato, può passare allo stato liquido e un liquido può passare allo stato aeriforme. Ciò si verifica perché il **calore** aumenta lo stato di agitazione delle molecole e il loro stato di aggregazione dipende dal grado di libertà di movimento che le particelle possiedono: pressoché immobili allo stato solido, con un grado minimo di libertà nei liquidi e senza alcun limite al movimento allo stato aeriforme.

Leggere sull'eBook
• Come si trasmette il calore

La **fusione** è il passaggio dallo stato **solido** allo stato **liquido**. Ogni sostanza ha una sua precisa temperatura di fusione (punto di fusione): il ghiaccio si trasforma in acqua a 0 °C, mentre materiali normalmente solidi, come i metalli, fondono a temperature elevate, superiori ai 500-1000 °C.

Il passaggio inverso, da **liquido** a **solido**, è detto **solidificazione** e si ottiene raffreddando il liquido (per l'acqua si parla di congelamento).

Il passaggio da **liquido** a **vapore** è detto **vaporizzazione** e può avvenire in due modi: lentamente, alla superficie del liquido (**evaporazione**), o tumultuosamente, in tutta la massa del liquido (**ebollizione**).

Ogni liquido bolle a una precisa temperatura, chiamata **punto di ebollizione**, che varia con la pressione: l'acqua, per esempio, bolle a 100 °C a livello del mare, mentre in montagna, dove la pressione atmosferica è più bassa, bolle a una temperatura inferiore (per cuocere la pasta in montagna occorrerà più tempo, perché l'acqua in ebollizione ha una temperatura inferiore rispetto al livello del mare).

Il passaggio inverso, dallo stato **aeriforme** allo stato **liquido**, si chiama **condensazione**, per i vapori, e **liquefazione** per i gas.

Il passaggio diretto dello stato **solido** allo stato **aeriforme** è detto **sublimazione**; anche il passaggio inverso da **aeriforme** a **solido** è detto sublimazione o anche **brinamento** [7].

Fare per apprendere

- La curva di riscaldamento e le soste termiche

?

Lo iodio cristallino (solido) libera vapori di iodio, senza passare allo stato liquido.
Come si chiama questo passaggio di stato?

7. I passaggi di stato.

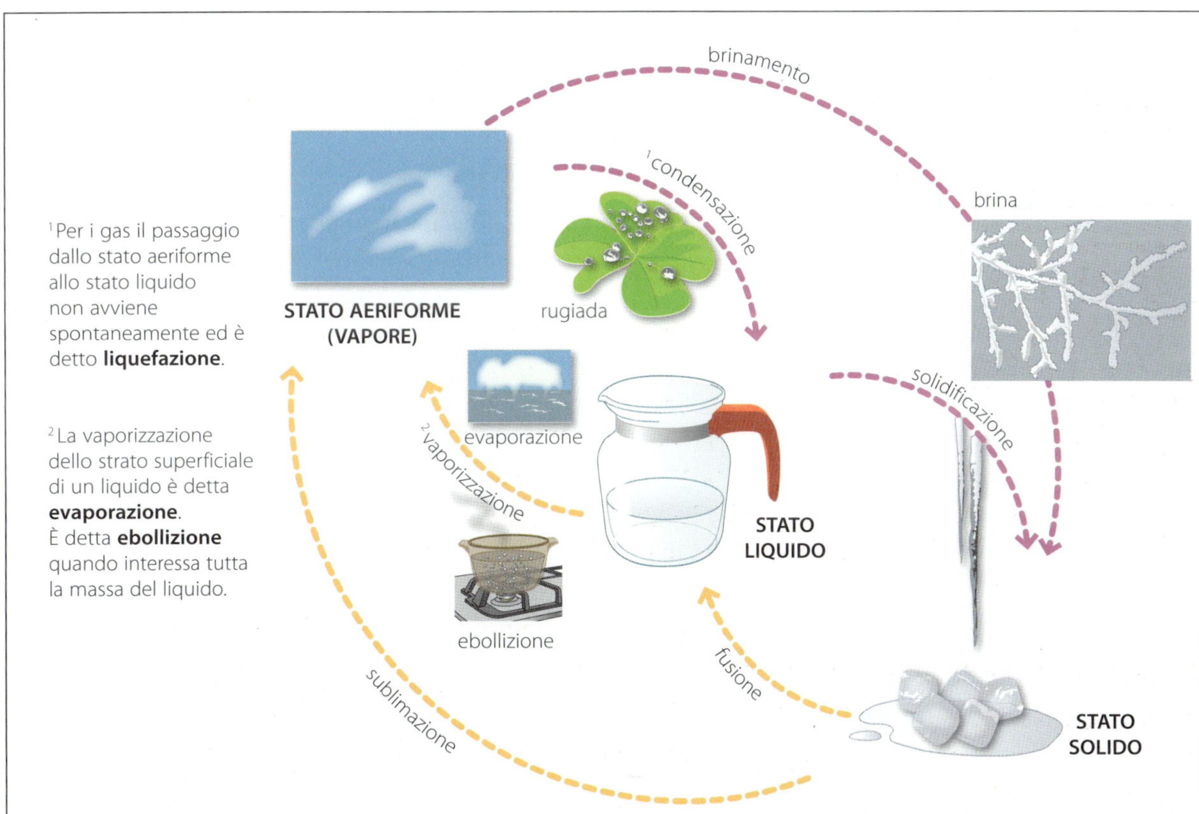

5 I metodi di separazione dei miscugli

Un **miscuglio** è costituito da componenti diverse, che possono essere separate e purificate per ottenere **sostanze pure**.

A seconda del tipo di miscuglio, si utilizzano metodi diversi, che consentono di recuperare una o più sostanze presenti nel miscuglio. Per esempio, se vogliamo recuperare i sali minerali sciolti nell'acqua, è sufficiente far evaporare tutta l'acqua; se, invece, vogliamo conservare l'acqua, sarà opportuno utilizzare la distillazione, che produce acqua distillata.

Sostanze diverse hanno **proprietà fisiche** e **chimiche** diverse. Sfruttando queste differenze, possiamo separare le diverse componenti del miscuglio. Possiamo per esempio estrarre la caffeina dal caffè, per ottenere il caffè decaffeinato; oppure, distillare l'alcol e le sostanze aromatiche presenti nel vino per produrre liquori distillati, come il cognac; o ancora, con un filtro, possiamo eliminare dall'acqua sostanze solide presenti in **sospensione**, e così via [**8**].

Glossario

Sospensione: miscela nella quale un materiale è disperso finemente in un altro materiale tanto da non sedimentare in tempi rapidi. Si distingue da una soluzione perché la miscela appare opaca (effetto Tyndal), mentre le soluzioni sono trasparenti.

8. Il caffè decaffeinato viene ottenuto estraendo dal caffè la caffeina, una delle sostanze che lo compongono (a). Il cognac si ottiene per distillazione del vino e di altre sostanze aromatiche (b).

Esaminiamo ora, dettagliatamente, i **principali metodi** di **separazione dei miscugli**:

- filtrazione;
- decantazione (sedimentazione e stratificazione);
- centrifugazione;
- estrazione;
- cromatografia;
- distillazione.

... in English
filtrazione
filtration

Distingui i miscugli omogenei da quelli eterogenei: latte, olio di semi vari, succo di frutta, fumo di sigaretta, sangue, acqua del rubinetto.
Dopo aver letto i vari metodi di separazione, individua quali ritieni più adatti per separare le diverse componenti di questi miscugli e spiega le tue scelte.

5.1 Filtrazione

La filtrazione consente di **separare** da un miscuglio eterogeneo, liquido o gassoso, **particelle solide** presenti in sospensione.

Il miscuglio viene fatto passare attraverso una membrana (filtro) provvista di pori, dei forellini di diametro molto piccolo; il liquido (o il gas) è quindi in grado di attraversare il filtro, mentre le particelle solide, che hanno un diametro maggiore di quello dei pori, vengono trattenute dal filtro.

Il tipo di filtro viene scelto in base alle dimensioni delle particelle da trattenere. Più piccoli sono i pori, più lenta è la velocità di filtrazione [**9**].

I filtri di carta hanno pori di diametro compreso tra 1 micrometro (μm) e alcune decine di micrometri; filtri particolari, costituiti da membrane in materiale plastico, sono in grado di trattenere particelle piccolissime, di qualche nanometro (milionesimo di millimetro!) di grandezza [**10**].

Filtrazione

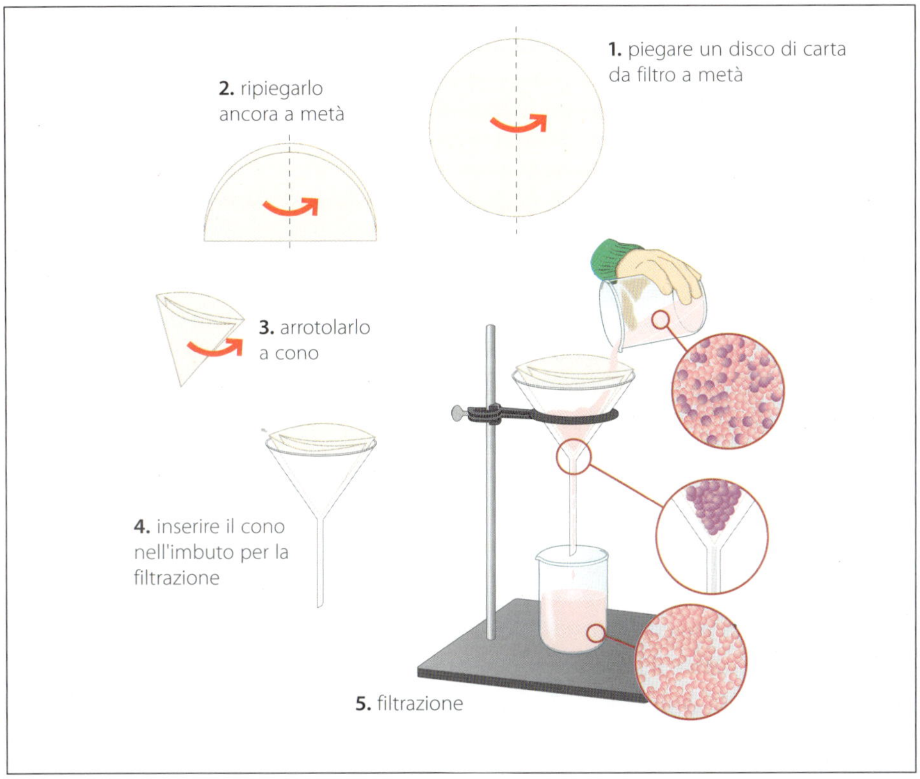

9. Come effettuare la filtrazione: le particelle solide presenti nel miscuglio vengono trattenute nella carta da filtro, mentre l'acqua filtra nel recipiente sottostante perché è in grado di attraversare i sottili pori nei quali le particelle solide sono rimaste intrappolate.

10. Alcuni filtri particolari vengono utilizzati per bloccare le particelle solide presenti nelle emissioni dei gas di combustione delle industrie, mentre sono dei filtri meno complessi quelli delle cappe aspiranti delle cucine o degli impianti di climatizzazione dell'aria.

Batteri e virus

I batteri hanno dimensioni di qualche micrometro e possono essere trattenuti da filtri con pori di 0,2 μm di diametro, che vengono perciò utilizzati per ottenere acqua "batteriologicamente pura"; tuttavia questi filtri non sono in grado di trattenere i virus, che hanno dimensioni molto più piccole e che vengono perciò chiamati anche "virus ultrafiltrabili".

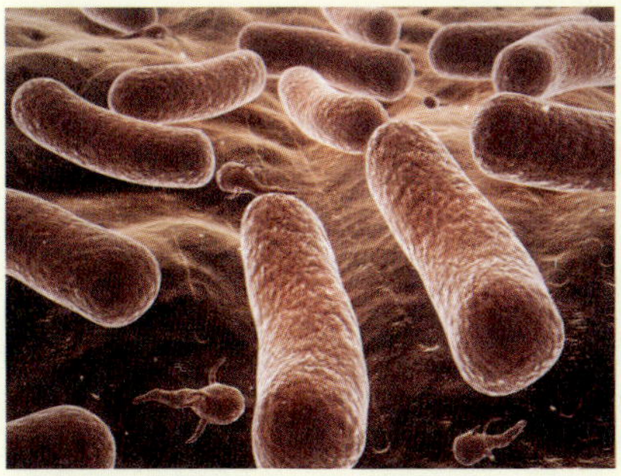

Batteri.

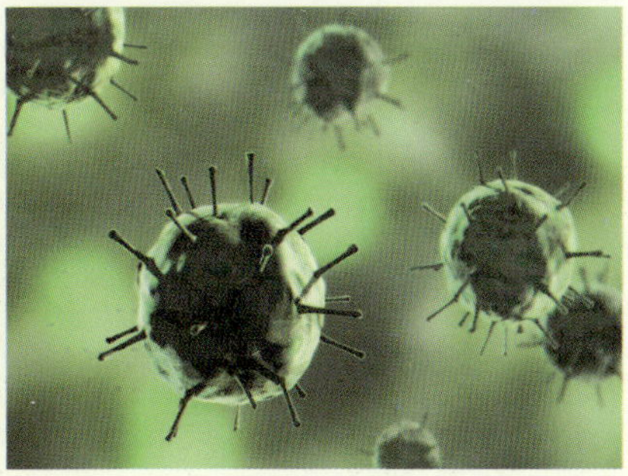

Virus.

5.2 Decantazione

... in English
decantazione
settling

La decantazione sfrutta la **differente densità** di due o più sostanze presenti in un miscuglio eterogeneo. La sostanza più densa, per effetto del suo peso (sottoposta cioè all'attrazione gravitazionale), tende a depositarsi sul fondo, mentre quella meno densa rimane in superficie.

La decantazione comprende:

- la **sedimentazione**, che consente di separare delle sostanze solide sospese in un liquido. Per esempio, se lasciamo "riposare" in un contenitore un miscuglio di acqua e sabbia (torbido), dopo un po' di tempo la sabbia "sedimenta", ossia si deposita sul fondo del contenitore, e l'acqua ritorna limpida [**11**];

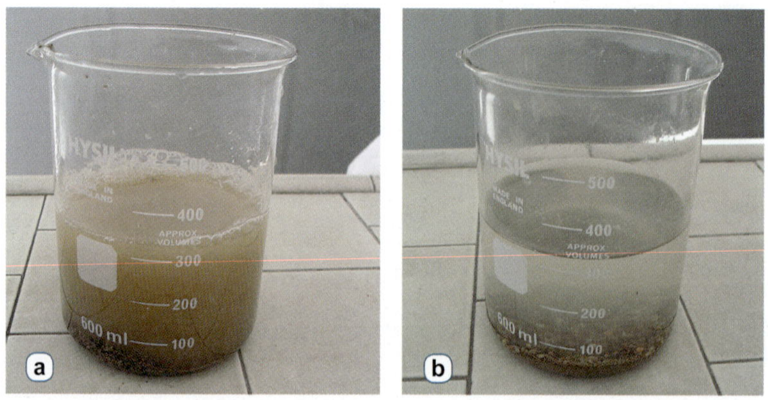

11. In un miscuglio torbido di acqua e sabbia, lasciato riposare (a), dopo un certo tempo le due componenti si separano: la sabbia si deposita sul fondo per sedimentazione, mentre l'acqua, lentamente, ritorna limpida (b).

Immagina che si sia verificata una fuoriuscita di petrolio da una nave.
Cosa succede? Il petrolio forma un miscuglio omogeneo con l'acqua?
Come si distribuisce rispetto all'acqua?

- la **stratificazione**, che consente di separare due liquidi di diversa densità. Per esempio, mescolando velocemente acqua e olio, si ottiene un'emulsione costituita da finissime goccioline di olio disperse nell'acqua. Lasciando riposare l'emulsione, i due liquidi si separano e formano due strati distinti: l'olio, meno denso, si raduna al di sopra dell'acqua, più densa.

Utilizzando un **imbuto separatore**, è quindi possibile separare rapidamente questi due **liquidi immiscibili** (cioè che non si possono mescolare tra loro): il liquido più denso (in questo caso, l'acqua) viene fatto defluire aprendo il rubinetto che chiude inferiormente l'imbuto [**12**].

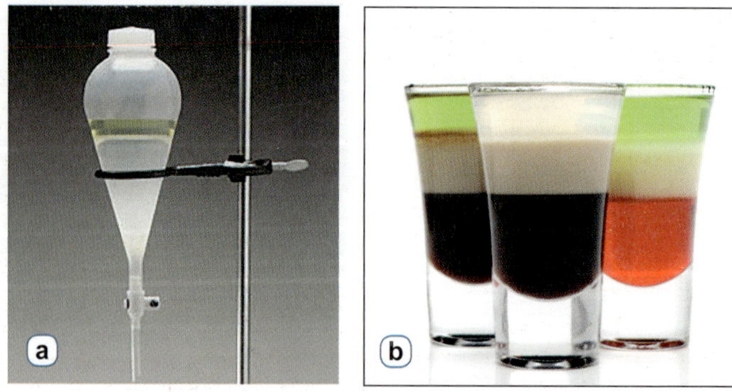

12. Mediante un imbuto separatore si possono separare due liquidi immiscibili (per esempio acqua e olio): il liquido meno denso (l'olio) si separa formando uno strato al di sopra di quello più denso (l'acqua); aprendo il rubinetto il liquido più denso (che si trova più in basso) defluisce prima di quello meno denso, che è più in alto (a).
La stratificazione viene sfruttata dai barman per realizzare cocktail a strisce colorate, grazie alla diversa densità delle bevande che li compongono (b).

Lavare... l'acqua

Negli impianti di depurazione delle acque, i liquami si raccolgono in grandi vasche di **sedimentazione**, nelle quali la sabbia si deposita sul fondo (dissabbiamento).
Successivamente, in un'altra vasca, viene insufflata dell'aria, allo scopo di facilitare la **stratificazione** delle sostanze oleose, che si raccolgono in superficie e che possono così venire eliminate (disoleazione). Dopo altri processi di **chiarificazione**, l'acqua depurata può essere nuovamente immessa nei fiumi.

Alcune vasche di sedimentazione e stratificazione di un impianto di depurazione delle acque.

5.3 Centrifugazione

La centrifugazione accelera i processi di **decantazione**, sottoponendo il miscuglio a una **rotazione** molto veloce, che genera una forza centrifuga, centinaia o migliaia di volte maggiore della forza di gravità normalmente sfruttata per i processi di decantazione.

Con la centrifugazione, per esempio, si separa la crema di latte (dalla quale si ottengono la panna e il burro) dal siero.

Le centrifughe sono molto utilizzate nei laboratori, e consentono di separare le componenti più dense (che si depositano sul fondo delle provette) da quelle meno dense [**13**].

Le ultracentrifughe generano forze che possono arrivare fino a 500.000 volte la forza di gravità, in grado di separare le diverse componenti cellulari, come il DNA, i mitocondri, i ribosomi ecc.

... in English
centrifugazione
centrifugation

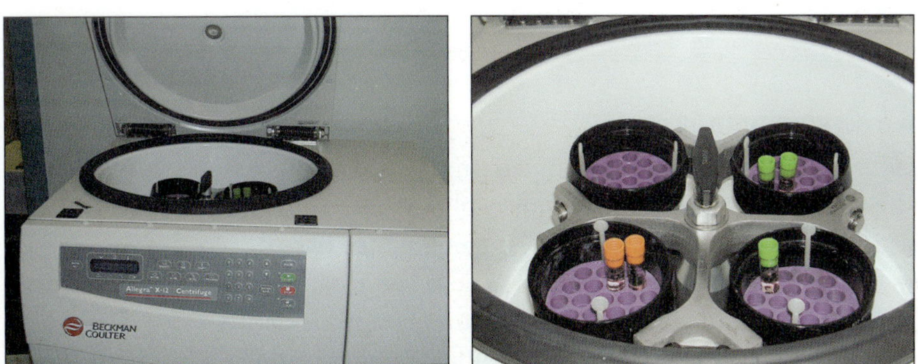

13. Una delle centrifughe comunemente utilizzate in un laboratorio di analisi.
La macchina, ruotando molto velocemente, permette di separare le varie sostanze presenti nelle provette, separandole in strati sovrapposti a seconda della loro diversa densità.

5.4 Estrazione

L'estrazione consente di "estrarre", ossia **allontanare da un miscuglio**, una particolare sostanza molto più solubile in un particolare **solvente** rispetto alle altre componenti del miscuglio stesso [14].

Alcuni particolari solventi, per esempio, consentono di estrarre da fiori e piante gli oli essenziali utilizzati per la preparazione dei profumi [15], mentre dei solventi organici permettono l'estrazione della caffeina dal caffè crudo (per ottenere il caffè decaffeinato).

14. Estrazione di una sostanza da un miscuglio mediante utilizzo di un solvente e dell'imbuto separatore.

Estrazione di una sostanza da un miscuglio

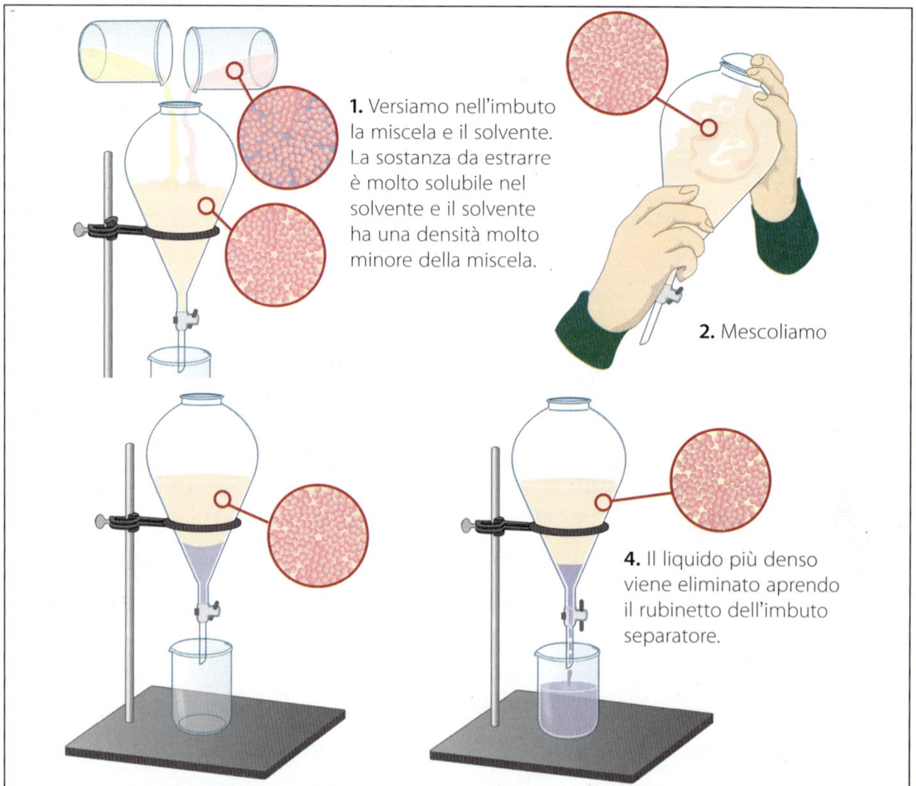

15. Olio essenziale estratto per la realizzazione di un profumo.

Glossario

Capillarità: fenomeno legato all'interazione tra un liquido e un solido (forze di adesione del liquido alle pareti del solido e forze di coesione delle molecole del liquido tra di loro), che consente al primo di procedere lungo i sottili pori o le pareti strette del secondo (come nel caso dei tubi capillari, da cui prende il nome il fenomeno).

5.5 Cromatografia

Come l'estrazione, anche la cromatografia utilizza un **solvente** (**fase mobile**), che trascina i componenti del miscuglio attraverso un mezzo poroso inerte (carta, silice, allumina), che viene chiamato **fase fissa**.

Il solvente si muove per **capillarità** nella fase fissa, trascinando i componenti del miscuglio in esso disciolti, ciascuno con velocità diversa; se la fase fissa (il mezzo poroso da attraversare) è sufficientemente lunga, i componenti del miscuglio si separano: quello più veloce giunge alla fine del percorso, quelli più lenti si fermano via via più indietro [16].

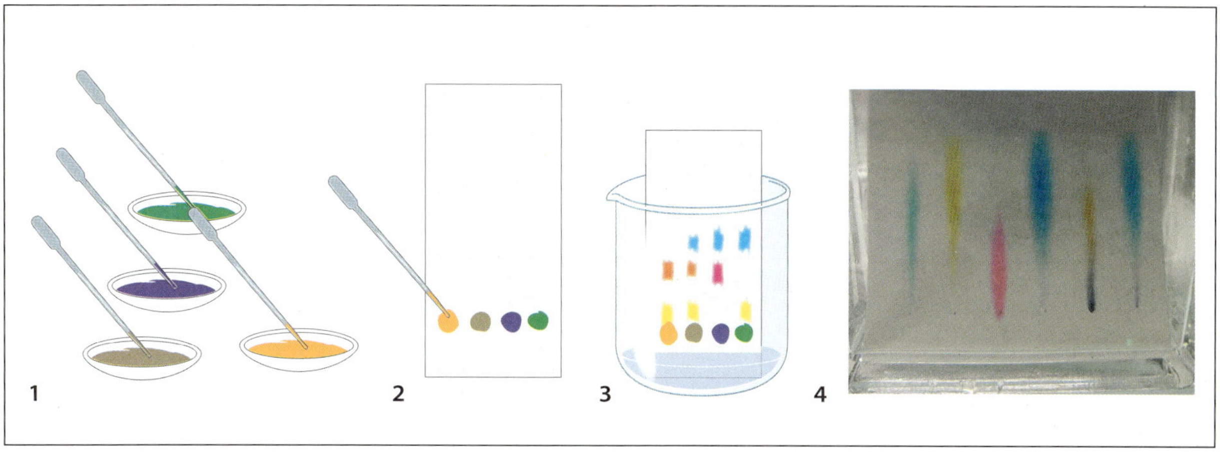

16. Cromatografia su carta. Utilizziamo alcuni coloranti per dimostrare come ogni colore sia in realtà una miscela di più colori: prendiamo una goccia di ciascun colore (1); disponiamo i colori sulla carta da cromatografia ben allineati (e distanziati tra loro) a 1 cm dal fondo (2); immergiamo il bordo inferiore della carta cromatografica in un dito di acqua (l'acqua non deve toccare direttamente le gocce di colore); lasciamo "in ammollo" il bordo inferiore per 15-20 minuti (3): l'acqua risale lungo la carta e diluisce i colori, separandone le diverse componenti (4).

Questa tecnica fu ideata dal botanico italo-russo Michael Tswett, per studiare e separare i pigmenti vegetali come la clorofilla: un solvente (fase mobile) trascina in una colonna di vetro contenente polvere di allumina (fase fissa) i diversi pigmenti, che vengono frenati nella loro discesa dall'allumina; i diversi componenti sono frenati in maniera diversa e migrano quindi con velocità diversa, separandosi progressivamente [**17**].

Lungo la colonna di vetro si formano così degli anelli colorati ai quali si deve il nome della tecnica (cromatografia vuol dire infatti "scrittura con il colore").

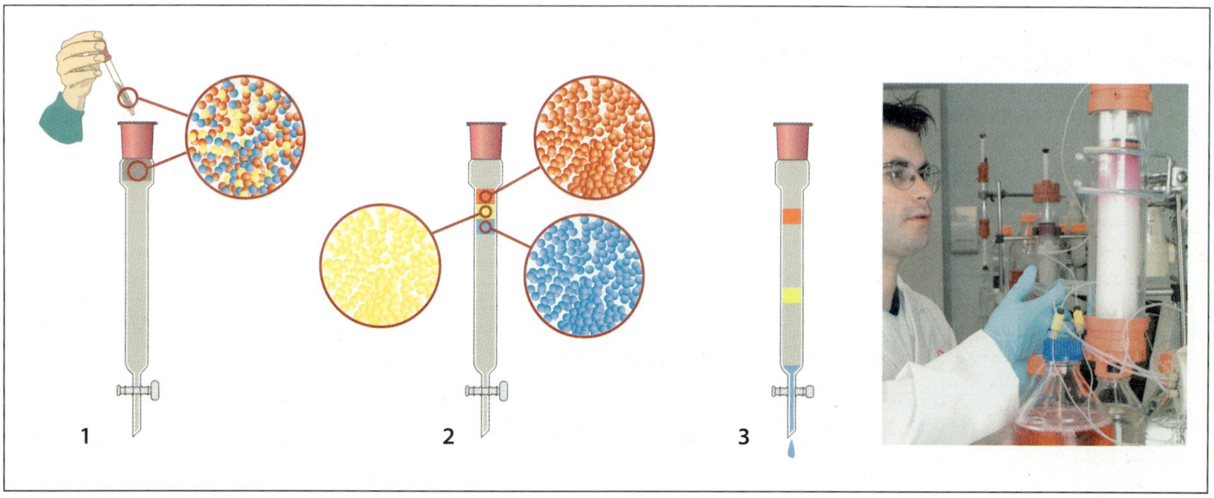

17. Cromatografia su colonna: le varie componenti da separare sono disciolte nel solvente (fase mobile), che viene versato lungo una colonna di vetro, contenente polvere di ossido di alluminio (fase stazionaria); poiché ciascuna componente scende lungo la colonna attraverso la polvere di ossido di alluminio con velocità diversa, se la colonna è abbastanza lunga le diverse componenti si possono separare completamente.

Le più moderne tecniche cromatografiche, realizzate mediante complesse apparecchiature, sono la **gascromatografia**, che utilizza come solvente un gas, e la **cromatografia liquida ad alta pressione** (HPLC, *High Pressure Liquid Cromatography*), ottenuta, come dice il nome, mediante un liquido sottoposto ad alta pressione [**18**].

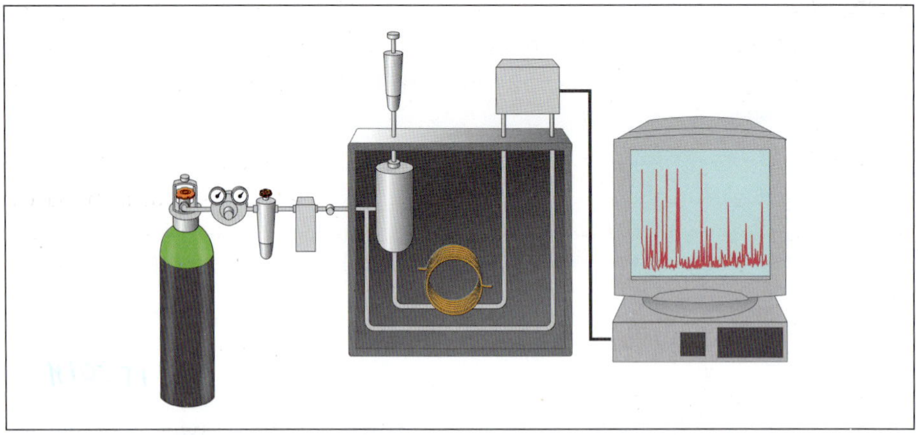

18. Gascromatografo: la miscela viene iniettata in una lunga colonna riscaldata ed evapora; un gas sotto pressione (elio) trascina le componenti vaporizzate della miscela separandole tra loro, consentendone l'identificazione tramite un rivelatore a cui sono collegati un monitor che evidenzia un tracciato (grafico) con vari "picchi", ciascuno corrispondente a una particolare sostanza, e un registratore con un pennino che traccia il grafico.

5.6 Distillazione

La distillazione sfrutta la diversa temperatura di ebollizione – o, meglio, la diversa **volatilità** (cioè la tendenza di un liquido a evaporare, che è più elevata nei liquidi che bollono a bassa temperatura) – delle diverse sostanze presenti in un miscuglio liquido.

La distillazione comprende due fasi successive: l'**evaporazione** del liquido e la **condensazione** del vapore.

Nel recipiente in cui il miscuglio bolle, avviene l'evaporazione del liquido; successivamente, il vapore che si forma scorre in un tubo refrigerante, all'interno del quale condensa e ridiventa un liquido (distillato) che viene raccolto in un contenitore [**19**].

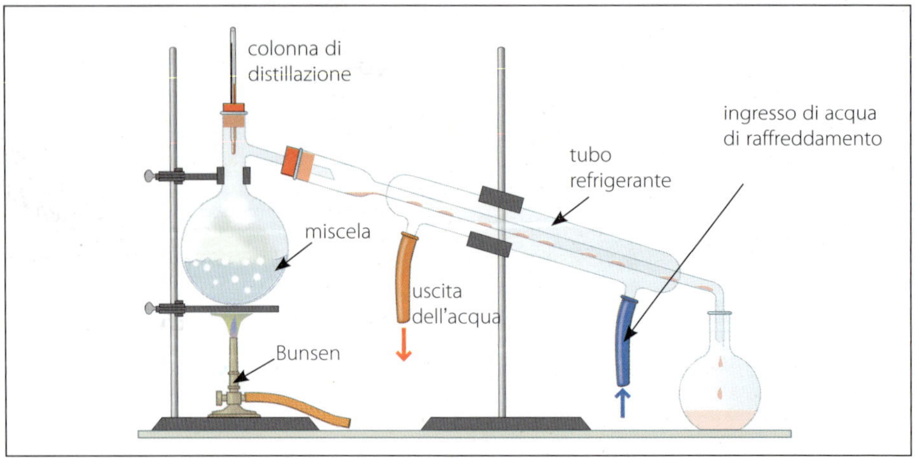

19. Schema di distillatore: la miscela da purificare viene riscaldata per liberare i vapori delle diverse sostanze, con la prevalenza della sostanza più volatile; i vapori passano nella colonna di distillazione, poi vengono raffreddati e condensano, ottenendo un liquido distillato.

Se il miscuglio è costituito da un liquido (**solvente**) nel quale è sciolto un solido (per esempio l'acqua del rubinetto, che contiene sali minerali), la distillazione consente di ottenere la completa **separazione delle due componenti**: si può in questo caso ottenere l'acqua come sostanza pura (acqua distillata).

Nella distillazione di una soluzione formata da due liquidi (per esempio, acqua e alcol) evaporano entrambi i liquidi, ma quello più volatile (l'alcol, in questo esempio) evapora più rapidamente e, una volta condensato il vapore, si ottiene un distillato che presenta una concentrazione maggiore del liquido più volatile: con questo sistema si producono i liquori distillati, come il cognac, la grappa, il whisky e il brandy.

Per il petrolio, costituito da una miscela di idrocarburi, la distillazione consente di separare diverse **frazioni** a diversa volatilità, per cui si parla di **distillazione frazionata** [**20**].

... in English

distillazione frazionata
fractional distillation

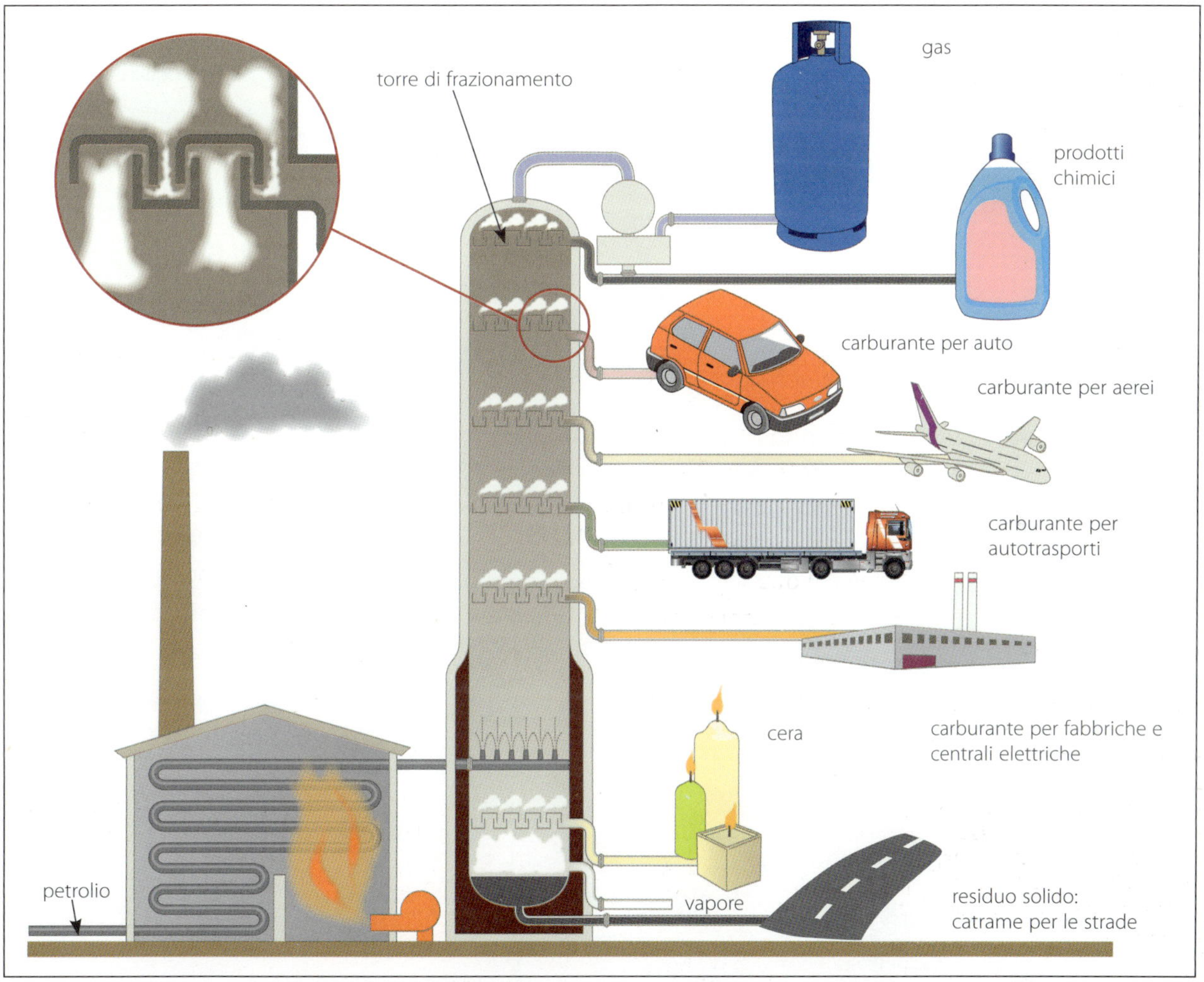

20. Distillazione frazionata del petrolio: il petrolio (o olio greggio) è una complessa miscela di idrocarburi e viene raffinata con un complesso processo di distillazione che porta alla separazione delle varie componenti del petrolio in alcune frazioni (da cui il termine distillazione "frazionata"), che sono ancora miscele di idrocarburi, ma più raffinate.

Link

www.museoscienza.org/video/video.asp?video=45
www.museoscienza.org/video/video.asp?video=46
www.museoscienza.org/video/video.asp?video=47

ESERCIZI di autoverifica

A Completa la seguente mappa concettuale inserendo le parole elencate

1. Composti **2.** Miscugli omogenei **3.** Sostanze pure **4.** Miscugli eterogenei

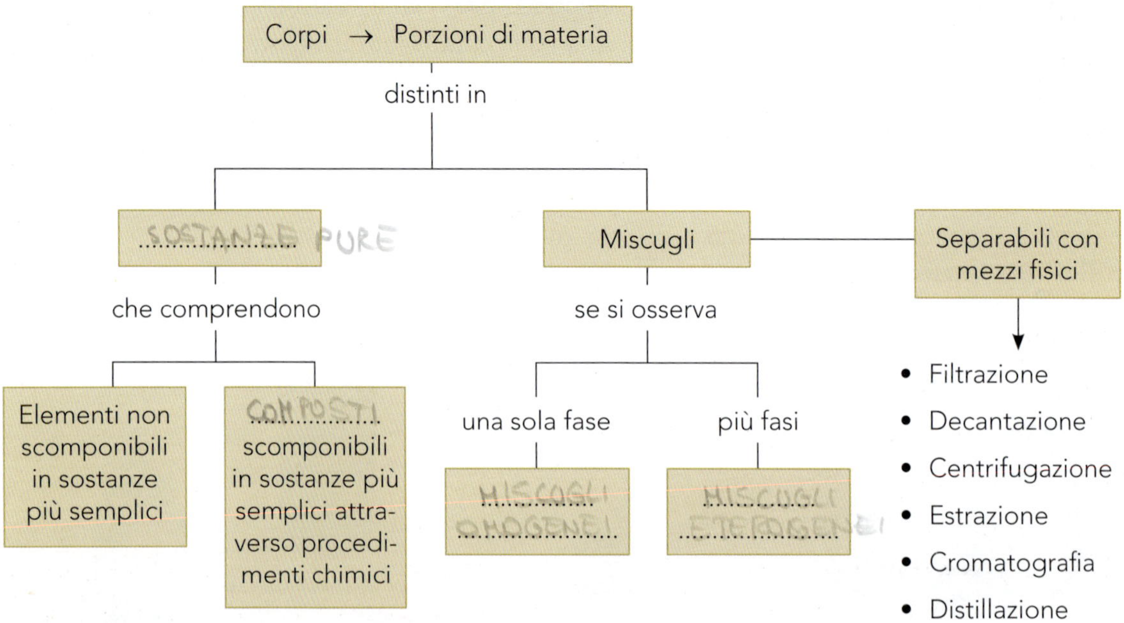

B Completa la figura inserendo le parole mancanti

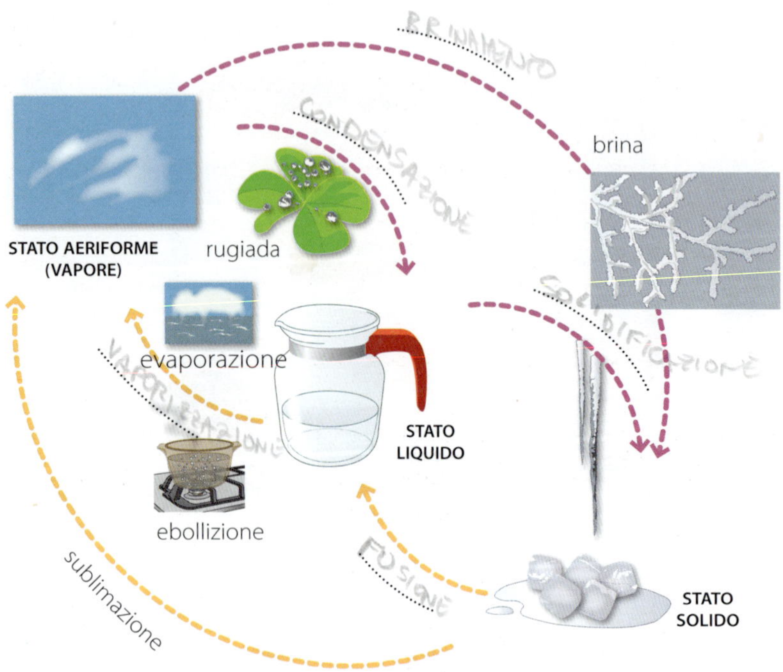

1. condensazione
2. fusione
3. solidificazione
4. brinamento
5. vaporizzazione

C Se non lo sai, rileggilo alla pagina indicata

1. Che cos'è la materia? (pag. 14)
2. Che cos'è un sistema aperto? (pag. 15)
3. Che cos'è un miscuglio? e una sostanza pura? (pag. 15)
4. Che differenza c'è tra un elemento e un composto? (pag. 15)
5. Qual è la differenza tra miscugli omogenei ed eterogenei? (pag. 16)
6. Che cos'è una fase? (pag. 16)
7. Che cos'è una soluzione? Che cosa si intende per solvente? Che cos'è un soluto? (pag. 16)
8. Quali sono le caratteristiche dei tre stati di aggregazione? (pag. 17)
9. Che cosa sono la fusione e la vaporizzazione? (pag. 19)
10. Quali sono i principali metodi di separazione dei miscugli? (pagg. 20-27)

D Completa le seguenti frasi inserendo le parole mancanti, scegliendole nell'elenco sottostante

a. Un corpo è una porzione di ……
b. L'acqua minerale è un miscuglio ……
c. Una soluzione è costituita da due componenti: il solvente e i ……
d. Il cloruro di sodio (il comune sale da cucina) è una ……
e. L'emulsione di acqua e olio è un miscuglio ……
f. La distillazione sfrutta la diversa …… delle sostanze per separarle da un miscuglio.
g. La …… è il passaggio dallo stato solido allo stato liquido.
h. La …… consente di separare particelle solide da un miscuglio eterogeneo liquido.
i. …… e vapori sono comprimibili.
j. Il passaggio di stato da liquido a vapore è detto ……
k. Una …… è una porzione di materia delimitata, fisicamente distinguibile dalle altre.
l. Il passaggio diretto da solido a vapore è detto ……, mentre il passaggio inverso, da vapore a solido, è detto ……
m. L'estrazione utilizza un …… per allontanare una sostanza da un miscuglio.
n. La decantazione sfrutta la diversa …… di due o più sostanze di un miscuglio eterogeneo per separarle.
o. La decantazione comprende la …… e la stratificazione.
p. Un …… è una sostanza pura scomponibile in sostanze elementari.

1. distillazione
2. fase
3. filtrazione
4. soluzione
5. brinamento
6. vaporizzazione
7. solvente
8. sostanza pura
9. soluto/i
10. sosta termica
11. fusione
12. composto
13. gas
14. densità
15. elemento
16. corpo
17. liquefazione
18. eterogeneo
19. solvente
20. omogeneo
21. solidi
22. liquidi
23. sublimazione
24. volatilità
25. materia
26. sedimentazione

E **Indica se le seguenti affermazioni sono vere (V) o false (F)**

	V	F
1. La materia è tutto ciò che occupa uno spazio e che ha una massa.	○	○
2. La massa è la quantità di materia di cui è fatto un corpo.	○	○
3. Un corpo è una porzione di materia.	○	○
4. Un sistema chiuso non consente un flusso di energia da e verso l'ambiente.	○	○
5. Una formula chimica non è in grado di definire un miscuglio.	○	○
6. Un miscuglio è costituito da una o più sostanze.	○	○
7. Le soluzioni sono miscugli eterogenei.	○	○
8. In una soluzione riconosciamo due fasi: il solvente e il soluto.	○	○
9. L'acqua distillata è un miscuglio omogeneo.	○	○
10. Un sistema puro è sempre omogeneo.	○	○
11. Solo i solidi hanno forma propria.	○	○
12. La materia è costituita da particelle.	○	○
13. Un composto non può essere definito mediante una formula chimica.	○	○
14. Acqua e sabbia formano un miscuglio omogeneo.	○	○
15. Il passaggio di un gas allo stadio liquido è detto liquefazione.	○	○
16. I liquidi non hanno volume proprio.	○	○
17. La sublimazione è il passaggio dallo stato liquido a quello di vapore.	○	○
18. La filtrazione consente di separare l'acqua dai sali minerali disciolti.	○	○
19. L'estrazione utilizza solventi per separare sostanze diverse.	○	○
20. Gas e vapori sono aeriformi.	○	○
21. Il ghiaccio fonde a temperature intorno a 0 K.	○	○
22. L'ebollizione riguarda soltanto gli strati superficiali di un liquido.	○	○
23. La centrifugazione accelera i processi di decantazione.	○	○
24. La sedimentazione separa un solido in sospensione da un liquido.	○	○
25. La filtrazione sfrutta la diversa densità per separare i componenti di un miscuglio.	○	○
26. La decantazione comprende la sedimentazione e la stratificazione.	○	○
27. La distillazione prevede due passaggi di stato.	○	○
28. La cromatografia prevede una fase mobile e una fissa.	○	○
29. La cromatografia separa la fase mobile dalla fase fissa.	○	○
30. Solidi e liquidi non sono comprimibili.	○	○

F **Indica con una crocetta la risposta giusta tra quelle proposte**

1. Passaggio di stato da vapore a liquido:

a. vaporizzazione
b. condensazione
c. evaporazione
d. liquefazione

2. Posseggono una massa:

a. solidi
b. solidi e liquidi
c. solidi, liquidi e aeriformi
d. liquidi e aeriformi

3. È un miscuglio omogeneo:
- **a.** acqua distillata
- **b.** sabbia
- **c.** emulsione acqua-olio
- **d.** acqua minerale

4. Hanno una forma propria:
- **a.** gas
- **b.** solidi
- **c.** liquidi
- **d.** aeriformi

5. Hanno un volume proprio:
- **a.** solidi e liquidi
- **b.** solidi, liquidi e aeriformi
- **c.** solidi
- **d.** liquidi

6. Passaggio di stato alla superficie di un liquido:
- **a.** fusione
- **b.** evaporazione
- **c.** ebollizione
- **d.** solidificazione

7. Separa l'acqua dai sali minerali:
- **a.** filtrazione
- **b.** estrazione
- **c.** distillazione
- **d.** solvatazione

8. Separa miscugli sfruttando la diversa volatilità delle sostanze:
- **a.** estrazione
- **b.** filtrazione
- **c.** distillazione
- **d.** cromatografia

9. Utilizza una fase fissa e una mobile:
- **a.** filtrazione
- **b.** estrazione
- **c.** distillazione
- **d.** cromatografia

10. È un miscuglio eterogeneo:
- **a.** una soluzione
- **b.** l'acqua distillata
- **c.** il sale da cucina
- **d.** un'emulsione acqua-olio

11. Separa miscugli sfruttando la diversa solubilità delle sostanze:
- **a.** filtrazione
- **b.** estrazione
- **c.** distillazione
- **d.** sedimentazione

12. L'acqua distillata è:
- **a.** una soluzione
- **b.** un miscuglio eterogeneo
- **c.** una sostanza pura
- **d.** un'emulsione

13. Comprende una fase fissa e una mobile:
- **a.** la distillazione
- **b.** la centrifugazione
- **c.** l'estrazione
- **d.** la cromatografia

14. Separa sostanze aventi diversa densità:
- **a.** estrazione
- **b.** decantazione
- **c.** distillazione
- **d.** filtrazione

15. Comprende due successivi passaggi di stato:
- **a.** cromatografia
- **b.** distillazione
- **c.** filtrazione
- **d.** sedimentazione

16. Sono comprimibili:
- **a.** liquidi
- **b.** liquidi e gas
- **c.** gas e vapori
- **d.** liquidi e solidi

Capitolo 2 Dalle sostanze all'atomo

Obiettivi

- Definire e distinguere elementi e composti.
- Ricordare i simboli dei principali elementi.
- Distinguere metalli, non metalli e semimetalli.
- Descrivere il modello atomico di Dalton, in rapporto con le leggi ponderali della Chimica.
- Descrivere la struttura dell'atomo, distinguendo protoni, neutroni ed elettroni.
- Distinguere tra numero atomico e numero di massa.
- Definire gli isotopi, indicando quelli dell'idrogeno.
- Definire l'unità di massa atomica.
- Spiegare come si ottiene la massa atomica relativa.
- Descrivere il modello atomico a livelli energetici.
- Rappresentare la configurazione elettronica dell'atomo, inserendo gli elettroni nei diversi livelli e sottolivelli.
- Utilizzare la simbologia di Lewis per rappresentare gli elettroni di valenza.
- Descrivere gli orbitali e i numeri quantici.

1 Elementi e composti

... in English
elementi chimici
chemical elements
composti chimici
chemical compounds

Separando con opportuni metodi le componenti di un miscuglio, ricaviamo le **sostanze pure**. Molte di queste (la stragrande maggioranza) vengono definite **composti chimici** (sostanze composte) perché possono essere trasformate, decomposte (per mezzo del calore, dell'elettricità o altre sostanze chimiche) in sostanze più semplici. Solo una novantina di queste sostanze non possono essere decomposte e vengono perciò definite **elementi chimici** (sostanze elementari).

1.1 Gli elementi

Gli elementi attualmente noti sono 118, 89 presenti in natura (in gran parte all'interno di composti, in pochi casi liberi nell'ambiente in forma elementare), gli altri ottenuti artificialmente.

Ogni elemento chimico ha un **nome** e un **simbolo** che lo rappresenta. Il simbolo corrisponde in genere alla prima lettera del nome indicata con la maiuscola (per esempio, per l'**ossigeno O**, il **carbonio C**, il **boro B**, il **fluoro F** ecc.) o alle prime due lettere del nome (la prima maiuscola e la seconda minuscola: **Ca, calcio**; **Cl, cloro**; **Al, alluminio**; **Li, litio** ecc.).

Generalmente ci si riferisce al nome in latino; per questo in alcuni casi non corrisponde all'iniziale del nome italiano: così **H** è il simbolo dell'**idrogeno**, dal latino *hydrogenum*; **Au** è il simbolo dell'**oro**, dal latino *aurum*; **K, potassio**, da *kalium*; **P, fosforo**, da *phosphorus*; **Cu, rame**, da *cuprum*; **S, zolfo**, da *sulfur*; **Na, sodio**, da *natrium*; **N, azoto**, da *nitrogenum*.

Le lettere che formano il simbolo si leggono separatamente:

- Fe (ferro) si legge "effe-e";
- Cl (cloro) si legge "ci-elle".

Metalli, non metalli e semimetalli

In base alle loro proprietà, gli elementi vengono suddivisi in due grandi categorie: i **metalli** e i **non metalli** [**1**].

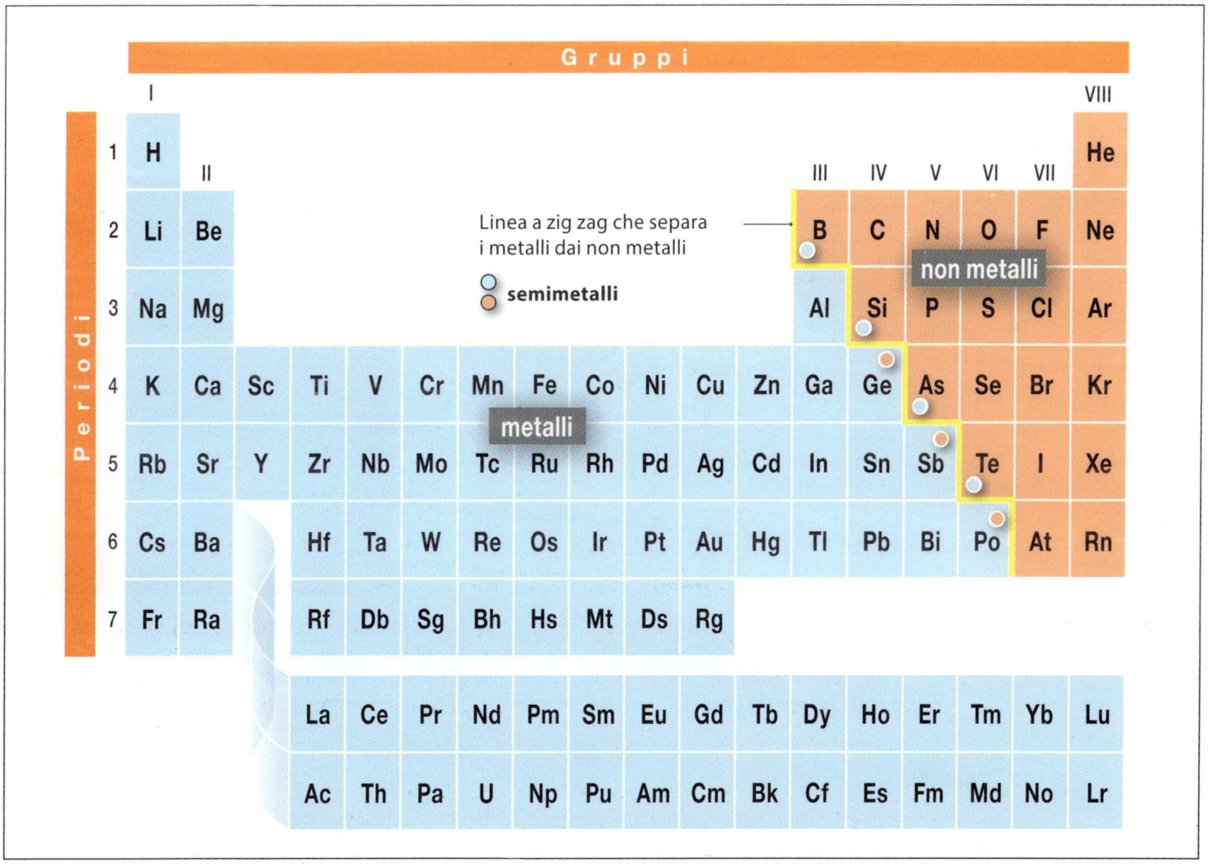

1. In questa tavola degli elementi sono indicati in azzurro i metalli e in arancione i non metalli; alcuni elementi (Boro, Silicio, Germanio, Arsenico, Antimonio, Tellurio, Polonio) al "confine" tra metalli e non metalli (indicati con un pallino azzurro o arancione) presentano proprietà intermedie tra quelle dei metalli e dei non metalli e vengono perciò detti semimetalli.

I **metalli** hanno le seguenti **caratteristiche**: sono lucenti (riflettono la luce), sono buoni conduttori di calore e di elettricità, si possono lavorare facilmente perché sono plastici, si possono piegare e deformare permanentemente [**2**]. Sono tutti solidi (a temperatura ambiente), tranne il mercurio che è liquido.

2. I metalli sono plastici, o più precisamente malleabili (si possono lavorare ottenendo lamine sottili) (a) e duttili (si possono stirare fino a ottenere fili sottili) (b).

... in English

metalli
metals

non metalli
non-metals

semimetalli
semimetals

I **non metalli**, invece, non sono lucenti, non sono buoni conduttori di calore né di elettricità (tranne il carbonio in forma di grafite), non si lavorano bene, perché sono fragili e si rompono se tentiamo di piegarli. In natura sono presenti allo stato solido (carbonio, zolfo), liquido (solo il bromo) o gassoso (ossigeno, azoto, gas nobili ecc.) [**3**].

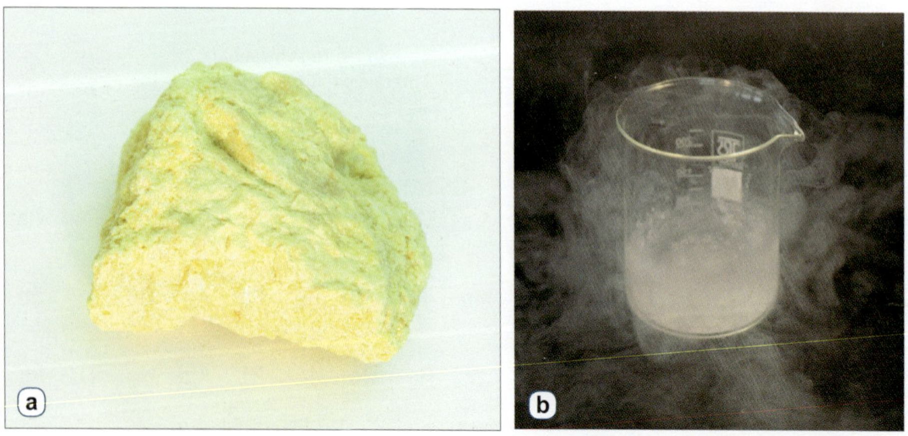

3. Lo zolfo è un non metallo di colore giallo, presente in natura anche allo stato elementare. Non è né duttile né malleabile, ma si frantuma facilmente (a).
L'azoto è un gas (tutti i gas sono non metalli) che può essere liquefatto a temperature molto basse e sotto pressione (b).

Alcuni elementi (silicio, germanio, arsenico, antimonio, tellurio e polonio) presentano proprietà intermedie tra i due gruppi e vengono perciò detti **semimetalli**. Poiché non sono né conduttori né isolanti, vengono anche definiti **semiconduttori**. La conducibilità elettrica di questi elementi (in particolare germanio e silicio) aumenta con la temperatura.

1.2 I composti

I composti sono sostanze pure che possono essere decomposte, ovvero trasformate in altre sostanze pure più semplici. Diversamente dai miscugli (che non sono sostanze pure) hanno una composizione definita e costante, esprimibile con una **formula chimica**. Combinandosi tra loro, gli elementi possono dare origine a infinite varietà di composti, tanto che se ne contano attualmente più di 16 milioni, molti dei quali prodotti artificialmente dalle industrie chimiche e farmaceutiche. Tra i composti più semplici ricordiamo l'acqua (la cui formula è H_2O) e l'anidride carbonica (CO_2).

... in English
formula chimica
chemical formula

Le formule chimiche

Le **formule chimiche** indicano la composizione delle molecole dei composti chimici; nella versione più semplice, detta **formula bruta**, sono indicati i simboli degli elementi presenti nella molecola del composto seguiti da un numero in piccolo sulla destra del simbolo, che indica il numero degli atomi di quell'elemento presenti nella molecola (il numero 1 è sottinteso, non si scrive). Così, abbiamo le formule che seguono.

- $\mathbf{H_2O}$ è la formula della molecola d'acqua che contiene, infatti, **2** atomi di idrogeno (**H**) e **1** (numero sottinteso) atomo di ossigeno (**O**);

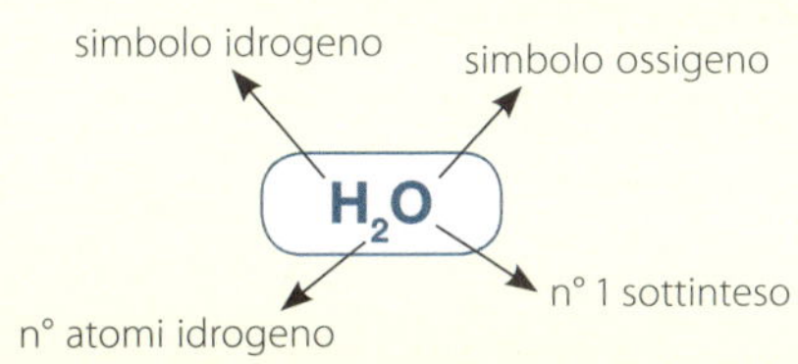

- $\mathbf{CO_2}$ è la formula dell'anidride carbonica, molecola costituita da **1** (numero sottinteso) atomo di carbonio (**C**) e **2** di ossigeno (**O**);

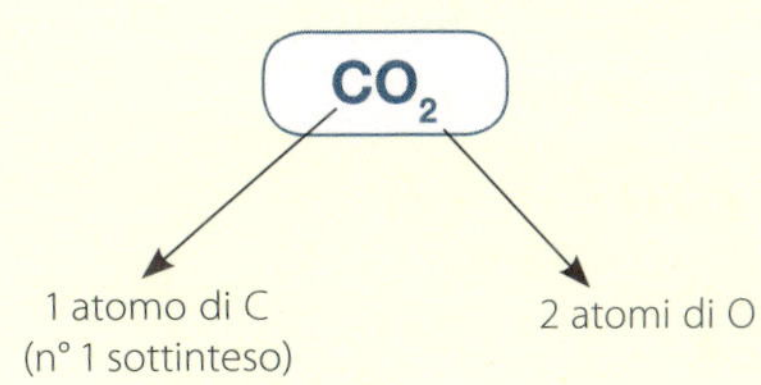

- $\mathbf{Al_2(SO_4)_3}$ è la formula del solfato di alluminio: tutti gli atomi nella parentesi vanno moltiplicati per il numero alla destra della parentesi (**3**) per cui questa molecola conterrà **2** atomi di alluminio (**Al**), **1 x 3 = 3** atomi di zolfo (**S**) e **4 x 3 = 12** atomi di ossigeno (**O**).

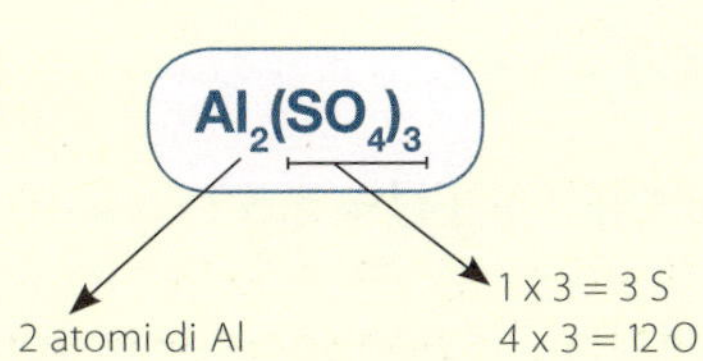

(con il contributo di Letizia Molgora)

2 La teoria atomica di Dalton e le leggi ponderali

2.1 Dall'antica Grecia al XIX secolo: da Democrito a Dalton

Nel IV secolo a.C. i filosofi greci **Democrito** e **Leucippo**, detti atomisti, ipotizzarono che la materia fosse costituita da particelle microscopiche indivisibili, gli **atomi**, sulla base di pure e semplici intuizioni filosofiche e non di un'analisi sperimentale. La corrente dell'atomismo fondata da Leucippo, secondo cui l'atomo era l'unità fondamentale della materia, venne contrastata da **Aristotele**, secondo il quale la materia era continua e divisibile in parti sempre più piccole e uguali tra loro. Aristotele influenzò il pensiero filosofico e scientifico nei secoli successivi e la teoria di Democrito venne accantonata.

... in English

atomi
atoms

legge della conservazione della massa
Law of Conservation of Mass

legge delle proporzioni definite
Law of Definite Proportions

2.2 Le leggi ponderali

Solo agli inizi dell'Ottocento la teoria atomica venne ripresa e rielaborata dallo studioso inglese **John Dalton**, stavolta su basi scientifiche, in accordo con le prime leggi ponderali della Chimica:

- la legge della conservazione della massa (legge di Lavoisier);
- la legge delle proporzioni definite (legge di Proust).

La **legge di Lavoisier** (dal nome di Antoine-Laurent Lavoisier) o **legge della conservazione della massa**, formulata nel 1789, stabilisce che:

> In una reazione chimica la massa dei reagenti è uguale alla massa dei prodotti.

Successivamente, nel 1799, Joseph-Louis Proust formulò la **legge delle proporzioni definite** o della composizione costante (**legge di Proust**):

> In un composto il rapporto tra le masse degli elementi che lo costituiscono è definito e costante.

Per esempio, nel carbonato di rame ($CuCO_3$) per ogni grammo di C vi sono 5,3 g di Cu e 4 g di O; aggiungendo solo uno dei componenti (per esempio 10,6 g di Cu), ma non gli altri, non si ottiene una maggiore quantità di prodotto ($CuCO_3$):

$$5{,}3\ g\ Cu + 1\ g\ C + 4\ g\ O \rightarrow 10{,}3\ g\ CuCO_3$$

$$10{,}6\ g\ Cu + 1\ g\ C + 4\ g\ O \rightarrow 10{,}3\ g\ CuCO_3 + 5{,}3\ g\ Cu$$

Nel 1808 **Dalton**, cinque anni dopo l'enunciazione della sua teoria atomica (1803) e sulla base di questa, elaborò la **legge delle proporzioni multiple**:

Quando un elemento si combina con la stessa massa di un secondo elemento per formare composti diversi, le masse del primo elemento presenti nei diversi composti stanno tra loro in rapporti semplici, esprimibili mediante numeri interi piccoli.

Per esempio, consideriamo l'acqua H_2O e il perossido di idrogeno (acqua ossigenata) H_2O_2: in H_2O, 2 g di H si combinano con 16 g di O; in H_2O_2, 2 g di H si combinano con 32 g di O. Il rapporto tra le masse di O nei due composti è: 32/16 = 2 (numero intero piccolo) [4].

Il ragionamento che seguì Dalton nel formulare la sua teoria fu relativamente semplice. Egli si chiese perché gli elementi, che formano i composti, partecipano alla reazione secondo valori in peso definiti e interi. Dalton giunse alla conclusione che:

Ogni elemento è costituito da particelle indivisibili e tra loro identiche nella massa: gli **atomi**.

La teoria che Dalton formulò era basata su queste leggi e può essere schematizzata in pochi punti:

1. la materia è formata da atomi piccolissimi e indivisibili, che non possono essere né creati né distrutti;
2. atomi di un determinato elemento sono uguali tra loro e hanno la stessa massa;
3. atomi di elementi diversi hanno massa e proprietà diverse;
4. le reazioni chimiche non avvengono tra frazioni di atomi, ma solo tra atomi interi;
5. in una reazione chimica tra due o più elementi, gli atomi si combinano in base a rapporti definiti originando composti, ma mantenendo comunque la propria identità.

I chimici ben presto si resero conto che l'atomo non poteva essere una porzione di materia omogenea e indivisibile. Il modello atomico ideato da Dalton poneva dei limiti che divennero evidenti quando gli scienziati si chiesero come gli atomi potessero unirsi a creare degli aggregati (le molecole) e quali fossero le forze che determinavano rottura e formazione di legami. I fisici invece dovevano spiegare il fenomeno dell'elettricità, la cui origine doveva risiedere negli atomi stessi.

... in English

legge delle proporzioni multiple
Law of Multiple Proportions

Link

http://study.com/academy/lesson/law-of-multiple-proportions-definition-examples.html

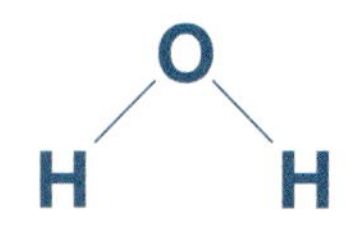

2 g H + 16 g O

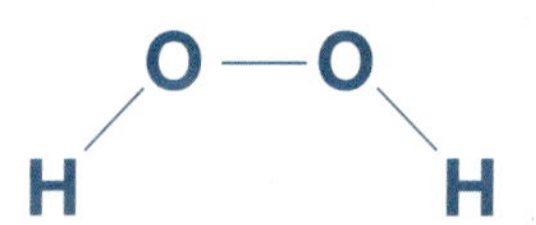

2 g H + 32 g O

4. 2 g di idrogeno si combinano con 16 g di ossigeno per formare 18 g di acqua H_2O; se si combinano con 32 g di ossigeno si forma H_2O_2 (34 g), acqua ossigenata o perossido di idrogeno. Il rapporto tra le masse di ossigeno nei due composti è un numero intero, piccolo: 32/16 = 2.

Pertanto, a partire dalla fine dell'Ottocento, sono stati proposti nuovi modelli atomici, fino all'attuale (modello a orbitali), in grado di spiegare il comportamento degli atomi nelle reazioni chimiche.

I modelli atomici

- Nel 1808 **John Dalton**, chimico inglese, riprendendo l'ipotesi di Democrito, filosofo greco del IV secolo a.C., afferma che la materia è costituita da miriadi di particelle piccolissime e indivisibili chiamate atomi, dal greco *atomos* che significa "indivisibile". L'atomo di Dalton può essere perciò rappresentato da una **sfera piena**.

- Nel 1897 **Joseph John Thomson**, fisico inglese, studiando il passaggio della corrente elettrica nei gas (notando l'emissione di particelle dotate di carica elettrica negativa), ipotizza un modello di atomo costituito da particelle dotate di carica elettrica positiva tra le quali sono presenti, sparse come le uvette e i canditi nel panettone, particelle di carica elettrica negativa (modello atomico "**a panettone**").

- Nel 1911 **Ernest Rutherford**, fisico neo-zelandese, propone un modello di atomo simile al sistema solare: un nucleo denso, dotato di carica elettrica positiva, attorno al quale ruotano, come i pianeti intorno al Sole, gli elettroni, particelle dotate di carica elettrica negativa. Questo modello, applicato all'atomo di idrogeno, viene poi perfezionato da **Niels Bohr**, fisico danese, che introduce il concetto di "**orbite quantizzate**" (1913).

- Secondo la **teoria quantistica** (1926), gli elettroni non seguono orbite precise ma formano intorno al nucleo, costituito da protoni e neutroni, una nuvola elettronica dotata di carica elettrica negativa: l'**orbitale**.
L'atomo non è dunque una particella indivisibile: è formato da particelle più piccole (**particelle subatomiche**) che costituiscono il **nucleo** (nucleoni: **protoni** e **neutroni**), intorno al quale ruotano particelle ancora più piccole, gli **elettroni**.

- I fisici hanno individuato numerose altre particelle subatomiche, ancora più piccole, come i **quark**, particelle piccolissime di cui sono composti sia i protoni sia i neutroni: un neutrone è, infatti, costituito da 3 quark principali, due detti **quark-d** (*down*, giù) e uno detto **quark-u** (*up*, su), mentre un protone è costituito da 2 quark-u e 1 quark-d.

atomo di Dalton
1808

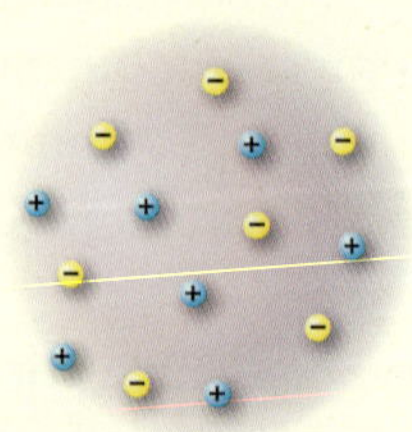

atomo di Thomson
1897

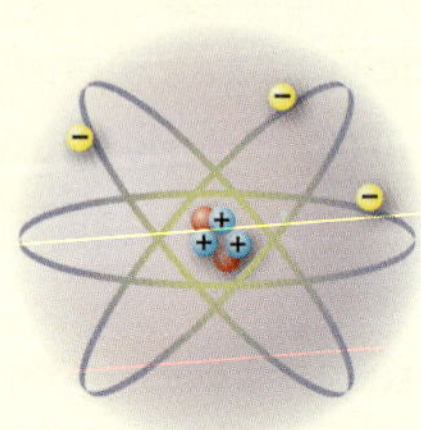

atomo di Rutherford-Bohr
1913

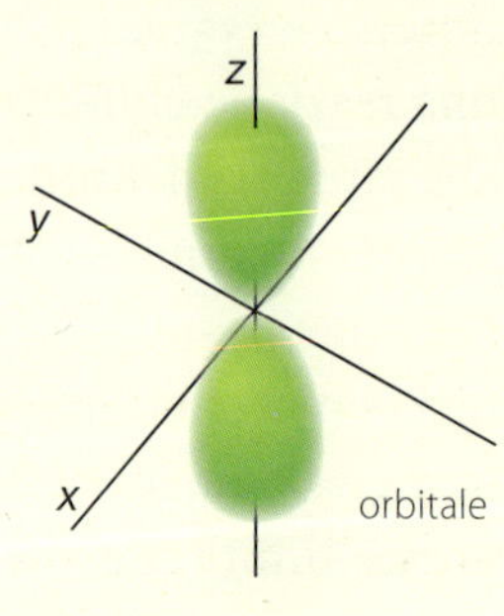

orbitale

Leggere sull'eBook

- I modelli atomici da Dalton a Bohr

3 L'atomo: protoni, neutroni ed elettroni

Considerando il modello atomico planetario, tutti gli atomi sono costituiti da un piccolissimo **nucleo** centrale, attorno al quale ruotano particelle ancora più piccole, gli **elettroni**.

La massa dell'atomo è tutta concentrata nel nucleo, che occupa solo una piccola parte dello spazio dell'atomo (il diametro del nucleo è 100.000 volte più piccolo di quello dell'atomo stesso): per avere un'idea, se un atomo fosse grande come uno stadio di calcio, il nucleo sarebbe non più grande di una mosca!

Il nucleo è la parte "pesante" dell'atomo ed è costituito a sua volta da due tipi di particelle: i **protoni**, dotati di **carica elettrica positiva**, e i **neutroni**, privi di carica elettrica (cioè **neutri**).

Gli **elettroni** sono invece particelle leggere, la loro massa è trascurabile essendo solo 1/1836 della massa di un singolo protone (e 1/1839 della massa di un neutrone). Gli elettroni sono dotati di **carica elettrica negativa** e ruotano nell'immenso spazio che circonda il nucleo [**5**].

Gli atomi hanno una carica elettrica nulla, poiché posseggono un uguale numero di protoni (positivi) e di elettroni (negativi).

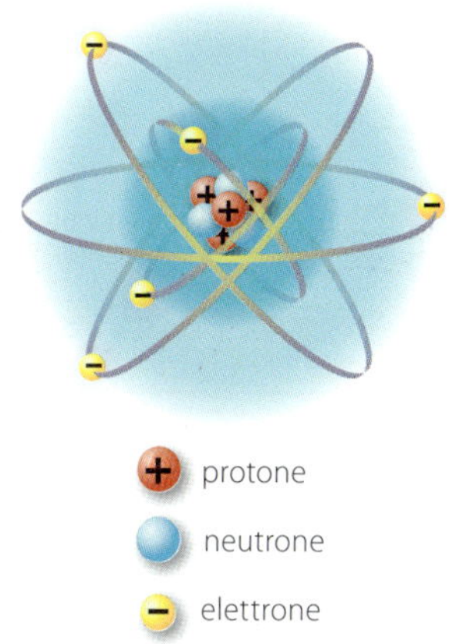

5. Rappresentazione schematica di un atomo: al centro il nucleo (formato da protoni e neutroni) intorno al quale ruotano gli elettroni (in numero uguale ai protoni).

4 Gli elementi chimici e il numero atomico

Protoni, elettroni e neutroni sono (qualitativamente) uguali in tutti gli elementi. Ciò che distingue gli atomi di ferro da quelli di idrogeno o di carbonio non è il tipo di particelle che li compongono, ma il loro **numero**.

Più esattamente, ogni elemento chimico è caratterizzato da un numero ben determinato di protoni (e quindi anche di elettroni) che viene detto **numero atomico** (indicato con la lettera **Z**).

> Il **numero atomico (Z)** corrisponde al numero dei protoni dell'atomo di un elemento (ed è sempre uguale in tutti gli atomi di quell'elemento).
>
> **numero atomico (Z) = numero di protoni**

Nell'atomo allo stato neutro il numero dei protoni è uguale al numero degli elettroni. Così l'idrogeno ha un solo protone (e un solo elettrone) e quindi ha numero atomico 1: tutti gli atomi di idrogeno hanno un solo protone e un solo elettrone; il carbonio (tutti gli atomi di carbonio) ha 6 protoni (e 6 elettroni) e quindi ha numero atomico 6; l'uranio ha 92 protoni (e 92 elettroni) e numero atomico 92.

Viceversa, tutti gli atomi che hanno 1 solo protone (numero atomico 1) sono atomi di idrogeno; tutti quelli che hanno 6 protoni (quindi numero atomico 6) sono atomi di carbonio ecc.

... in English

nucleo
nucleus

elettroni
electrons

protoni
protons

neutroni
neutrons

numero atomico
atomic number

Link

http://www.livescience.com/37206-atom-definition.html

Il numero atomico, oltre al numero dei protoni, indica anche il numero di elettroni che ruotano intorno al nucleo dell'atomo [6].

Nessun elemento naturale ha più di 92 protoni, per cui l'uranio è l'elemento naturale con il più alto numero atomico. Tuttavia, in laboratorio sono stati prodotti elementi artificiali con un numero maggiore di protoni, di conseguenza con un numero atomico maggiore dell'uranio. Questi elementi sono stati chiamati **transuranici**, perché vengono dopo l'uranio.

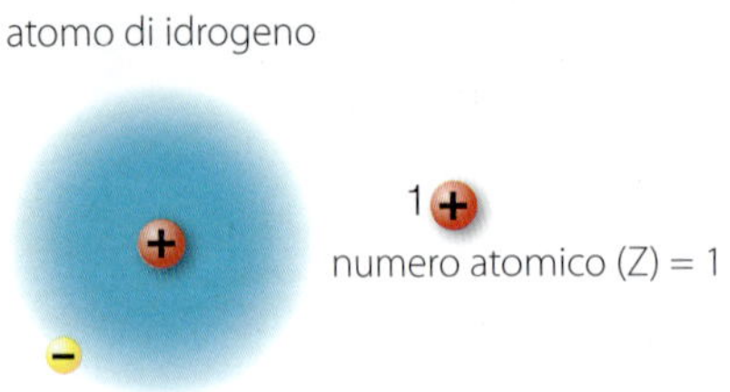

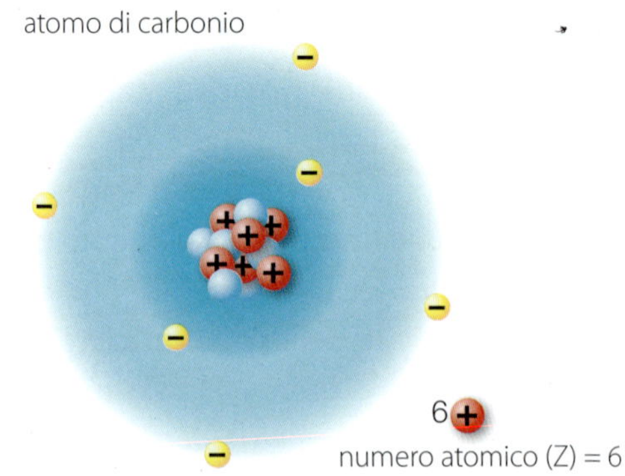

6. Il numero atomico corrisponde al numero dei protoni (particelle del nucleo con carica positiva) dell'atomo, uguale al numero degli elettroni (particelle con carica negativa): complessivamente, l'atomo ha una carica elettrica nulla.

5 Numero di massa e isotopi

... in English

numero di massa
mass number

isotopi
isotopes

Come abbiamo già detto, la **massa** degli elettroni è trascurabile, per cui tutta la massa dell'atomo è concentrata nel nucleo ed è perciò la somma delle masse dei **protoni** e dei **neutroni**.

La somma del numero dei protoni e del numero dei neutroni di un atomo è detta **numero di massa** (indicato con la lettera **A**).

Per esempio, se un atomo di carbonio possiede nel proprio nucleo 6 protoni e 6 neutroni il suo numero di massa è 12.

> Il numero di massa corrisponde al numero di protoni sommato al numero di neutroni.
>
> **numero di massa (A) = numero di protoni + numero di neutroni**

Noto il numero atomico **Z** e il numero di massa **A** possiamo ricavare il numero **n** di neutroni di un atomo:

$$n = A - Z$$

Infatti A è uguale al numero dei protoni Z + il numero dei neutroni n.

Tutti gli atomi di un elemento chimico hanno lo stesso numero atomico, perché posseggono sempre lo stesso numero di protoni.

Il numero di **neutroni**, invece, in alcuni elementi, non è fisso. Per esempio, tutti gli atomi di carbonio hanno numero atomico 6 e perciò hanno 6 protoni (e anche 6 elettroni). Per quanto riguarda i neutroni, invece, alcuni atomi di carbonio ne hanno 6, altri 7 e altri ancora 8.

Pertanto il numero di massa degli atomi di carbonio non è sempre uguale: alcuni di questi hanno un numero di massa 12 (6 protoni + 6 neutroni), altri 13 (6 protoni + 7 neutroni) e altri 14 (6 protoni + 8 neutroni).

Leggere sull'eBook

- La radioattività e la datazione al radio-carbonio

Vengono detti **isotopi** gli atomi che hanno lo stesso numero atomico (e quindi sono dello stesso elemento chimico) ma numero di neutroni, e quindi numero di massa, diverso.

Isotopi diversi dello stesso elemento presentano proprietà fisiche diverse [7]. Per esempio, alcuni isotopi non sono stabili e tendono a decomporsi, liberando radiazioni e perciò sono detti **isotopi radioattivi**.

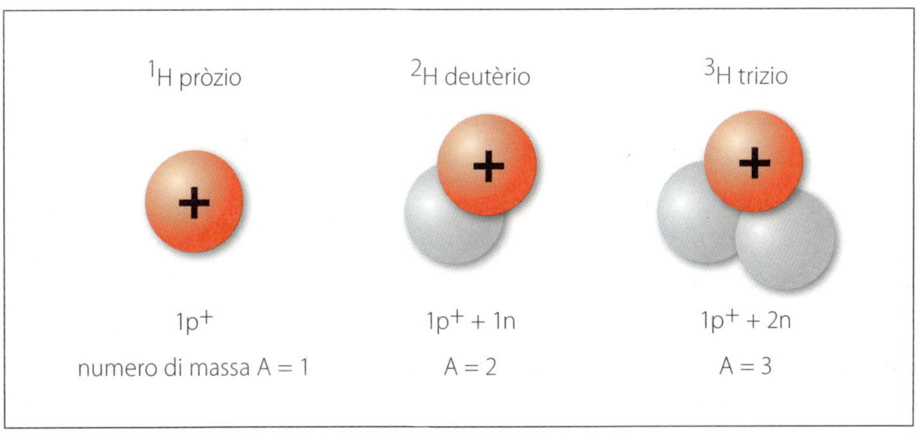

7. Gli isotopi dell'idrogeno differiscono per il numero di neutroni presenti nel nucleo.
Prozio: è il più diffuso; il suo nucleo è formato unicamente da un protone (non ha neutroni).
Deuterio: è un altro isotopo naturale ma meno diffuso, il cui nucleo possiede, oltre al protone, anche un neutrone.
Trizio: è un isotopo artificiale, oltre al protone contiene ben due neutroni.

6 Massa atomica relativa e unità di massa atomica

Con la teoria atomica, Dalton stabilì che gli atomi di elementi differenti dovevano avere masse diverse e, per primo, cercò di determinare la massa atomica di alcuni elementi. Essendo gli atomi troppo piccoli per poterli pesare direttamente con una bilancia, Dalton decise di calcolarne, invece della massa assoluta (in grammi), la **massa atomica relativa**, prendendo come unità di riferimento la massa dell'atomo di idrogeno, il più leggero degli elementi (peso atomico di H = 1). Così riuscì a compilare una tabella con i pesi atomici relativi (che ora più correttamente chiamiamo masse atomiche relative) degli elementi allora conosciuti (solo 35, attualmente sono più di 100).

In tempi successivi, l'idrogeno è stato sostituito, come campione di riferimento, dall'ossigeno, a cui veniva attribuito il valore di 16 unità; attualmente la misura della massa si basa sul confronto con la massa del più diffuso isotopo del carbonio, il carbonio-12 (^{12}C), a cui viene assegnato il valore di 12 unità. Per cui:

... in English
unità di massa atomica
atomic mass unit

L'**unità di massa atomica (u)** è la dodicesima parte (1/12) della massa dell'isotopo più diffuso del carbonio, il carbonio-12 (^{12}C).

Ciò significa che la massa dell'atomo di carbonio-12 è uguale a **12 u**, mentre la massa dell'atomo di idrogeno corrisponde a **1/12** dell'atomo di riferimento che vale 12 u, e quindi è uguale a **12 u/12 = 1 u**; la massa dell'atomo di ossigeno corrisponde a **16/12** della massa dell'atomo di carbonio-12 che vale 12 u, per cui è uguale a:

$$\frac{16}{12} \cdot 12 \text{ u} = 16 \text{ u}$$

La massa degli atomi calcolata in rapporto all'unità di massa atomica u (= 1/12 della massa dell'isotopo ^{12}C) viene chiamata **massa atomica relativa** o (meno propriamente, ma frequentemente) **peso atomico relativo**.

Il valore delle masse atomiche relative, derivando dal rapporto tra due masse, è un numero puro, che viene fatto seguire dal simbolo **u** o **uma** (ovvero unità di massa atomica).

Pesi atomici di alcuni elementi

Elemento	Peso atomico
H idrogeno	1,01
Li litio	6,94
Na sodio	22,99
K potassio	39,10
Be berillio	9,01
Mg magnesio	24,31
Ca calcio	40,08
B boro	10,81
Al alluminio	26,98
C carbonio	12,01
Si silicio	28,09
N azoto	14,01
P fosforo	30,97
Cl cloro	35,45

L'unità di massa atomica è anche conosciuta come **dalton**, l'ideatore della prima teoria atomica.

Sulla tavola periodica degli elementi è riportato il peso atomico (ovvero la massa atomica relativa) di tutti gli elementi. Il valore riportato rappresenta la **media ponderata dei pesi atomici** dei diversi isotopi dell'elemento: così il peso atomico dell'idrogeno è 1,008 u, che deriva dalla media ponderata del peso dell'isotopo H-1 (^{1}H, prozio, che rappresenta più del 99,98% degli atomi di idrogeno presenti in natura) e dell'isotopo H-2 (^{2}H, deuterio, meno dello 0,02%). Nella tabella qui accanto riportiamo il peso atomico di alcuni elementi (valori arrotondati).

Una unità di massa atomica corrisponde (in grammi) a:

$$1 \text{ u} = 1{,}661 \times 10^{-24} \text{ g}$$

Attualmente siamo in grado di determinare la massa di qualunque atomo, per mezzo di una complessa (e costosa) apparecchiatura, lo **spettrometro di massa**. → STRUMENTO PER CALCOLARE

LA MASSA ATOMICA | u = simbolo dell'unità di massa atomica
1/12 parte dell'isotopo C 12

6.1 La massa molecolare

Per passare dalla massa atomica alla **massa** di una molecola, di cui si conosca la formula chimica, che indica la composizione atomica della molecola (ossia gli atomi che la costituiscono), è sufficiente sommare i valori delle masse di tutti gli atomi indicati nella formula. Così, per esempio, la **massa molecolare** dell'**acido cloridrico** (**HCl**) si ottiene sommando la massa dei due atomi che lo costituiscono:

H	**1,01 u* +**
Cl	**35,45 u =**
HCl	**36,46 u**

*(arrotondato da 1,008)

Leggere sull'eBook

• Formula minima e formula molecolare: dall'analisi percentuale alla formula del composto

La **massa molecolare** (relativa) o **peso molecolare** è data dalla somma delle masse atomiche degli atomi che costituiscono la molecola.

Anche per i composti ionici si può calcolare il peso molecolare, che andrebbe meglio definito **peso formula**, dal momento che la formula, nei composti ionici, non indica una molecola ma solamente il rapporto esistente tra gli ioni presenti: così il cloruro di sodio (NaCl), costituito da ioni sodio Na^+ e ioni cloruro Cl^- in rapporto 1:1, ha un peso molecolare o peso formula uguale a:

Na	**22,99 u +**
Cl	**35,45 u =**
NaCl	**58,44 u**

... in English

massa molecolare
molecular mass

orbitali
orbitals

7 Disposizione degli elettroni intorno al nucleo: gli orbitali

Ogni atomo, nel suo stato fondamentale neutro, possiede un ugual numero di protoni (particelle positive situate nel nucleo) e di elettroni, particelle negative, che viaggiano a elevatissima velocità intorno al nucleo. La disposizione degli elettroni intorno al nucleo è stata paragonata al sistema solare, con il Sole al centro corrispondente al nucleo dell'atomo e i pianeti che gli ruotano intorno, secondo orbite prefissate, corrispondenti agli elettroni [8]. Questo modello atomico "planetario" appare un po' riduttivo poiché in realtà, gli elettroni non si muovono lungo orbite fisse (come un treno lungo i binari), ma si allontanano e si avvicinano al nucleo, viaggiando a una velocità così elevata (prossima alla velocità della luce, circa 300.000 km al secondo), che è praticamente impossibile stabilire contemporaneamente, in un determinato istante, la loro posizione e la loro velocità (**principio di indeterminazione di Heisenberg**).

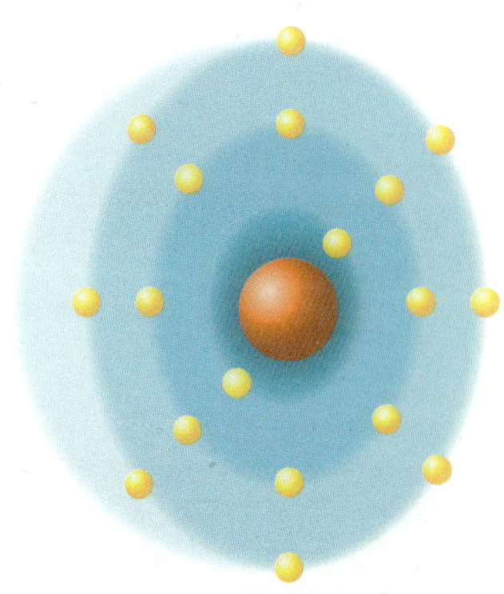

8. Modello atomico planetario (o a gusci): gli elettroni ruotano intorno al nucleo percorrendo orbite prefissate.

Di ogni elettrone possiamo solamente definire lo spazio tridimensionale, intorno al nucleo, all'interno del quale abbiamo un'elevata probabilità di trovare l'elettrone stesso. È come se l'elettrone fosse "contenuto" (con alta probabilità) all'interno di una nube (di dimensioni, forma e orientamento spaziale definiti matematicamente), che chiamiamo **orbitale** [9].

9. Gli elettroni si muovono all'interno di un orbitale, uno spazio tridimensionale (una specie di "nuvola" elettronica) definito matematicamente (come probabilità di trovare l'elettrone in quello spazio).

L'**orbitale** è la porzione di spazio tridimensionale disposta intorno al nucleo, all'interno della quale abbiamo un'alta probabilità (più del 90%) di trovare l'elettrone.

7.1 Livelli energetici e sottolivelli

A seconda del suo contenuto di energia, un elettrone potrà occupare (o, meglio, "viaggiare" all'interno di) uno spazio più o meno ampio, definito livello energetico. Possiamo individuare fino a 7 diversi **livelli energetici**. All'interno di ogni livello si individuano uno o più **sottolivelli**, che rappresentano (nel modello a orbitali) la "forma" dell'orbitale stesso. Così nel primo livello, il più piccolo, più vicino al nucleo e quindi a minor contenuto energetico, individuiamo un solo sottolivello, chiamato ***s***, che comprende un solo orbitale e può contenere solo 2 elettroni; nel secondo livello troviamo due sottolivelli: il sottolivello *s* con un orbitale contenente 2 elettroni e il sottolivello ***p*** con 3 orbitali contenenti complessivamente 6 elettroni (ogni orbitale può contenere al massimo 2 elettroni); nel terzo livello sono compresi 3 sottolivelli: *s* (un orbitale con 2 elettroni), *p* (3 orbitali con 6 elettroni) e ***d*** (con 5 orbitali, che possono ospitare fino a un massimo di 10 elettroni), nel quarto e nel quinto livello è presente anche un quarto sottolivello chiamato ***f***, con 7 orbitali, che possono contenere fino a 14 elettroni. Nel sesto livello sono presenti solo 3 sottolivelli (*s*, *p* e *d*) e nel settimo solo 2 (*s* e *p*).

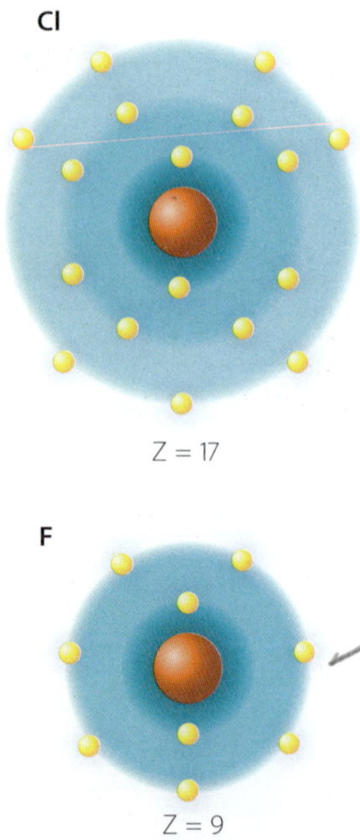

10. Gli elettroni del cloro (Z = 17) si dispongono ordinatamente nei diversi livelli: 2 nel primo livello, 8 nel secondo livello; nel terzo livello si dispongono i rimanenti 7 elettroni.
Anche il fluoro (Z = 9) ha nel livello più esterno (il secondo) 7 elettroni: questi elementi (Cl e F) hanno proprietà chimiche simili proprio perché hanno una configurazione elettronica esterna simile.

7.2 Configurazione elettronica ed elettroni di valenza

Ogni atomo (neutro) ha un numero di elettroni pari al numero dei protoni e quindi al suo numero atomico; questi elettroni si distribuiscono negli orbitali dei diversi livelli e sottolivelli, realizzando la **configurazione elettronica** dell'atomo.

La distribuzione degli elettroni di un atomo all'interno degli orbitali dei diversi livelli viene definita **configurazione elettronica dell'atomo**.

Ogni elemento chimico è caratterizzato da una precisa configurazione elettronica e, almeno per gli elementi dei gruppi principali, possiamo notare che il numero di elettroni presenti nel livello più esterno varia, a seconda degli atomi, da 1 a 8. Le proprietà chimiche di ogni elemento, ossia la tendenza degli atomi di ogni elemento a reagire e combinarsi con altri atomi, dipendono dal numero di elettroni presenti nel livello più esterno [10].

Gli elettroni presenti nel livello più esterno vengono perciò detti **elettroni di valenza**.

Dal numero atomico possiamo risalire agli elettroni di valenza disponendo gli elettroni nei diversi livelli e sottolivelli energetici, a partire da quello più interno. Così, per esempio, il litio, numero atomico 3, ha 2 elettroni che completano il primo livello energetico (sottolivello 1*s*) e 1 solo elettrone nel secondo livello energetico (sottolivello 2*s*): poiché questo risulta il più esterno, il litio ha un solo elettrone di valenza.

Per indicare la configurazione elettronica di un elemento si usano dei numeri e delle lettere: un numero intero (da 1 a 7) indica il livello di appartenenza dell'orbitale; una lettera minuscola (*s*, *p*, *d* o *f*) indica il sottolivello e un numero messo come esponente alla lettera indica il numero di elettroni presenti nel sottolivello indicato dalla lettera. Così la configurazione elettronica del litio sarà:

$$1s^2\ 2s^1$$

Nel livello più esterno (2) è presente 1 solo elettrone di valenza.

L'atomo di ossigeno (O, numero atomico Z = 8) ha 2 elettroni nel primo livello, sottolivello *s*, indicati con: $1s^2$; gli altri 6 elettroni sono nel secondo livello, 2 nel sottolivello *s* e 4 nel sottolivello *p*, indicati con: $2s^22p^4$.

La configurazione elettronica dell'atomo di ossigeno è perciò la seguente:

$$1s^22s^22p^4$$

Gli elettroni di valenza dell'ossigeno sono quelli del livello più esterno (il secondo), ossia:

$$2s^22p^4$$

$$2 + 4 = 6$$

Ricordando che in ogni livello vengono prima riempiti i sottolivelli *s* e poi quelli *p*, prova ora a individuare la configurazione elettronica e gli elettroni di valenza dell'atomo di fosforo (simbolo P, numero atomico 15), inserendo negli appositi spazi il numero di elettroni presenti in ogni sottolivello.

1*s* … 2*s* … 2*p* … 3*s* … 3*p* …

7.3 I numeri quantici e la configurazione elettronica

Per comprendere il significato dei livelli e dei sottolivelli dobbiamo considerare che ogni orbitale è caratterizzato da una determinata dimensione, forma e orientamento spaziale, indicati da 3 numeri interi, detti **numeri quantici**.

1. Il **numero quantico principale** (indicato con la lettera **n**) si riferisce alle **dimensioni** dell'orbitale e può variare da 1 a 7 (numeri interi): la dimensione dell'orbitale aumenta con l'aumentare di n; n identifica il livello energetico a cui appartiene ogni elettrone.

Simboli o strutture di Lewis

Per gli elementi principali, possiamo evidenziare gli **elettroni di valenza** mediante rappresentazioni particolari (con puntini disposti intorno al simbolo dell'atomo), dette **strutture o simboli di Lewis**:

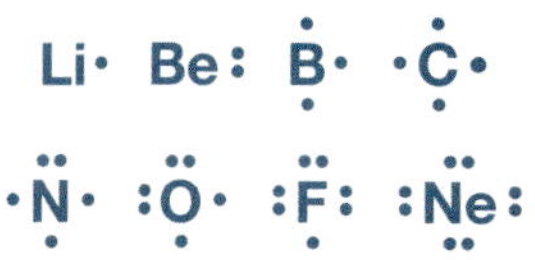

... in English

livelli energetici
energy levels

configurazione elettronica
electron configuration

elettroni di valenza
valence electrons

numeri quantici
quantum numbers

Elettroni e livelli energetici

Livelli e sottolivelli		
Livello n	**Sottolivelli**	
	numero	**tipi**
1	1	*s*
2	2	*s, p*
3	3	*s, p, d,*
4	4	*s, p, d, f*
5	4	*s, p, d, f*
6	3	*s, p, d*
7	2	*s, p*

2. Il **numero quantico secondario o angolare** (ℓ - elle) indica la **forma** dell'orbitale; esso può assumere tutti i valori interi positivi compresi tra **0** e **n – 1**:

- se **n = 1**, il numero quantico ℓ potrà essere solo 0 (valore a cui corrisponde l'orbitale **s** di forma sferica [**11**];
- se **n = 2**, ℓ potrà essere 0 (orbitale **s**, sferico) o 1 (perché n – 1 con n = 2 dà: 2 – 1 = 1); a ℓ = 1 corrispondono gli orbitali ***p*** (di forma a doppia goccia, con l'apice verso il nucleo [**12**];
- se **n = 3**, ℓ può essere 0, 1 e 2 (ℓ = 2 corrisponde agli orbitali ***d***, di forma più complessa [**13**];
- se **n = 4**, ℓ può essere 0, 1, 2 e 3 (quest'ultimo indica gli orbitali ***f***, ancora più complessi [**14**];
- con **n = 5**, pur essendo teoricamente possibili 5 diversi tipi di orbitali, sono presenti orbitali *s*, *p*, *d* ed *f* come per n = 4;
- con **n = 6** sono presenti solo orbitali *s*, *p* e *d* e con **n = 7** solo orbitali *s* e *p*. In ogni livello energetico gli orbitali hanno un contenuto energetico differente (*s* minore di *p*, *p* minore di *d* e *d* minore di *f*) per cui possiamo distinguere (a partire da n = 2) diversi **sottolivelli** energetici.

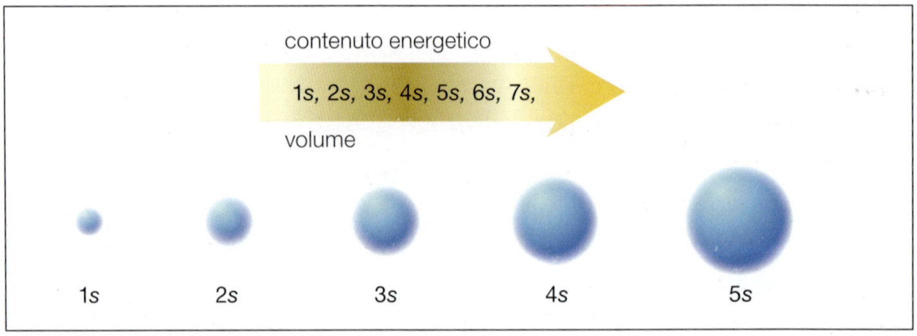

11. Orbitale *s*: in ogni livello energetico troviamo un solo orbitale *s* (che può contenere 0, 1 o 2 elettroni).

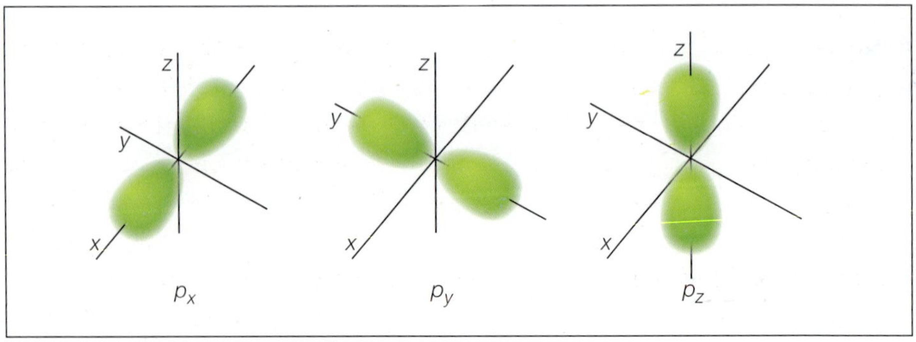

12. Orbitali *p*: a partire dal 2° livello, ogni livello presenta 3 orbitali *p* diversi (aventi cioè orientamento spaziale diverso), che possono contenere fino a un massimo di 6 elettroni (2 per ogni orbitale).

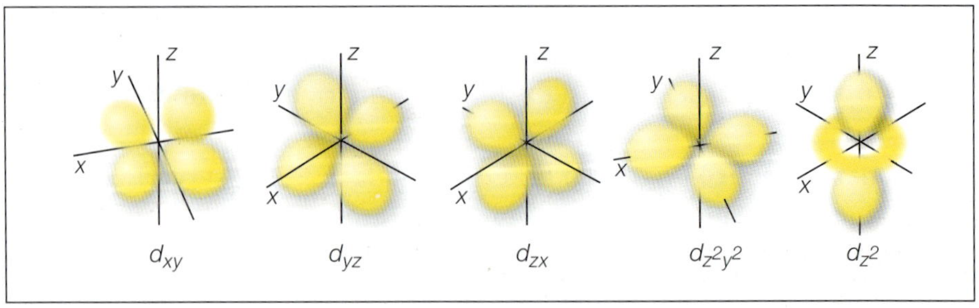

13. Gli **orbitali *d***, presenti nel 3°, 4°, 5° e 6° livello, sono in tutto 5 e possono contenere complessivamente fino a 10 elettroni (per ogni livello).

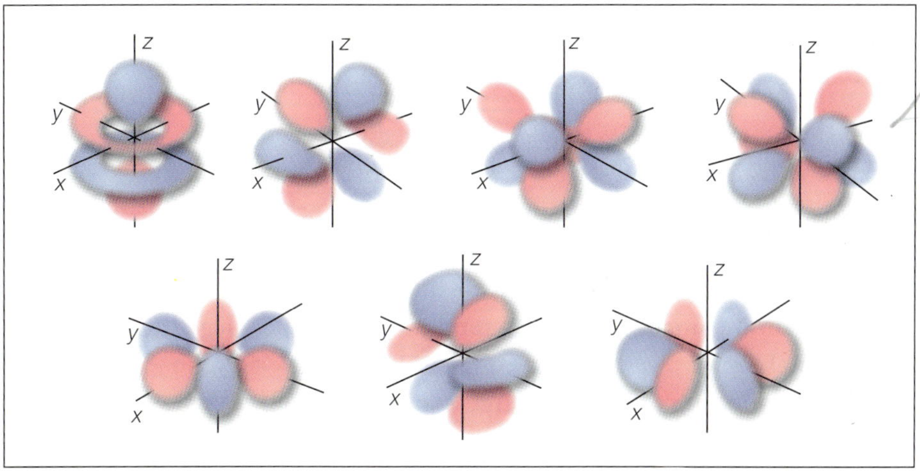

14. Gli **orbitali *f***, presenti nel 4° e 5° livello, sono 7 e ospitano fino a 14 elettroni.

3. Il **numero quantico magnetico (m)** indica l'**orientamento** dell'orbitale nello spazio e può assumere tutti i valori (interi) compresi tra $-\ell$ e $+\ell$, per cui:
   - se $\ell = 0$ (orbitale *s*, sferico), m = 0 ed esiste un solo orientamento spaziale possibile (la sfera da qualunque parte la guardiamo è sempre uguale), ossia per ogni livello energetico n, esiste un solo orbitale *s*;
   - se $\ell = 1$ (orbitali *p*, presenti solo dal secondo livello energetico n = 2 in poi), m potrà essere –1, 0 o +1, il che vuol dire che gli orbitali *p* di ogni livello sono 3, orientati diversamente nello spazio, rispetto alle 3 coordinate e vengono perciò indicati con una lettera (*x*, *y* o *z*) corrispondente alla coordinata lungo la quale sono orientati: p_x, p_y e p_z;
   - se $\ell = 2$ (orbitali *d*), m potrà essere –2, –1, 0, +1 e +2, per cui esisteranno 5 diversi orbitali *d*;
   - se $\ell = 3$ (orbitali *f*), m sarà –3, –2, –1, 0, +1, +2, +3 ed esisteranno 7 diversi orbitali *f*.
4. **Numero quantico di spin (m_s)**: un altro numero quantico, detto di spin, può assumere solo due valori: +1/2 o –1/2; secondo il modello dell'elettrone rotante, lo spin indica il **senso di rotazione dell'elettrone sul proprio asse**, in senso orario o in senso antiorario. Due elettroni che hanno la stessa serie di numeri quantici n, ℓ e m (ossia che occupano lo stesso orbitale) non possono avere lo stesso numero quantico di spin (**principio di esclusione di Pauli**), devono cioè avere **spin opposto**. Ogni orbitale può essere pertanto occupato al massimo da due elettroni i quali devono avere spin opposto [**15**].

Spin

Il termine *spin* in inglese significa trottola, a indicare la rotazione dell'elettrone sul proprio asse. In realtà lo spin indica il diverso orientamento assunto dai due elettroni presenti in uno stesso orbitale caratterizzato dagli stessi tre numeri quantici sopra elencati, quando viene sottoposto a un campo magnetico disomogeneo.

... in English

principio di esclusione di Pauli
Pauli Exclusion Principle

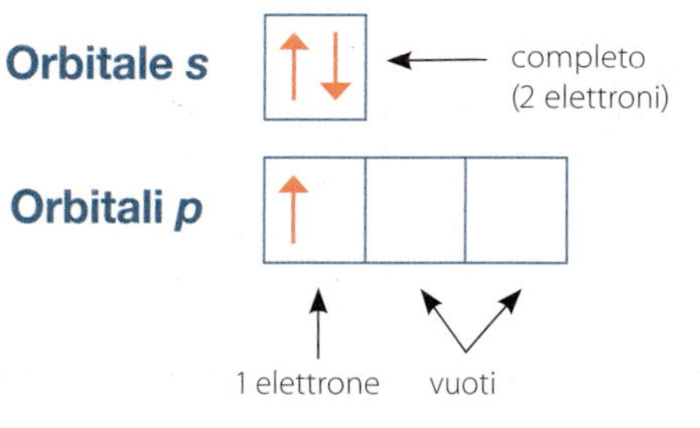

15. Gli orbitali possono essere rappresentati graficamente mediante quadratini: uno per l'orbitale *s*, tre uniti in fila per gli orbitali *p*, cinque per gli orbitali *d* e sette per gli orbitali *f*.
Gli elettroni vengono rappresentati da frecce verticali. Ogni orbitale può contenere 0, 1 o 2 elettroni. Il verso della freccia (la sua punta) indica lo spin. Se l'orbitale è occupato da due elettroni, le due frecce che li rappresentano sono parallele, ma il verso è opposto, antiparallelo, a indicare lo spin opposto.

7.4 La configurazione elettronica... in pratica

L'elettrone, dotato di carica elettrica negativa, è attratto dal nucleo (positivo), dal quale può allontanarsi in funzione dell'energia che possiede: più energia possiede e tanto più riesce ad allontanarsi dal nucleo.

Pertanto la dimensione dell'orbitale è proporzionale al contenuto energetico degli elettroni in esso contenuti. Il numero quantico principale n definisce la dimensione e il contenuto energetico dell'orbitale.

Negli atomi che possiedono più di un elettrone, all'azione attrattiva del nucleo si somma anche l'azione di repulsione reciproca degli elettroni (cariche di ugual segno si respingono), per cui in uno stesso livello energetico gli orbitali *s* hanno un contenuto energetico inferiore agli orbitali *p*, gli orbitali *p* inferiore agli orbitali *d* e questi ultimi inferiore agli orbitali *f*. Quando il numero di elettroni è elevato (dal 4° livello energetico in poi) può capitare che un orbitale appartenente a un livello energetico inferiore (per esempio un orbitale 3*d*) abbia un contenuto energetico superiore a un orbitale (di diverso tipo) appartenente a un livello energetico superiore (nell'esempio, 4*s*).

Nel suo stato fondamentale, ogni atomo dispone gli elettroni all'interno degli orbitali in ordine crescente di energia.

Glossario

Fotoni: particella elementare di... luce. Possiamo considerare la luce e tutte le altre radiazioni elettromagnetiche costituite da particelle elementari di energia (pacchetti o "quanti" di energia), prive di massa, chiamate fotoni.

Per **stato fondamentale** (o stazionario) di un atomo si intende la condizione di minima energia che contraddistingue l'atomo, in contrapposizione allo **stato eccitato**, nel quale gli elettroni, assorbendo energia, possono passare a livelli energetici superiori, per poi ritornare allo stato fondamentale (emettendo l'energia assorbita sotto forma di **fotoni**).

... in English

fotoni
photons

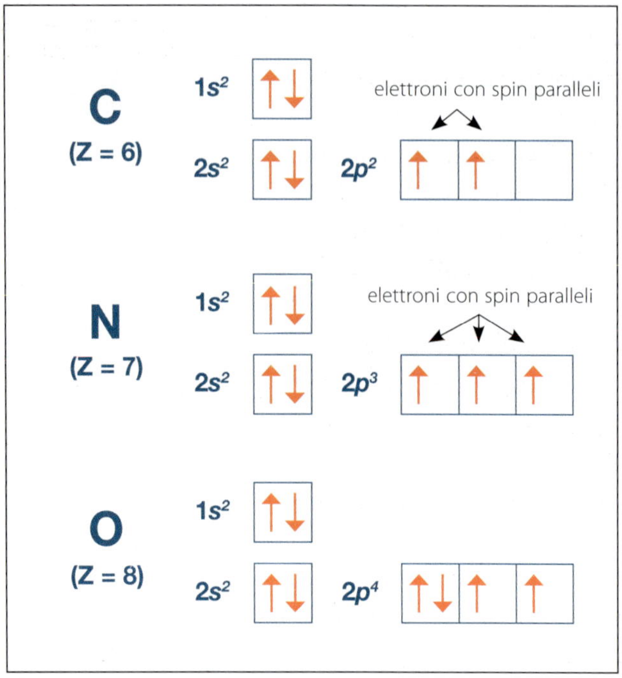

Gli elettroni appartenenti allo stesso sottolivello (*p*, *d* o *f*), nella condizione di maggior stabilità dell'atomo (condizione di minor energia), tendono ad assumere spin parallelo (**regola di Hund**) e, poiché in un orbitale possono "convivere" due elettroni solo se hanno spin opposto (antiparallelo), ogni orbitale del sottolivello viene prima occupato da un solo elettrone e il secondo elettrone completa l'orbitale solo se prima tutti gli orbitali del sottolivello contengono già un elettrone [**16**].

16. I sottolivelli *p*, *d* e *f*, costituiti rispettivamente da 3, 5 e 7 orbitali, devono essere riempiti inserendo prima un solo elettrone per orbitale e solo dopo aver occupato con un elettrone tutti gli orbitali del sottolivello si inserisce il secondo elettrone nell'orbitale (con spin antiparallelo): sono qui rappresentati gli atomi di carbonio (C, numero atomico 6), azoto (N, 7) e ossigeno (O, 8).

Ogni orbitale viene identificato dal numero quantico principale (il livello a cui appartiene l'orbitale) seguito dalla lettera che indica il tipo di orbitale (*s*, *p*, *d* o *f*), riportando come esponente il numero di elettroni contenuti in quel tipo di orbitale (1 o 2, per ***s***; da 1 a 6 per ***p***; da 1 a 10 per ***d***; e da 1 a 14 per ***f***).

Così la configurazione elettronica dell'atomo di elio (He, numero atomico 2, possiede due elettroni) è:

L'atomo di elio completa il primo livello energetico.

Quella del boro (B, numero atomico 5): $1s^2 2s^2 2p^1$

Quella del silicio (Si, numero atomico 14): $1s^2 2s^2 2p^6 3s^2 3p^2$

Se rappresentiamo gli orbitali con i quadratini e gli elettroni con le frecce verticali, la configurazione dei tre atomi sopra elencati sarà [**17**]:

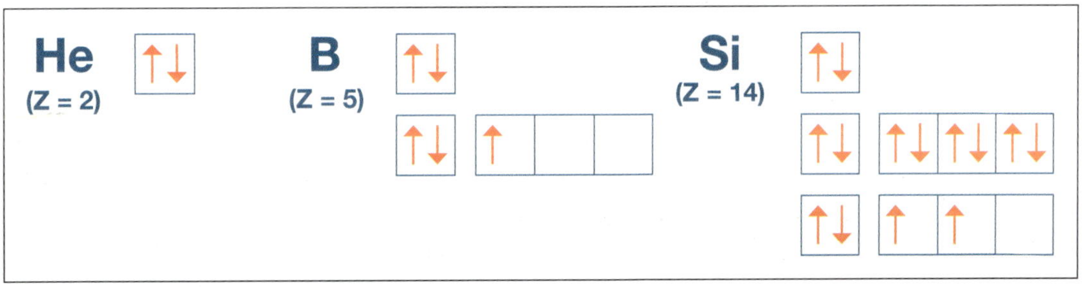

17. Configurazione elettronica e regola di Hund: si noti la disposizione degli elettroni del silicio negli orbitali 3*p*.

Rispettando la **regola di Hund**, gli elettroni (due) del sottolivello 3*p* del silicio si dispongono paralleli uno per orbitale e non entrambi in un solo orbitale. Possiamo riassumere le seguenti **regole di riempimento** degli orbitali:

1. ogni orbitale può contenere non più di due elettroni;
2. vengono riempiti per primi gli orbitali del primo livello, poi quelli del secondo, del terzo e così via, tenendo presente che di ogni livello vengono riempiti prima gli orbitali *s* (a minor contenuto energetico), poi gli orbitali *p* (presenti dal secondo livello energetico in poi), poi gli orbitali *d* e, infine, gli orbitali *f*;
3. esiste un solo orbitale *s* per ogni livello, che può contenere fino a due elettroni; dal secondo livello al settimo troviamo gli orbitali *p*: 3 per livello, possono contenere in totale fino a un massimo di 6 elettroni; dal terzo al sesto livello troviamo gli orbitali *d* (5 per livello, contengono in totale fino a 10 elettroni); al quarto e al quinto livello troviamo 7 orbitali *f* (che possono contenere fino a 14 elettroni);
4. il riempimento degli orbitali *p*, *d* ed *f* rispetta la regola di Hund, per cui prima si riempiono con un solo elettrone tutti gli orbitali di un sottolivello poi si aggiunge il secondo elettrone a ogni orbitale;

5. l'ordine di riempimento degli orbitali (sottolivelli) *d* ed *f* si incrocia con l'ordine di riempimento dei rispettivi livelli, per cui gli orbitali *d* di un livello (dal terzo al sesto) vengono riempiti dopo l'orbitale *s* del livello successivo:
   - 3*d* viene dopo 4*s* (la sequenza è: 4*s* 3*d* 4*p*...)
   - 4*d* dopo 5*s*
   - 5*d* dopo 6*s* (e dopo 4*f*)
   - 6*d* dopo 7*s* (e dopo 5*f*)
6. Gli orbitali *f* (4*f* e 5*f*) vengono riempiti subito prima del sottolivello *d* appartenente al livello successivo:
   - 4*f* prima di 5*d*
   - 5*f* prima di 6*d*

Integrando tutte queste regole, risulterà il seguente ordine di riempimento degli orbitali [**18**]:

1s 2s 2p 3s 3p 4s 3d 4p 5s 4d 5p 6s 4f 5d 6p 7s 5f 6d 7p

Il numero degli elettroni presenti nel sottolivello va indicato (come se fosse un esponente) alla destra della lettera che indica l'orbitale.

Nella rappresentazione a quadratini va ricordata anche la regola di Hund.

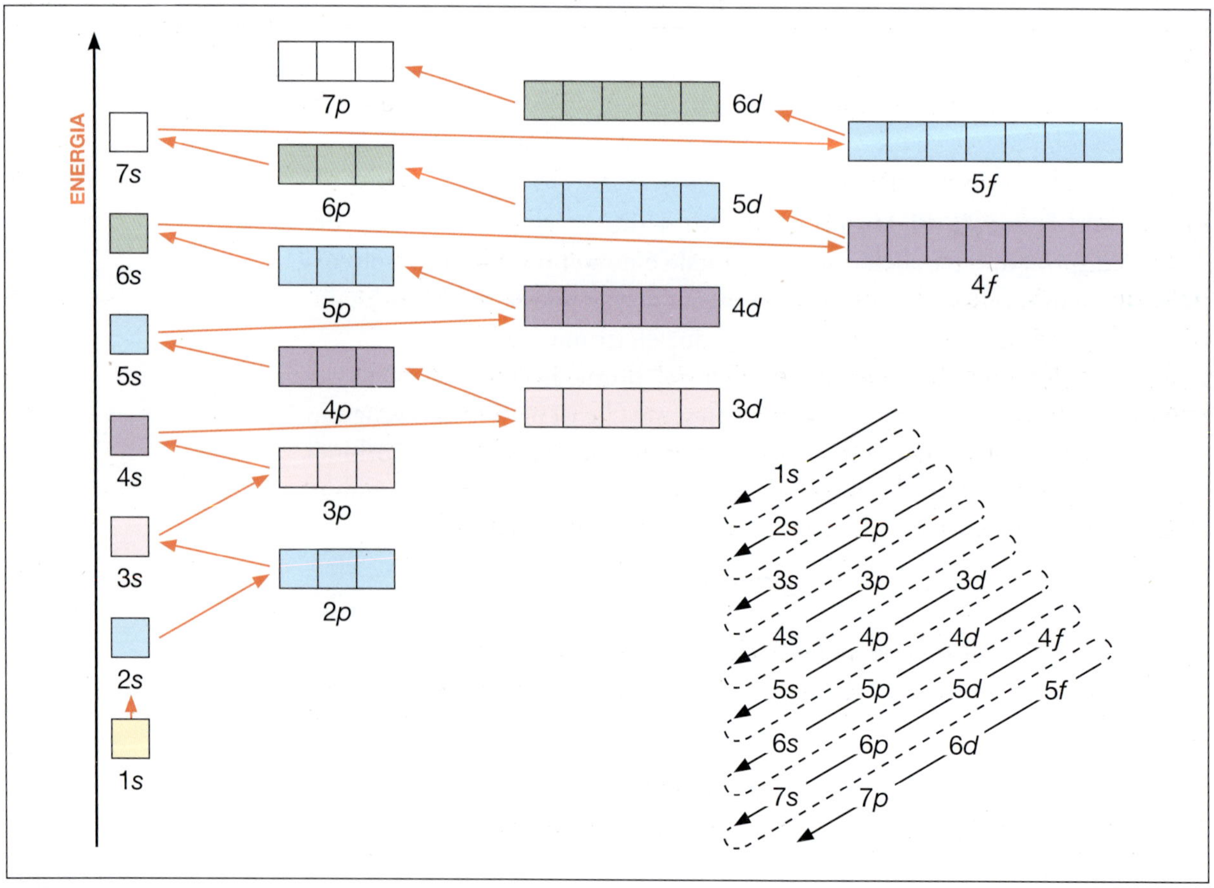

18. Contenuto di energia e ordine di riempimento degli orbitali.

8 Gli ioni e la configurazione elettronica

Gli **elettroni** degli strati più esterni possono **trasferirsi** da un atomo (o un gruppo di atomi) a un altro. L'atomo che cede un elettrone perde una carica negativa, per cui le cariche positive del nucleo (i protoni) saranno in numero maggiore (+1) rispetto alle cariche negative degli elettroni rimasti: la particella non è più neutra, ma avrà una carica positiva.

L'atomo che, invece, riceve un elettrone diventa una particella con carica negativa, perché gli **elettroni** (**cariche negative**) saranno ora in numero maggiore rispetto ai **protoni** (**cariche positive**) del nucleo [**19**].

Le particelle dotate di carica elettrica, che si sono così formate, vengono chiamate **ioni**: quelle con carica positiva **cationi**, quelle con carica negativa **anioni**.

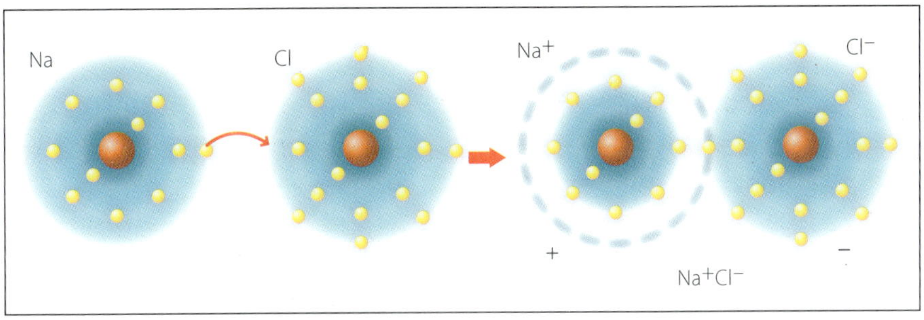

19. L'atomo di sodio Na (11 p^+ e 11 e^-) tende a cedere un elettrone (e^-); diventa così uno ione positivo (catione) Na^+ perché le 11 cariche positive (i protoni p^+) non sono totalmente neutralizzate dagli elettroni, che sono ora uno in meno (10 e^-). L'atomo di cloro, invece, tende ad acquistare un elettrone e diventa uno ione negativo (anione) Cl^-, avendo ora una carica negativa in più: 18 e^- contro 17 p^+.

Gli ioni vengono rappresentati mettendo un segno + (per i cationi) o – (per gli anioni) in alto a destra dopo il simbolo dell'atomo: Na^+, Cl^-.

Se le cariche sono più di una il segno è preceduto dal numero corrispondente: Ca^{2+}, Al^{3+}, oppure viene ripetuto più volte: Ca^{++}, Al^{+++}.

Spesso gli ioni sono costituiti da gruppi di atomi uniti insieme (**ioni poliatomici**), che hanno complessivamente una carica positiva o negativa: SO_4^{2-}; NO_3^-; NH_4^+.

Rispetto all'atomo da cui derivano, gli ioni hanno una configurazione elettronica che tiene conto degli elettroni ceduti (nel caso di cationi, ioni positivi) o acquistati (ioni negativi, anioni) dall'atomo, che diventa uno ione.

Così lo ione Na^+, che deriva dall'atomo di sodio (Z = 11), avendo perso un elettrone avrà 10 elettroni e la sua configurazione elettronica sarà:

$$1s^2 2s^2 2p^6$$

Questa è identica alla configurazione elettronica del neon (Z = 10).

Per lo ione Cl^-, che deriva dal cloro (Z = 17), avendo acquistato un elettrone ha 18 elettroni e la sua configurazione sarà:

$$1s^2 2s^2 2p^6 3s^2 3p^6$$

Questa è identica alla configurazione elettronica dell'argon (Z = 18).

ESERCIZI di autoverifica

A Completa i seguenti disegni inserendo le parole elencate

1. atomico
2. idrogeno
3. prozio
4. elettrone
5. carbonio
6. protone
7. trizio
8. di massa
9. 2
10. 3
11. 6

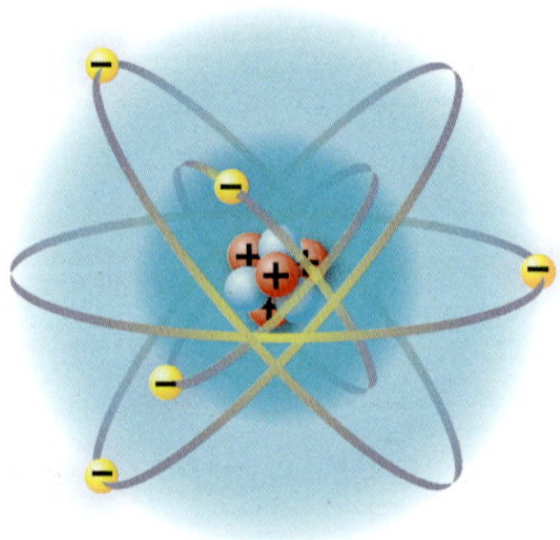

+ protone 6
neutrone
− elettrone 4

atomo di idrogeno

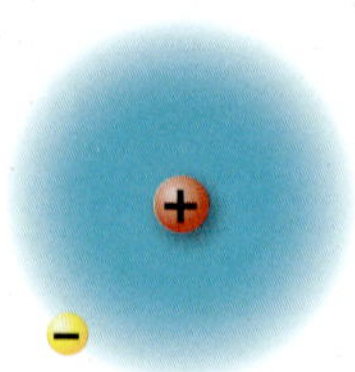

1 +
numero atomico 1 (Z) = 1

atomo di carbonio - 5

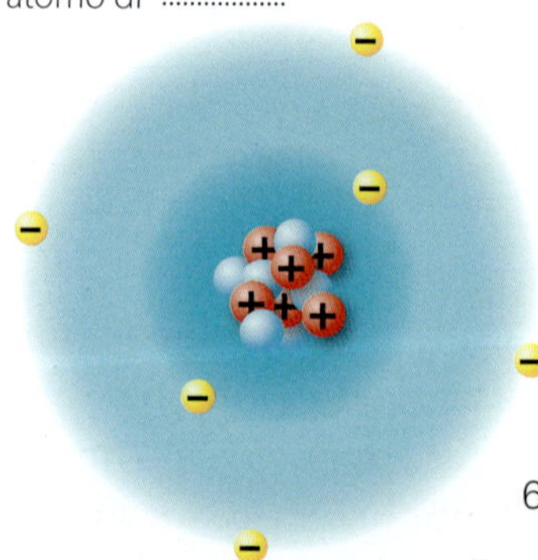

6 +
Z = 6 - 11

^1H prozio - 3

$1p^+$

numero di massa 8 A = 1

^2H deutèrio

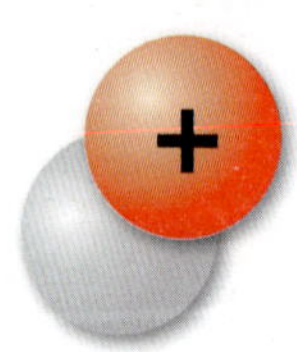

$1p^+ + 1n$

A = 2 - 9

^3H trizio - 7

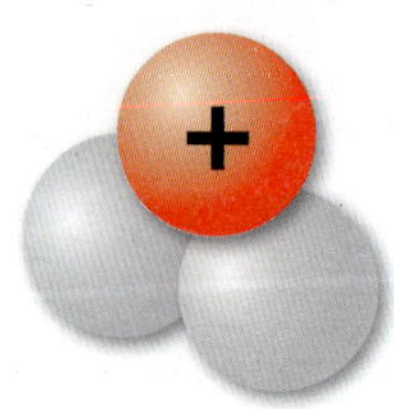

$1p^+ + 2n$

A = 3 - 10

B **Se non lo sai, rileggilo alla pagina indicata**

1. Che cos'è un composto chimico? E un elemento? (pagg. 32-33-35)
2. A quali elementi corrispondono i simboli: K, Na, P, S, N, C, Ca? (pag. 33)
3. Quali sono le proprietà dei metalli? (pag. 34)
4. Quali sono e che cosa affermano le leggi ponderali della Chimica? (pag. 36)
5. Che cosa afferma la teoria atomica di Dalton? (pag. 37)
6. Quali particelle costituiscono il nucleo dell'atomo? (pag. 39)
7. Quali particelle subatomiche hanno una carica elettrica? (pag. 39)
8. Che cos'è il numero atomico? (pag. 39)
9. Da quali particelle dipende la massa dell'atomo? (pag. 40)
10. Che cos'è il numero di massa? (pag. 40)
11. Che cosa sono gli isotopi? (pag. 41)
12. Come viene definita l'unità di massa atomica? (pag. 42)
13. Come si calcola la massa molecolare? (pag. 43)
14. Che cosa afferma il principio di indeterminazione di Heisenberg? (pag. 43)
15. Come vengono distribuiti gli elettroni nei vari livelli e sottolivelli energetici? (pag. 44)
16. Come si individuano gli elettroni di valenza? (pag. 45)
17. Che cosa sono i numeri quantici? (pagg. 44-47)
18. Come si "costruisce" la configurazione elettronica di un elemento? (pagg. 48-49)
19. Che cosa afferma la regola di Hund? (pag. 48)
20. Come cambia la configurazione elettronica negli ioni? (pag. 51)

C **Indica se le seguenti affermazioni sono vere (V) o false (F)**

	V	F
1. NaCl è una sostanza pura.	☒	○
2. N è il simbolo del sodio.	○	☒
3. P è il simbolo del potassio.	○	☒
4. Secondo Dalton l'atomo è costituito da un nucleo e da elettroni che ruotano intorno.	○	☒
5. I protoni sono più pesanti degli elettroni.	☒	○
6. L'unità di massa atomica è la dodicesima parte dell'atomo di idrogeno.	○	☒
7. La massa molecolare è la somma delle masse atomiche degli atomi presenti nella molecola.	☒	○
8. Gli elettroni hanno una carica elettrica positiva.	○	☒
9. Il numero quantico principale indica la forma dell'orbitale.	○	○
10. Un atomo con Z = 18 ha 18 elettroni.	☒	○
11. Gli atomi hanno (complessivamente) carica elettrica positiva.	○	☒
12. Il nucleo dell'atomo è formato da protoni e neutroni.	☒	○
13. Il numero di neutroni di un atomo è detto numero atomico.	○	☒
14. Il numero di massa indica la somma del numero di protoni e di neutroni dell'atomo.	☒	○
15. Atomi che hanno lo stesso numero atomico, ma numero di massa diverso, sono detti isotopi.	☒	○

16. Gli elettroni presenti nel guscio più interno determinano le proprietà chimiche dell'elemento. ○ ○
17. Il primo livello energetico può contenere al massimo 8 elettroni. ○ ○
18. Gli elettroni hanno una carica elettrica negativa. ○ ○
19. $1s^2$ è la configurazione elettronica di un atomo con Z = 2. ○ ○
20. L'atomo di ossigeno ha 8 elettroni di valenza. ○ ○
21. Gli elettroni hanno una massa simile a quella dei protoni. ○ ○
22. I neutroni hanno una massa maggiore degli elettroni. ○ ○
23. Tutti i gas nobili hanno una configurazione elettronica s^2p^6. ○ ○
24. I neutroni hanno carica elettrica positiva. ○ ○

D Completa le seguenti frasi inserendo le parole mancanti, scegliendole nell'elenco sottostante

a. Il nucleo dell'atomo è costituito da protoni e ....
b. I .... sono particelle dotate di carica elettrica positiva.
c. Intorno al nucleo ruotano gli ....
d. Il numero .... è uguale al numero dei protoni presenti nel nucleo dell'atomo.
e. Il numero .... è dato dalla somma dei protoni e dei neutroni presenti nel nucleo dell'atomo.
f. Atomi aventi lo stesso numero atomico ma numero di massa diverso sono detti ....
g. L'azoto (Z = 7) ha .... elettroni di valenza.
h. Il nucleo dell'isotopo 15 dell'azoto (^{15}N) ha nel suo nucleo .... neutroni, l'isotopo ^{14}N ne ha 7; il suo numero atomico è ....
i. I neutroni hanno carica elettrica ....
j. Gli elettroni hanno una carica elettrica ....
k. I neutroni sono situati nel ....
l. I protoni hanno carica elettrica ....
m. Il berillio (Z = 4) ha una configurazione elettronica ....
n. L'azoto è un .... chimico; l'acqua, invece, è un ....

1. 7
2. 5
3. 2
4. 6
5. di massa
6. atomico
7. elettroni
8. neutroni
9. protoni
10. isotopi
11. composto
12. negativa
13. positiva
14. $1s^21p^1$
15. $1s^22s^2$
16. elemento
17. nucleo
18. $1s^22p^2$
19. 8
20. nulla

E Indica con una crocetta la risposta giusta tra quelle proposte

1. Il numero di massa è uguale:
- **a.** alla somma dei protoni e dei neutroni
- **b.** al numero atomico
- **c.** al numero di elettroni
- **d.** al numero di protoni

2. Il numero atomico è uguale:
- **a.** al numero di massa
- **b.** alla somma dei protoni e dei neutroni
- **c.** al numero dei protoni
- **d.** al numero dei neutroni

3. Hanno carica elettrica:
- **a.** gli elettroni del nucleo
- **b.** i neutroni
- **c.** i protoni
- **d.** i protoni e gli elettroni

4. Due isotopi di un elemento hanno:
- **a.** stesso numero di massa
- **b.** stesso numero di neutroni
- **c.** stesso numero atomico
- **d.** stesso nucleo

5. Il numero di massa del trizio è:
- **a.** 1
- **b.** 2
- **c.** 3
- **d.** 4

6. La configurazione elettronica dell'atomo di zolfo (numero atomico 16) è:
- **a.** $1s^2 2s^2 2p^6 3s^2 3p^6$
- **b.** $1s^2 2s^6 2p^6 3s^2$
- **c.** $1s^2 2s^2 2p^6 3s^2 3p^4$
- **d.** $3p^{16}$

7. Gli elettroni di valenza del cloro (numero atomico 17) sono:
- **a.** 17
- **b.** 7
- **c.** 1
- **d.** 5

8. Alla configurazione elettronica $1s^2 2s^2 2p^6 3s^2$ corrisponde:
- **a.** un atomo con 2 elettroni di valenza
- **b.** un atomo con 3 elettroni di valenza
- **c.** un atomo con Z = 20
- **d.** un atomo con A = 12

9. Il numero atomico 18 corrisponde all'elemento:
- **a.** azoto
- **b.** cloro
- **c.** argo
- **d.** sodio

10. I protoni sono particelle:
- **a.** dotate di carica elettrica negativa e ruotano intorno al nucleo
- **b.** dotate di carica elettrica negativa, situate nel nucleo
- **c.** prive di carica elettrica, situate nel nucleo
- **d.** dotate di carica elettrica positiva, situate nel nucleo

11. L'anidride carbonica è:
- **a.** un miscuglio omogeneo
- **b.** un elemento chimico
- **c.** un composto chimico
- **d.** un metallo

12. Buon conduttore di elettricità e calore:
- **a.** zolfo
- **b.** alluminio
- **c.** carbonio
- **d.** azoto

13. Il simbolo dello zolfo è:
- **a.** Z
- **b.** Zo
- **c.** S
- **d.** P

s-p-d-f

14. Il numero quantico magnetico indica:
- **a.** il livello energetico dell'orbitale
- **b.** l'orientamento dell'orbitale
- **c.** la forma dell'orbitale
- **d.** il senso di rotazione dell'elettrone

p. 44

15. Gli orbitali *d* vengono riempiti subito:
- **a.** dopo gli orbitali *f* dello stesso livello
- **b.** dopo l'orbitale *s* del livello successivo
- **c.** dopo gli orbitali *p* del livello successivo
- **d.** prima dell'orbitale *s* dello stesso livello

16. Gli orbitali *p* di un livello possono contenere fino a:
- **a.** 2 elettroni
- **b.** 6 elettroni
- **c.** 8 elettroni
- **d.** 10 elettroni

17. Il deuterio:
- **a.** è un isotopo dell'idrogeno con numero atomico 2
- **b.** è un isotopo dell'ossigeno
- **c.** è un gas nobile
- **d.** ha numero di massa 2

18. Il numero quantico principale può variare:
- **a.** da 0 a n – 1
- **b.** da – *l* a + *l*
- **c.** da 1 a 7
- **d.** da 0 a 7

19. Il numero quantico di spin può assumere:
- **a.** solo valori positivi
- **b.** solo due valori
- **c.** tutti i valori interi tra 1 e 7
- **d.** tutti i valori interi tra 0 e n – 1

20. Elaborò il modello atomico "a panettone":
- **a.** Dalton
- **b.** Bohr
- **c.** Rutherford
- **d.** Thomson

21. Completa il terzo livello energetico:
- **a.** il fluoro
- **b.** lo zolfo
- **c.** l'argon
- **d.** il neon

22. Lo ione Na^+ ha la stessa configurazione elettronica:
- **a.** del neon
- **b.** del cloro
- **c.** dell'argon
- **d.** del magnesio

23. Indica il senso di rotazione dell'elettrone su se stesso:
- **a.** il numero quantico principale
- **b.** il numero quantico di spin
- **c.** il numero quantico magnetico
- **d.** il numero quantico angolare

24. Nella configurazione elettronica del silicio (Z = 14):
- **a.** gli ultimi due elettroni esterni occupano parzialmente 2 orbitali 4*p*
- **b.** gli ultimi quattro elettroni esterni occupano orbitali 3*p*
- **c.** gli ultimi due elettroni occupano insieme un orbitale 3*p*
- **d.** quattro elettroni sono situati nel terzo livello energetico

Capitolo 3

La tavola periodica degli elementi

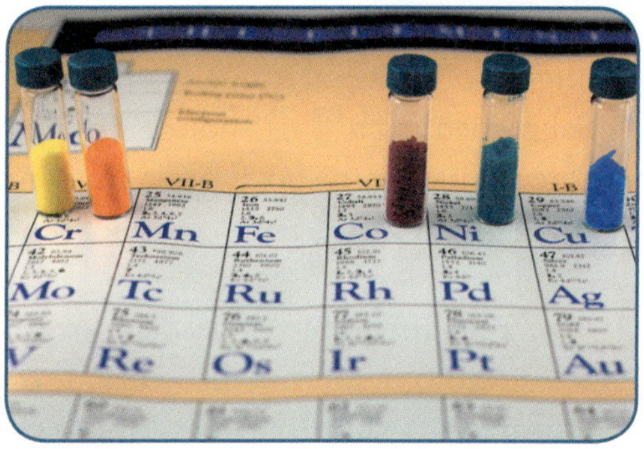

Obiettivi

- Descrivere la struttura della tavola periodica indicando il significato di gruppi e periodi.
- Distinguere metalli, semimetalli e non metalli, elementi dei gruppi principali ed elementi di transizione.
- Descrivere la struttura a blocchi della tavola periodica.
- Consultare la tavola periodica per ricavarne le principali informazioni sulle proprietà degli elementi.

1 La tavola periodica di Mendeleev

La **tavola periodica** o **sistema periodico** degli elementi è una tabella che raccoglie tutti gli elementi chimici noti, naturali e artificiali.

... in English
Tavola periodica degli elementi
Periodic Table of the Elements

È anche detta **tavola periodica di Mendeleev**, dal nome del chimico russo **Dimitrij Mendeleev** (1834-1907) che la elaborò nel 1869, evidenziando la **periodicità** del comportamento degli elementi fino ad allora conosciuti (una sessantina): all'aumentare del peso atomico, le proprietà degli elementi variavano progressivamente, ma dopo una serie di elementi si ripresentava un elemento con proprietà simili al primo della serie precedente, uno corrispondente al secondo e così via, tanto da poter prevedere peso atomico e proprietà di elementi non ancora noti che avrebbero dovuto occupare caselle rimaste ancora vuote [1].

Таблица II.
Вторая попытка Менделѣева найти естественную систему химическихъ элементовъ. Перепечатана безъ измѣне[нія]
изъ „Журнала Русскаго Химическаго Общества", т. III, стр. 31 (1871 г.).

		Группа I.	Группа II.	Группа III.	Группа IV.	Группа V.	Группа VI.	Группа VII.	Группа VIII, переход[ъ] къ группѣ I.
		H=1							
Типическіе элементы.		Li=7	Be=9,4	B=11	C=12	N=14	O=16	F=19	
1-й періодъ.	Рядъ 1-й.	Na=23	Mg=24	Al=27,3	Si=28	P=31	S=32	Cl=35,5	
	— 2-й.	K=39	Ca=40	?=44	Ti=50?	V=51	Cr=52	Mn=55	Fe=56, Co=59 Ni=59, Cu=63
2-й періодъ.	— 3-й.	(Cu=63)	Zn=65	?=68	?=72	As=75	Se=78	Br=80	
	— 4-й.	Rb=85	Sr=87	Yt?=88?	Zr=90	Nb=94	Mo=96	– =100	Ru=104, Rh=104 Pd=104, Ag=108
3-й періодъ.	— 5-й.	(Ag=108)	Cd=112	In=113	Sn=118	Sb=122	Te=128?	J=127	
	— 6-й.	Cs=133	Ba=137	—=137	Ce=138?	—	—	—	— — — —
4-й періодъ.	— 7-й.	—	—	—	—	—	—	—	
	— 8-й.	—		—	—	Ta=182	W=184	—	Os=199?, Ir=198? Pt=197, Au=197
5-й періодъ.	— 9-й.	(Au=197)	Hg=200	Tl=204	Pb=207	Bi=208	—	—	
	—10-й.		—	—	Th=232	—	Ur=240	—	
Высшая солная окись		R_2O	R_2O_2 или RO	R_2O_3	R_2O_4 или RO_2	R_2O_5	R_2O_6 или RO_3	R_2O_7	R_2O_8 или RO_4
Высшее водородное соединеніе . . .				(RH_3)	RH_4	RH_3	RH_2	RH	

1. Dimitrij Mendeleev e la sua tavola periodica.

La scoperta, negli anni successivi, degli elementi "mancanti" (gallio, 1875, scandio, 1876, e germanio, 1886), che possedevano proprio le proprietà previste da Mendeleev, confermò la validità della sua **legge della periodicità** e della sua **tavola degli elementi**, che venne integrata e modificata, fino a ottenere quella attuale, basata non più sul peso atomico ma sul **numero atomico Z** e quindi sulla **configurazione elettronica** dell'atomo.

... in English
configurazione elettronica
electron configuration

Gli atomi dei diversi elementi si distinguono in base al numero atomico Z, ossia al numero dei **protoni** presenti nel nucleo, a cui corrisponde un ugual numero di **elettroni** che ruotano intorno al nucleo, disposti ordinatamente in strati o "gusci" concentrici (livelli energetici e sottolivelli, corrispondenti agli orbitali dell'attuale concezione dell'atomo).

Le proprietà chimiche dei diversi elementi dipendono dalla disposizione degli elettroni (elettroni di valenza) nello strato più esterno, disposizione definita configurazione elettronica esterna.

Leggere sull'eBook
- La tavola periodica, da Mendeleev a oggi

2 La tavola periodica attuale

Nella tavola periodica attuale gli elementi sono allineati in ordine crescente non più per peso atomico ma per numero atomico, formando 7 righe orizzontali, chiamate **periodi** (indicati con numeri arabi da 1 a 7), e 18 colonne verticali, chiamate **gruppi**.

Link
https://terpconnect.umd.edu/~wbreslyn/chemistry/electron-configurations/

La disposizione degli elementi nella tavola periodica dovrebbe essere pertanto la seguente:

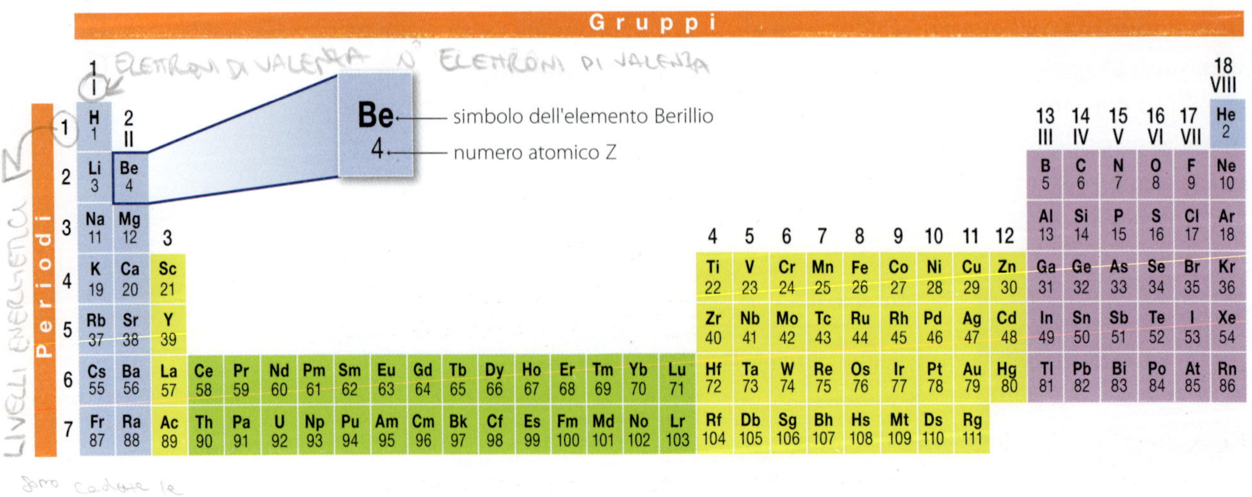

In questa "versione lunga" della tavola periodica abbiamo indicato solo il simbolo e il numero atomico Z di ogni elemento (ogni elemento viene identificato sia mediante il suo simbolo sia mediante il suo numero atomico).

Dobbiamo ricordare che ogni **gruppo** (colonna della tabella) comprende elementi che hanno **proprietà chimiche simili** e che posseggono anche la stessa **configurazione elettronica esterna**: infatti le proprietà chimiche degli elementi dipendono dal numero degli elettroni di valenza, ossia quelli dello strato o livello energetico più esterno.

Gli elettroni dello strato più esterno possono interagire con quelli di altri atomi per formare molecole per mezzo di legami chimici. Gli **elementi** che hanno lo **stesso numero di elettroni** nello strato più esterno reagiscono con altri elementi in modo simile e formano **molecole simili** (hanno cioè proprietà chimiche simili).

Fare per apprendere

- La tavola periodica: istruzioni per l'uso

Così, per esempio, nel primo gruppo (**metalli alcalini**) troviamo elementi che hanno un solo elettrone di valenza e una configurazione esterna ***s***s^1: litio, sodio, potassio, rubidio, cesio e francio [**2**]. Questi elementi hanno proprietà chimiche simili: reagiscono violentemente con l'acqua, all'aria si ossidano rapidamente formando composti (ossidi) che hanno formule chimiche simili (stesso rapporto atomico 2 : 1 tra l'elemento del gruppo e l'ossigeno): Li_2O, Na_2O, K_2O ecc.

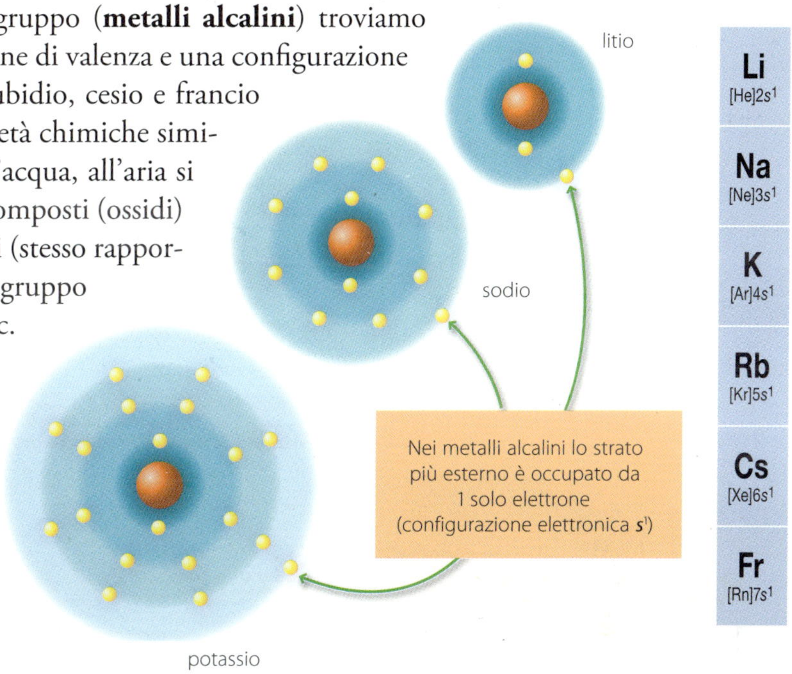

2. I metalli alcalini hanno un solo elettrone nello strato più esterno.

Nella tavola periodica i gruppi hanno una doppia numerazione: con numeri arabi da 1 a 18 e con numeri romani da I a VIII (quest'ultima riguarda solo i **gruppi principali**, quelli nei quali gli elettroni esterni sono nei **sottolivelli *s*** e ***p***, ossia i gruppi 1, 2 e da 13 a 18).

Ogni **periodo** (riga della tabella) contiene elementi disposti in ordine crescente di **numero atomico** e inizia con un elemento del primo gruppo, che ha un solo elettrone di valenza nello strato esterno, e termina con un elemento del gruppo 18 (o VIII gruppo, dei gas nobili), che presenta una configurazione elettronica stabile, con 8 elettroni nello strato esterno (fa eccezione l'elio che ne ha solo 2, ma è stabile perché completa il primo livello, il più piccolo).

... in English
livello energetico
energy level

Il **numero del periodo** corrisponde al **livello energetico** degli elettroni di valenza di tutti gli elementi del periodo: così, per esempio, nel terzo periodo troviamo 8 elementi (Na, Mg, Al, Si, P, S, Cl e Ar) i cui elettroni di valenza sono tutti nel terzo livello energetico, rispettivamente: $3s^1$ il sodio, $3s^2$ il magnesio, $3s^23p^1$ l'alluminio, $3s^23p^2$ il silicio, $3s^23p^3$ il fosforo, $3s^23p^4$ lo zolfo, $3s^23p^5$ il cloro e $3s^23p^6$ l'argo.

periodo 3	Na [Ne]$3s^1$	Mg [Ne]$3s^2$	Al [Ne]$3s^23p^1$	Si [Ne]$3s^23p^2$	P [Ne]$3s^23p^3$	S [Ne]$3s^23p^4$	Cl [Ne]$3s^23p^5$	Ar [Ne]$3s^23p^6$

Il **primo periodo** è costituito solo da 2 elementi (H e He), appartenenti al primo livello energetico; il **secondo e terzo periodo** (detti, insieme al primo, **brevi periodi**) sono costituiti da 8 elementi, che presentano da 1 a 8 elettroni esterni (sottolivelli ***s*** e ***p***); i periodi successivi sono detti **lunghi periodi**: il quarto e il quinto contengono 18 elementi, il sesto e il settimo ne contengono 32.

Gruppi
(18 colonne verticali)

Periodi
(7 righe orizzontali)

elementi (metalli) di transizione

	1 I	2 II	3	4	5	6	7	8	9	10	11	12	13 III	14 IV	15 V	16 VI	17 VII	18 VIII
1	H																	He
2	Li	Be											B	C	N	O	F	Ne
3	Na	Mg											Al	Si	P	S	Cl	Ar
4	K	Ca	Sc	Ti	V	Cr	Mn	Fe	Co	Ni	Cu	Zn	Ga	Ge	As	Se	Br	Kr
5	Rb	Sr	Y	Zr	Nb	Mo	Tc	Ru	Rh	Pd	Ag	Cd	In	Sn	Sb	Te	I	Xe
6	Cs	Ba		Hf	Ta	W	Re	Os	Ir	Pt	Au	Hg	Tl	Pb	Bi	Po	At	Rn
7	Fr	Ra		Rf	Db	Sg	Bh	Hs	Mt	Ds	Rg							
				La	Ce	Pr	Nd	Pm	Sm	Eu	Gd	Tb	Dy	Ho	Er	Tm	Yb	Lu
				Ac	Th	Pa	U	Np	Pu	Am	Cm	Bk	Cf	Es	Fm	Md	No	Lr

La tavola periodica riflette l'ordine di riempimento degli orbitali (o sottolivelli), per cui possiamo suddividerla in **quattro blocchi fondamentali** [3]: blocco ***s***, blocco ***p***, blocco ***d*** e blocco ***f***.

Blocco *s*

Gli elementi dei **primi due gruppi** (gruppi I e II) appartengono al blocco *s*, perché gli elettroni esterni appartengono al **sottolivello *s***: quelli del primo gruppo hanno una configurazione elettronica esterna s^1 e quelli del secondo gruppo s^2.

Blocco *p*

Gli elementi degli **ultimi sei gruppi** (da III a VIII) formano il blocco *p*, perché gli elettroni esterni "cadono" nel **sottolivello *p***: la configurazione elettronica esterna sarà dunque: s^2p^1 (per il gruppo III), s^2p^2 (per il gruppo IV), s^2p^3 (per il gruppo V), s^2p^4 (per il gruppo VI), s^2p^5 (per il gruppo VII) e s^2p^6 (per il gruppo VIII).

Blocco *d*

I **dieci gruppi** da 3 a 12, definiti **elementi di transizione**, costituiscono il blocco *d*, perché gli elementi costituenti appartengono al **sottolivello *d*** (di un livello inferiore): così, per esempio, gli elementi del blocco *d* appartenenti al quarto periodo hanno gli ultimi elettroni nel sottolivello **3*d***; quelli del quinto periodo nel sottolivello **4*d***, quelli del sesto **5*d*** e quelli del settimo **6*d***.

Blocco *f*

Il blocco *f*, infine, comprende **lantanidi** e **attinidi**, elementi rispettivamente del sesto e settimo periodo, che presentano elettroni sia nel sottolivello *s* dello stesso periodo che nel **sottolivello *f*** di due livelli energetici inferiori: per esempio, l'uranio (U), appartenente al settimo periodo, ha una configurazione elettronica esterna $5f^3 6d^1 7s^2$, con elettroni inseriti sia nel sottolivello $7s$ sia nel sottolivello $5f$, per cui fa parte degli elementi del blocco *f*.

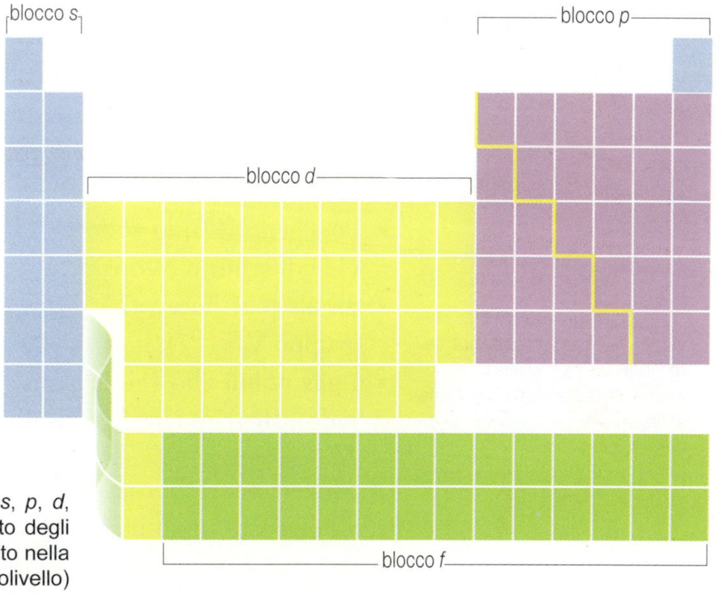

3. Suddivisione della tavola periodica in 4 blocchi: *s*, *p*, *d*, *f*. Tale suddivisione rispecchia l'ordine di riempimento degli orbitali: per ciascun elemento, l'ultimo elettrone inserito nella configurazione elettronica "cade" nell'orbitale (o sottolivello) corrispondente al blocco in cui è inserito nella tavola periodica.

Leggere sull'eBook

- La tavola periodica degli elementi: gruppi e blocchi (in dettaglio)

... in English

sottolivello
sublevel

Consulta la tavola periodica riportata in fondo al testo e individua l'elemento del gruppo 2 e del periodo 4, poi scrivi la configurazione elettronica: quali caratteristiche avrà questo elemento?

La tavola periodica viene più frequentemente rappresentata mettendo in basso su due righe a parte sia i lantanidi, che apparterrebbero al sesto periodo (elementi con numero atomico dal 58, cerio, Ce, al 71, lutezio, Lu) sia gli attinidi, che apparterrebbero al settimo periodo (elementi con numero atomico dal 90, torio, Th, al 103, laurenzio, Lr), mettendo così in evidenza il blocco *f*. Attualmente lantanidi e attinidi sono chiamati rispettivamente lantanoidi e attinoidi.

3 Metalli e non metalli

La tavola periodica ci consente di distinguere gli elementi in due categorie diverse: i **metalli** e i **non metalli**.

Nella parte sinistra della tavola vi sono i metalli (più di ottanta), mentre nella parte destra abbiamo i non metalli (molto meno numerosi).

Una **linea a zig zag**, "a gradini", separa i metalli dai non metalli.

4. Oro e argento sono metalli, ben riconoscibili dalle loro caratteristiche.

Nel capitolo precedente abbiamo descritto le proprietà degli elementi metallici e dei non metalli:

- i **metalli** sono: lucenti (lucentezza metallica), buoni conduttori di calore ed elettricità, malleabili e duttili; sono tutti solidi tranne il mercurio [**4**];
- i **non metalli** sono: non lucenti (variamente colorati), cattivi conduttori, non sono facilmente lavorabili perché fragili e si rompono se tentiamo di piegarli; alcuni elementi non metallici sono solidi (carbonio, zolfo), uno solo (il bromo) è allo stato liquido, altri (alogeni, ossigeno, azoto, gas nobili) sono gas.

5. L'elio è un gas nobile che viene utilizzato per gonfiare palloncini, palloni aerostatici e dirigibili; è preferito all'idrogeno perché non è infiammabile.

Essendo molto meno numerosi dei metalli (meno di una ventina), possiamo brevemente elencare i non metalli:

- il boro (B) appartiene al gruppo III (13 nella nuova numerazione);
- il carbonio (C) e il silicio (Si, considerato un semimetallo) al gruppo IV (14);
- l'azoto (N) e il fosforo (P), entrambi appartengono al gruppo V (15);
- l'ossigeno (O), lo zolfo (S), il selenio (Se) e il tellurio (Te), al gruppo VI (16); il tellurio è considerato un semimetallo;
- gli **alogeni** fluoro (F), cloro (Cl), bromo (Br), iodio (I) e astato (At), al gruppo VII (17);
- i **gas nobili** elio (He), neon (Ne), argon (Ar), kripton (Kr), xeno (Xe) e radon (Rn) appartengono all'ultimo gruppo (VIII o 18) [**5**].

Alcuni elementi (boro, silicio, germanio, arsenico, antimonio, tellurio e polonio), disposti lungo il confine a zig zag tra metalli e non metalli, presentano proprietà intermedie ai due gruppi e vengono perciò detti **semimetalli**.

L'idrogeno viene classificato a parte, perché possiede proprietà particolari (è comunque un non metallo, presente allo stato gassoso).

Talvolta nella tavola periodica gli elementi sono contraddistinti da colori diversi che segnalano il loro **stato fisico** (solido, liquido, gassoso) o indicano se si tratta di un **elemento artificiale** o **naturale**.

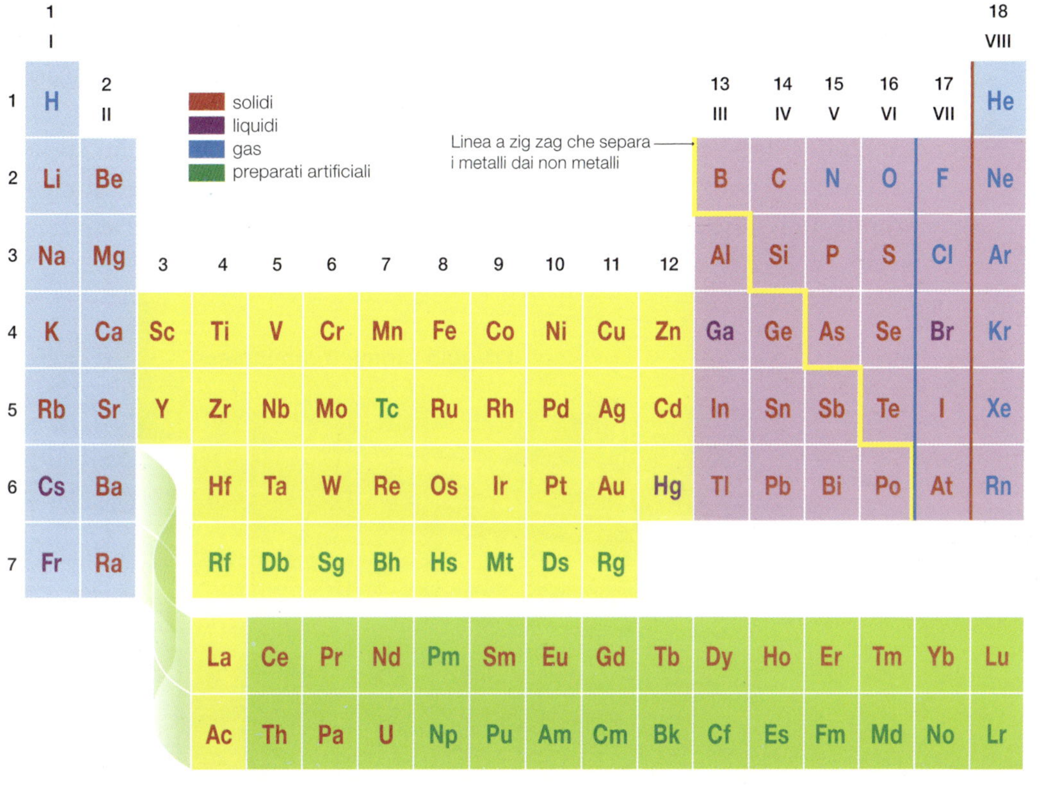

4 Proprietà periodiche degli elementi

La **periodicità** delle **proprietà chimiche** e **fisiche** degli elementi chimici è correlata alla periodicità della configurazione elettronica esterna degli stessi.

A livello atomico possiamo rilevare la periodicità di alcune proprietà degli elementi ordinati nella tavola periodica:

- **raggio atomico**;
- **energia di ionizzazione**;
- **affinità elettronica**;
- **elettronegatività**.

4.1 Raggio atomico

È la **metà della distanza minima** tra due atomi dello stesso elemento [**6**].

Considerando, per semplicità, i soli elementi dei gruppi principali: il raggio atomico **aumenta scendendo in verticale nel gruppo**, mentre **si riduce scorrendo in orizzontale**, da sinistra verso destra, lungo il periodo.

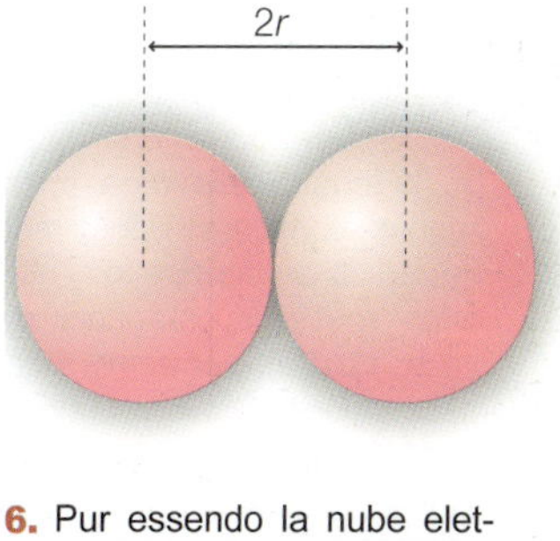

6. Pur essendo la nube elettronica che circonda gli atomi nella definizione di orbitale uno spazio tridimensionale probabilistico, con tecniche di diffrazione a raggi X possiamo visualizzare gli atomi e "misurare" il loro raggio che è estremamente piccolo, dell'ordine di alcune decine o centinaia di picometri (1pm = 10^{-12} m, ossia un millesimo di nanometro).

... in English

raggio atomico
atomic radius

L'aumento del raggio atomico scendendo nel gruppo è determinato dal fatto che da un periodo al successivo aumenta il livello energetico e quindi la dimensione dell'atomo (volume atomico).

La riduzione del raggio atomico lungo il periodo da sinistra verso destra è collegata al fatto che gli atomi di uno stesso periodo appartengono allo stesso livello energetico, ma con l'aumento del numero atomico aumenta la carica positiva complessiva del nucleo, che attira verso l'interno gli elettroni riducendo il volume atomico. Questo spiega, per esempio, perché l'elio (primo livello energetico, numero atomico 2, due protoni nel nucleo) ha un raggio atomico inferiore all'idrogeno (numero atomico 1), che appartiene allo stesso livello energetico ma ha un solo protone [7].

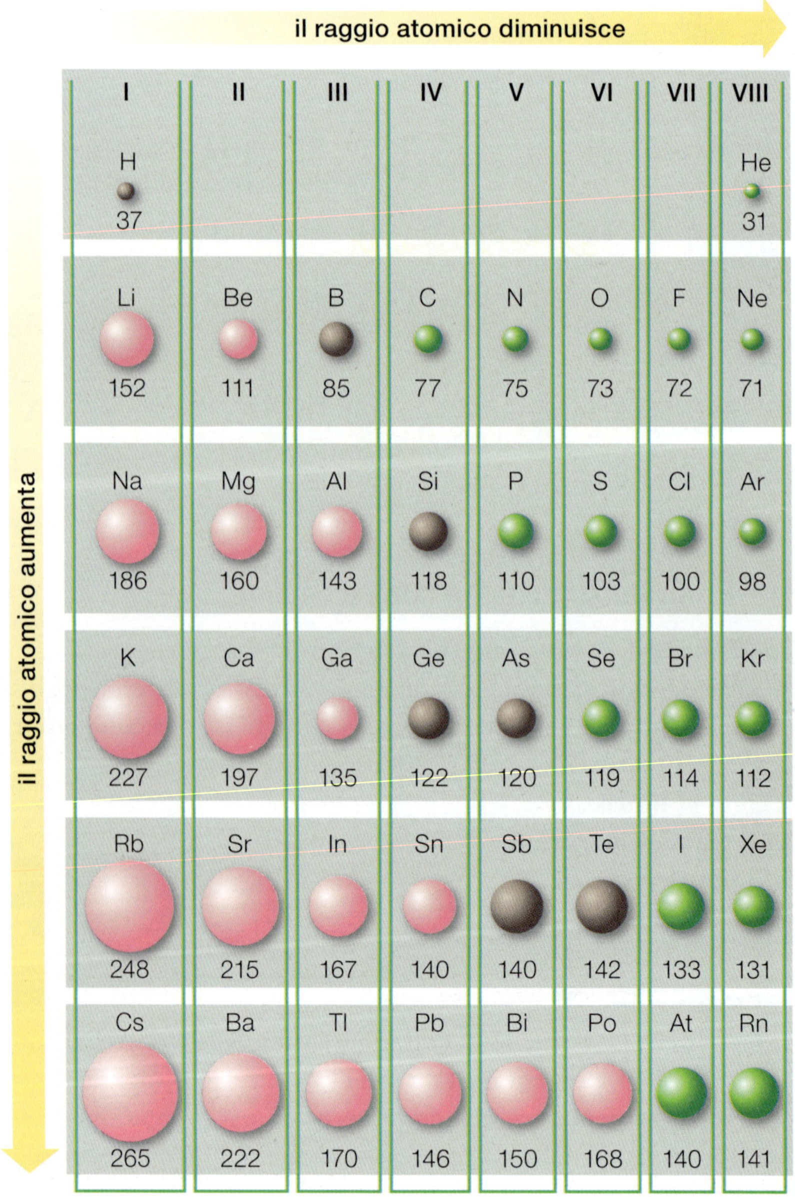

7. In ogni livello (riga orizzontale) il raggio atomico si riduce progressivamente all'aumentare del numero atomico (ossia spostandoci da sinistra verso destra), per aumentare di nuovo passando a un livello successivo (riga sottostante). Così dal litio (numero atomico Z = 3 e raggio = 152 pm) al neon (Z = 10 e raggio = 71 pm) il raggio atomico si riduce progressivamente, per aumentare di colpo a 186 pm nel sodio, l'elemento che segue il neon nella tavola periodica (Z = 11). Osservando gli elementi dello stesso gruppo, in verticale, il raggio atomico aumenta progressivamente dall'alto in basso, passando cioè da un livello energetico al successivo.

4.2 Energia di ionizzazione

È l'energia (kJ/mol) necessaria per **allontanare un elettrone** da un atomo isolato, trasformandolo così in uno ione positivo (catione).

Assorbendo energia, l'elettrone acquista energia cinetica e può trasferirsi su livelli energetici più esterni (elettrone eccitato) o, addirittura, allontanarsi dall'atomo che diventa così uno ione (ionizzazione) [**8**].

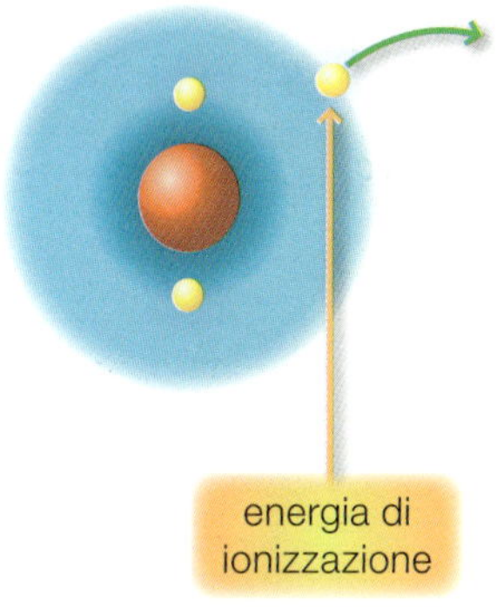

8. Per allontanare un elettrone da un atomo occorre fornire energia (kJ/mol).

L'**energia di prima ionizzazione** varia periodicamente all'aumentare del numero atomico.

Aumenta da sinistra verso destra lungo il periodo (per esempio, dal Li al Ne), mentre si riduce scendendo (dall'alto verso il basso) lungo il gruppo (dal Li al Na, al K ecc.) [**9**].

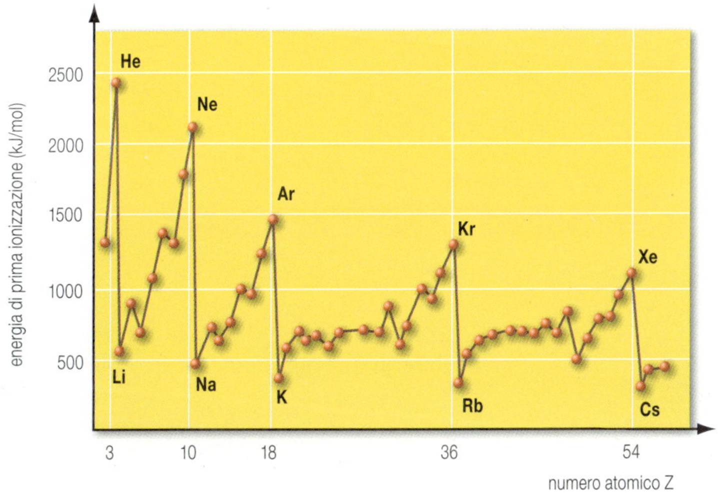

9. Nel grafico si nota chiaramente l'andamento periodico dell'energia di (prima) ionizzazione: estremamente bassa negli elementi del primo gruppo (Li, Na, K, Rb, Cs), che cedono facilmente l'unico elettrone del livello più esterno, per raggiungere una configurazione elettronica più stabile (quella del gas nobile che li precede), aumenta progressivamente nel periodo per raggiungere un massimo in corrispondenza del gas nobile che conclude il livello energetico (He, Ne, Ar, Kr, Xe), per ridursi nettamente all'inizio di un nuovo periodo.

L'andamento è l'opposto di quello del raggio atomico. Infatti, è tanto più facile allontanare dal nucleo un elettrone esterno quanto più esso è lontano, perché viene "trattenuto" meno. L'aumento da sinistra verso destra nel periodo dipende dalla maggior carica positiva del nucleo (aumenta il numero atomico e quindi il numero di protoni), a parità di livello energetico; la riduzione lungo il gruppo dipende dalla maggior dimensione dell'orbitale cui appartiene l'elettrone esterno.

... in English

energia di ionizzazione
ionization energy

Energia di prima, seconda, terza... ionizzazione

Negli atomi che posseggono più di un elettrone possiamo avere un'energia di prima ionizzazione, una di seconda ionizzazione, terza, quarta ecc. L'energia di ionizzazione aumenta progressivamente perché è più difficile strappare un elettrone a uno ione positivo che a un atomo neutro; un forte aumento dell'energia di ionizzazione si verifica quando si passa agli elettroni di un livello più interno, che sono più attratti dal nucleo: la presenza di questi "sbalzi" rappresenta una conferma che gli elettroni sono disposti intorno al nucleo su più livelli energetici.

... in English
affinità elettronica
electron affinity

4.3 Affinità elettronica

È l'energia che un atomo (in fase gassosa) libera **quando "cattura" un elettrone**, diventando uno ione negativo [**10**].

Come l'energia di ionizzazione, anche l'affinità elettronica aumenta da sinistra verso destra lungo il periodo e si riduce scendendo lungo il gruppo.

Per cui, l'affinità elettronica è massima per gli elementi in alto a destra della tavola periodica, ossia i non metalli fluoro, cloro, bromo, ossigeno, zolfo, azoto [**11**].

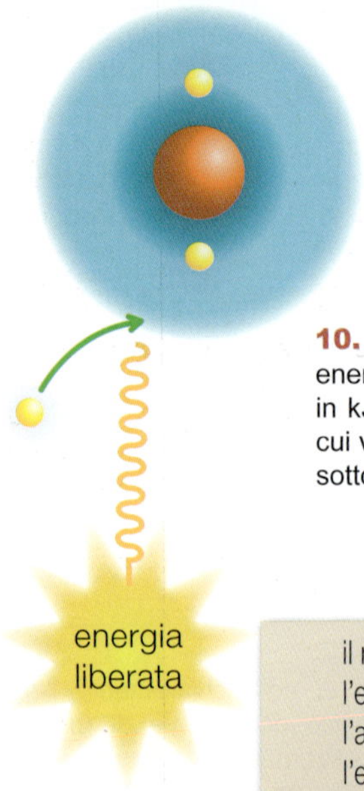

10. Un atomo che "cattura" un elettrone libera energia: questa energia, espressa anch'essa in kJ/mol, viene definita affinità elettronica, la cui variazione periodica è indicata nella tavola sottostante.

Proprietà periodiche degli elementi

11. La tavola evidenza come variano le proprietà degli elementi.

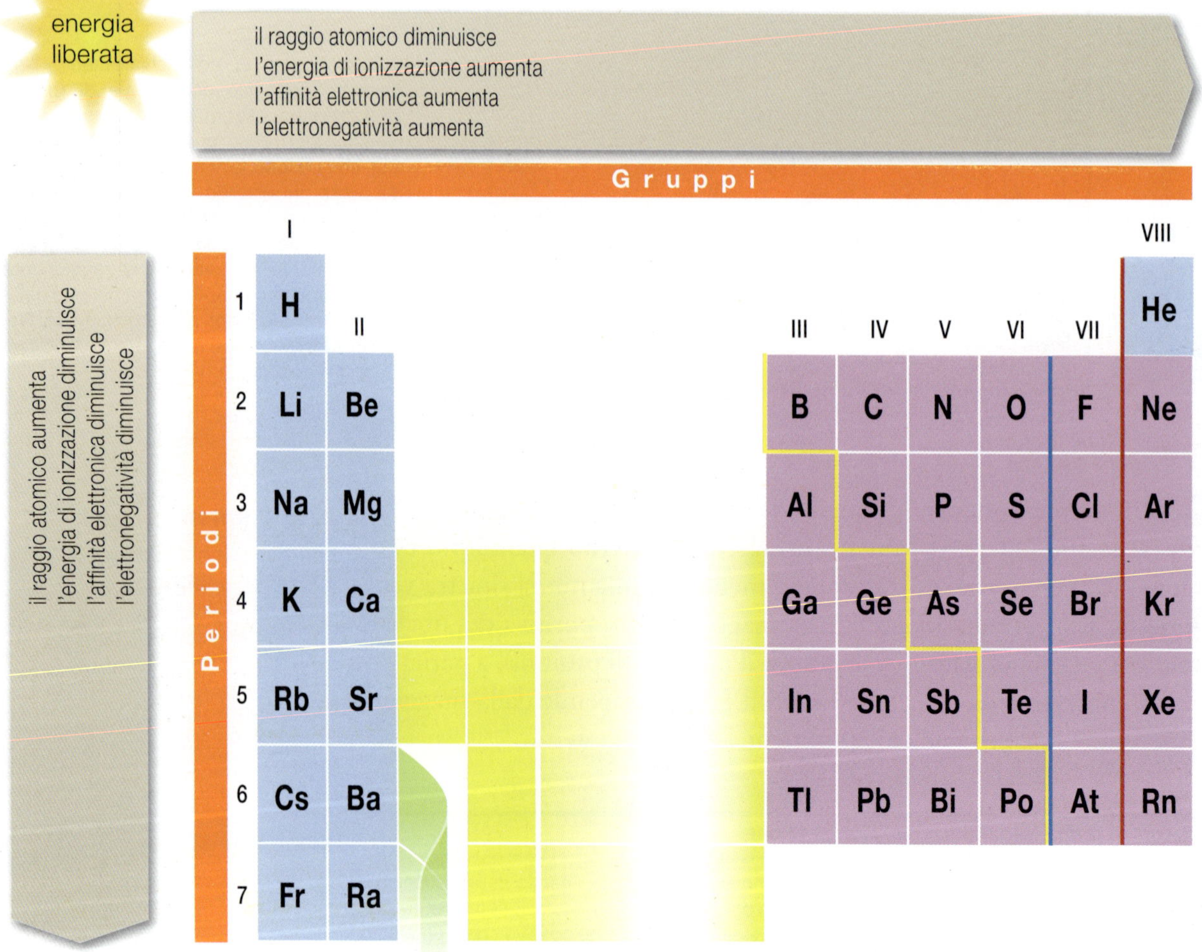

4.4 Elettronegatività

È la tendenza di un atomo ad attirare verso di sé gli elettroni di legame.

... in English
elettronegatività
electronegativity

La **capacità di attrarre** gli elettroni di legame non dipende da un singolo atomo (non è cioè una proprietà intrinseca dell'atomo di un elemento), ma da **entrambi gli atomi** coinvolti nel **legame chimico**. Gli atomi che formano un legame chimico attirano verso di sé gli elettroni di legame con una forza che dipende sia dalla carica nucleare sia dalla distanza degli elettroni dai due nuclei: maggiore è la carica nucleare e maggiore sarà la forza di attrazione sugli elettroni di legame, per cui l'elettronegatività aumenta spostandosi da sinistra verso destra lungo il periodo; maggiore è la distanza dal nucleo e minore sarà la forza di attrazione sugli elettroni di legame, per cui l'elettronegatività si riduce scendendo lungo il gruppo, perché si passa da un livello o "guscio" elettronico al successivo, più lontano dal nucleo.

Concludendo, come l'energia di ionizzazione e l'affinità elettronica, anche l'**elettronegatività** aumenta da sinistra verso destra lungo il periodo e si riduce scendendo lungo il gruppo [**12**].

12. Elettronegatività: i valori qui inseriti fanno riferimento alla scala di Pauling (leggermente diversi rispetto alle scale di Mulliken e di Allred-Rochow). L'elettronegatività, come l'affinità elettronica e l'energia di ionizzazione, ha un andamento periodico opposto a quello del raggio atomico: aumenta nel gruppo da sinistra verso destra e si riduce scendendo nel gruppo (passando da un livello al successivo).

aumenta nel periodo da sinistra verso destra

si riduce scendendo nel gruppo

	I	II											III	IV	V	VI	VII	VIII
1	H 2,20																	He
2	Li 0,98	Be 1,57											B 2,04	C 2,55	N 3,04	O 3,44	F 3,98	Ne
3	Na 0,93	Mg 1,31											Al 1,61	Si 1,90	P 2,19	S 2,58	Cl 3,16	Ar
4	K 0,82	Ca 1,00	Sc 1,36	Ti 1,54	V 1,63	Cr 1,66	Mn 1,55	Fe 1,83	Co 1,88	Ni 1,91	Cu 1,90	Zn 1,65	Ga 1,81	Ge 2,01	As 2,18	Se 2,55	Br 2,96	Kr
5	Rb 0,82	Sr 0,95	Y 1,22	Zr 1,33	Nb 1,60	Mo 2,16	Tc 1,90	Ru 2,20	Rh 2,28	Pd 2,20	Ag 1,93	Cd 1,69	In 1,78	Sn 1,96	Sb 2,05	Te 2,10	I 2,66	Xe
6	Cs 0,79	Ba 0,89		Hf 1,30	Ta 1,50	W 2,36	Re 1,90	Os 2,20	Ir 2,20	Pt 2,28	Au 2,54	Hg 1,90	Tl 2,04	Pb 2,33	Bi 2,02	Po 2,00	At 2,20	Rn
7	Fr 0,70	Ra 0,90		Rf	Db	Sg	Bh	Hs	Mt	Ds	Rg							
				La 1,10	Ce 1,12	Pr 1,13	Nd 1,14	Pm	Sm 1,17	Eu	Gd 1,20	Tb 1,20	Dy 1,22	Ho 1,23	Er 1,24	Tm 1,25	Yb 1,10	Lu 1,27
				Ac	Th	Pa	U	Np	Pu	Am	Cm	Bk	Cf	Es	Fm	Md	No	Lr

ESERCIZI di autoverifica

A **Completa la seguente mappa concettuale inserendo le parole elencate**

1. peso atomico
2. periodica
3. 18
4. numero atomico
5. 7
6. Mendeleev
7. gruppi
8. periodi
9. metalli
10. semimetalli
11. *d*
12. *s* e *p*
13. non metalli
14. blocchi
15. proprietà

La tavola .... degli elementi

- ideata dal chimico russo ....
  - → che aveva evidenziato l'andamento periodico di alcune proprietà
    - all'aumentare del ....
    - e ordinato in colonne verticali gli elementi con .... simili
- → Oggi vede gli elementi allineati in base al ....
- comprende attualmente
  - ..... righe orizzontali dette ....
  - ...... colonne verticali dette ....
  - 4 ....
    - *f*
    - ... → comprende gli elementi (metalli) di transizione
    - .... → comprendono i gruppi principali (1-2 e 13-18) numerati anche con numeri romani da I a VIII
- tutti gli elementi divisi da una linea a zig-zag
  - in
    - ....
    - ....
    - .... (lungo la linea a zig-zag)

B Se non lo sai, rileggilo alla pagina indicata

1. Che cosa notò nel comportamento degli elementi Mendeleev? (pag. 57)
2. Come ordinò gli elementi nella sua tavola periodica? (pag. 57)
3. Come vengono ora ordinati gli elementi nella versione attuale? (pag. 58)
4. Che cosa sono i gruppi e i periodi? (pag. 58)
5. Quali elementi sono compresi nello stesso gruppo? (pag. 59)
6. Come sono disposti gli elementi appartenenti allo stesso periodo? (pag. 60)
7. Quali sono i periodi brevi? (pag. 60)
8. Da quanti elementi sono costituiti? (pag. 60)
9. Quanti blocchi si possono riconoscere nella tavola periodica? (pag. 61)
10. Quali gruppi formano il blocco *s*? e quali il blocco *p*? (pag. 61)
11. Quali elementi appartengono al blocco *d*? (pag. 61)
12. Dove è situato il blocco *f*? (pag. 61)
13. Qual è la differenza tra metalli e non metalli? (pag. 62)
14. Dove sono collocati i semimetalli nella tavola periodica? (pag. 62)
15. Quali sono le principali proprietà periodiche degli elementi? (pagg. 63-67)
16. Come varia il raggio atomico all'aumentare del numero atomico? (pagg. 63-64)
17. Che cos'è l'energia di ionizzazione? (pag. 65)
18. Che cos'è l'affinità elettronica? (pag. 66)
19. Che cos'è l'elettronegatività? (pag. 67)
20. Come variano le diverse proprietà periodiche all'aumentare del numero atomico? (pagg. 65-67)

C Indica se le seguenti affermazioni sono vere (V) o false (F)

		V	F
1.	Mendeleev costruì la sua tavola periodica in base al numero atomico degli elementi.	○	○
2.	La tavola periodica comprende 18 righe orizzontali dette gruppi.	○	○
3.	I gruppi della tavola periodica contengono elementi con lo stesso numero atomico.	○	○
4.	Gli elementi del primo gruppo hanno tutti una configurazione elettronica esterna s^1.	○	○
5.	I gruppi principali sono quelli dei blocchi *s* e *p*.	○	○
6.	Il primo periodo è costituito solo da due elementi.	○	○
7.	I periodi dal quarto al settimo sono detti lunghi periodi.	○	○
8.	In ogni periodo sono raccolti gli elementi che presentano le stesse proprietà periodiche.	○	○
9.	Le proprietà chimiche degli elementi dipendono dalla disposizione dei protoni nel nucleo.	○	○
10.	Elementi dello stesso gruppo hanno uguale configurazione elettronica esterna.	○	○
11.	Gli elementi dello stesso periodo sono allineati in ordine crescente di numero di massa.	○	○
12.	Carbonio e azoto appartengono allo stesso periodo.	○	○
13.	Il sodio ha un raggio atomico maggiore del potassio.	○	○
14.	I primi tre periodi sono detti periodi brevi.	○	○
15.	Il fluoro ha una elettronegatività maggiore del litio.	○	○
16.	Il blocco *d* comprende tutti gli elementi di transizione.	○	○
17.	I primi tre gruppi sono detti gruppi principali.	○	○
18.	Il secondo e il terzo periodo sono costituiti da otto elementi.	○	○

D **Completa le seguenti frasi inserendo le parole mancanti, scegliendole nell'elenco sottostante**

a. Mendeleev ordinò gli elementi in base al .... atomico.

b. Elementi appartenenti allo stesso .... hanno uguale configurazione elettronica.

c. I .... non sono buoni conduttori di elettricità.

d. Ogni .... inizia con un elemento del primo gruppo.

e. Il .... periodo è costituito da due soli elementi.

f. I lantanidi appartengono al .... periodo.

g. Il blocco .... comprende gli elementi dei primi due gruppi.

h. Il blocco *f* contiene lantanidi e ....

i. Gli elementi del gruppo 18 sono i ....

j. Cloro, azoto e ossigeno sono presenti in natura allo stato ....

k. L'energia necessaria per allontanare un elettrone da un atomo isolato è detta energia di ....

l. I .... sono lucenti.

m. Cloro, fluoro e iodio fanno parte del .... (numero romano) gruppo.

n. L'energia liberata da un atomo quando "cattura" un elettrone è detta ....

o. La tendenza di un atomo ad attirare verso di sé gli elettroni di legame è detta ....

p. Il sodio ha un'elettronegatività .... del cloro e .... del potassio.

q. Il polonio, il tellurio e l'arsenico sono dei ....

r. Il bromo è l'unico .... allo stato ....

1. gruppo	**10.** numero	**19.** affinità elettronica	**28.** semimetallo
2. secondo	**11.** malleabilità	**20.** elettronegatività	**29.** attinidi
3. non metalli	**12.** *f*	**21.** maggiore	**30.** gas nobili
4. metalli	**13.** periodo	**22.** minore	**31.** VII
5. peso	**14.** *s*	**23.** liquido	**32.** VIII
6. sesto	**15.** semimetalli	**24.** non metallo	**33.** VI
7. primo	**16.** *q*	**25.** solido	
8. *p*	**17.** transizione	**26.** gassoso	
9. *d*	**18.** ionizzazione	**27.** metallo	

E **Indica con una crocetta la risposta giusta tra quelle proposte (consultare la tavola periodica di pag. 63)**

1. Hanno proprietà chimiche simili:
a. sodio e cloro
b. litio e sodio
c. sodio e magnesio
d. idrogeno e litio

2. Appartiene al terzo periodo:
a. sodio
b. carbonio
c. potassio
d. fluoro

3. Appartiene al gruppo VIII:
a. l'azoto
b. il ferro
c. il neon
d. nessun elemento perché i gruppi sono solo 7

4. È un semimetallo:
a. il sodio
b. il germanio
c. il fosforo
d. il bromo

5. Fa parte del blocco *d*:

a. il rame
b. il boro
c. l'uranio
d. il calcio

6. L'elemento che ha una configurazione esterna $3s^2 3p^6$:

a. appartiene al VI gruppo e al terzo periodo
b. appartiene al gruppo 8 e al terzo periodo
c. appartiene all'VIII gruppo e al terzo periodo
d. appartiene al blocco *s*

7. Gli elementi di transizione appartengono:

a. al blocco *d*
c. al blocco *f*
b. al blocco *p*
d. al blocco *s*

8. Metallo di transizione:

a. sodio
b. zinco
c. calcio
d. silicio

9. Gli elementi del gruppo VIII sono detti:

a. alogeni
b. metalli alcalini
c. gas nobili
d. semimetalli

10. Carbonio e silicio:

a. appartengono allo stesso gruppo
b. appartengono allo stesso periodo
c. sono due metalli
d. sono due semimetalli

11. Quale tra i seguenti elementi appartiene allo stesso gruppo del sodio?

a. magnesio
b. alluminio
c. litio
d. due dei precedenti

12. Quale tra i seguenti elementi appartiene allo stesso periodo del fosforo?

a. azoto
b. ossigeno
c. zolfo
d. arsenico

13. Quale tra i seguenti elementi è un semimetallo?

a. germanio
b. fosforo
c. arsenico
d. due dei precedenti

14. Quali tra i seguenti elementi appartengono al blocco *p*?

a. sodio e magnesio
b. cromo e manganese
c. fosforo e ossigeno
d. calcio e ferro

15. Quali tra i seguenti elementi appartengono al blocco *d*?

a. litio e calcio
b. cromo e ferro
c. azoto e fosforo
d. lantanio e uranio

16. Quale tra i seguenti elementi ha un'elettronegatività minore del sodio?

a. litio
b. magnesio
c. potassio
d. cloro

17. Ha un'elettronegatività maggiore dell'ossigeno:

a. l'azoto
b. il carbonio
c. il fluoro
d. lo zolfo

Capitolo 4 I legami chimici

Obiettivi

- Spiegare la regola dell'ottetto.
- Distinguere legami ionici e legami covalenti.
- Distinguere legami covalenti puri e polari.
- Indicare alcuni esempi di legame covalente doppio e triplo.
- Spiegare come si forma un legame dativo.
- Rappresentare con un disegno e spiegare la formazione del legame metallico.
- Definire la valenza.
- Utilizzare la simbologia di Lewis per rappresentare i legami chimici.
- Descrivere e distinguere le forze intermolecolari.
- Definire angolo e lunghezza di legame.
- Spiegare la teoria VSEPR.
- Distinguere gli orbitali molecolari sigma (σ) e pi greco (π).
- Spiegare gli orbitali ibridi e la formazione dei doppi e dei tripli legami nei composti del carbonio.

1 Dagli atomi alle molecole: i legami chimici

In natura esistono solo una novantina di atomi differenti, appartenenti a **elementi chimici** diversi.

Eppure conosciamo milioni di sostanze chimiche diverse (naturali o prodotte dalle industrie chimiche): poiché non esistono milioni di atomi diversi, uno per sostanza, è facile capire che le particelle che formano la maggior parte delle sostanze non sono singoli atomi, ma **molecole** costituite da due o più tipi di atomi uniti tra loro per mezzo di **legami chimici**.

La maggior parte delle sostanze chimiche sono perciò dei **composti chimici**.

Anche alcuni elementi chimici sono presenti in natura sotto forma di molecole, costituite da due atomi uguali tra loro (l'idrogeno H_2; l'ossigeno O_2; l'azoto N_2; gli alogeni: cloro Cl_2, fluoro F_2, iodio I_2, bromo Br_2), o da più di due atomi, sempre uguali tra loro (fosforo P_4, arsenico As_4, zolfo S_8, selenio Se_8).

... in English
legami chimici
chemical bonds

Link
http://hyperphysics.phy-astr.gsu.edu/hbase/Chemical/bond.html

A eccezione dei gas nobili, tutti gli atomi tendono a legarsi con atomi uguali, per formare le molecole degli **elementi** [**1**], o con atomi diversi, per costituire i **composti** [**2**]. Perché? La risposta va ricercata nella struttura degli atomi o, più esattamente, nella **distribuzione** degli elettroni nello strato più esterno.

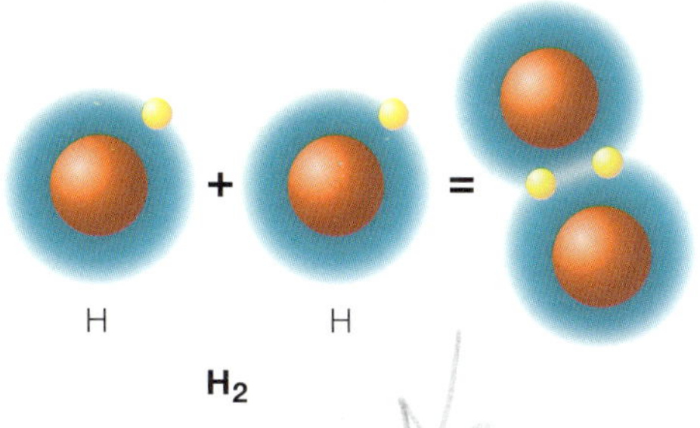

1. Due atomi di idrogeno (H) si uniscono a formare la molecola di idrogeno H_2, particella elementare di cui è costituito l'elemento chimico idrogeno.

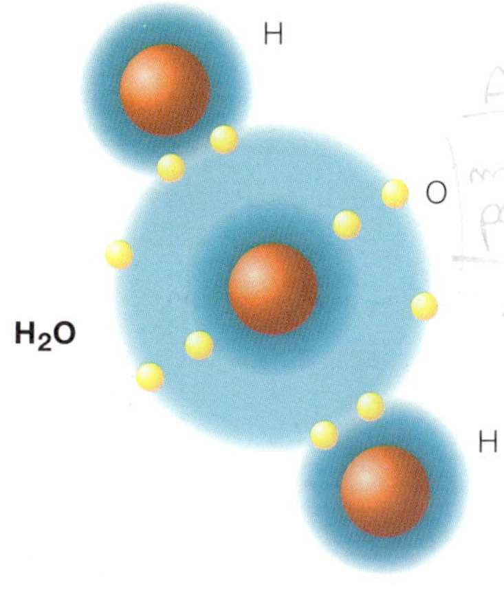

2. Un atomo di ossigeno O si lega a due atomi di idrogeno H per formare la molecola di acqua H_2O, particella di cui è costituito il composto chimico acqua.

Alcuni composti non sono il risultato dell'unione di atomi che formano molecole, ma di ioni, particelle dotate di carica elettrica opposta (ioni positivi e ioni negativi), che si attraggono tra loro in tutte le direzioni dello spazio, senza formare vere e proprie molecole [**3**].

Gli **elementi metallici** (metalli allo stato elementare) sono costituiti da atomi legati tra loro per mezzo di un legame particolare, detto legame metallico, che non prevede la formazione di molecole: gli ioni positivi degli atomi dei metalli sono tenuti insieme per mezzo di elettroni fluttuanti (particelle dotate di carica negativa), la cui mobilità determina le particolari proprietà dei metalli (per esempio la conducibilità elettrica) [**4**].

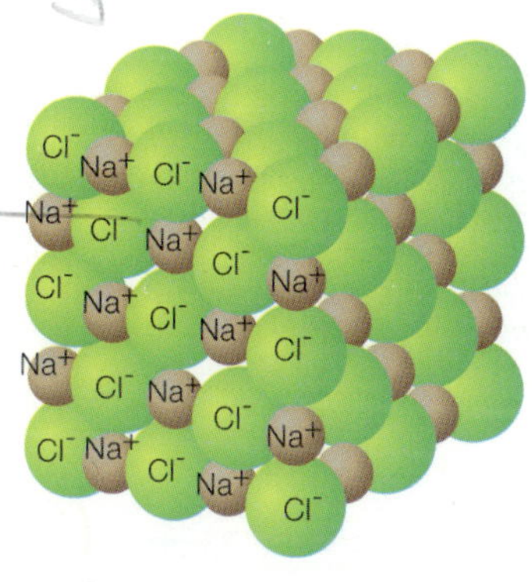

3. Il cloruro di sodio (NaCl) è un composto ionico nel quale non sono riconoscibili molecole perché il legame tra gli ioni positivi e negativi avviene in tutte le direzioni dello spazio. Non esiste la molecola NaCl e la formula esprime solo il rapporto (1 a 1) tra gli ioni sodio Na^+ e gli ioni cloro Cl^- nel composto.

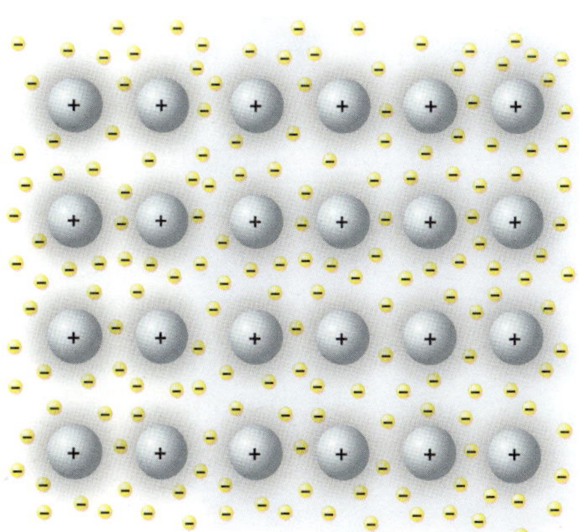

4. Anche gli elementi metallici non sono costituiti da molecole: i cationi (ioni positivi metallici) sono tenuti insieme da un mare di elettroni mobili (mare di Fermi), liberati dagli atomi del metallo.

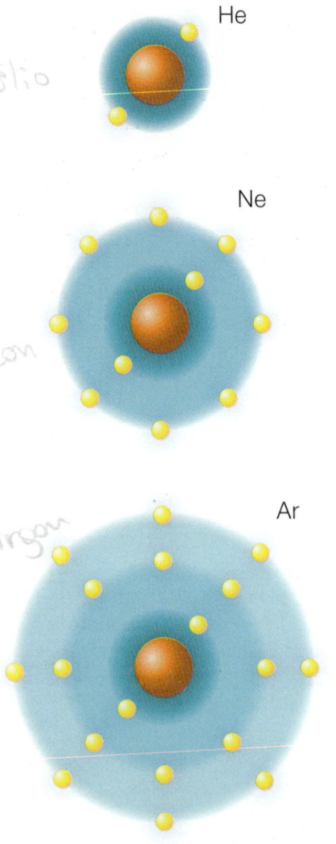

5. Gli atomi dei gas nobili sono stabili perché hanno 8 elettroni nel livello più esterno (tranne l'elio, che comunque è stabile perché i suoi 2 elettroni completano il primo livello, che può contenere al massimo 2 elettroni).

2 La regola dell'ottetto

Un atomo è stabile se il suo strato o livello energetico esterno è completo, ovvero contiene otto elettroni, ossia un **ottetto**.

Se l'atomo ne contiene di meno, tende a reagire con altri atomi, cedendo, acquistando o mettendo in comune uno o più elettroni per raggiungere l'ottetto. Per esempio, gli elementi del I gruppo (litio, sodio, potassio) hanno un solo elettrone nel livello più esterno e tendono a cederlo facilmente, in particolare agli elementi del VII gruppo che, avendo sette elettroni nel livello più esterno, tendono ad acquistarne uno per completare l'ottetto.

Gli **elementi dell'ottavo gruppo** (gas nobili: elio, neon, argon, kripton, xeno, radon) hanno il livello più esterno già completo e non hanno bisogno di formare alcun legame con gli altri atomi perché sono già stabili. L'elio raggiunge questa stabilità con due soli elettroni, che completano il primo livello energetico [**5**].

Tutti gli altri atomi, invece, hanno un numero di elettroni nel guscio esterno inferiore a otto: per raggiungere la stabilità, **cedono**, **acquistano** o **mettono in compartecipazione** i loro elettroni con quelli di altri atomi, realizzando così i **legami chimici**.

I legami chimici che si possono formare sono di vari tipi. Tra questi ricordiamo innanzitutto i **legami ionici** e i **legami covalenti**.

3 Gli ioni e il legame ionico

Il **legame ionico** è il legame che si forma tra un atomo che cede un elettrone e uno che lo acquista.

Entrambi gli atomi diventano particelle dotate di carica elettrica dette **ioni**, uno **positivo** e uno **negativo**, che si attraggono reciprocamente.

L'atomo di cloro possiede nel livello energetico più esterno 7 elettroni. Per raggiungere la stabilità, tenderà ad acquistare un ottavo elettrone, che potrà prendere da un atomo di sodio, il quale ha un solo elettrone nel guscio più esterno. Con l'elettrone acquisito, l'atomo di cloro non è più neutro, ma ha una **carica elettrica negativa** (l'elettrone) in più: è ora uno **ione negativo**.

L'atomo di sodio, che ha 11 protoni e 11 elettroni, ha il primo guscio (con 2 elettroni) e il secondo guscio (con 8 elettroni) completi e 1 solo elettrone nel terzo guscio: cedendo all'atomo di cloro l'elettrone del guscio più esterno, diventa più stabile, perché il guscio più esterno diventa ora quello con 8 elettroni, completo e stabile. Anche in questo caso, però, l'atomo non è più neutro: infatti, ha ceduto 1 elettrone e avrà perciò 11 protoni (ossia 11 **cariche elettriche positive**) contro 10 elettroni (cariche negative); prevalendo i protoni, si forma uno **ione positivo**.

... in English

ottetto
octet

legami ionici
ionic bonds

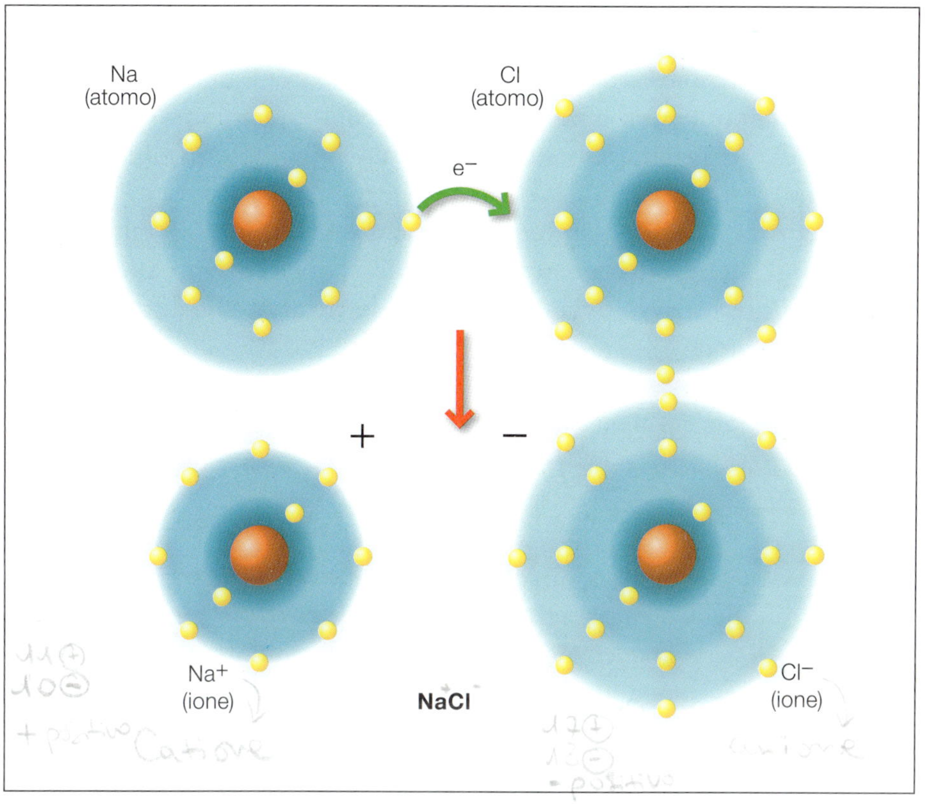

6. Formazione del legame ionico. L'atomo di sodio cede l'unico elettrone del suo livello esterno all'atomo di cloro. Perdendo un elettrone (carica elettrica negativa), il sodio diventa uno ione positivo (catione Na^+), mentre il cloro, che lo acquista, diventa uno ione negativo (anione Cl^-). I due ioni, di carica opposta, si attraggono, realizzando il legame ionico.

Le **cariche elettriche di segno opposto** (negative e positive) **si attraggono**, per cui lo ione sodio, positivo, è attratto dallo ione cloro, negativo. L'attrazione tra le cariche elettriche opposte mantiene legati gli ioni positivi di sodio con quelli negativi di cloro: si forma così il **legame ionico** [6].

Gli ioni sodio legati agli ioni cloro formano il cloruro di sodio, una sostanza a noi molto familiare: il sale da cucina.

I composti ionici

Nei cristalli di NaCl ogni ione Na^+ è circondato da 6 ioni Cl^- e ogni ione Cl^- è circondato da 6 Na^+; questa disposizione regolare degli ioni si ripete nelle tre direzioni dello spazio, formando il reticolo cristallino, che spiega la tipica forma dei cristalli di questo sale.

Tutti i **composti ionici** formano **cristalli solidi**, nei quali non è possibile individuare singole molecole, essendo gli ioni di un segno circondati da tanti ioni di segno opposto. Le formule (per esempio NaCl) non indicano vere molecole ma semplicemente il rapporto di combinazione tra gli ioni dei diversi elementi (nell'esempio citato, NaCl, la formula ci dice che per ogni ione Na^+ c'è uno ione Cl^-, in rapporto di 1:1).

Legami ionici e covalenti

4 I legami covalenti

Anziché formare ioni, cedendo o acquistando elettroni, due atomi possono **mettere in comune uno o più elettroni** ciascuno (quindi una o più coppie di elettroni), per raggiungere una maggior stabilità (otto elettroni nel livello più esterno).

Gli elettroni messi in comune ruotano intorno ai nuclei di entrambi gli atomi, che li attraggono contemporaneamente. I nuclei dei due atomi vengono perciò a trovarsi avvolti da una "**nuvola elettronica**" che mantiene legati assieme i due atomi.

... in English
legami covalenti
covalent bonds

È detto **legame covalente** un legame che si forma tra due atomi che mettono in comune una o più coppie di elettroni di valenza (ossia dello strato più esterno).

Vediamo come esempio la molecola di cloro (Cl_2) [**7**]: ogni atomo di cloro ha sette elettroni nel livello più esterno; per completarlo, per formare l'ottetto, ha bisogno di un altro elettrone. Se due atomi di cloro mettono in comune un elettrone ciascuno, il livello esterno si completa. Nello stesso tempo i due atomi restano legati per mezzo di un legame covalente e formano la molecola di cloro: Cl_2.

Con questo tipo di legame si possono formare molte molecole: elementi, come l'idrogeno (H_2), lo iodio (I_2), il fluoro (F_2), l'ossigeno (O_2), e composti, come l'acqua (H_2O) o il metano (CH_4) [**8**].

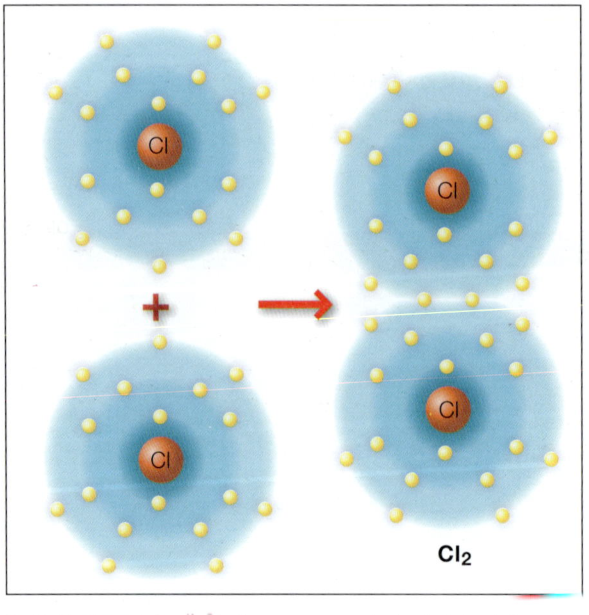

7. Nella molecola di Cl_2 il legame covalente è dato dalla compartecipazione di una coppia di elettroni dello strato esterno di ciascun atomo.

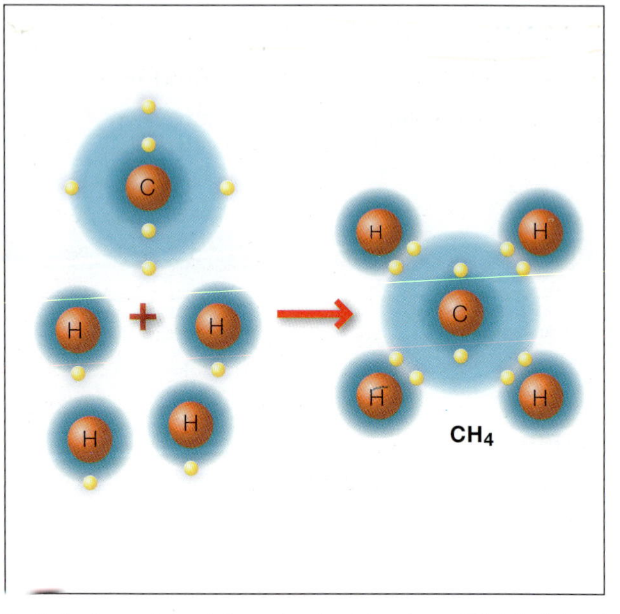

8. Nella formazione della molecola del metano CH_4 i 4 elettroni dello strato esterno del C e l'elettrone di ciascun H formano i legami covalenti.

La **rappresentazione di Lewis** degli elettroni di valenza può chiarire quanto detto: la coppia di elettroni coinvolta nel legame covalente è rappresentata da due punti (:) oppure da una linea (—) tra i due atomi:

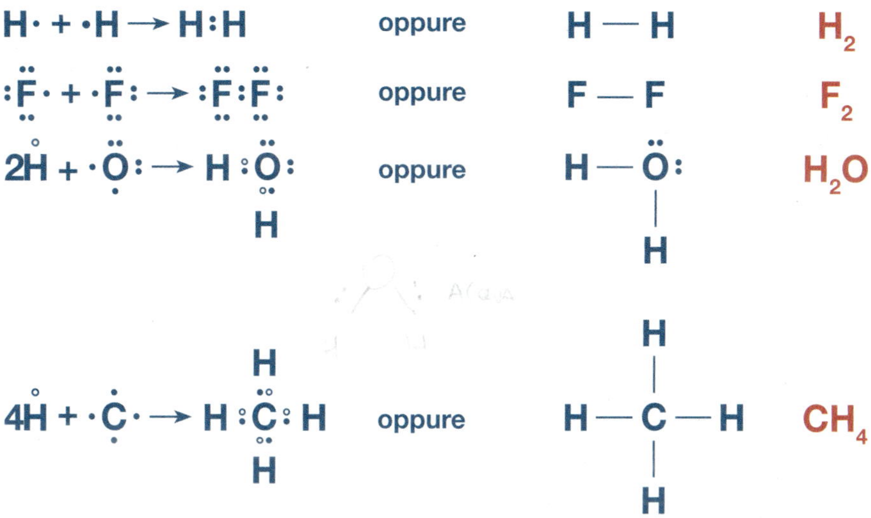

4.1 Il legame covalente polare

Se un **legame covalente** si realizza **tra due atomi uguali**, la forza di attrazione dei nuclei sugli elettroni di legame è identica e il legame è detto **covalente puro**. Se, invece, i due atomi collegati per mezzo del legame covalente sono diversi (per esempio HCl), eserciteranno una diversa forza di attrazione sugli elettroni di legame, perché hanno una diversa elettronegatività.

L'**elettronegatività** è la capacità di un atomo di attrarre verso di sé gli elettroni di legame; ciò dipende da vari fattori, come la distanza degli elettroni dal nucleo e dal numero di protoni (cariche positive) che attraggono verso di sé gli elettroni (cariche negative).

Come in un tiro alla fune, gli elettroni di legame vengono "tirati" dai due atomi, ma l'atomo più elettronegativo attirerà verso di sé la coppia di elettroni di legame più dell'atomo meno elettronegativo.

La molecola si mantiene globalmente neutra (il numero di elettroni coincide con quello dei protoni), ma si possono individuare un polo parzialmente negativo (indicato con δ^- che si legge delta meno) e un polo parzialmente positivo (indicato con δ^+, che si legge delta più): si è formato un **dipolo** e il legame è detto **covalente polare** [9].

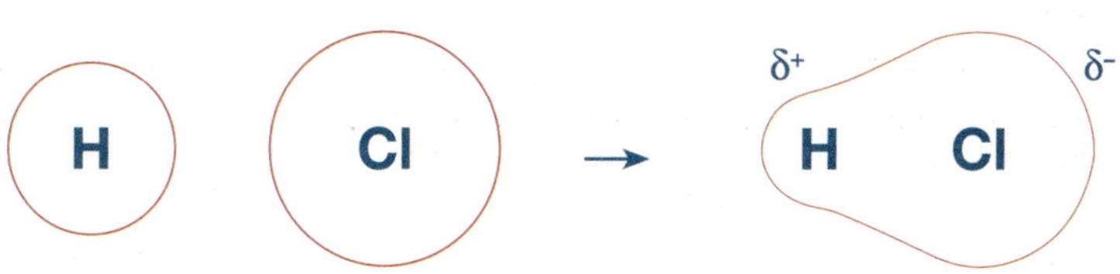

9. Nel legame covalente polare la nuvola elettronica è spostata verso l'atomo più elettronegativo (in questo caso il cloro).

Gilbert N. Lewis (1875-1946)

Fisico americano, contribuì con i suoi studi alle teorie sul legame chimico (regola dell'ottetto) e sulle soluzioni acido-base. Propose, inoltre, un modello per rappresentare la disposizione degli elettroni intorno al nucleo dell'atomo.

... in English

rappresentazione di Lewis
Lewis representation

legame covalente puro
pure covalent bond

legame covalente polare
polar covalent bond

Quanto maggiore è la differenza di elettronegatività tra i due atomi, tanto maggiore sarà la polarizzazione del legame; se questa differenza è maggiore di 1,9 il legame avrà prevalentemente carattere ionico.

Il chimico Linus Pauling propose nel 1932 una scala arbitraria, basata sul calcolo della differenza dell'elettronegatività tra gli atomi, per stabilire se il legame che li lega è covalente, puro o polare, o ionico.

L'effetto della differenza di elettronegatività (Δ_e)						
	H—H	Br—Br	H—Cl	Hg—Cl	Na^+—Cl^-	Mg^{2+}—O^{2-}
Elettronegatività	2,1 2,1 Δ_e = 0	2,8 2,8 Δ_e = 0	2,1 3,0 Δ_e = 0,9	1,9 3,0 Δ_e = 1,1	0,9 3,0 Δ_e = 2,1	1,2 3,5 Δ_e = 2,3
Scala di Pauling	Legame covalente puro $0 < \Delta_e < 0{,}4$		Legame covalente polare $0{,}4 < \Delta_e < 1{,}9$		Legame ionico $\Delta_e > 1{,}9$	

Riprendendo l'analogia del tiro alla fune, se due atomi sono uguali (elettronegatività uguale) tirano allo stesso modo (legame covalente puro), se sono diversi tira di più quello più elettronegativo e si forma un legame covalente polare o addirittura un legame ionico se la differenza è maggiore di 1,9 (in questo caso, l'elettrone viene "catturato" dall'atomo più elettronegativo, che diventa così uno ione negativo).

Hanno **bassa elettronegatività** gli **atomi dei metalli** dei primi gruppi della tavola periodica (sodio, litio, potassio, calcio, magnesio, berillio ecc.); hanno **elevata elettronegatività** i **non metalli**, in particolare gli alogeni (F, Cl, Br, I), l'azoto (N) e l'ossigeno (O).

... in English
legami doppi
double bonds
legami tripli
triple bonds

4.2 Legami covalenti multipli

Quando a un atomo occorre più di un elettrone per raggiungere l'ottetto, può formare legami con più atomi oppure **legami doppi** o **legami tripli** con un altro atomo.

L'atomo di ossigeno possiede solo sei elettroni nel livello più esterno. Per raggiungere l'ottetto può mettere in compartecipazione due suoi elettroni con due elettroni di un altro atomo di ossigeno, formando un **legame covalente doppio**: si ottiene così la molecola di ossigeno $\mathbf{O_2}$.

2 atomi di ossigeno molecola di ossigeno

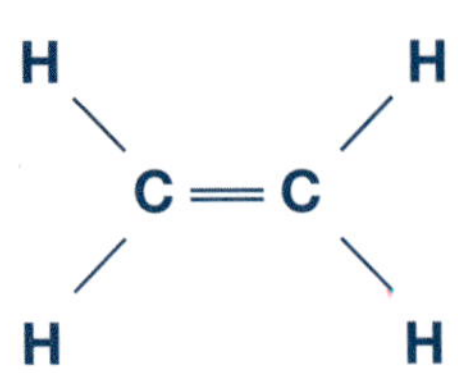

Un altro atomo che può formare doppi legami è quello di carbonio, come in questa molecola (etilene), dove due atomi di carbonio sono legati da un doppio legame; entrambi gli atomi di C completano l'ottetto grazie ai legami covalenti singoli con due atomi di idrogeno ciascuno.

Nella molecola di azoto (**N_2**) i due atomi di azoto formano un **legame covalente triplo**, perché per raggiungere l'ottetto devono mettere in compartecipazione tre coppie di elettroni (hanno solo cinque elettroni nello strato più esterno).

Anche l'atomo di carbonio (C) può formare legami doppi o tripli con altri atomi di carbonio o con atomi di ossigeno (legame doppio) e di azoto (triplo):

C=O **C=C** **C≡N** **C≡C**

5 La valenza

Come abbiamo detto, per raggiungere una maggiore stabilità elettronica, gli atomi si legano a formare molecole acquistando, cedendo o mettendo in comune gli elettroni del loro livello più esterno.

La **valenza** è il numero di elettroni che ogni atomo metterà in gioco per raggiungere la stabilità elettronica dell'ottetto (ossia per avere otto elettroni nello strato più esterno).

... in English
valenza
valence

Il sodio, che cede un elettrone, ha valenza 1; lo stesso il cloro che ne acquista o ne mette in comune uno; l'ossigeno mette in comune due elettroni e ha valenza 2, l'azoto ha valenza 3, il carbonio ha valenza 4.

La valenza di un atomo permette di sapere con quanti atomi esso si deve legare per formare le diverse molecole. Per esempio, l'atomo di ossigeno ha valenza 2 e quello di idrogeno ha valenza 1; per formare la molecola di acqua (**H_2O**) occorrono perciò due atomi di idrogeno e uno di ossigeno.

Un atomo di carbonio, che ha valenza 4, si può legare a quattro atomi di idrogeno (a valenza 1), formando il metano (**CH_4**), oppure a due atomi di ossigeno, valenza 2, formando l'anidride carbonica (**CO_2**).

Alcuni elementi hanno valenze diverse a seconda del composto che formano: così, per esempio, il cloro può avere valenza 1, 3, 5 o 7 e l'azoto 1, 2, 3, 4 o 5. Per spiegare questo comportamento (che sembra non rispettare sempre la regola dell'ottetto) dobbiamo presupporre l'esistenza di altri tipi di legami oltre a quelli già descritti.

... in English
legame dativo
dative bond

6 Il legame dativo

Il **legame dativo** è un tipo di legame covalente in cui i due elettroni messi in compartecipazione provengono entrambi soltanto da uno dei due atomi legati.

Questo atomo si comporta da **donatore** (da cui il nome "dativo" del legame) e possiede quindi una coppia di elettroni libera da legami che può mettere a disposizione dell'altro atomo (detto **accettore**).

Formazione del legame dativo

Troviamo legami dativi in molecole come quella di acido solforico (H_2SO_4) o quella di anidride clorosa (Cl_2O_3): in quest'ultima, due atomi di cloro si legano a un atomo di ossigeno (che con i due legami completa l'ottetto); anche gli atomi di cloro raggiungono l'ottetto (grazie al legame Cl—O): si forma così la molecola di anidride ipoclorosa Cl_2O [**10**]; nella molecola di Cl_2O_3 altri due atomi di O si legano agli atomi di cloro, ma la coppia di elettroni è fornita dagli atomi di cloro: si formano 2 legami dativi, rappresentati da una freccia diretta da Cl (donatore) a O (accettore) [**11**].

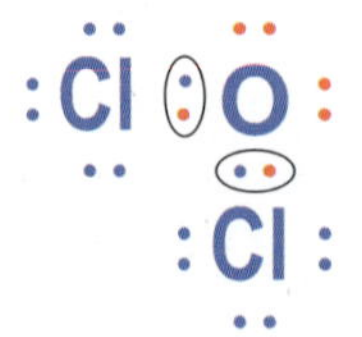

10. Le coppie di elettroni impegnate nei legami covalenti (tra Cl e O) sono evidenziate con un ovale. In questa molecola (Cl_2O, anidride ipoclorosa) gli atomi di cloro grazie al legame con O, raggiungono l'ottetto e non hanno bisogno di formare alcun altro legame.

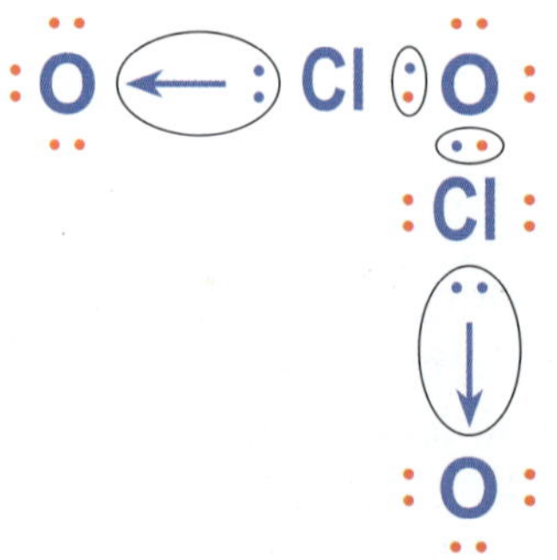

11. Nella molecola di Cl_2O_3 (anidride clorosa) due altri atomi di O si collegano al cloro mediante legame dativo: le frecce indicano che la coppia di elettroni nel legame Cl ⟶ O è fornita dal Cl.
Nel legame dativo un atomo "donatore" (qui il cloro, Cl) ha un doppietto elettronico libero, che viene "donato" a un accettore, un atomo fortemente elettronegativo (qui l'ossigeno, O).

7 Il legame metallico

Viene detto **legame metallico** quel particolare tipo di legame che unisce gli atomi dei metalli allo stato elementare.

I **metalli** sono **solidi a temperatura ambiente** (tranne il mercurio), perché gli atomi che li costituiscono sono tra loro legati a formare un reticolo cristallino, che non è né di natura ionica (perché gli atomi sono tutti uguali), né covalente, perché condividendo i loro elettroni esterni non raggiungerebbero comunque l'ottetto.

- Se sono presenti 4 coppie elettroniche, si formano **angoli di 109,5°**, con una **struttura tetraedrica** nella quale l'atomo centrale è equidistante dai vertici, nei quali sono situati gli atomi collegati, come nella molecola di metano, CH_4 [**16**].
- Le **coppie di elettroni liberi** si comportano come quelle di elettroni condivisi; tuttavia, essendo attratte solo dal nucleo dell'atomo centrale (non sono legati ad altri atomi), sono più vicine al nucleo ed esercitano una forza di repulsione maggiore sulle altre coppie di elettroni (quelle coinvolte nei legami), per cui gli angoli di legame sono più stretti rispetto a quanto detto in precedenza. Così nella molecola di ammoniaca (NH_3), dove sono presenti intorno all'atomo di azoto (N) 4 coppie di elettroni (tre coppie condivise nei legami con gli atomi di H e una coppia di elettroni liberi), la presenza della coppia di elettroni liberi riduce gli angoli di legame N–H da 109,5° a **107,3°** e si realizza una struttura non più tetraedrica, ma una **struttura a piramide triangolare** [**17**].
- L'atomo di ossigeno nella molecola di acqua presenta ben due coppie di elettroni liberi, per cui gli angoli di legame O–H sono ancora più ristretti: **105°** invece di 109,5° e la **struttura** che ne risulta è detta **piegata** [**18**].

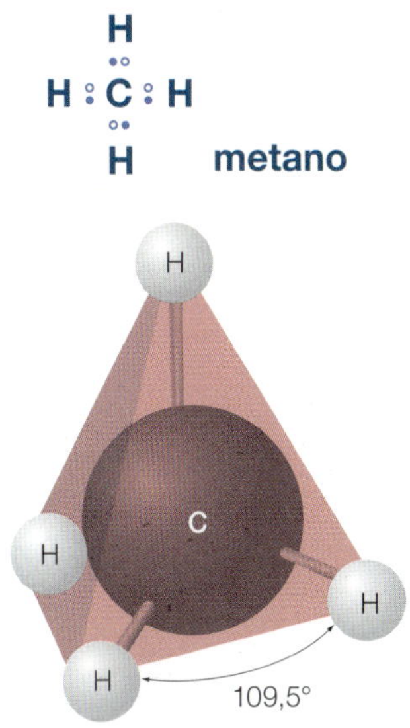

16. Struttura tridimensionale della molecola di metano CH_4 a forma tetraedrica, con angoli di legame di 109,5°.

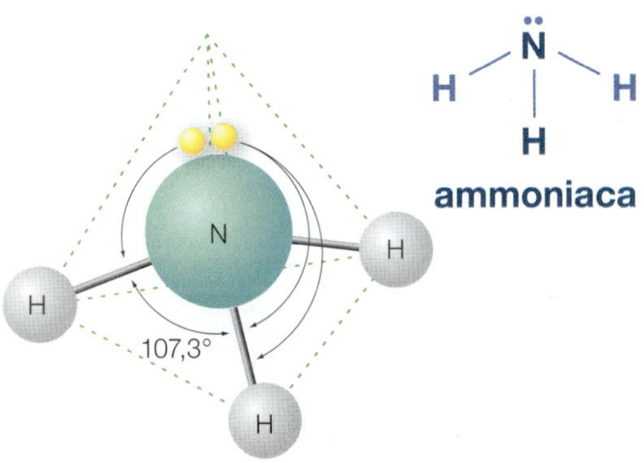

17. Struttura tridimensionale della molecola di ammoniaca NH_3, a piramide triangolare, con angoli di legame di 107,3°.

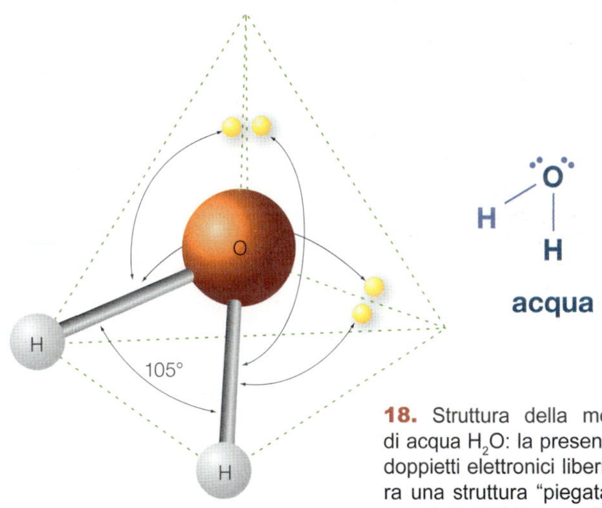

18. Struttura della molecola di acqua H_2O: la presenza di 2 doppietti elettronici liberi genera una struttura "piegata", con angoli di 105° (invece di 109°).

- I legami covalenti doppi e tripli si comportano come i legami semplici, per cui molecole come quella dell'anidride carbonica (CO_2) presentano una struttura lineare, con angoli di 180° tra i due legami doppi [**19**].

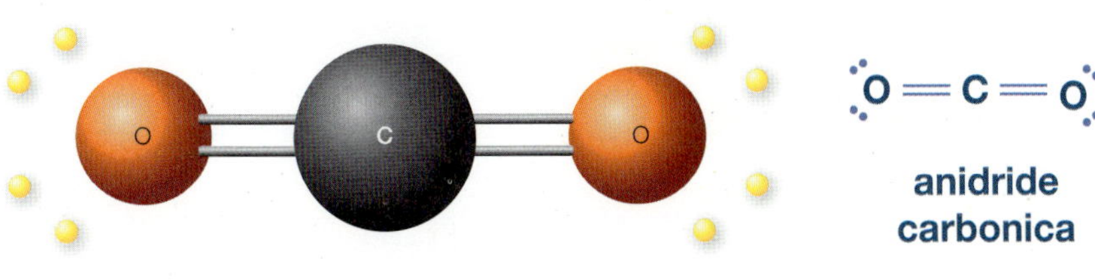

19. Struttura lineare della molecola di anidride carbonica CO_2. Il legame C=O è polare, ma la presenza dei 2 atomi di ossigeno disposti a 180° annulla questa polarità, rendendo la CO_2 una molecola apolare.

9 Gli orbitali molecolari sigma (σ) e pi greco (π)

La formazione dei legami covalenti descritta finora fa riferimento alla regola dell'ottetto e alle strutture di Lewis per rappresentare la formazione delle coppie di elettroni coinvolte nei legami chimici.

Se ci riferiamo al modello atomico quantistico, gli orbitali atomici (rappresentati graficamente da una nuvola elettronica disposta intorno al nucleo) nella formazione di un legame chimico si modificano, perché gli elettroni coinvolti sono sottoposti all'influenza di entrambi i nuclei e si realizza così una nuova condizione (descritta da una complessa funzione d'onda), chiamata **orbitale molecolare**.

... in English
orbitale molecolare
molecular orbital

Per formare un orbitale molecolare (legame covalente) si uniscono **due orbitali atomici**, che contengono ciascuno un solo elettrone e l'orbitale molecolare che si forma conterrà due elettroni (con spin antiparallelo).

La forma dell'orbitale molecolare dipende dalla forma degli orbitali atomici che lo compongono. Per chiarire il concetto facciamo alcuni esempi.

L'**atomo di idrogeno** possiede un solo elettrone che "occupa" l'orbitale 1*s*; per raggiungere maggiore stabilità, deve assumere la configurazione elettronica del gas nobile più vicino, l'elio ($1s^2$): tende perciò a formare un legame covalente con un altro atomo che mette a disposizione un altro elettrone. Se due atomi di idrogeno si avvicinano, gli orbitali *s* di entrambi gli atomi si fondono a formare un'unica nuvola elettronica, che avvolge entrambi i nuclei e contiene ora due elettroni ed è più stabile [**20**].

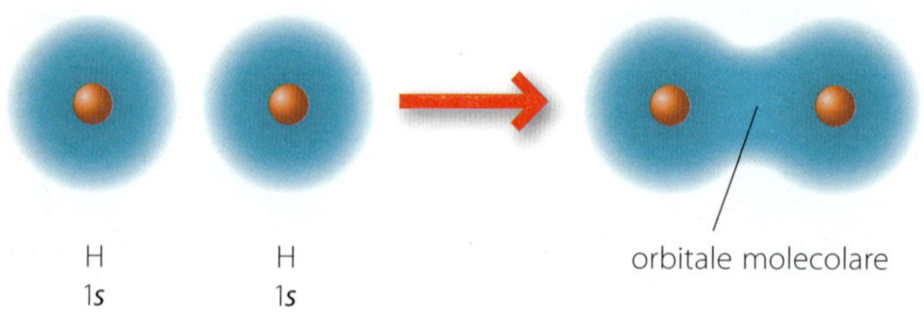

20. Gli orbitali *s* di due atomi di idrogeno H si fondono in una nuvola elettronica che avvolge entrambi i nuclei rendendo stabile la molecola di H_2. L'orbitale che si forma è detto orbitale molecolare.

L'equilibrio, che si realizza tra le forze repulsive tra i due nuclei (entrambi dotati di carica positiva) e le forze attrattive dei nuclei (carichi positivamente) sugli elettroni (negativi), mantiene legati i due atomi avvolti dalla nuvola elettronica dell'orbitale molecolare. I **due nuclei** si mantengono a una certa **distanza** (per le forze repulsive), detta **lunghezza di legame** [**21**].

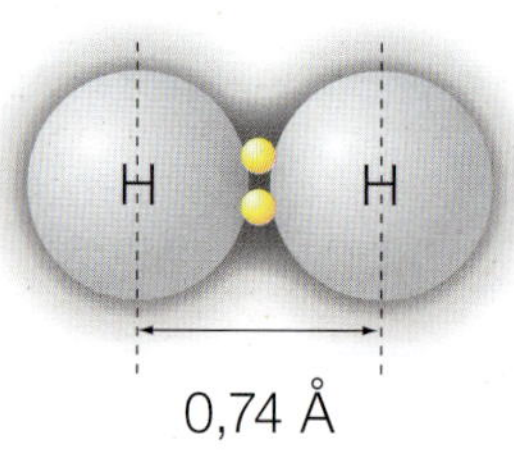

21. La lunghezza di legame tra due atomi di idrogeno è espressa in angstrom Å.

Nel caso della molecola di cloro Cl_2, che ha una configurazione elettronica esterna s^2p^5, i due elettroni che vengono messi in compartecipazione per realizzare l'ottetto appartengono a orbitali *p*, per cui l'orbitale molecolare che ne risulta avrà una forma diversa da quello della molecola di idrogeno [**22**].

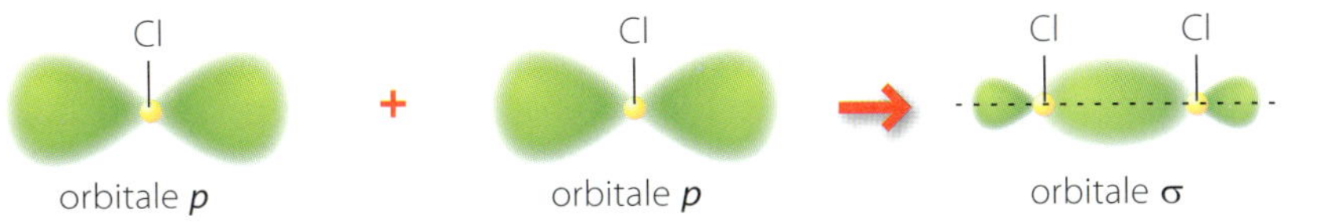

22. Formazione dell'orbitale molecolare di una molecola di Cl_2.

Sia nella molecola di idrogeno che in quella di cloro la retta che collega idealmente i due nuclei (asse di legame) è avvolta completamente dalla nuvola elettronica dell'orbitale molecolare, che viene chiamato **legame sigma** (σ).

Nelle molecole in cui si formano legami doppi o tripli, la sovrapposizione delle nuvole elettroniche del secondo e terzo legame, lungo rette perpendicolari al primo, determina la formazione di **orbitali molecolari** che non includono l'asse di legame. Questi legami sono chiamati **legami pi greco** (π) [**23**].

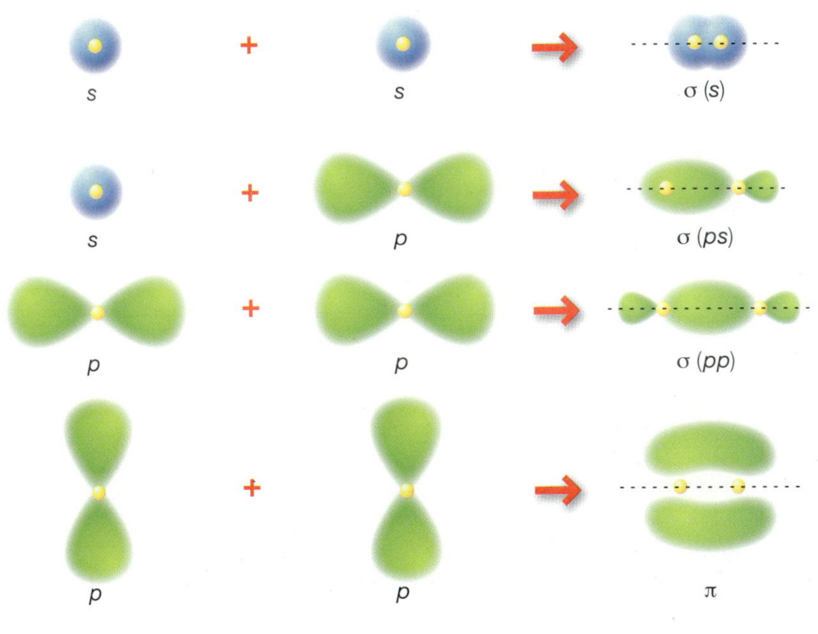

23. Il legame σ (sigma) si può realizzare tra 2 orbitali *s* (come in H_2), tra un orbitale *s* e uno *p* (come in HCl) o tra 2 orbitali *p* (come in Cl_2), purché disposti lungo l'asse di legame. Nel legame σ l'asse di legame tra i due nuclei è avvolto dalla nuvola elettronica. Se gli orbitali *p* che si fondono sono invece disposti perpendicolarmente all'asse di legame si forma un orbitale molecolare o legame π (pi greco). Nel legame π l'asse di legame non è compreso nella nuvola elettronica.

Vediamo, per esempio, la molecola di ossigeno, O_2: i due atomi formano un doppio legame, mettendo in comune due coppie di elettroni per raggiungere l'ottetto; solo uno dei due legami è di tipo sigma (σ), mentre l'altro è lungo una retta perpendicolare al legame σ, per cui la nuvola elettronica non può avvolgere completamente l'asse di legame (**legame π**).

La molecola di azoto, N_2, forma un legame triplo, con tre coppie di elettroni, appartenenti a orbitali *p* e quindi disposti lungo rette tra loro perpendicolari: solo un legame è di tipo σ, mentre il secondo e il terzo legame tra i due atomi di azoto sono di tipo π, perché gli orbitali molecolari che si vengono a formare non includono la retta che collega i due nuclei [**24**].

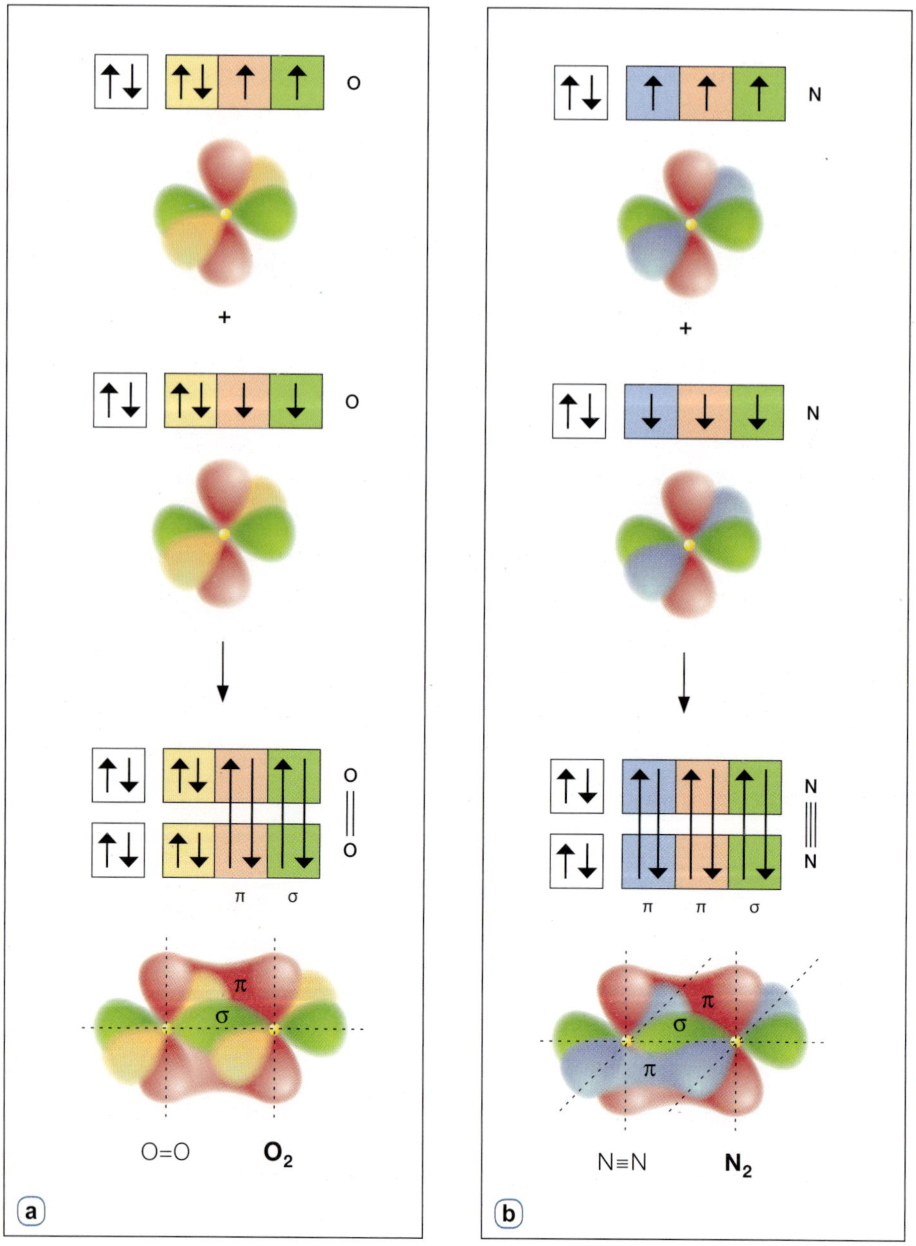

24. Uno dei due legami tra i due atomi di ossigeno (nella molecola di O_2) è lungo la retta che congiunge i due nuclei ed è quindi un legame σ (in verde nella figura).
L'altro legame, invece, non coincide con la retta che collega i due nuclei ed è perciò un legame π (indicato in rosso nella figura) (a).
Nella molecola di N_2, si realizzano un legame σ (in verde) e due legami π (uno rosso e l'altro azzurro) (b).

10 Orbitali ibridi

Per **ibrido** si intende un **incrocio tra due specie diverse**, che determina la formazione di una specie con alcune nuove caratteristiche, diverse da entrambe le specie da cui derivano.

Anche gli orbitali atomici possono formare ibridi; questi sono stati ipotizzati per spiegare la forma assunta da alcune molecole, non corrispondente a quanto prevedibile in base alla configurazione elettronica degli atomi.

Ipotizzando, invece, un incrocio tra orbitali *s* e *p* a formare **orbitali ibridi**, con caratteristiche ed energie intermedie tra *s* e *p*, è possibile giustificare geometrie molecolari altrimenti non comprensibili.

... in English

orbitali ibridi
hybrid orbitals
ibridazione
hybridization

10.1 Ibridazione sp^3

Vediamo, per esempio, l'atomo di carbonio nella formazione del metano (CH_4): la sua configurazione elettronica esterna è s^2p^2; l'orbitale *s* è occupato da due elettroni e non potrebbe perciò formare legami covalenti con altri atomi; per giustificare la formazione dei 4 legami con altrettanti atomi di idrogeno si può ipotizzare che uno dei 2 elettroni dell'orbitale 2*s*, assorbendo energia (ossia "eccitandosi"), sia "traslocato" nell'orbitale 2*p* rimasto vuoto, realizzando una condizione in cui 4 elettroni "spaiati" occupano parzialmente 4 diversi orbitali e possono formare così 4 legami covalenti con l'elettrone "spaiato" presente nell'orbitale *s* degli atomi di idrogeno.

Tuttavia, questo modello non è in grado di spiegare perché i 4 legami tra il carbonio e l'idrogeno nella molecola di metano sono uguali, come si può rilevare sperimentalmente. Dobbiamo perciò ipotizzare che, oltre al "salto" di un elettrone da un orbitale *s* a uno *p*, si verifichi anche una **ibridazione**, ossia un riarrangiamento tra 1 orbitale *s* e i 3 orbitali *p*, che porta alla formazione di 4 nuovi **orbitali ibridi**, detti sp^3, tutti uguali tra loro, aventi una forma intermedia tra l'orbitale *s* e gli orbitali *p* [**25**].

Legandosi agli orbitali *s* degli atomi di idrogeno, questi orbitali ibridi formano 4 legami σ con angoli di legame di 109,5°, che determinano la forma tetraedrica di questa molecola [**26**].

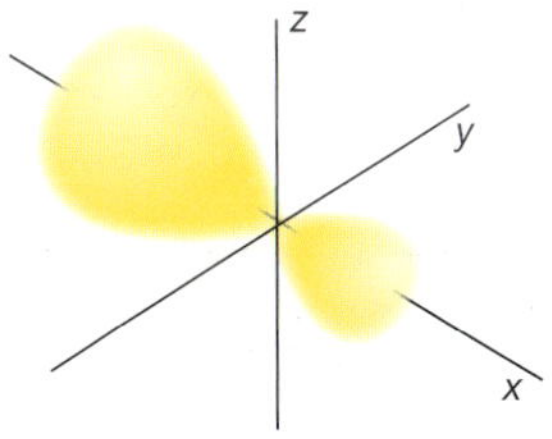

25. Fondendo insieme un orbitale *s* e uno *p* si ottiene un orbitale ibrido *sp*, la cui forma è intermedia tra quella di *s* (sferico) e quella bilobata di *p*: esso presenta perciò due lobi non simmetrici, di cui uno è più esteso dell'altro.

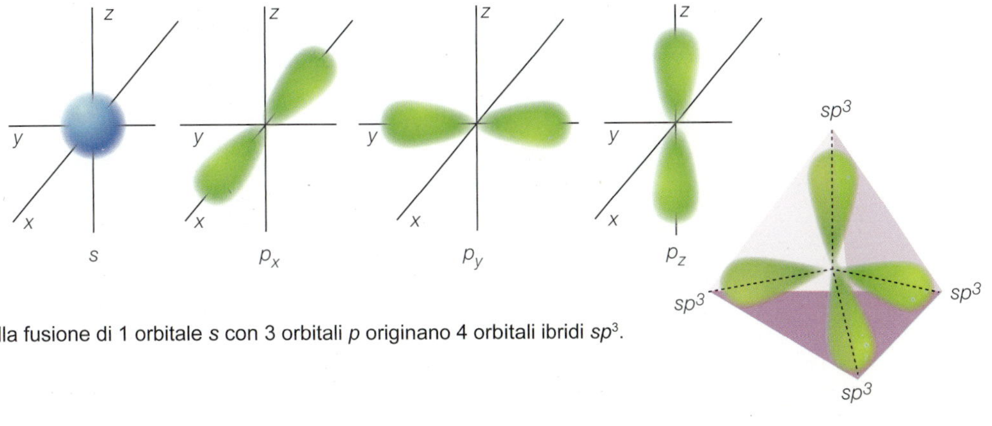

26. Dalla fusione di 1 orbitale *s* con 3 orbitali *p* originano 4 orbitali ibridi sp^3.

La configurazione elettronica dell'atomo di carbonio non giustifica la sua tetravalenza né la forma della molecola del metano. Per giustificare questo dato oggettivo si ipotizza l'esistenza dei 4 orbitali ibridi sp^3 [**27**].

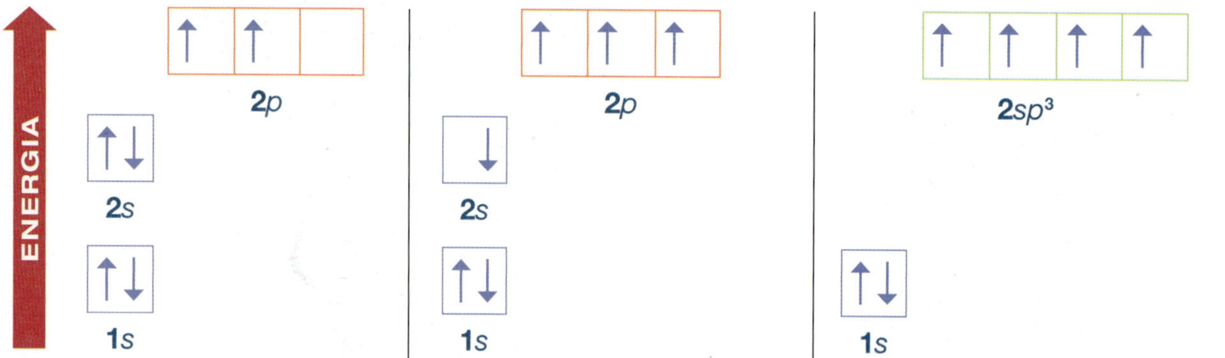

a. La configurazione elettronica del carbonio prevederebbe due elettroni che completano l'orbitale 2*s* e due elettroni spaiati, ciascuno in un orbitale *p* del secondo livello: questa configurazione non giustifica il fatto che il carbonio è tetravalente!

b. La tetravalenza potrebbe essere giustificata da uno spostamento sul terzo orbitale 2*p* (vuoto) di uno dei due elettroni dell'orbitale 2*s*.

c. Tuttavia questa nuova disposizione non riesce ancora a spiegare perché i legami carbonio-idrogeno nella molecola di metano sono tutti e quattro uguali (uno dei quattro, coinvolgendo un elettrone di un orbitale *s* dovrebbe essere diverso dagli altri tre che interessano elettroni di orbitali *p*): bisogna perciò ipotizzare l'esistenza di 4 orbitali ibridi uguali detti sp^3.

27. Ibridazione sp^3.

10.2 Ibridazione sp^2

In questo caso, un orbitale *s* e solo due orbitali *p* si "riassemblano" formando 3 orbitali ibridi detti $\boldsymbol{sp^2}$, come si verifica per gli atomi di carbonio che formano doppi legami.

I 3 orbitali ibridi equivalenti si dispongono su un piano, con angoli di 120° l'uno dall'altro (geometria planare a triangolo equilatero [**28**]) mentre il terzo orbitale 2*p* non partecipa all'ibridazione e rimane su un piano perpendicolare agli orbitali ibridi. I tre orbitali sp^2 formano legami σ con altri atomi (di idrogeno, di carbonio o altri ancora).

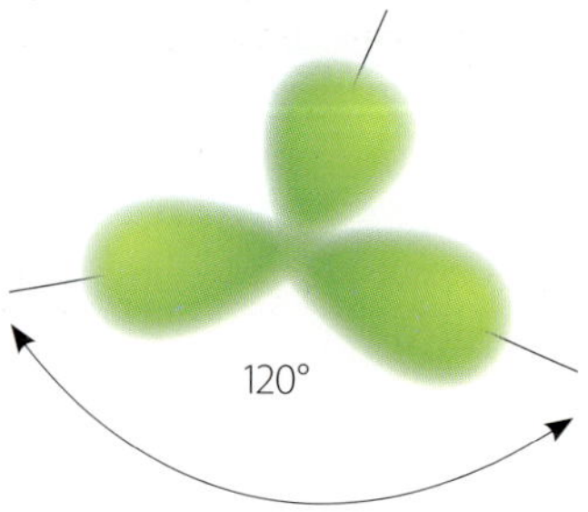

28. I tre orbitali ibridi sp^2, disposti sullo stesso piano, formano tra loro angoli di 120°.

L'**ibridazione *sp*^{2}** si incontra nei composti contenenti doppi legami C$=$C (come nell'etilene), C$=$O e C$=$N. L'orbitale 2*p* non ibrido di un atomo di carbonio ibrido *sp*^{2} forma con un altro orbitale 2*p* di un altro atomo di carbonio un legame π, per cui i due atomi di carbonio rimangono uniti da un doppio legame, uno σ + uno π [**29**].

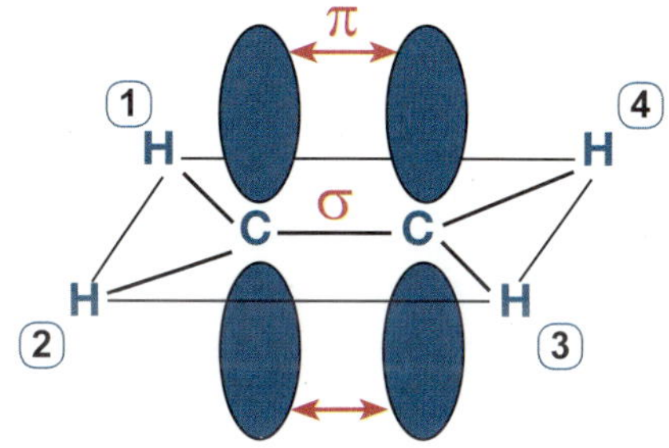

29. Nell'etilene i tre orbitali ibridi *sp*^{2} di ciascuno dei due atomi di carbonio, disposti sullo stesso piano, formano 3 legami σ (uno con l'altro atomo di carbonio e due con atomi di idrogeno), con angoli di legame di 120°. L'orbitale *p* "libero" di entrambi gli atomi di carbonio, disposti perpendicolarmente al piano degli orbitali ibridi, forma un legame π con il corrispondente orbitale *p* "libero" dell'altro atomo di carbonio. I due atomi restano così uniti da un doppio legame (σ + π).

10.3 Ibridazione *sp*

Un orbitale *s* forma un ibrido con un solo orbitale *p*: questo si verifica per esempio nei **composti del carbonio** contenenti tripli legami tra due atomi di carbonio (**alchini**). Nell'acetilene, per esempio, i due orbitali ibridi *sp* formano un legame sigma con un atomo di idrogeno, e uno con un atomo di carbonio, disposti a 180° l'uno dall'altro (geometria lineare), mentre le altre due coppie di orbitali *p*, non ibridi, formano due legami pi greco (π) tra i due atomi di carbonio [**30**].

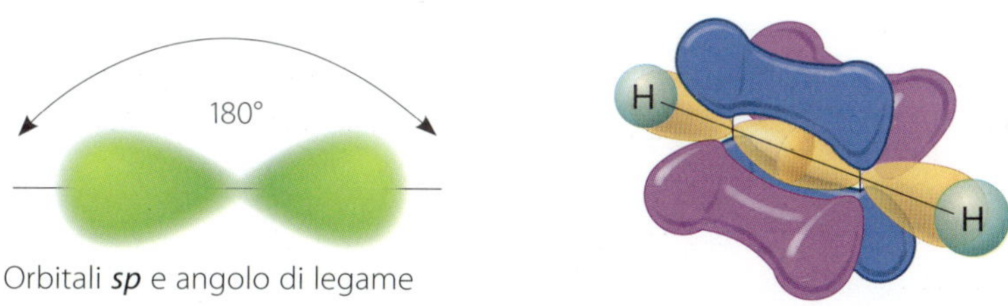

30. Nell'acetilene i due atomi di carbonio sono uniti mediante un legame σ tra i due orbitali ibridi *sp*, mentre le due coppie di orbitali *p* perpendicolari all'asse di legame formano 2 legami π tra i due atomi di carbonio (si ha così un legame triplo costituito da un legame σ e due π).

Ibridi *sp* si ritrovano anche nella molecola di azoto (N_2) o nel dicloruro di berillio ($BeCl_2$).

11 Le forze intermolecolari: legami tra molecole

Il legame che mantiene vicine le particelle dei gas, degli idrocarburi e di tutte le **molecole non polari** quando vengono liquefatte o solidificate è un legame debole, una **debole forza di attrazione elettrostatica**.

Sono attrazioni molto deboli, ma sono le uniche che intervengono tra molecole non polari. Agiscono solo a **distanze ravvicinate** e sono dovute alla **temporanea polarizzazione** delle molecole, determinata dallo spostamento degli elettroni quando le molecole si avvicinano.

... in English
forze di London
London forces

11.1 Le forze di London

Molecole come quelle di idrogeno o di azoto, costituite da due atomi uguali, sono assolutamente apolari, ma si possono creare **dipoli temporanei** che creano deboli **campi elettrici** i quali a loro volta, per induzione, polarizzano temporaneamente le molecole vicine: si stabiliscono così **forze attrattive deboli tra i dipoli temporanei di molecole vicine**, dette **forze di London** [**31**].

Per vincere questi deboli legami (e liberare da questo legame le singole molecole, che possono tornare così allo stato aeriforme) è sufficiente un piccolo apporto di energia ed è per questo che le sostanze non polari, a parità di peso molecolare, sono più volatili delle sostanze polari [**32**].

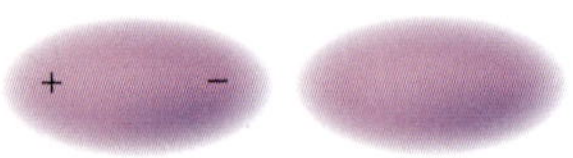

31. Forze di London tra molecole vicine provocano dipoli temporanei.

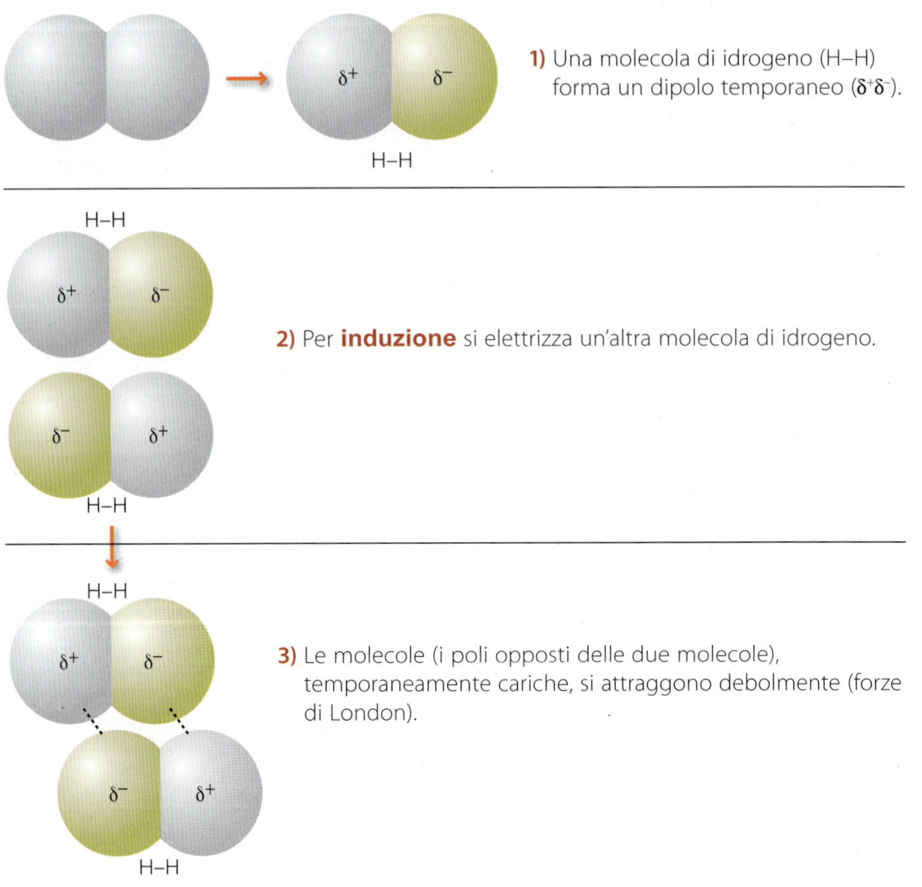

32. La formazione di un dipolo temporaneo influenzerà la molecola vicina che formerà anch'essa un dipolo per induzione.

Glossario

Induzione: l'elettrizzazione per induzione si ha quando un corpo elettrizzato positivamente o negativamente viene avvicinato a un corpo neutro: il semplice avvicinamento del corpo carico induce nel corpo neutro una separazione di cariche che dura solamente finché agisce la causa che l'ha prodotta.
Più precisamente, avvicinando un corpo carico negativamente a un corpo neutro, quest'ultimo assumerà una carica positiva nella parte vicina al corpo carico e una carica negativa nel lato opposto.

11.2 Attrazioni dipolo-dipolo

Le **attrazioni dipolo-dipolo** sono forze che mantengono **vicine** le **molecole polari**, come per esempio l'acido cloridrico [**33**]. Sono attrazioni più forti di quelle di London perché intervengono tra molecole che sono già polarizzate (**dipoli permanenti**) per loro natura. Il polo positivo di una molecola verrà attratto dal polo negativo della molecola vicina.

33. Le attrazioni dipolo-dipolo tra molecole diverse di acido cloridrico HCl sono forze molto deboli favorite dalla naturale polarizzazione delle singole molecole.

L'attrazione dipolo-dipolo e le forze di London sono comunque forze di attrazione deboli e che agiscono solo quando le molecole sono molto vicine. Insieme vengono anche chiamate **forze di Van der Waals**, dal nome del fisico che per primo le studiò.

... in English
forze di Van der Waals
Van der Waals forces

11.3 Legame a idrogeno

Questo tipo di legame si realizza solo tra molecole che possiedono un **atomo di idrogeno** legato a un **atomo fortemente elettronegativo**, cioè un atomo che esercita una forte attrazione nei confronti degli elettroni di legame. Atomi di questo tipo sono il fluoro (F), l'ossigeno (O) e l'azoto (N).

L'idrogeno di queste molecole è legato covalentemente al fluoro, all'ossigeno o all'azoto, ma la **forte attrazione** che gli atomi fortemente elettronegativi (F, O e N) esercitano sugli elettroni di legame determina una polarità positiva dell'idrogeno, che potrà subire l'attrazione di un atomo di F, O e N presente nella molecola vicina e si avvicinerà a essa trascinando con sé la molecola di cui fa parte.

L'acqua (H_2O) e l'ammoniaca (NH_3) presentano allo stato liquido o solido legami a idrogeno. Per esempio, l'acqua, pur essendo costituita da molecole molto piccole, si mantiene allo stato liquido grazie ai legami a idrogeno (tra l'atomo di idrogeno di una molecola e quello di ossigeno delle molecole vicine) che uniscono tra loro le sue molecole.

I legami a idrogeno sono più deboli dei legami covalenti e possono essere rotti fornendo l'energia necessaria (**calore**): le molecole d'acqua liberandosi da questo legame passano allo stato di vapore.

I legami a idrogeno tra le molecole di acqua sono responsabili della tensione superficiale, determinando una forte coesione delle molecole d'acqua verso l'interno del liquido [34].

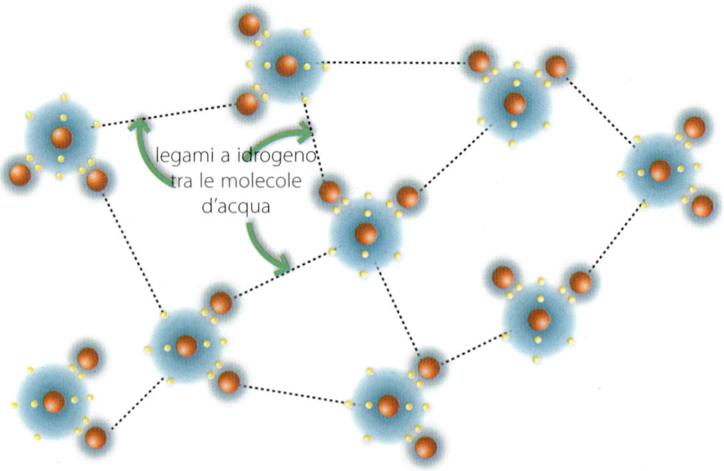

34. I legami a idrogeno tra le molecole di acqua sono responsabili della tensione superficiale, determinando una forte coesione delle molecole d'acqua verso l'interno del liquido.

La capillarità

La capillarità è un fenomeno legato alle forze intermolecolari e all'interazione tra un liquido e un solido (forze di adesione del liquido alle pareti del solido e forze di coesione delle molecole del liquido tra di loro), che consente al liquido di risalire lungo le pareti strette del secondo (come nel caso dei tubi capillari, da cui prende il nome il fenomeno).
Nei tubi capillari di vetro (di diametro sottile come un capello) le forze di adesione acqua-vetro prevalgono sulle forze di coesione interna dell'acqua (determinate dai legami a idrogeno che mantengono unite le molecole d'acqua) e consentono all'acqua di risalire lungo le pareti del tubo più in alto rispetto a un tubo di diametro maggiore.
Se il tubo è di teflon, invece l'acqua non aderisce e il livello raggiunto è inferiore.
In entrambi i casi, la superficie del liquido appare curva e il punto centrale della curva, concava (come per l'acqua e il vetro) o convessa (acqua-teflon) che sia, è detto **menisco** e a esso si deve guardare per misurare il volume del liquido (per esempio nel cilindro graduato).
Se il liquido è il mercurio, un metallo, l'unico elemento metallico allo stato liquido, le forze di coesione interna, legate al legame metallico, prevalgono nettamente rispetto alle forze di adesione e anche in questo caso il liquido non aderisce e presenta una curva convessa verso l'alto (lo stesso si verifica nel contatto vetro-olio).

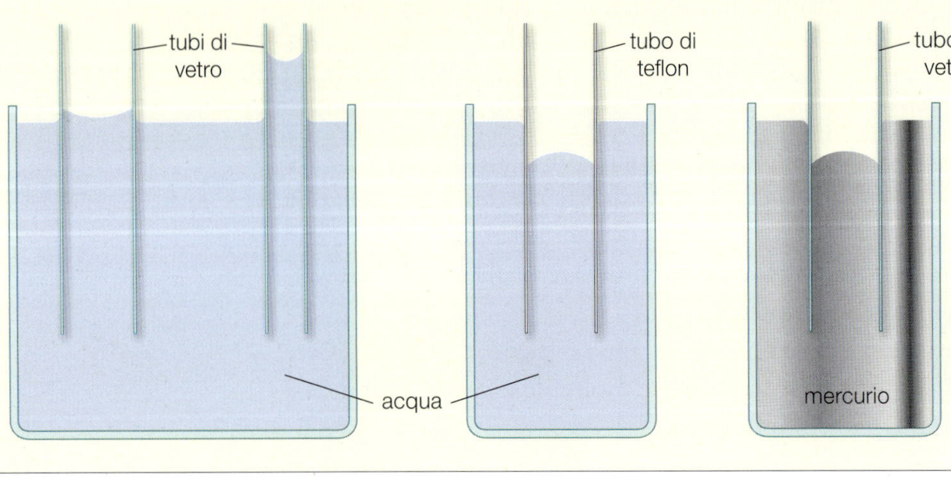

Il mercurio in un tubo capillare forma un menisco a convessità rivolta verso l'alto.

ESERCIZI di autoverifica

A **Completa la seguente mappa concettuale inserendo le parole elencate**

1. ionici
2. omopolari
3. eteropolari
4. KCl
5. HBr
6. H_2
7. intermolecolari
8. intramolecolari
9. atomi
10. molecole
11. legami deboli
12. legami forti
13. covalenti
14. forze di London
15. legami a idrogeno
16. forze di Van der Waals

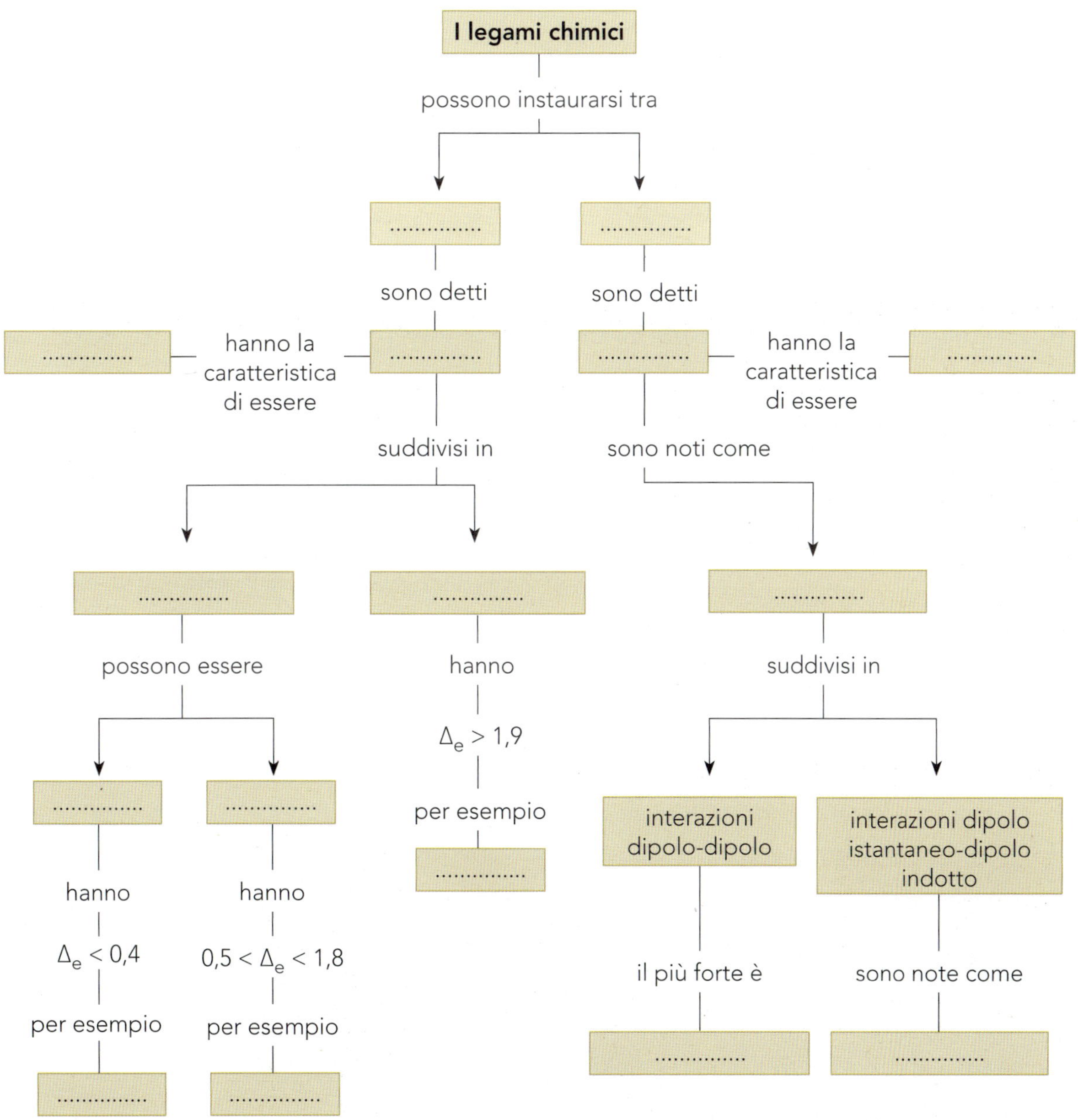

B Se non lo sai, rileggilo alla pagina indicata

1. Che cosa afferma la regola dell'ottetto? (pag. 74)
2. Come si forma un legame ionico? (pag. 74)
3. Che tipo di legame è presente nella molecola di acido cloridrico? (pag. 77)
4. Sai rappresentare con la simbologia di Lewis il legame presente nella molecola di azoto? (pag. 77)
5. Quale tipo di legame è presente nella molecola di idrogeno? (pag. 78)
6. Che importanza ha l'elettronegatività nel determinare il carattere ionico o covalente di un legame? (pag. 78)
7. Quando si formano legami doppi o tripli? (pag. 79)
8. Che cos'è la valenza? (pag. 79)
9. Qual è la valenza dell'ossigeno? E del sodio? (pag. 79)
10. Che cos'è un legame dativo? (pag. 80)
11. Sai spiegare la formazione del legame metallico? (pag. 80)
12. Che cosa sono le forze di Van der Waals? E il legame a idrogeno? (pagg. 90-92)

C Completa le seguenti frasi inserendo le parole mancanti, scegliendole nell'elenco sottostante

a. La .... indica il numero di elettroni messi in gioco nei legami per formare l'ottetto.

b. Il legame covalente polare si realizza tra atomi che hanno una differente ....

c. Gli atomi di ossigeno sono uniti nella molecola O_2 da un legame ....

d. Il legame .... si realizza solo se un atomo possiede una coppia di elettroni libera da legami.

e. Il legame .... è caratterizzato dalla presenza di un mare di .... che fluttuano al di sopra di un insieme di ioni positivi.

f. Il legame .... collega tra loro molecole di acqua.

g. Il sodio ha valenza ....

h. Il cloruro di sodio si forma mediante un legame ....

i. La molecola di Cl_2 contiene un legame ....

j. Le forze di .... comprendono le forze di .... e le attrazioni dipolo-dipolo, entrambe forze di attrazione ....

k. La molecola di azoto presenta un legame ....

l. Nella rappresentazione di .... il legame tra i due atomi di idrogeno viene rappresentato così: H:H o così: H — H.

1. covalente puro	6. covalente doppio	11. atomico	16. tre
2. covalente dativo	7. elettroni	12. uno	17. due
3. metallico	8. intermolecolare	13. Van der Waals	18. Lewis
4. ionico	9. covalente triplo	14. valenza	19. elettronegatività
5. London	10. a idrogeno	15. doppia	

D **Indica se le seguenti affermazioni sono vere (V) o false (F)** **V F**

1. Gli elementi del VII gruppo tendono a cedere facilmente un elettrone. ▢ ▢
2. Il legame covalente polare si forma solo tra atomi uguali. ▢ ▢
3. I gas nobili formano legami chimici solo tra atomi del loro gruppo. ▢ ▢
4. Nel legame covalente puro un atomo cede uno o più elettroni a un altro atomo. ▢ ▢
5. Un atomo molto elettronegativo non ha alcuna tendenza ad attirare elettroni di legame. ▢ ▢
6. Nella molecola di azoto è presente un legame covalente doppio. ▢ ▢
7. Nell'ibridazione *sp* gli angoli di legame sono di 120°. ▢ ▢
8. Un legame dativo si forma quando un atomo dà (cede) un elettrone a un altro atomo. ▢ ▢
9. Il mare di Fermi rappresenta gli elettroni delocalizzati nel legame metallico. ▢ ▢
10. Un riarrangiamento tra 1 orbitale *s* e i 3 orbitali *p* porta alla formazione di orbitali ibridi sp^3. ▢ ▢
11. I legami a idrogeno sono più deboli dei legami covalenti. ▢ ▢
12. Le molecole di acido cloridrico sono tenute insieme dalle forze di London. ▢ ▢

E **Indica con una crocetta la risposta giusta tra quelle proposte**

1. Ha valenza 2:
a. l'idrogeno
b. il sodio
c. l'ossigeno
d. il cloro

2. Non ha tendenza a formare legami:
a. l'ossigeno
b. l'argo
c. l'azoto
d. il cloro

3. Legame presente nelle molecole di iodio:
a. dativo
b. covalente doppio
c. covalente polare
d. covalente puro

4. Legame presente nel sodio:
a. metallico
b. covalente triplo
c. ionico
d. covalente puro

5. Legame presente nel cloruro di sodio:
a. metallico
b. covalente polare
c. ionico
d. covalente puro

6. Un legame π si forma dalla fusione:
a. tra 2 orbitali *s*
b. tra un orbitale *s* e uno *p*
c. tra 2 orbitali *p*
d. nessuno delle precedenti risposte

7. Collegano tra loro molecole non polari:
a. legami covalenti
b. legami a idrogeno
c. forze di Van der Waals
d. legami metallici

8. Sono legami molto deboli:
a. i legami covalenti
b. i legami ionici
c. le forze di London
d. i legami nucleari

9. In seguito al mescolamento di un orbitale *s* e di due orbitali *p*, si ottiene un'ibridazione:

a. sp^3
b. sp^2
c. *sp*
d. nessuna delle risposte precedenti

10. Contiene legami dativi la molecola di:

a. azoto
b. cloruro di sodio
c. argo
d. acido solforico

F ESERCIZI applicativi

1. Dei seguenti elementi chimici, in base alla loro configurazione elettronica, calcola il numero di elettroni di valenza e quanti elettroni devono acquistare o perdere per raggiungere la configurazione elettronica del gas nobile più vicino:

Li	C	N	O	Cl	Al	Mg	K
P	I	B	Br	Be	Na	Ca	S

2. La differenza di elettronegatività Δ_e è importante per capire il tipo di legame che si realizza tra due atomi: orientativamente, se è $\Delta_e = 0$ (due atomi uguali) il legame è covalente puro; se è $\Delta_e > 1{,}9$ il legame è ionico e se il valore di Δ_e è intermedio il legame è covalente polare.
In base alle differenze di elettronegatività tra gli atomi presenti (vedi tavola periodica), indica quali dei seguenti legami sono covalenti puri (omopolari), covalenti polari (eteropolari) e ionici:

H — Cl	F — F	Na — Cl	K — O	Li — F
N — C	C — P	Ca — O	Mg — H	S — O

3. Scrivi la rappresentazione di Lewis dei seguenti composti (completa le formule aggiungendo le linee o i puntini).

HCl H Cl

Cl_2 Cl Cl

CH_4
H
H C H
H

CCl_4
Cl
Cl C Cl
Cl

Cl_2O
Cl O
Cl

4. Quali di queste molecole formano legami multipli?

KCl N_2 O_2 CaF_2 CO_2

5. Quali di queste molecole presentano anche legami dativi?

Cl_2O Cl_2O_3 NH_3 KOH

6. Scrivi le formule di struttura corrispondenti alle seguenti formule brute:

O_2 KOH HNO_2 N_2 H_2 $Al(OH)_3$ MgH_2 LiCl

PDF **Soluzioni**

Capitolo 5

Dalle leggi dei gas alla mole

Obiettivi

- Indicare le proprietà dei gas e le grandezze che ne influenzano lo stato fisico.
- Descrivere il modello del gas ideale.
- Spiegare le leggi di Boyle, Charles e Gay-Lussac.
- Illustrare la legge del gas ideale e l'equazione generale dei gas ideali.
- Spiegare come dal principio di Avogadro si giunge alla misurazione della massa atomica relativa.
- Definire i concetti di mole e di massa molare.
- Calcolare il numero di moli di una massa in grammi di una sostanza pura.
- Definire il volume molare di un gas ideale.

1 I gas

Lo studio dei gas e del loro comportamento, dalla fine del Settecento alla prima metà dell'Ottocento, ha contribuito notevolmente allo sviluppo della Chimica.

Tutti i gas presentano caratteristiche (**proprietà**) simili:

- non hanno né forma né volume propri e tendono a occupare tutto lo spazio disponibile;
- sono comprimibili; infatti, se sono sottoposti a una pressione esterna, il loro volume può ridursi [**1**];

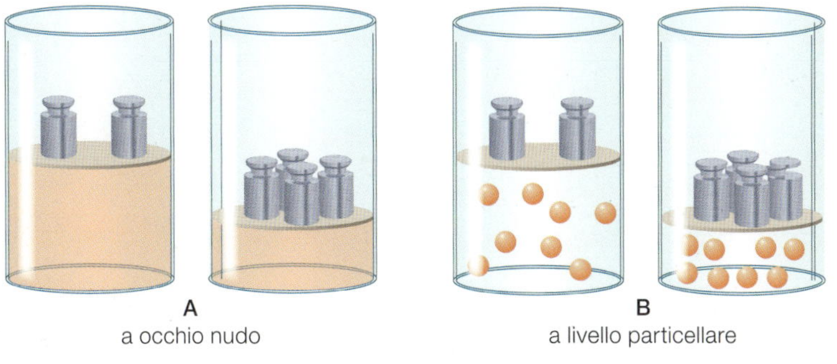

1. Proporzionalità inversa tra pressione e volume: aumentando la pressione il volume si riduce, perché i gas sono comprimibili. A) a occhio nudo (macroscopico); B) a livello particellare: l'esistenza di spazi vuoti tra le particelle rende il gas comprimibile.

- esercitano la stessa pressione su tutti i punti della superficie interna del contenitore;
- se riscaldati, tendono ad aumentare il loro volume (si dilatano) e, viceversa, a ridurlo quando vengono raffreddati;
- se, invece, si impedisce loro di espandersi (posti in un contenitore rigido), l'aumento della temperatura provoca un aumento della loro pressione.

... in English
temperatura assoluta *absolute temperature*
pressione *pressure*
volume *volume*
modello del gas ideale *ideal gas model*

Tre variabili (tre grandezze) influenzano contemporaneamente lo stato fisico di un gas:
1. il **volume** occupato V, misurato in metri cubi (m^3);
2. la **temperatura assoluta** T, misurata in kelvin (K);
3. la **pressione** p, misurata in pascal (Pa) o nel suo multiplo bar (10^5 Pa).

1.1 Il modello del gas ideale

Il **gas ideale** è un modello di gas elaborato dagli scienziati in grado di spiegare, a livello di singole particelle, il comportamento di tutti i gas.

Il gas ideale ha le seguenti caratteristiche:
- è formato da **particelle** (atomi, molecole) libere di muoversi (in linea retta) a grandissima velocità in tutte le direzioni, in tutto lo spazio a loro disposizione;
- la **velocità** (media) delle sue particelle aumenta all'aumentare della temperatura;
- nel loro movimento, le particelle urtano tra loro e contro le pareti del contenitore con urti "**perfettamente elastici**", ossia urti che non influenzano né la velocità né l'energia delle particelle (dopo un urto, le particelle continuano a muoversi come se niente fosse accaduto, mantenendo la stessa velocità ed energia): nonostante gli urti le particelle continuano sempre a muoversi, alla stessa grandissima velocità [**2**];

Link
http://hyperphysics.phy-astr.gsu.edu/hbase/Kinetic/idegas.html

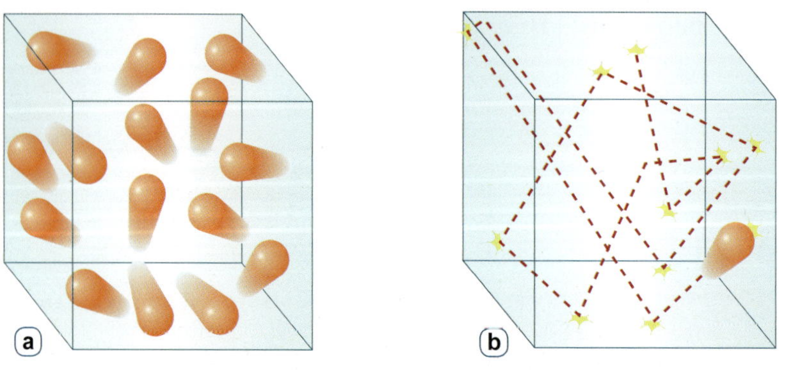

2. In un gas ideale le particelle si scontrano tra loro e urtano le pareti del contenitore, mantenendo costante la loro velocità (a); tra un urto e l'altro le particelle si muovono a fortissima velocità in linea retta (b).

- il **volume** delle singole particelle è trascurabile (è molto più piccolo) rispetto al volume dello spazio che esse occupano nel loro movimento;
- la **frequenza degli urti** delle particelle contro la parete del contenitore, singolarmente deboli, ma numerosissimi, determina la **pressione** del gas; se aumenta la temperatura, aumenta la velocità delle particelle e la frequenza degli urti contro le pareti e con essa la pressione del gas: la **pressione** del gas ideale è perciò **direttamente proporzionale** alla **temperatura** del gas.

... in English

inversamente proporzionale *inversely proportional*
direttamente proporzionale *directly proportional*
trasformazione isoterma *isothermal transformation*

2 Le leggi dei gas

2.1 La legge di Boyle

A temperatura costante (trasformazione isoterma), il **volume** di una data quantità di gas è **inversamente proporzionale** alla sua **pressione**.

Se dimezziamo il volume, la pressione del gas raddoppia; se raddoppiamo il volume, la pressione si dimezza.

Quando due grandezze sono inversamente proporzionali il loro prodotto è una **costante** [3]. La legge di Boyle si può perciò esprimere matematicamente con la seguente relazione:

$$p \cdot V = \text{costante}$$

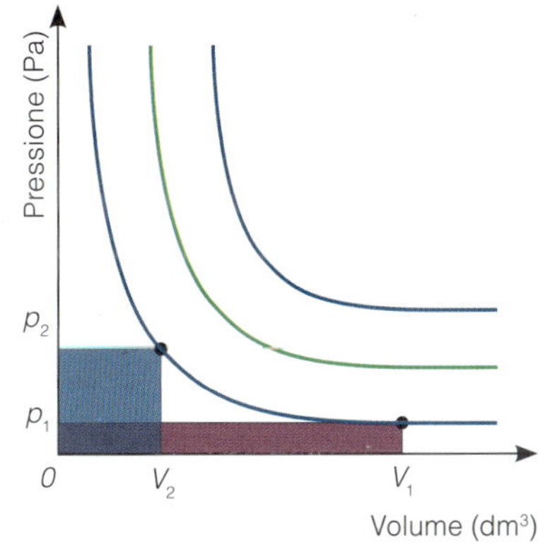

3. Graficamente questa relazione corrisponde a un ramo di un'iperbole equilatera. Essendo il prodotto $p \cdot V$ = costante, le aree dei rettangoli, ottenute moltiplicando il valore di p e di V di ogni punto della curva, sono uguali tra loro.

Il **modello del gas ideale** è in grado di spiegare la **legge di Boyle** [4]: se dimezziamo il volume del gas, le particelle che lo costituiscono, muovendosi in uno spazio più ristretto (dimezzato), urtano più frequentemente contro le pareti; la frequenza degli urti raddoppia e con essa raddoppia anche la pressione.

La legge di Boyle

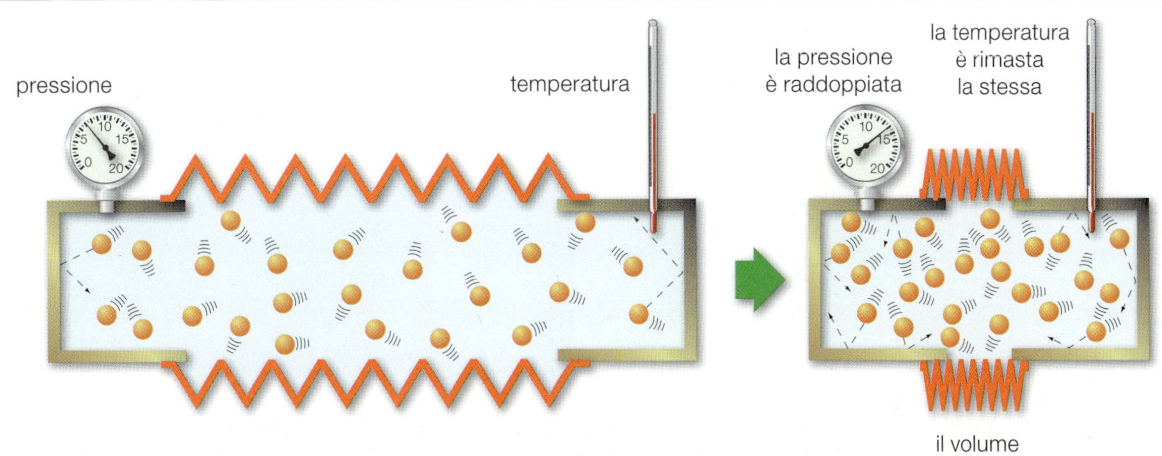

4. Legge di Boyle: a temperatura costante, se si dimezza il volume, la pressione raddoppia.

2.2 La legge di Charles (o I legge di Gay-Lussac)

Fare per apprendere

• Gonfiamo un palloncino

A pressione costante (trasformazione isobara), il **volume** di una data quantità di gas è **direttamente proporzionale** alla sua **temperatura assoluta**.

Per ogni grado di aumento di temperatura, il volume del gas aumenta di 1/273 del suo volume a 0 °C.

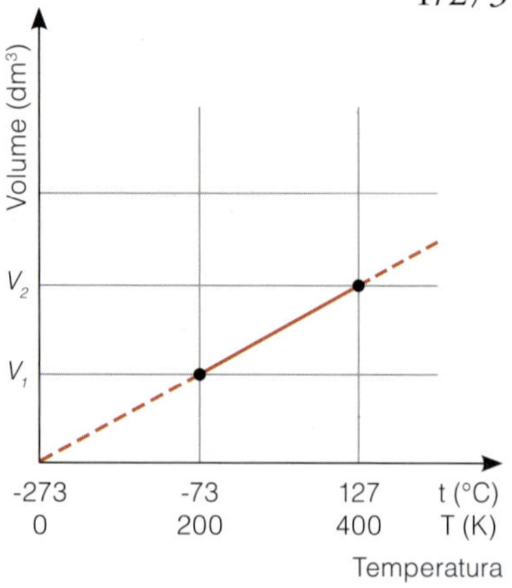

5. Variazioni del volume in funzione della temperatura. Riducendo la temperatura fino a –273 °C il volume del gas dovrebbe annullarsi, per cui questa temperatura è detta zero assoluto e la scala kelvin adotta questo valore come valore 0 (0 K).

Quando due grandezze sono direttamente proporzionali, il loro rapporto è costante, per cui la legge di Charles si esprime matematicamente con la seguente relazione:

$$\frac{V}{T} = \text{costante}$$

Graficamente, questa relazione è rappresentata da una retta [**5**]. Ogni punto della retta corrisponde al volume V (indicato in ordinata, ossia la semiretta verticale) del gas a una particolare temperatura T (indicata sull'ascissa, la semiretta orizzontale).

Se la temperatura aumenta, il volume aumenta, se la temperatura diminuisce, il volume si riduce proporzionalmente.

Prolungando la retta in basso, a una temperatura di –273 °C (0 kelvin) corrisponderebbe un volume di gas uguale a zero.

Non essendo possibile un volume negativo, la temperatura di **–273 °C** è considerata la temperatura minima raggiungibile teoricamente e viene perciò detta **zero assoluto** (**0 K**).

L'esperimento di Charles

Nel 1787, nell'ambito delle ricerche sul volo degli aerostati, lo scienziato francese Jacques Charles realizzò un semplice esperimento. Utilizzando una goccia di mercurio, Charles intrappolò una piccola quantità di aria in un tubicino capillare. Il mercurio può scorrere liberamente lungo il tubicino se l'aria aumenta o diminuisce il suo volume. Riscaldandosi, l'aria può dilatarsi liberamente sospingendo verso l'alto la goccia di mercurio lungo il capillare.

Il sistema così costruito si mantiene a pressione costante: infatti, la pressione interna è uguale e in equilibrio con quella che agisce dall'esterno, che è data dal peso dell'aria atmosferica sovrastante più il peso della goccia di mercurio. Se aumenta la temperatura cresce anche il volume del gas. Charles con un capillare graduato poté misurare con precisione l'entità di questo aumento, che corrisponde a 1/273 del volume del gas a 0 °C per ogni grado di aumento di temperatura (così, per esempio, passando da 0 a 54,6 °C il volume aumenta di un quinto: se è di 1 mL passerà a 1,2 mL).

Secondo il modello del gas ideale, l'aumento della temperatura determina una crescita della velocità media delle particelle; se il contenitore non è rigido, ma può aumentare liberamente le sue dimensioni, le particelle del gas tenderanno a occupare uno spazio proporzionalmente maggiore e il volume del gas aumenterà proporzionalmente all'aumento di temperatura.

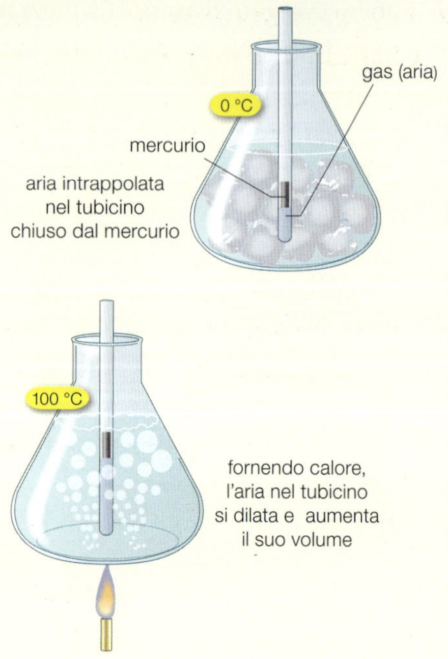

2.3 La legge di Gay-Lussac (o II legge di Gay-Lussac)

A volume costante (trasformazione isocora) la **pressione** di una data quantità di un gas è **direttamente proporzionale** alla **temperatura assoluta**.

Come per la legge di Charles, vale la relazione di diretta proporzionalità, applicata al rapporto tra pressione (***p***) e temperatura assoluta (***T***):

$$\frac{p}{T} = \text{costante}$$

Il grafico che rappresenta la legge di Gay-Lussac è analogo a quello della legge di Charles; anche in questo caso alla temperatura di –273 °C (0 K) la pressione del gas ideale si annulla [6].

In un contenitore rigido (quindi a volume costante) l'aumento della **temperatura** determina un aumento della velocità delle particelle e quindi un aumento della frequenza degli urti contro le pareti, a cui corrisponde un aumento della pressione del gas.

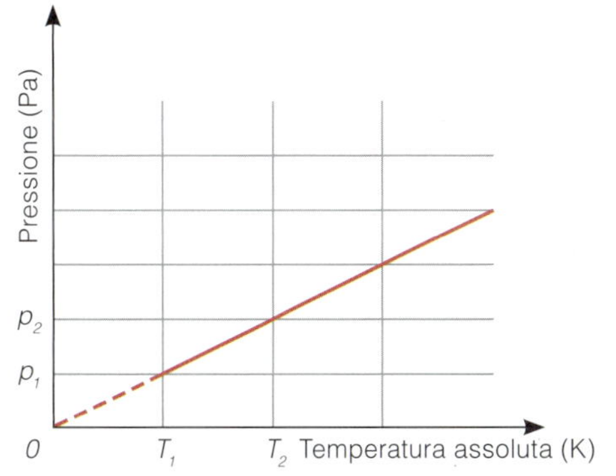

6. Anche la relazione tra temperatura e pressione (a volume costante, legge di Gay-Lussac) è rappresentata da una retta, per cui le due grandezze sono direttamente proporzionali.

... in English

trasformazione isobara
isobaric transformation

trasformazione isocora
isochoric transformation

2.4 La legge dei gas ideali

Abbiamo visto che per una data quantità (massa) di gas:

1. nelle **trasformazioni isoterme** (temperatura costante: **legge di Boyle**), la pressione p e il volume V sono inversamente proporzionali per cui il prodotto $\boldsymbol{p \cdot V = \text{costante}}$
2. nelle **trasformazioni isobare** (pressione costante: **legge di Charles**), il volume V è direttamente proporzionale alla temperatura assoluta T, per cui il rapporto $\boldsymbol{V/T = \text{costante}}$
3. nelle **trasformazioni isocore** (volume costante: **legge di Gay-Lussac**) la pressione p è direttamente proporzionale alla temperatura assoluta T, per cui il rapporto $\boldsymbol{p/T = \text{costante}}$

Poiché nella maggior parte delle situazioni le tre variabili p, V e T si modificano contemporaneamente, è stata elaborata un'espressione matematica che collega tutte e tre le grandezze:

$$\frac{p \cdot V}{T} = \text{costante } (K)$$

che può essere formulata anche come segue:

$$p \cdot V = K \cdot T$$

Robert Boyle (1627-1691)

Fisico e chimico irlandese, fu tra i fondatori della chimica moderna. Sostenne una concezione corpuscolare in contrapposizione alla teoria dei "quattro elementi" (terra, fuoco, aria, acqua) aristotelici. Nel 1662 enunciò la legge sui gas che porta il suo nome.

La **legge dei gas ideali** può pertanto essere così enunciata:

Per una data massa di gas, il prodotto della pressione per il volume è direttamente proporzionale alla temperatura assoluta del gas.

In questa formula non è indicata la massa del gas: qualunque sia la massa di gas che stiamo analizzando vale la relazione $\boldsymbol{p \cdot V = K \cdot T}$

Il valore della $\boldsymbol{K}$ è però influenzato dalla massa del gas: se aumentiamo la massa del gas aumenta il numero di particelle e, a parità di volume (e a temperatura costante), aumenterà la pressione; ma se aumenta la pressione e la temperatura non aumenta, dalla formula possiamo capire che deve aumentare il valore di $\boldsymbol{K}$.

Se la massa è misurata in grammi, il valore di $\boldsymbol{K}$, a parità di massa (grammi), varia da gas a gas.

Questo dipende dal fatto che una stessa quantità in grammi di gas diversi contiene un numero di particelle diverso. Per fare un esempio, poiché una molecola di ossigeno pesa 16 volte di più di una di idrogeno, in un grammo di ossigeno ci sarà $^1/_{16}$ delle molecole presenti in un grammo di idrogeno, per cui la pressione determinata da un numero di molecole ridotto a un sedicesimo sarà $^1/_{16}$ rispetto a quella di un grammo di idrogeno e anche la K sarà per l'ossigeno $^1/_{16}$ della K dell'idrogeno [7].

D'altra parte, per avere lo stesso numero di molecole di ossigeno e di idrogeno dovremo prendere quantità in grammi diverse: 16 grammi di ossigeno contengono lo stesso numero di molecole di un grammo di idrogeno [8].

Tornando alla legge dei gas ideali, se non utilizziamo quantità uguali (in grammi), ma prendiamo quantità diverse di ciascun gas, tali da far sì che il **numero di particelle** costituenti sia sempre uguale, la legge dei gas ideali può essere applicata per tutti i gas e la K sarà uguale per tutti. Questo indica che:

Il comportamento dei gas non dipende dal tipo di gas ma solo dal numero di particelle che lo costituiscono, qualunque sia la massa delle singole particelle del gas.

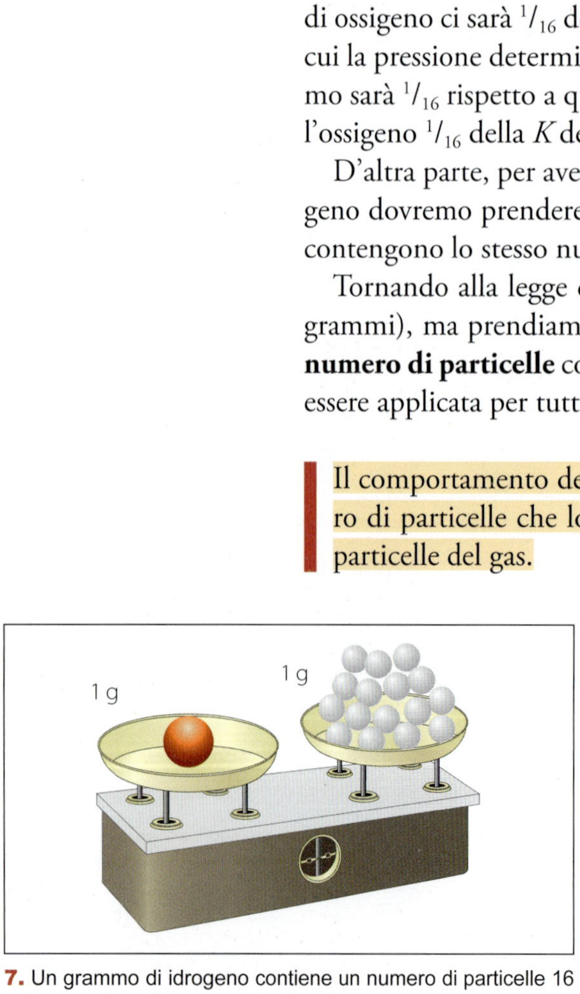

7. Un grammo di idrogeno contiene un numero di particelle 16 volte maggiore di un grammo di ossigeno.

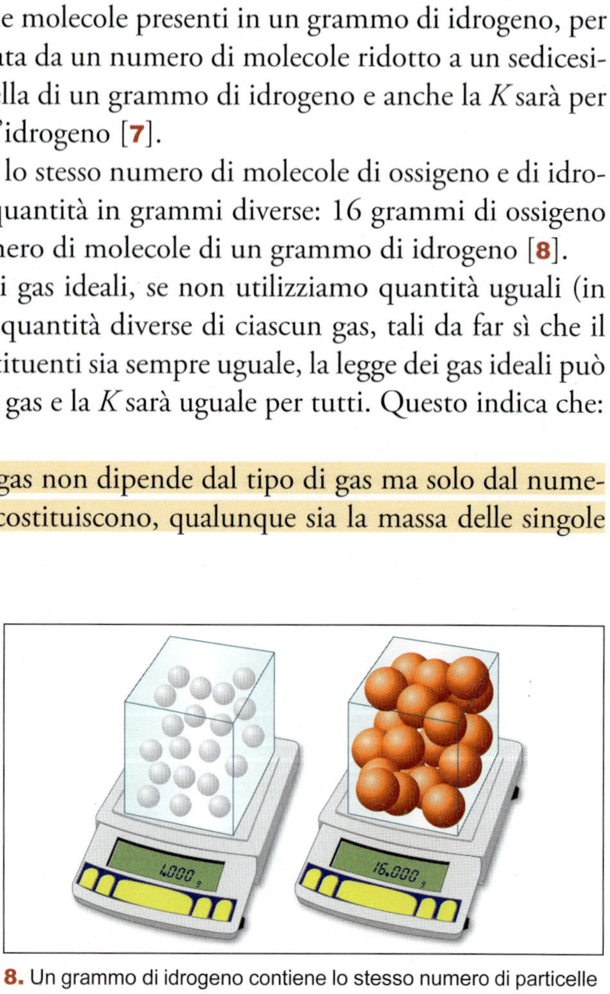

8. Un grammo di idrogeno contiene lo stesso numero di particelle di 16 grammi di ossigeno.

3 Le leggi dei gas... in pratica

Le leggi dei gas ci consentono di calcolare come al variare di uno dei 3 parametri che definiscono lo stato fisico di un gas (Volume V, pressione p e temperatura assoluta T) si modificano anche gli altri parametri.

Se uno dei parametri si mantiene costante, otteniamo le leggi dei gas ricordate nel paragrafo precedente:

- **temperatura costante**: isoterma (**legge di Boyle**) $p \cdot V = \text{costante}$
- **pressione costante**: isobara (**legge di Charles** o **I legge di Gay-Lussac**) $V/T = \text{costante}$
- **volume costante**: isocora (**legge di Gay-Lussac** o **II legge di Gay-Lussac**) $p/T = \text{costante}$

3.1 La legge di Boyle... in pratica

Se la temperatura è costante vale la legge di Boyle $p \cdot V = \text{costante}$. A una condizione iniziale di pressione p_1 corrisponde, per una data massa di gas, un volume V_1; se variamo uno di questi due parametri, l'altro varierà in maniera inversamente proporzionale, in modo che il prodotto $p \cdot V$ rimanga costante. Si otterranno così una nuova pressione p_2 e un nuovo volume V_2 e varrà la relazione [1]:

$$p_1 V_1 = p_2 V_2 \qquad [1]$$

Formule inverse

$$p_1 = \frac{p_2 V_2}{V_1} \quad V_1 = \frac{p_2 V_2}{p_1} \quad p_2 = \frac{p_1 V_1}{V_2} \quad V_2 = \frac{p_1 V_1}{p_2} \qquad [1']$$

Con le formule inverse [1'] possiamo calcolare facilmente come varia la pressione al variare del volume o viceversa come varia il volume al variare della pressione.

Esercizio guidato

Un volume di 0,70 L di cloro presenta una pressione di 2,5 atm.
In condizioni isoterme, calcola il volume occupato dal gas quando la sua pressione viene portata a 7,5 atm.

dati: $p_1 = 2,5$ atm $\qquad p_2 = 7,5$ atm
$V_1 = 0,70$ L
T = costante

incognita: $V_2 = ?$

Primo passo: applichiamo la legge di Boyle $p_1V_1 = p_2V_2$

Risolvendo rispetto a V_2, si ha: $V_2 = \dfrac{p_1V_1}{p_2} = \dfrac{2,5 \text{ atm} \times 0,70 \text{ L}}{7,5 \text{ atm}} = 0,233$ L

3.2 La legge di Charles... in pratica

A pressione costante, il volume di un gas è direttamente proporzionale alla sua temperatura assoluta, per cui il loro rapporto è costante: ***V/T* = costante**

Valgono perciò le seguenti relazioni 2 e 2':

$$\frac{V_1}{T_1} = \frac{V_2}{T_2} = k$$ (k è una costante di proporzionalità e non il simbolo del kelvin) 2

Formule inverse

$$V_1 = \frac{V_2 T_1}{T_2} \quad V_2 = \frac{V_1 T_2}{T_1} \quad T_2 = \frac{V_2 T_1}{V_1} \quad T_1 = \frac{V_1 T_2}{V_2}$$ 2'

Esercizio guidato

Un gas, che alla temperatura di 30 °C occupa il volume di 100,00 L, viene riscaldato a 80 °C, mantenendone costante la pressione. Calcola il volume del gas alla temperatura finale T_2.

dati: $t_1 = 30\ °C \longrightarrow T_1 = (30\ °C + 273) = 303\ K$
$t_2 = 80\ °C \longrightarrow T_2 = (80\ °C + 273) = 353\ K$
$V_1 = 100,00\ L$
P = costante

incognita: $V_2 = ?$

Applichiamo la legge di Charles: $\frac{V_1}{T_1} = \frac{V_2}{T_2}$

Risolvendo rispetto a V_2, si ha: $V_2 = \frac{V_1\ T_2}{T_1} = \frac{100,00\ L \times 353\ K}{303\ K} = 116,50\ L$

Jacques Charles (1746-1823)

Fisico e inventore francese, per primo utilizzò l'idrogeno come gas per gli aerostati. Nel 1787 formulò la legge sulla dilatazione dei gas a pressione costante, nota anche come I legge di Gay-Lussac.

Ricorda che:

$$T\ (K) = t\ (°C) + 273,15 \qquad T\ (°C) = T\ (K) - 273,15$$

Se un gas (che occupa un volume di 30 L alla temperatura di 25 °C) si espande (a pressione costante) fino a occupare un volume di 45 L, quale temperatura assoluta avrà?

Aiutino: l'incognita in questo problema è la temperatura finale T_2. Applica la formula inversa corrispondente, tenendo conto che in questi esercizi la temperatura è espressa in kelvin e non in gradi Celsius.
Prima di fare i conti, secondo te se aumenta il volume la temperatura aumenterà o diminuirà?

3.3 La legge di Gay-Lussac... in pratica

A volume costante, la pressione p è direttamente proporzionale alla sua temperatura assoluta T. Analogamente alla legge di Charles, possiamo esprimere qui la relazione tra p e T come segue: **p/T = costante**

Varranno perciò le seguenti relazioni [3] e [3']:

$$\frac{p_1}{T_1} = \frac{p_2}{T_2} = k \qquad [3]$$

Formule inverse

$$p_1 = \frac{p_2 T_1}{T_2} \qquad p_2 = \frac{p_1 T_2}{T_1} \qquad T_2 = \frac{p_2 T_1}{p_1} \qquad T_1 = \frac{p_1 T_2}{p_2} \qquad [3']$$

Esercizio guidato

Alla temperatura di 20 °C un gas esercita una pressione di 710 mmHg.
Mantenendo costante il volume, calcola quale sarà la pressione in atmosfere (atm) se il gas viene riscaldato a 120 °C.

dati: t_1 = 20 °C $\quad T_1 = 273 + 20 = 293$ K
t_2 = 120 °C $\quad T_2 = 273 + 120 = 393$ K

p_1(iniziale) = 710 mmHg convertito in atm:

$$710\ \text{mmHg} = \frac{710\ \text{mmHg} \times 1\ \text{atm}}{760\ \text{mmHg}} = 0{,}934\ \text{atm}$$

incognita: p_2 (in atm) = ?

Applicando la legge di Gay-Lussac $\frac{p_1}{T_1} = \frac{p_2}{T_2}$

Risolvendo rispetto a p_2, avremo $p_2 = \frac{p_1\,T_2}{T_1} = \frac{0{,}934\ \text{atm} \times 393\ \text{K}}{293\ \text{K}} = 125\ \text{atm}$

In un recipiente rigido, un gas, mantenuto alla temperatura di 0 °C, ha una pressione di 3,5 atm; se la temperatura viene aumentata a 146,5 °C, quale pressione (in atm) raggiungerà?

Joseph-Louis Gay-Lussac (1778-1850)

Fisico e chimico francese, si dedicò allo studio dei gas che portarono alla formulazione della legge sulla dilatazione dei gas e a quella sui rapporti volumetrici secondo i quali i gas si combinano.

Amedeo Avogadro (1776-1856)

Nato in una nobile famiglia torinese, fu chimico e fisico. Appassionato insegnante all'Università di Torino, riuscì a risolvere la grande confusione che regnava al suo tempo su atomi e molecole. Nel 1811 formulò un'ipotesi che conosciamo come legge o principio di Avogadro che afferma che volumi identici di gas differenti (a temperatura e pressione uguale) contengono un uguale numero di molecole.

4 Dai volumi dei gas alle masse relative degli atomi e delle molecole

4.1 Il principio di Avogadro

Fino agli inizi dell'Ottocento gli studi sul comportamento dei gas avevano stabilito che, nelle stesse condizioni di pressione e temperatura, volumi uguali di gas diversi contengono lo stesso numero di particelle.

Tuttavia, fino ad allora si pensava che gli elementi chimici allo stato gassoso fossero costituiti da singoli atomi.

Solo nel 1811 il chimico italiano **Amedeo Avogadro** intuì, sulla base di alcuni esperimenti, che gli elementi allo stato gassoso non sono costituiti da singoli atomi ma da molecole formate da due atomi uniti tra loro (molecole biatomiche), con una "nobile" eccezione: i gas nobili, presenti nell'aria in forma di particelle monoatomiche.

Combinando volumi uguali degli elementi gassosi idrogeno e cloro si ottiene il composto acido cloridrico, secondo una reazione che veniva così ipotizzata:

$$H + Cl \rightarrow HCl$$

Se idrogeno e cloro fossero costituiti da singoli atomi, un volume di idrogeno combinandosi con un volume di cloro produrrebbe un uguale volume di acido cloridrico, dato che gli studi sul comportamento dei gas avevano dimostrato che il volume non dipende dalla dimensione delle particelle, ma solo dal loro numero.

In realtà il volume di acido cloridrico che si forma è il doppio del volume degli elementi (H e Cl) che si combinano tra loro:

1 volume di H + 1 volume di Cl → 2 volumi di HCl

E, se il volume formato è il doppio, anche il numero di molecole di HCl deve essere il doppio rispetto al numero di molecole di idrogeno e cloro.

Per spiegare questo comportamento apparentemente assurdo, Avogadro intuì che in realtà le particelle degli elementi allo stato gassoso non potevano essere costituite da singoli atomi ma da atomi doppi, ossia da **molecole biatomiche** [9]:

$$H_2 + Cl_2 \rightarrow 2HCl$$

9. Solo considerando biatomiche le molecole dei gas idrogeno e ossigeno si può spiegare perché il volume di HCl prodotto è il doppio di quello dei singoli gas.

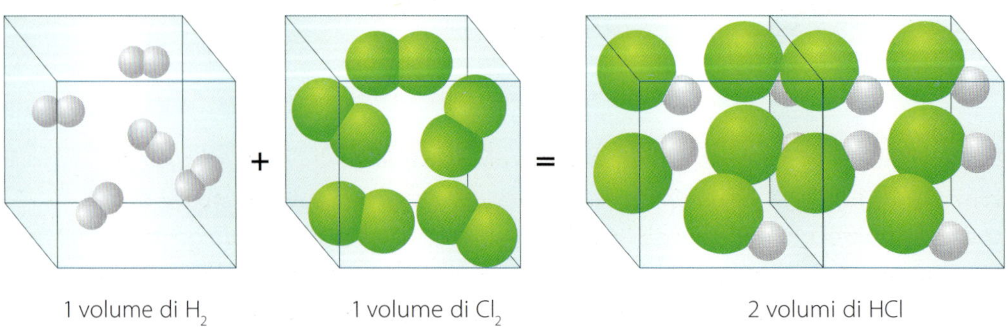

Questa intuizione portò Avogadro alla formulazione della legge che da lui prende il nome (**legge di Avogadro**).

Volumi uguali di gas diversi (nelle stesse condizioni di temperatura e pressione) contengono un numero uguale di molecole.

4.2 Dalla legge di Avogadro alla massa atomica relativa

Se pesiamo volumi uguali di gas diversi, come idrogeno e ossigeno, alla stessa pressione e temperatura, otteniamo **masse diverse**, in un rapporto di **1:16**; questo rapporto si mantiene costante anche se prendiamo un volume doppio o triplo di entrambi i gas, purché vengano rispettate le stesse condizioni di temperatura e pressione [**10**].

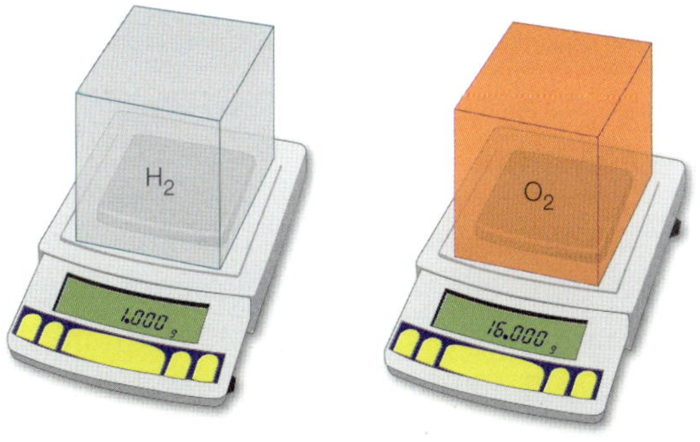

10. Se pesiamo volumi uguali di idrogeno e di ossigeno (alle stesse condizioni di pressione e temperatura) vediamo che le loro masse sono in rapporto di 1 a 16.

Per la legge di Avogadro, in queste condizioni, **uguali volumi** dei due gas contengono lo **stesso numero di molecole biatomiche** H_2 e O_2. Se le masse dei due volumi di idrogeno e ossigeno sono tra loro in rapporto di **1:16**, essendo nei due volumi presente lo stesso numero di molecole, anche il rapporto tra la massa di una molecola di idrogeno e una di ossigeno sarà uguale a 1:16.

Per cui la massa di una molecola di ossigeno è uguale a 16 volte la massa di una molecola di idrogeno; essendo sia la molecola di idrogeno sia la molecola di ossigeno costituite da due atomi, anche la massa dell'atomo di ossigeno è 16 volte la massa dell'atomo di idrogeno.

L'**atomo di idrogeno** venne allora preso come campione di riferimento (a cui venne assegnato il valore **1**) per la misura delle masse delle **molecole** delle **sostanze gassose** o di sostanze facilmente trasformabili in gas: dal confronto tra le masse di volumi di idrogeno e volumi uguali degli altri gas si riuscì a determinare il valore relativo delle masse delle molecole di questi gas.

Se l'atomo di idrogeno assume valore 1, la molecola di idrogeno, formata da due atomi (H_2), pesa 2; la molecola (biatomica) di ossigeno pesa 16 volte la molecola biatomica di idrogeno: $2 \times 16 = 32$.

Con procedimenti più complessi, Stanislao Cannizzaro (grande chimico italiano) e altri scienziati riuscirono a determinare anche il **peso atomico** di elementi che non sono allo stato gassoso, tanto che intorno al 1870 erano già noti i pesi atomici di almeno una sessantina di elementi.

Come già detto (vedi Capitolo 2), attualmente il campione di riferimento per misurare la massa atomica relativa è il più diffuso degli isotopi del carbonio, il carbonio-12 (^{12}C). La **massa molecolare** (**relativa**) si ottiene sommando le masse atomiche di tutti gli atomi presenti nella formula. Così, per esempio, la massa molecolare (relativa) dell'acqua (H_2O), costituita da 2 atomi di idrogeno e 1 di ossigeno, sarà: 1,008 (massa atomica dell'idrogeno) $\times$ 2 = 2,016 + 16 (massa atomica dell'ossigeno) = 18,016 u.

5 Dalla massa molecolare alla mole

... in English

unità di massa atomica
atomic mass units

Non esistono bilance in grado di pesare un singolo atomo o una singola molecola, perché le dimensioni di queste particelle sono estremamente ridotte: l'**unità di massa atomica** (**u**) corrisponde, in grammi, a poco più di un milionesimo di miliardesimo di miliardesimo di grammo, un numero che si può scrivere utilizzando le potenze di 10 con esponente negativo:

$$1 \text{ u} = 1{,}661 \cdot 10^{-24} \text{ g}$$

Questo numero corrisponde a 0,000000000000000000000001661 g!

Nella pratica di laboratorio e nell'industria chimica maneggiamo sostanze in quantità misurabili con una bilancia, ma dobbiamo anche tener conto del numero di particelle con cui lavoriamo; è importante perciò cercare di stabilire un rapporto tra le masse delle sostanze (pesate con la bilancia) e il numero di particelle contenute in queste masse.

Per risolvere questo problema è stata introdotta una nuova grandezza (inserita tra le grandezze fondamentali del SI), chiamata **quantità di sostanza** (in inglese *chemical amount*, ossia **quantità di sostanza chimica**: è, infatti, una grandezza utilizzata in Chimica), la cui unità di misura è la **mole** (**mol**), che viene così definita [**11**]:

11. L'unità di misura della quantità di sostanza chimica (*chemical amount*) è la mole che corrisponde a una quantità di una qualunque sostanza che contiene lo stesso numero di particelle contenute in 12 g di carbonio-12 (l'isotopo 12 del carbonio, indicato anche con ^{12}C): 12 g di carbonio 12 corrispondono a una mole di carbonio-12.

> La **mole** è una quantità di sostanza di un sistema che contiene un numero di particelle (atomi, molecole o ioni) pari al numero di atomi presente in 12 g di carbonio-12 (l'isotopo del carbonio utilizzato come riferimento per l'unità di misura di massa atomica).

La mole è dunque una quantità di una qualunque sostanza che contiene un numero prefissato di particelle.

Questo numero di particelle, chiamato **numero di Avogadro**, che si indica con il simbolo ***N*** è elevatissimo ed è stato calcolato sperimentalmente:

$$N = 6{,}022 \cdot 10^{23} \text{ particelle/mol}$$

Per capire il significato di mole, proviamo a fare un esempio.

Un atomo di idrogeno pesa 1 u, mentre la massa atomica del carbonio pesa 12 u: la massa atomica del carbonio è 12 volte la massa dell'atomo di idrogeno.

Questo vale anche se prendiamo 100 atomi di idrogeno e 100 di carbonio: la massa del carbonio sarà allora 1200 u, ancora 12 volte la massa dell'idrogeno che sarà ora di 100 u; se prendiamo 1 milione di atomi dei due elementi, il rapporto tra le due masse sarà ancora lo stesso: 12 milioni di u di carbonio e 1 milione di u di idrogeno.

Rovesciando il ragionamento, se prendiamo una massa di carbonio che sia 12 volte la massa di idrogeno, le due masse conterranno sempre lo stesso numero di atomi: così se prendiamo 12 g di carbonio e 1 g di idrogeno avremo lo stesso numero di atomi dei due elementi, in quantità misurabili con la bilancia [**12**].

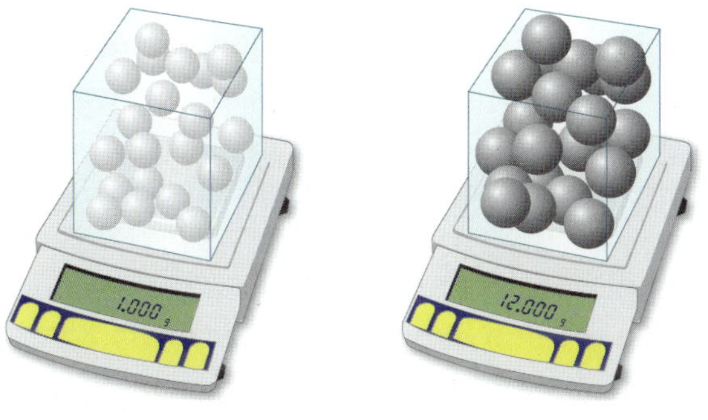

12. 1 g di idrogeno contiene lo stesso numero di atomi di 12 g di carbonio-12 (^{12}C).

L'atomo di carbonio (più esattamente un suo isotopo, il carbonio-12) è stato già utilizzato come massa di riferimento per l'unità di massa atomica; ora viene utilizzato come riferimento per definire l'unità di misura di una delle sette grandezze fondamentali (la quantità di sostanza): la **mole**.

... in English
massa molare
molar mass

5.1 La massa molare

Una mole di carbonio-12 pesa 12 **g** (un atomo di carbonio-12 pesa 12 **u**, unità di massa atomica) e una mole di **atomi** di idrogeno pesa 1 g (o meglio 1,008 g; un atomo di idrogeno pesa 1,008 u). Poiché l'idrogeno H_2 è una sostanza costituita da molecole biatomiche, una mole di idrogeno **molecolare** pesa 2,016 g (una molecola di idrogeno pesa 2,016 u); una mole di ferro pesa invece 55,85 g (un atomo di ferro 55,85 u).

Leggere sull'eBook
- Esercizi guidati con le moli

Il peso o, meglio, la massa di una mole di una qualunque sostanza viene definita **massa molare** ed è espressa in grammi/mole (g/mol).

La massa molare MM corrisponde alla massa atomica o molecolare (peso formula nei composti ionici), espressa in grammi per mole (g/mol).

In pratica, possiamo calcolare la massa molare di una qualunque sostanza di cui conosciamo la formula chimica, calcolando la **massa molecolare** in **u** (**unità di massa atomica**), servendoci della tavola periodica degli elementi, dove sono indicate le masse atomiche dei singoli atomi dei diversi elementi; dalla **massa molecolare** ricaviamo la **massa molare** semplicemente mettendo come unità di misura g/mol (grammi per mole) al posto di u.

Per esempio, sapendo che la massa molecolare dell'acido cloridrico (HCl) è 36,46 u (ottenuta dalla somma delle masse dei due atomi che lo costituiscono H 1,008 u + Cl 35,45 u = 36,458, arrotondato a 36,46): la **massa molare** di questa sostanza sarà quindi 36,46 g/mol.

HCl massa molecolare: 36,46 **u**
HCl massa molare: 36,46 **g/mol**

Conoscere il valore della massa molare (in g/mol) ci permette di convertire in **moli** le masse di sostanze misurate con la bilancia in **grammi**, con un semplice ragionamento.

Per esempio da quante moli di ferro è costituito un campione di ferro di 558,5 g?

La **massa** (*m*) in grammi è 558,5 g; dividendola per la **massa molare** (**MM**) del ferro (ossia la massa in grammi di una mole di ferro: 55,85 g/mol) si otterrà il numero (*n*) di moli che costituiscono il campione:

$$n = \frac{558{,}5\ \text{g}}{55{,}85\ \text{g/mol}} = 10\ \text{mol}$$

La formula generale da cui si ricava il numero di moli **n** (quantità di sostanza in mol) presente in una massa (*m*) di un campione di una qualunque sostanza, calcolandone prima la massa molare (MM), è la seguente:

quantità di sostanza in mol (*n*)

$$n = \frac{m}{MM}$$

massa del campione in g (*m*)

massa molare della sostanza in g/mol (MM)

La formula inversa ci consente, invece, di calcolare la massa del campione in grammi se conosciamo il numero di moli (ossia la quantità di sostanza chimica espressa in moli):

massa del campione in g — quantità di sostanza in mol — massa molare della sostanza in g/mol

$$m = n \cdot MM$$

Per esempio, 0,3 moli di ferro quanti grammi pesano?

$$m = 0{,}3 \text{ mol} \times 55{,}85 \text{ g/mol} = 16{,}755 \text{ g}$$

dove 0,3 (mol) è il numero **n di moli**, ossia la quantità di sostanza in moli, e 55,85 (g/mol) è la **massa molare** del ferro. Il risultato (16,755) è la **massa *m*** del campione in **grammi**.

5.2 Il volume molare

Il volume di un gas è influenzato dal **numero di particelle** che lo costituiscono e non dalle dimensioni delle particelle stesse: a parità di pressione e di temperatura, un numero uguale di molecole di idrogeno, di ossigeno, di cloro o di qualunque altra sostanza gassosa occupa lo stesso volume.

Se abbiamo un numero di Avogadro ($6{,}022 \times 10^{23}$) di molecole, che corrisponde a una **mole**, in **condizioni standard** di temperatura e pressione, qualunque sostanza gassosa occupa un volume di 22,4 L.

Glossario

Condizioni standard: si definiscono condizioni standard (STP: *Standard Temperature and Pressure*) una pressione di 1 atmosfera (corrispondente a 1,013 bar ossia 101.130 Pa) e una temperatura di 273 K (0 °C).

Il **volume molare** (V_m) è il volume occupato da una mole di un qualunque gas in condizioni standard ed è sempre 22,4 L/mol.

Per i gas il volume occupato *V* in condizioni standard è in rapporto con la quantità di sostanza chimica (ossia con il numero di moli **n**) attraverso la relazione:

quantità di sostanza in mol — volume del gas in condizioni standard — volume molare in condizioni standard

$$n = \frac{V}{V_m}$$

Se operiamo in condizioni standard, questa relazione ci permette di sapere il numero di moli contenute in un dato volume di un qualunque gas: per esempio, un volume di gas (qualunque sia il gas) pari a 2,24 L, in condizioni standard di pressione e temperatura, conterrà un numero di moli (n) pari a:

$$n = \frac{2{,}24 \text{ L}}{22{,}4 \text{ L/mol}} = 0{,}1 \text{ mol}$$

... in English
equazione generale dei gas ideali
equation of state of an ideal gas

6 Equazione generale dei gas ideali

Nella maggior parte dei casi i gas però non sono in condizioni standard. Il **volume di *n* moli di gas** si ricava in questo caso dalla relazione:

$$V = n \cdot \frac{R \cdot T}{p}$$

nella quale R è una costante uguale a $8{,}31\ \frac{\text{kPa} \cdot \text{L}}{\text{mol} \cdot \text{K}}$

Questa relazione si può anche esprimere in un'altra forma:

$$p \cdot V = n \cdot R \cdot T$$

- p → pressione (kPa)
- V → volume del gas in condizioni standard
- n → quantità di sostanza (numero moli)
- R → costante (kPa · L/mol · K)
- T → temperatura

Tutte le grandezze che definiscono lo **stato fisico** di un gas sono in relazione tra loro in questa che viene perciò definita **equazione generale dei gas ideali** e vale per tutti i gas purché i valori della temperatura non siano troppo bassi e quelli della pressione non troppo elevati.

Questa relazione consente di calcolare, per esempio, il **numero di moli** presenti **in un certo volume di gas** conoscendone le condizioni di pressione e temperatura:

$$n = \frac{p \cdot V}{R \cdot T}$$

6.1 Calcoli con l'equazione generale dei gas ideali

L'equazione generale dei gas ci consente di calcolare una delle variabili (numero di moli n, pressione p, volume V e temperatura assoluta T), quando sono note tutte le altre, applicando l'opportuna formula derivata dall'equazione [4]:

$$p \cdot V = n \cdot R \cdot T \qquad [4]$$

$$p = \frac{n \cdot R \cdot T}{V} \qquad V = \frac{n \cdot R \cdot T}{p} \qquad T = \frac{p \cdot V}{n \cdot R} \qquad n = \frac{p \cdot V}{R \cdot T} \qquad [4']$$

Il valore della costante R dipende dall'unità di misura utilizzata per la pressione p e il volume V:

- Se p = atm e V = L → R = 0,082
- Se p = atm e V = m^3 → R = $8{,}21 \times 10^{-5}$
- Se p = kPa e V = L → R = 8,31
- Se p = mbar e V = L → R = 83,14
- Se p = mmHg (o Torr) e V = L → R = 62,36

Esercizio guidato

Un pallone da 10,0 L contiene 8,30 g di azoto alla temperatura di 20 °C. Calcola la pressione del gas in kPa e in bar.

dati: $V = 10{,}0$ L

$T = 20 + 273 = 293$ K

m (g) di $N_2 = 8{,}30$ g

R = 8,31 (con V in litri e p in kPa)

incognita: p ? (in kPa e bar)

Primo passo: calcolare il numero di moli di azoto

Massa molare di $N_2 = 28{,}02$ g/mol

$$\text{moli (n) del gas} = \frac{8{,}30\ \text{g}}{28{,}02\ \text{g/mol}} = 0{,}296\ \text{moli}$$

Secondo passo: applicare l'equazione di stato dei gas

$$p = \frac{n R T}{V} = \frac{0{,}296\ \text{mol} \times 8{,}31 \times 293}{10{,}0} = 72{,}07\ \text{kPa}$$

72,07 kPa = 0,7207 bar (perché 1 bar = 100 kPa)

7 Equazioni chimiche e moli

Le equazioni chimiche descrivono una reazione chimica ponendo i **reagenti** (indicati con le loro formule chimiche) alla sinistra di una freccia, e i **prodotti della reazione** alla destra della freccia, come per esempio:

$$H_2 + Cl_2 \longrightarrow 2HCl$$

Ogni formula può essere preceduta da un numero, che indica il numero di molecole o di moli della sostanza coinvolta nella reazione. Se il numero manca si intende 1. Nell'esempio, una molecola (numero 1 sottinteso) o una mole di idrogeno reagisce con una molecola (numero 1 sottinteso) o una mole di cloro per formare 2 molecole o moli di acido cloridrico.

Questi numeri sono chiamati **coefficienti stechiometrici** e consentono di risolvere molti problemi relativi alla quantità delle sostanze coinvolte nelle reazioni chimiche, problemi detti perciò di **stechiometria**.

La conoscenza del numero di moli delle sostanze coinvolte in una reazione chimica ci consente di calcolare le quantità necessarie di reagenti per ottenere un certo quantitativo di prodotti o, noti i reagenti, prevedere le quantità di prodotti che si svilupperanno in seguito alla reazione, tenendo conto dei coefficienti stechiometrici e delle relazioni che legano le moli e la massa delle sostanze misurate in grammi.

... in English

stechiometria
stoichiometry

coefficienti stechiometrici
stoichiometric coefficients

Glossario

Stechiometria: studia i rapporti ponderali tra gli elementi presenti in un composto e le relazioni ponderali tra i reagenti e i prodotti in una reazione chimica.

Leggere sull'eBook

- Problemi di stechiometria

ESERCIZI di autoverifica

A Completa la seguente mappa concettuale inserendo le parole elencate

1. isoterma
2. isocora
3. isobara
4. direttamente
5. inversamente
6. Charles
7. Avogadro
8. Boyle
9. Gay-Lussac
10. pressione
11. temperatura

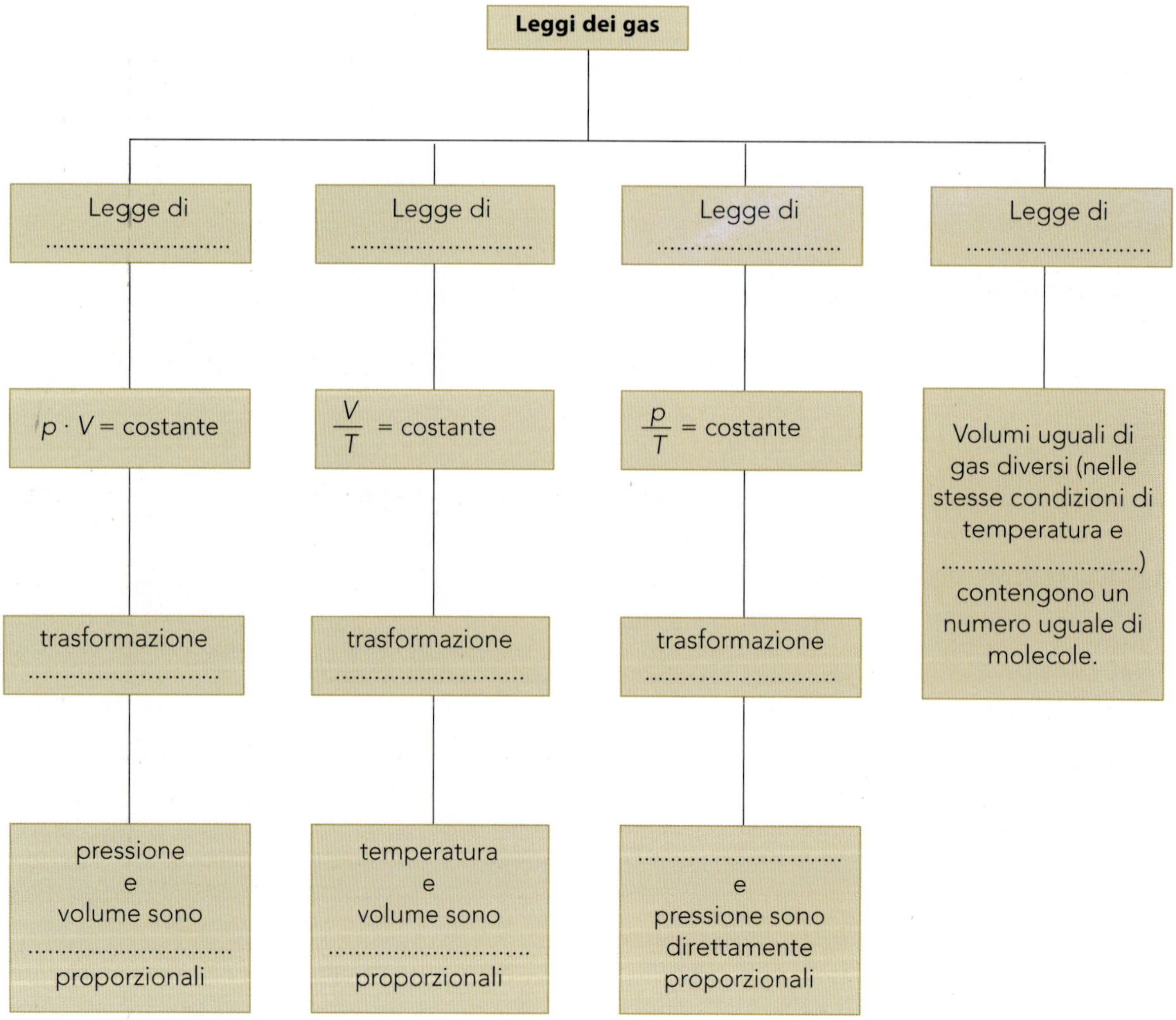

B **Se non lo sai, rileggilo alla pagina indicata**

1. Quali grandezze influenzano lo stato fisico di un gas? (pag. 98)
2. Che cosa affermano le leggi di Boyle, Charles e Gay-Lussac? (pagg. 99-101)
3. Che cosa afferma la legge di Avogadro? (pag. 106)
4. Come si può calcolare la massa atomica relativa? (pagg. 107-108)
5. Che cos'è la mole? (pagg. 108-109)
6. Che cos'è il numero di Avogadro? (pag. 109)
7. Qual è la differenza tra massa molecolare e massa molare? (pag. 110)
8. Come si calcola il numero di moli sapendo la massa in grammi? (pagg. 110-111)
9. Che cos'è il volume molare? (pag. 111)
10. Che cosa sono le condizioni standard (STP) di un gas ideale? (pag. 111)

C **Completa le seguenti frasi inserendo le parole mancanti, scegliendole nell'elenco sottostante**

a. La frequenza degli urti delle particelle di un gas determina la sua ....
b. A parità di .... la pressione di un gas è .... proporzionale alla temperatura.
c. Per la legge di .... (legge delle isoterme) il volume di un gas è .... proporzionale alla sua pressione.
d. Come atomo di riferimento per l'unità di massa atomica si utilizza ....
e. Una .... contiene un numero di particelle pari a quelle contenute in 12 g di carbonio-12.
f. La .... dell'acqua è 18,02 g/mol.
g. Il .... di qualunque gas in condizioni standard è di.......... L.
h. Il volume di un gas è direttamente proporzionale al numero di ....
i. La massa di un campione di un composto si ottiene moltiplicando la massa .... per il numero di moli.
j. La .... assoluta si misura in kelvin (K).
k. A 0 K la pressione di un gas ideale sarebbe uguale a ....
l. Un grammo di idrogeno contiene lo stesso numero di molecole di .... grammi di ossigeno.

1. mole
2. il carbonio-16
3. Gay-Lussac
4. 16
5. il carbonio-12
6. l'ossigeno
7. l'idrogeno
8. 22,4
9. volume
10. massa molare
11. molare
12. Charles
13. pressione
14. 1
15. Boyle
16. direttamente
17. inversamente
18. temperatura
19. volume molare
20. 18,02
21. 0 Pa
22. 100
23. moli

D Indica se le seguenti affermazioni sono vere (V) o false (F)

		V	F
1.	I gas sono comprimibili.	○	○
2.	I gas hanno un volume proprio.	○	○
3.	Il volume di un gas, a temperatura costante, è direttamente proporzionale alla sua pressione.	○	○
4.	Per ogni grado di aumento della temperatura un gas aumenta il suo volume di 1/100 del volume del gas a 0 °C.	○	○
5.	Volumi uguali di gas diversi contengono sempre lo stesso numero di particelle.	○	○
6.	L'unità di massa atomica è l'isotopo 12 del carbonio.	○	○
7.	La massa molecolare è uguale alla massa molare.	○	○
8.	Una mole di idrogeno pesa esattamente quanto una mole di carbonio.	○	○
9.	La temperatura standard di un gas ideale è di 273 °C.	○	○
10.	Per la legge di Charles, la pressione di un gas è direttamente proporzionale alla sua temperatura.	○	○
11.	Un gas, in condizioni standard, occupa sempre un volume di 22,4 L.	○	○
12.	La pressione è inversamente proporzionale al numero di moli.	○	○

E Indica con una crocetta la risposta giusta tra quelle proposte

1. L'unità di massa atomica, per definizione, è uguale:

a. alla massa dell'atomo di carbonio-12
b. al numero atomico
c. a 1/10 della massa dell'atomo di carbonio-12
d. a 1/12 della massa dell'atomo di carbonio-12

2. Il volume molare di un gas in condizioni standard:

a. dipende da pressione e temperatura
b. è sempre 22,4 L
c. dipende dalla massa del gas
d. è sempre 1 L

3. Una mole contiene un numero di particelle pari a quelle contenute in:

a. 1/12 di grammo di carbonio-12
b. 1 atomo di carbonio-12
c. 12 g di carbonio-12
d. 1 g di carbonio-12

4. La massa molecolare dell'ossigeno è:

a. 12 u
b. 16 u
c. 1 u
d. 32 u

5. La massa molecolare si ottiene:

a. moltiplicando le masse atomiche dei singoli atomi presenti nella molecola
b. sommando le masse atomiche dei singoli atomi presenti nella molecola
c. con il numero di Avogadro
d. pesando un volume opportuno della sostanza

6. Condizioni standard (STP) di un gas ideale sono:

a. 0 Pa e 0 K
b. 101.300 Pa e 0 °C
c. 1013 Pa e 0 °C
d. 1,013 bar e 20 °C

7. La massa molare dell'acqua è:

a. 18,02 g

b. 18,02 L

c. 18,02 u

d. 1 kg

8. Per la legge di Boyle se la pressione raddoppia:

a. raddoppia il volume

b. si dimezza la temperatura

c. si dimezza il volume

d. raddoppia la temperatura

9. 58,44 g/mol è:

a. la massa molecolare di NaCl

b. la massa atomica di NaCl

c. la massa molare di NaCl

d. il peso formula di NaCl

10. Volumi uguali di gas diversi (nelle stesse condizioni di temperatura e pressione) contengono un numero uguale di molecole. È la legge o principio di:

a. Boyle

b. Charles

c. Gay-Lussac

d. Avogadro

F ESERCIZI applicativi

1. Una certa quantità di gas, alla pressione di 4,5 atm, occupa un volume di 8 litri. Calcola il volume occupato dal gas se a temperatura costante la pressione viene portata a 2,25 atm.

2. Calcola a quale temperatura (in °C) bisogna portare 3,0 litri di ossigeno che si trovano a 25 °C per raggiungere un volume di 9 litri, mantenendo costante la pressione.

3. Calcola a quale temperatura (in °C) bisogna portare un dato volume di elio che a 150 °C ha una pressione di 7,5 atm, affinché la pressione passi a 2,0 atm.

4. 5,0 litri di gas propano, alla pressione di 0,3 atm e alla temperatura di 25 °C, vengono riscaldati a 80 °C. Calcola il volume che il gas assume se viene compresso a 3,0 atm.

5. Calcola la pressione esercitata da 4,5 mol di diossido di carbonio CO_2 contenuto in un recipiente del volume di 100,0 litri a 257 °C. (Applicare l'equazione di stato dei gas, con R = 0,082)

6. Calcola quale volume occupano 5 moli di ossigeno a una temperatura T = 27 °C e una pressione p = 0,5 atm. (Applicare l'equazione di stato dei gas, con R = 0,082)

7. In un cilindro di 82 L sono contenuti 112 g di ossigeno (O_2). Calcola la temperatura in °C, sapendo che la pressione nel cilindro è di 3,5 atm. (Convertire in moli i grammi di ossigeno e applicare l'equazione di stato dei gas, con R = 0,082)

8. Quante moli sono contenute in 9,8 g di acido ortofosforico H_3PO_4? (Pesi atomici arrotondati: H = 1 u; P = 31 u; O = 16 u)

9. Quanto pesano 1,8 moli di $CaCO_3$? (Pesi atomici arrotondati: Ca = 40 u; C = 12 u; O = 16 u)

10. Quante moli sono presenti in 1,12 L di un gas in condizioni standard?

11. Se 3 moli di un gas occupano un volume di 5 litri, alla pressione di 4 atmosfere, e alla temperatura di 127 °C, quale volume occuperanno alla temperatura di 200 K se la pressione viene ridotta a 2 atmosfere?

PDF **Soluzioni**

Capitolo 6

Lo stato liquido e le soluzioni

Obiettivi

- Definire le caratteristiche di un liquido, in rapporto allo stato energetico delle sue particelle.
- Confrontare le proprietà di un liquido con quelle di un solido o di un gas.
- Spiegare il concetto di tensione di vapore di un liquido.
- Distinguere i termini: soluto, solvente, soluzione.
- Sapere cosa si intende per solubilità di una sostanza.
- Elencare i diversi modi per esprimere la concentrazione di una soluzione.
- Calcolare la concentrazione di una soluzione.
- Illustrare le proprietà colligative di una soluzione.

1 Dallo stato gassoso agli stati condensati

... in English
teoria particellare della materia
kinetic theory of matter (particle theory)

Secondo la **teoria particellare della materia** ogni corpo è costituito da particelle (atomi, molecole o ioni) unite tra loro, in maniera maggiore o minore, da forze di interazione che ne determinano lo **stato di aggregazione**.

La materia si può trovare in natura in tre diversi stati: aeriforme, liquido e solido.

Vedi Capitolo 5
Dalle leggi dei gas alla mole

Lo **stato gassoso** (o aeriforme) è caratterizzato da una grande mobilità delle sue particelle, che tendono a occupare tutto il volume a loro disposizione. Gas e vapori non hanno, perciò, né forma né volume propri e sono comprimibili. Il loro comportamento è descritto dalle leggi dei gas ideali, applicabili anche ai gas reali, purché rarefatti (ossia a pressione bassissima) e a temperatura elevata.

Nello **stato liquido** le particelle, pur libere di muoversi, sono soggette a forze di attrazione elettrostatica reciproca e, spesso, anche a interazioni intermolecolari (legami tra molecole) abbastanza forti e tendono a disporsi in strati sovrapposti, adattandosi alla forma del recipiente che li contiene.

Link
http://study.com/academy/lesson/the-kinetic-theory-of-matter-definition-the-four-states-of-matter.html

Lo **stato solido** è sicuramente il più stabile: gli atomi disposti in maniera ordinata, per effetto di forti interazioni elettrostatiche (legami), non possono cambiare la posizione che occupano, caratteristica che conferisce al solido forma e volume propri.

Studiando il comportamento macroscopico delle diverse sostanze, al variare dei parametri fisici che le caratterizzano, si osserva che, mentre per tutti i gas esiste un comportamento molto uniforme, per i liquidi e per i solidi la variazione dei fattori fisici non è regolare, ma può cambiare sensibilmente da una sostanza all'altra. Infatti, mentre i gas possono essere considerati formati da particelle, libere da un qualsiasi vincolo, nei liquidi e nei solidi le particelle sono legate da forze di interazione più o meno intense: dalla forza e dal numero dei legami chimici dipende il diverso comportamento delle sostanze, liquide e solide.

2. Lo stato liquido

L'osservazione del comportamento di un liquido ci induce a pensare che la disposizione delle molecole presenti in esso sia abbastanza disordinata, quasi come nei gas, ma il loro numero per unità di volume (ovvero la loro concentrazione) sia molto prossimo a quello dei solidi, caratteristica quest'ultima che rende i liquidi praticamente **incomprimibili** [1].

PDF **Leggere sull'eBook**

• Tre importanti caratteristiche dello stato liquido

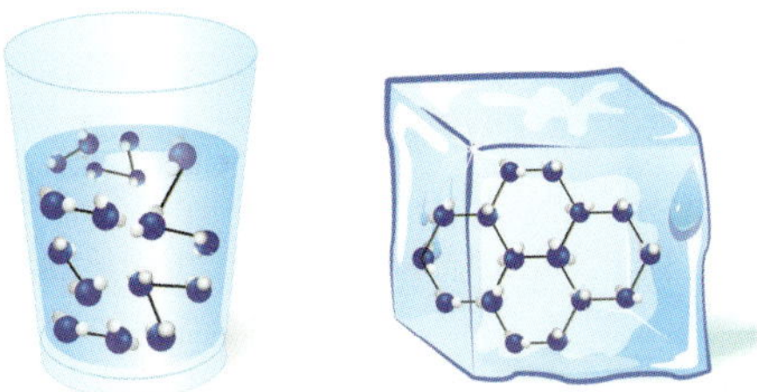

1. Le particelle di un liquido sono a stretto contatto ma non occupano posizioni reciproche fisse come nello stato solido.

Le particelle, pur libere di muoversi, sono soggette a forze di attrazione elettrostatica reciproca e a interazioni intermolecolari (legami tra molecole) abbastanza forti e tendono a disporsi in strati sovrapposti, per tale motivo un liquido si adatta alla forma del recipiente che li contiene [2].

A differenza dei solidi, però, nei liquidi, gli strati molecolari non sono fortemente "solidali" tra loro; ciò permette una certa scorrevolezza o fluidità, che varia a seconda della viscosità, una proprietà intensiva che esprime l'attrito interno di un liquido (maggiore è la viscosità minore sarà la fluidità).

... in English

viscosità
viscosity

2. I liquidi assumono la forma del recipiente che li contiene.

2.1 L'evaporazione

... in English
evaporazione
evaporation
forze di coesione
forces of cohesion

L'**evaporazione** è una modalità di **vaporizzazione** (passaggio di stato da liquido a vapore) che riguarda solamente le **particelle più superficiali del liquido**, a contatto con l'aria.

All'interno della massa di un liquido, le particelle sono tenute assieme da **forze di coesione** e non hanno tutte la stessa energia cinetica [3].

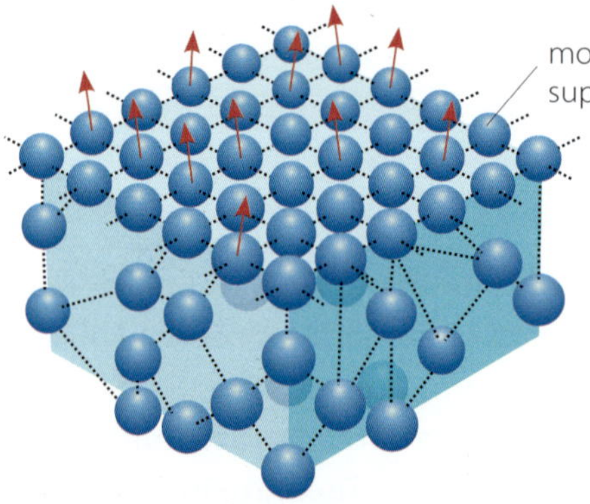

3. Le forze di coesione (per l'acqua i legami a idrogeno) agiscono in maniera diversa sulle molecole dello strato superficiale rispetto a quelle presenti all'interno della massa liquida.

4. La produzione del sale nelle saline (per evaporazione dell'acqua di mare) è favorita dall'ampiezza della superficie delle vasche, dalla temperatura e dalla ventilazione.

Negli strati più superficiali (pelo libero del liquido) le particelle dotate di energia cinetica sufficiente a vincere le **forze di attrazione** con le altre particelle possono sfuggire dal liquido e passare allo stato di vapore.

Questo fenomeno è l'evaporazione. Tutti i liquidi evaporano spontaneamente a qualsiasi temperatura: non esiste, perciò, una temperatura precisa di evaporazione.

Questo processo è:

1. accelerato dall'aumento della temperatura;
2. favorito dall'ampiezza della superficie del liquido a contatto con l'ambiente esterno e dalla ventilazione. Nelle saline, per esempio, l'ampiezza delle vasche favorisce l'evaporazione dell'acqua marina e la produzione di sale [4].

2.2 La tensione di vapore

Se un liquido si trova in un recipiente aperto, la velocità delle particelle che evaporano risulterà essere sempre maggiore della velocità delle particelle che ritornano liquide, condizione che provocherà, in poco tempo, la completa evaporazione del liquido.

Se il recipiente è chiuso, invece, si osserverà che, nel tempo, il numero di particelle evaporate sarà uguale al numero di quelle che condensano, determinando una condizione di **equilibrio dinamico**.

Un vapore in equilibrio con il suo liquido si dice **vapore saturo**.

Le particelle allo stato di vapore eserciteranno una pressione sulla superficie del liquido sottostante, che è chiamata **tensione** o **pressione di vapore saturo**.

Il passaggio di molecole dalla fase liquida alla fase di vapore continuerà fino a quando la pressione **P** esercitata dal vapore non eguaglia la tensione di vapore $\mathbf{P}_{vap}$ a quella temperatura [**5**].

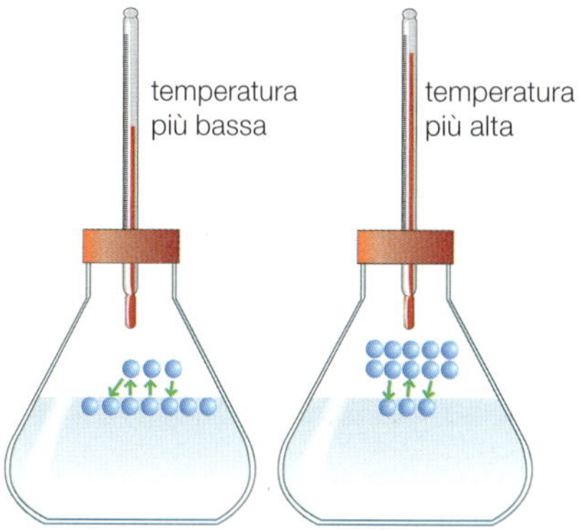

5. Lasciamo evaporare del liquido in un contenitore chiuso. Il vapore che si forma al di sopra del liquido esercita una pressione sulla superficie del liquido stesso che (in condizioni di equilibrio tra condensazione ed evaporazione) è detta tensione di vapore; questa pressione aumenta con l'aumentare della temperatura perché aumenta la quantità di vapore che si forma e che "preme" sulla superficie dell'acqua.

La **tensione** o **pressione di vapore** è la pressione esercitata, in un recipiente chiuso, su un liquido dal suo vapore, quando si eguagliano la velocità di evaporazione e quella di condensazione.

... in English

tensione di vapore
vapor pressure

punto di ebollizione
boiling point

L'aumento della temperatura fa aumentare la tensione di vapore saturo e, se aumenta la tensione di vapore saturo, aumenta anche la quantità di liquido che evapora.

La tensione di vapore dipende dalla natura del liquido: diminuirà all'aumentare del peso molecolare e della forza dei legami presenti nei vari liquidi.

Le sostanze volatili (cloruro di metile, etere dimetilico, cloroformio, metanolo ecc.) hanno un alto valore della tensione di sapore saturo e, perciò, evaporano facilmente.

2.3 L'ebollizione

L'**ebollizione** è una modalità di **vaporizzazione** (passaggio di stato da liquido a vapore) che riguarda l'**intera massa del liquido**.

L'ebollizione, a differenza dell'evaporazione, non è un fenomeno spontaneo, ma forzato, perché avviene solo quando si fornisce al liquido un'opportuna quantità di energia termica (calore) dall'esterno.

La temperatura di ebollizione dipende dalla pressione esterna.

Chiameremo **punto di ebollizione** di un liquido la temperatura alla quale la pressione del suo vapore saturo eguaglia la pressione atmosferica.

Riportiamo nella tabella a lato le temperature di ebollizione, alla pressione di 1 atm (a livello del mare), di alcune sostanze.

Sostanza	Temperatura di ebollizione (°C) a 1 atm
Acqua	100
Acido solforico	330
Etere	35
Cloroformio	62
Benzolo	80
Alcol etilico	78,4

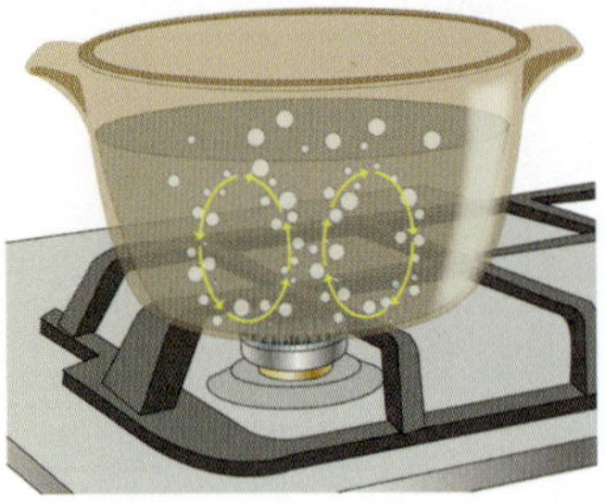

6. Moti convettivi: l'acqua calda sale al centro, si raffredda e poi scende verso il basso dove verrà di nuovo riscaldata, descrivendo dei movimenti circolari.

L'ebollizione riguarda tutta la massa del liquido e non solo gli strati superficiali: in un liquido che bolle si formano, dal basso, bollicine di vapore che salgono verso l'alto, arrivano in superficie e si raffreddano.

Le molecole raffreddate scendono allora verso il basso, ma riscaldandosi nuovamente ritornano verso l'alto.

Questi movimenti, detti **moti convettivi**, continuano finché tutto il liquido non raggiunge la temperatura di ebollizione [6].

Durante tutta l'ebollizione, cioè durante tutto il passaggio delle molecole dallo stato liquido a quello aeriforme, la temperatura non aumenta (nonostante l'apporto di calore), si ha cioè una **sosta termica**, perché l'energia somministrata produrrà la rottura dei legami chimici e non determinerà un ulteriore aumento dello stato di agitazione molecolare e quindi della temperatura del liquido.

Il grafico della **curva di riscaldamento** dell'acqua distillata evidenzia le soste termiche legate ai passaggi di stato [7]. La temperatura di ebollizione dell'acqua a livello del mare (1 atm) è di 100 °C, mentre in alta montagna, dove la pressione è minore, l'acqua bolle a una temperatura inferiore.

Al contrario, se la pressione è maggiore, anche la temperatura di ebollizione sarà maggiore, principio su cui si basano i benefici legati all'uso della pentola a pressione: a una temperatura più alta dei 100 °C i cibi cuociono più velocemente e più a fondo.

... in English
curva di riscaldamento dell'acqua
heating curve for water

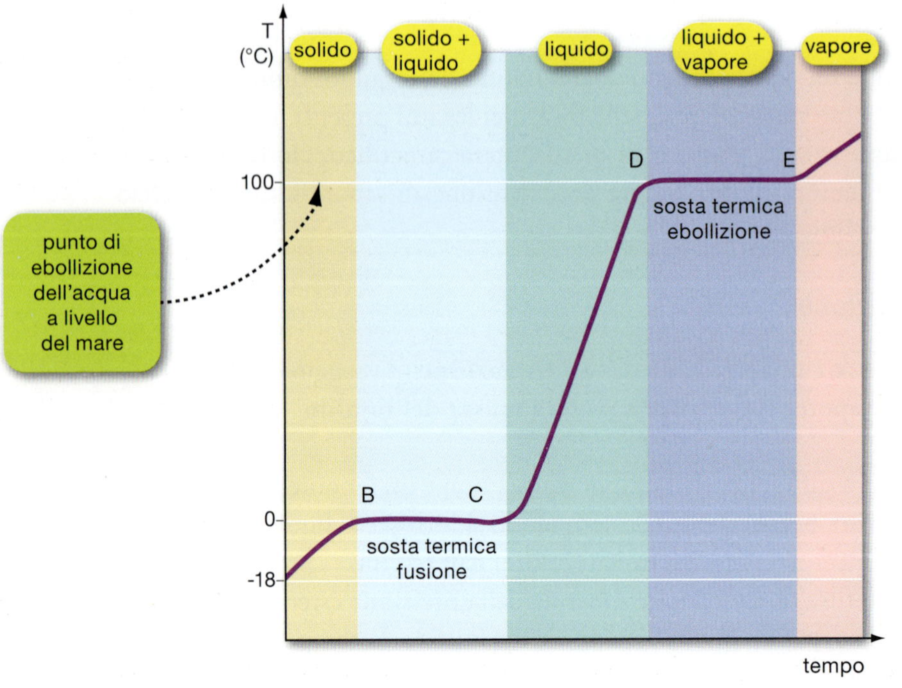

7. Curva di riscaldamento dell'acqua distillata a livello del mare (a 1 atm).

3 Le soluzioni

Una **soluzione** è un miscuglio omogeneo, costituito da due o più sostanze mescolate tra loro.

Si usa chiamare **soluto** la sostanza (o le sostanze) presente in quantità minore e **solvente** la sostanza in quantità maggiore. Quando le sostanze sono in differenti stati di aggregazione si definisce solvente la sostanza che conserva il suo stato di aggregazione. Per esempio, nell'acqua minerale vediamo solo l'acqua (liquido), che conserva il suo stato di aggregazione (ed è perciò il solvente) mentre i sali minerali (solidi) si sono sciolti nell'acqua, passando allo stato liquido, e rappresentano perciò i soluti.

Le soluzioni possono essere:

- gas-gas (aria);
- gas-liquido (acqua gassata);
- liquido-liquido (vino, liquori);
- liquido-solido (acqua minerale);
- solido-solido (leghe metalliche: ottone, bronzo, ghisa, acciaio, peltro);
- gas-solido (solido sublimato nell'aria).

... in English

soluzione
solution

soluto
solute

solvente
solvent

Leggere sull'eBook

- Le leghe

Le soluzioni				
		Soluto		
		Gas	**Liquido**	**Solido**
Solvente	**Gas**	Aria: **ossigeno** e altri **gas** (soluti) in **azoto** (solvente)	**Vapore acqueo** nell'**aria**	**Naftalene** (solido) sublimato nell'**aria**
	Liquido	**Gas** "disciolti" in **acqua** (azoto, ossigeno, anidride carbonica)	Bevande alcoliche: **acqua** (solvente) e **alcol etilico** (soluto)	Acqua minerale (**acqua** e **sali minerali**)
	Solido	**Gas** "disciolti" in **metalli**	Paraffina (**miscela di idrocarburi solidi**: l'**esano** liquido è un soluto liquido di questa miscela solida) Lega **mercurio**-**oro**	Leghe metalliche • ottone (**rame** 70%, **zinco** 30%); • bronzo (**rame** e **stagno** 10-15%); • acciaio e ghisa (**ferro** e **carbonio**, inferiore al 2% nel primo, superiore al 2% nella seconda)

Pur essendo possibili tutte le combinazioni, generalmente ci riferiamo alle soluzioni liquide, in cui il solvente è un liquido e i soluti possono essere solidi, liquidi o aeriformi, ma in ogni caso sono sostanze che passano allo stato liquido "sciogliendosi" nel solvente.

Di una soluzione è molto importante conoscere il rapporto tra la quantità di soluti e la quantità di solvente in cui i soluti si sciolgono, ovvero la concentrazione della soluzione.

8. Cinque bustine di tè in una tazza di acqua calda daranno un tè molto concentrato!

3.1 Concentrazione delle soluzioni

Se mettiamo una bustina di tè in 10 litri d'acqua avremo un tè… "annacquato"!; se mettiamo, invece, tre bustine di tè in una tazza di acqua calda, il tè verrà molto (troppo!) concentrato [8].

La **concentrazione** di una **soluzione** è una grandezza derivata, che esprime il rapporto tra le sostanze presenti nella stessa (soluti/soluzione o soluti/solvente).

La concentrazione di una soluzione può essere misurata in vari modi; i principali sono elencati qui di seguito.

Percentuale in volume (% V/V)

È il **volume di soluto**, espresso in **mL**, presente in 100 mL (volume) di soluzione.

$$\text{Percentuale in volume} = \frac{\text{volume del soluto}}{\text{volume della soluzione}} \times 100$$

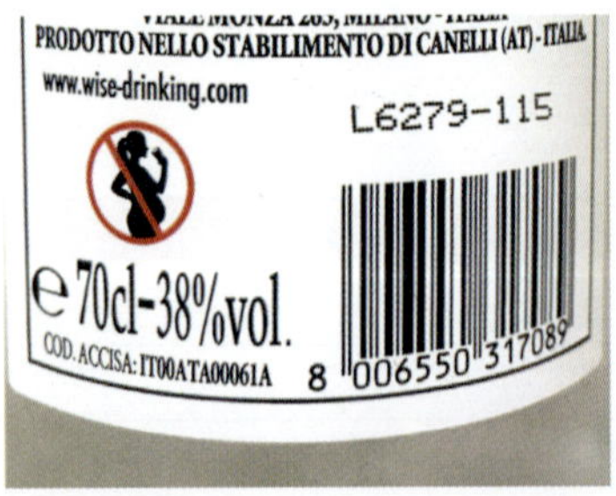

9. Le etichette di vino, birra e alcolici riportano la percentuale di alcol etilico in volume: per esempio, in quella nella figura è indicata una gradazione alcolica di 38%vol.: significa che la bevanda alcolica contiene 38 mL di alcol su 100 mL di prodotto.

Il comune alcol disinfettante, per esempio, può recare sull'etichetta la scritta "alcol etilico 70% in volume", con la quale si specifica che in 100 mL di "alcol denaturato" troviamo 70 mL (il 70% del volume) di alcol etilico (70 mL) e 30 mL (il 30%) di acqua [9].

Percentuale in massa (% m/m)

Detta anche "**percento in peso**", è la quantità di soluto, espressa in **grammi**, per 100 g di soluzione.

$$\text{Percentuale in massa} = \frac{\text{massa del soluto}}{\text{massa della soluzione}} \times 100$$

Dire che una soluzione è al 5% m/m, significa che in 100 g di soluzione vi sono 5 g di soluto e 95 g di solvente [10].

… in English

concentrazione di una soluzione
concentration of a solution

10. La salinità media dei mari è circa 3,5%, ovvero 35 g di sale (soluto) per 1000 g d'acqua (soluzione), ma in mari chiusi come il Mar Rosso, dove l'evaporazione è maggiore rispetto agli apporti di acqua dolce, i sali si concentrano e la salinità aumenta, addirittura fino al 4,2% (o meglio 42‰).

Percentuale massa/volume (% m/V)

La **percentuale mista** esprime la quantità in **grammi** di soluto per 100 mL di soluzione.

$$\text{Percentuale massa/volume} = \frac{\text{massa del soluto}}{\text{volume della soluzione}} \times 100$$

Dire che una soluzione acquosa di un soluto è al 20% m/V vuol dire che in 100 cm^3 (ossia 100 mL) di soluzione vi sono 20 g di soluto.

Molarità (M)

La **molarità** (indicata con **M**) è il numero di **moli** di soluto per ogni litro di soluzione. Si esprime in **mol/L** (moli/litro).

Per esempio, una soluzione di cloruro di sodio 0,3 M contiene 0,3 moli di cloruro di sodio in 1 dm^3 (1 L) di soluzione.

$$\text{Molarità} = \frac{\text{numero di moli di soluto}}{\text{volume della soluzione}}$$

Molalità (m)

La **molalità** (indicata con **m**) esprime le **moli** di soluto per 1000 g (1 kg) di solvente. Si esprime in **mol/kg**.

$$\text{Molalità} = \frac{\text{numero di moli di soluto}}{\text{massa del solvente}}$$

... in English

molarità
molarity

molalità
molality

solubilità
solubility

soluzione satura
saturated solution

corpo di fondo
precipitate

4 Solubilità e soluzioni sature

Quando una sostanza solida si scioglie in un solvente, si dice **solubile** in quel solvente mentre se non si scioglie affatto si dice **insolubile**.

> La **solubilità** indica la quantità massima di soluto che può sciogliersi in un dato solvente.

La solubilità varia da una sostanza all'altra e dipende dalla **natura del solvente** e del soluto ed è influenzata anche dalla **temperatura**.

Nelle soluzioni acquose, per esempio, l'acqua è il solvente ed, essendo una sostanza polare, è in grado di sciogliere sostanze polari, come molti acidi e sali; l'olio, che è una sostanza apolare, non si scioglie nell'acqua (solvente polare), ma in solventi apolari, come l'etere, l'esano o il benzene. In generale possiamo dire che "il simile scioglie il simile": un solvente polare scioglie sostanze polari; un solvente apolare scioglie sostanze apolari.

Una soluzione è detta **satura** quando contiene la massima quantità di soluto che il solvente è in grado di sciogliere; aggiungendo a una soluzione satura ulteriore soluto, questo non si scioglie, ma si separa dalla soluzione, precipitando (se è un solido) come **corpo di fondo** [11].

11. La presenza di un precipitato sul fondo (corpo di fondo) indica che la soluzione è sovrasatura, ossia la quantità di soluto presente supera il limite di solubilità e si deposita sul fondo del bicchiere.

Quando si forma una soluzione, le molecole di solvente circondano quelle di soluto in un fenomeno detto **solvatazione** [12]; se il solvente è l'acqua tale processo viene detto **idratazione**.

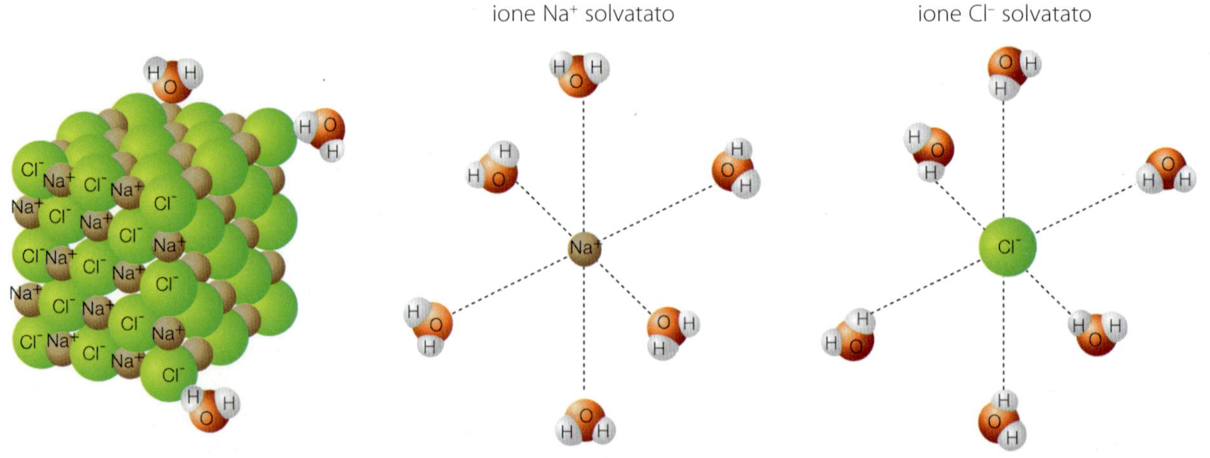

12. Solvatazione del sale NaCl: lo ione Na^+ e lo ione Cl^- sono circondati dalle molecole di H_2O.

Leggere sull'eBook

- Il prodotto di solubilità

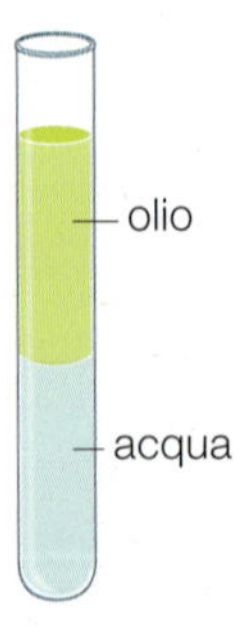

13. Acqua e olio sono due liquidi immiscibili e si separano spontaneamente formando due fasi distinte sovrapposte: l'olio in alto perché meno denso e l'acqua (più densa) in basso.

La quantità di soluto che può sciogliersi in acqua dipende dalla natura del soluto. Il **prodotto di solubilità** (o costante di solubilità) è un indice della solubilità delle varie sostanze (soluti) nell'acqua (solvente).

Nelle soluzioni liquido-liquido si usano spesso i termini **miscibili**, se la soluzione è omogenea (per esempio, acqua-alcol), **immiscibili** se le sostanze risultano insolubili tra loro (per esempio, acqua-olio).

Quando sostanze di natura diversa, come l'olio (apolare) e l'acqua (polare), si uniscono tra loro l'olio, meno denso, si stratifica sull'acqua, ma non si scioglie in essa [13].

L'**agitazione** energica dei liquidi provoca solo una temporanea **dispersione** delle goccioline di olio nell'acqua, venendosi a costituire un'**emulsione** acqua-olio. L'emulsione rappresenta un miscuglio eterogeneo tra i due liquidi (non è quindi una soluzione), che in un tempo più o meno breve sono destinati a separarsi, formandosi nuovamente grosse gocce d'olio che galleggiano sull'acqua [14].

Negli alimenti contenenti grassi (oli, margarine) quali maionese, sughi ecc., si utilizzano sostanze emulsionanti, che mantengono i grassi dispersi in finissime goccioline nell'acqua presente nell'alimento.

14. Il latte è un miscuglio eterogeneo, perché contiene goccioline di grasso disperse in un liquido acquoso a formare un'emulsione, che viene stabilizzata attraverso un trattamento meccanico operato da una macchina chiamata omogeneizzatore.

5 Soluzioni acquose ed elettroliti

L'acqua distillata non è un buon conduttore di elettricità: collegando una bacinella piena di acqua distillata a due elettrodi connessi a una pila, la corrente non passa. Lo stesso accade se sciogliamo nell'acqua dello zucchero. Se, invece, versiamo del sale (cloruro di sodio) o un acido (acido cloridrico) nell'acqua la corrente passa: perché? [**15**]

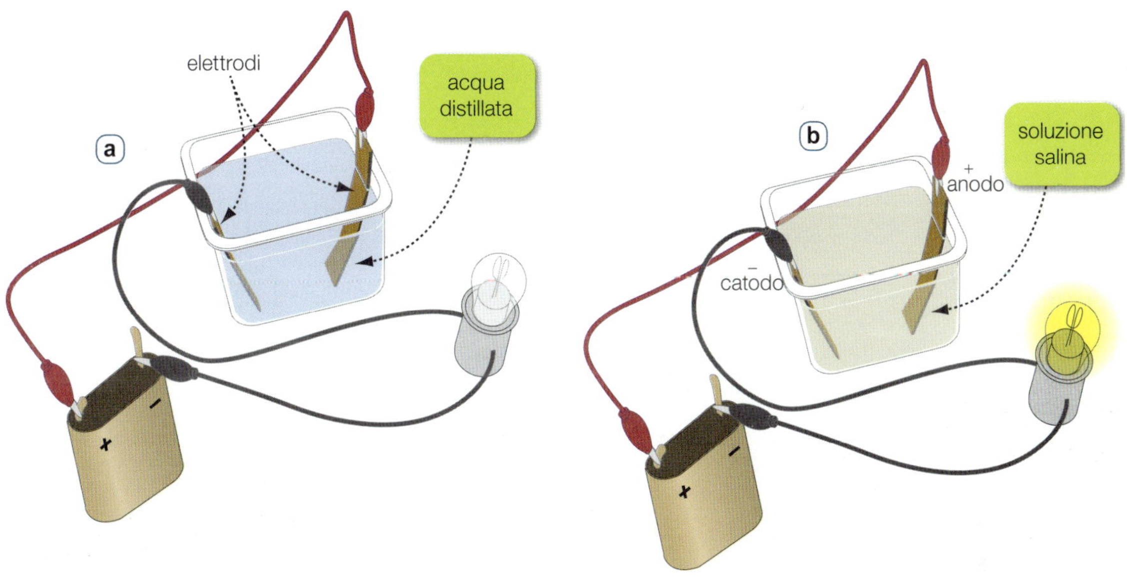

15. Collegando due elettrodi, immersi in acqua distillata, a una pila e a una lampadina non si ha passaggio di corrente: la lampadina rimane spenta (a).
Se gli stessi elettrodi vengono immersi in una soluzione salina si osserva un passaggio di corrente evidenziato dalla lampadina accesa (b).

Soluzioni acquose ed elettroliti

Acidi e sali sciolti in acqua liberano **ioni positivi** e **negativi**; queste particelle, dette **elettroliti**, sono libere di muoversi, attratte dagli elettrodi collegati ai due poli della pila: gli ioni positivi (**cationi**) sono attratti dal polo negativo (**catodo**), mentre gli ioni negativi (**anioni**) sono attratti dal polo positivo (**anodo**).

Grazie alla presenza degli elettroliti la corrente elettrica può circolare, perché il movimento degli ioni completa (chiude) il circuito.

L'acqua distillata, non possedendo particelle dotate di carica elettrica (se non in minima parte), si comporta come un isolante. Lo stesso accade per la soluzione di acqua e zucchero, perché lo zucchero si scioglie liberando le singole molecole che lo costituiscono, che sono elettricamente neutre.

La soluzione in cui sono presenti elettroliti, detta **soluzione elettrolitica**, invece è in grado di condurre l'elettricità.

... in English

elettrolita
electrolyte

catodo
cathode

anodo
anode

Ionizzazione e dissociazione ionica

Il cloruro di **sodio NaCl** è un **composto ionico**, nel quale ioni di segno opposto si attraggono e si mantengono uniti per mezzo di legami ionici.
Immersi in acqua (solvente polare) i singoli ioni vengono "circondati" dalle molecole di acqua attratte dalle cariche elettriche degli ioni e si separano. Questo processo è detto **dissociazione ionica**: ioni già esistenti vengono separati tra loro.
L'**acido cloridrico HCl**, invece, **non è un composto ionico**; tuttavia, le sue molecole hanno una loro polarità (legame covalente polare): immerse in acqua, questi legami vengono rotti, liberando ioni. Il processo che porta alla formazione di ioni da sostanze composte da molecole (e non da ioni) è detto **ionizzazione**.
Nella **dissociazione ionica** le molecole d'acqua separano ioni positivi (Na^+) e negativi (Cl^-) già presenti nel composto ionico.
Nella **ionizzazione** invece le molecole d'acqua trasformano molecole polari (come HCl) in ioni (che prima non esistevano).

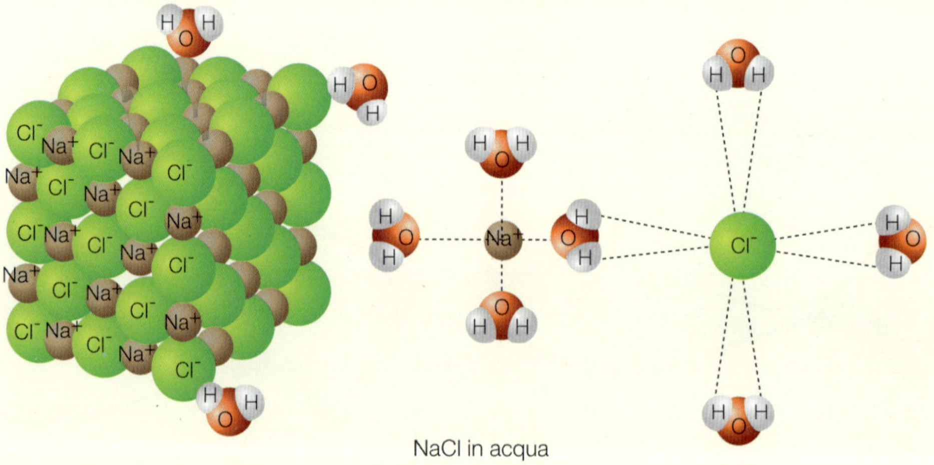

NaCl in acqua
dissociazione ionica

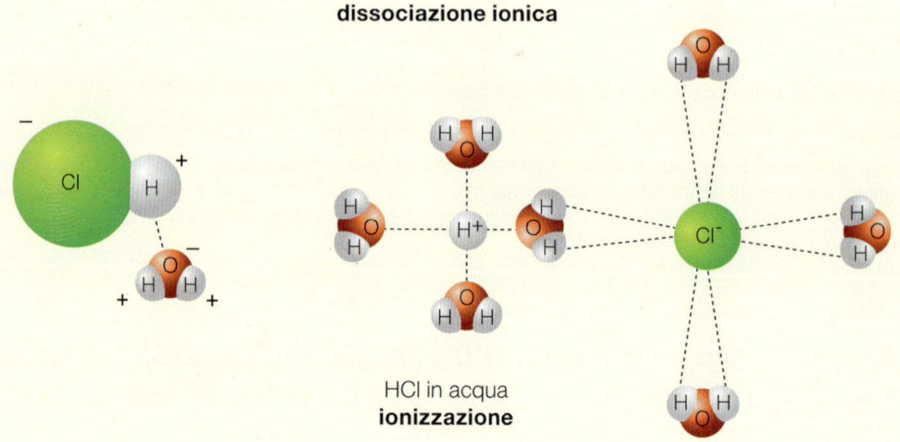

HCl in acqua
ionizzazione

6 Le proprietà colligative delle soluzioni

... in English
proprietà colligative
colligative properties

In un **solvente puro**, cioè privo di soluti disciolti in esso, le molecole sono libere di interagire tra loro, attraendosi. L'aggiunta di un soluto influenzerà sensibilmente queste interazioni, determinando il fenomeno della **solvatazione** e incidendo, in modo significativo, su molti parametri fisici della **soluzione** (punto di ebollizione, punto di fusione, tensione di vapore ecc.), che risulteranno diversi da quelli misurati sul solvente puro.

Le differenze saranno particolarmente evidenti quando al solvente viene aggiunto un **soluto non volatile**, che determinerà una diminuzione della tensione di vapore della soluzione, rispetto a quella misurata sul solvente puro [**16**]. La diminuzione della tensione di vapore provocherà, a sua volta, un innalzamento della temperatura di ebollizione e un abbassamento della temperatura di fusione.

16. Se aggiungiamo del solfato di rame (solido cristallino) a un bicchiere contenente acqua distillata otteniamo una soluzione acquosa di solfato di rame, che presenta alcune proprietà fisiche (tensione di vapore, punto di fusione e di ebollizione ecc.) diverse dal solvente puro. Aggiungendo al solvente un sale diverso ma nella stessa concentrazione otteniamo lo stesso effetto: le proprietà colligative infatti non dipendono dal tipo di soluto ma dalla sua concentrazione.

Le proprietà fisiche che differenziano una soluzione dal suo solvente vengono definite **proprietà colligative**: esse non dipendono dalla natura chimica del soluto, ma solo dalla sua concentrazione (numero di particelle, molecole o ioni, per unità di volume), oltre che dalla natura del solvente.

Le proprietà colligative sono:
- l'abbassamento della tensione di vapore;
- l'innalzamento del punto di ebollizione (innalzamento ebullioscopico);
- l'abbassamento del punto di congelamento (abbassamento crioscopico);
- la pressione osmotica.

6.1 Abbassamento della tensione di vapore

Ogni liquido vedrà passare, in funzione della temperatura ambiente, parte delle sue molecole allo stato aeriforme, dove andranno a formare il **vapore**, che si stratificherà sul liquido. Come abbiamo visto in precedenza, quando il liquido si trova all'interno di un contenitore chiuso, il vapore si accumulerà sulla superficie del liquido stesso, esercitando una pressione sul liquido, che abbiamo definito **tensione di vapore**.

L'aggiunta di un **soluto poco volatile** (per esempio il cloruro di sodio, NaCl) influenza la tensione di vapore della soluzione, rispetto a quella del solvente allo stato puro.

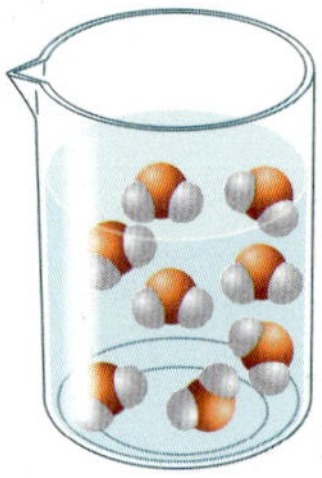

solvente puro

soluzione

17. A parità di temperatura la tensione di vapore di una soluzione è sempre minore della tensione di vapore esercitata da uno stesso volume di solvente puro.

Nel **solvente puro** le molecole si attraggono, ma quelle dotate di un'adeguata energia cinetica e più vicine alla superficie del liquido riusciranno a sfuggire, passando allo stato di vapore (**evaporazione**).

Rispetto al solvente puro, nella **soluzione** troviamo un numero minore di molecole di acqua, per la contemporanea presenza delle molecole di cloruro di sodio.

Sia nel solvente puro che nella soluzione, per effetto dell'**energia cinetica** che possiedono, alcune **molecole di acqua** passeranno allo stato di **vapore**, nello spazio che sovrasta il liquido, ma nella soluzione il **cloruro di sodio**, non volatile, resterà **disciolto** non potendo evaporare. Per questo motivo, il numero di molecole d'acqua della soluzione che evaporeranno sarà minore rispetto al solvente puro, e questo provocherà, come conseguenza, una minore tensione di vapore per la soluzione [**17**].

Queste osservazioni dimostrano che:

> A una determinata temperatura, la **tensione di vapore** di una soluzione risulterà sempre minore di quella di uno stesso volume di solvente puro.

Questa proprietà colligativa sarà **indipendente dal tipo di soluto**, purché esso risulti meno volatile dell'acqua, **dipendendo**, esclusivamente, **dal numero di particelle** del soluto, che determinano la concentrazione della soluzione.

6.2 Innalzamento ebullioscopico e abbassamento crioscopico

... in English
innalzamento ebullioscopico
raising ebullioscopic

L'abbassamento della tensione di vapore, che si verifica in una soluzione rispetto al solvente puro, ha come diretta conseguenza quella di far innalzare la temperatura di ebollizione, fenomeno che prende il nome di **innalzamento ebullioscopico**.

Un liquido incomincia a bollire quando il valore della tensione di vapore, che è proporzionale all'aumento di temperatura, raggiunge la pressione esterna: la temperatura a cui le due pressioni si eguagliano è la temperatura di ebollizione (o **punto di ebollizione**) [**18**].

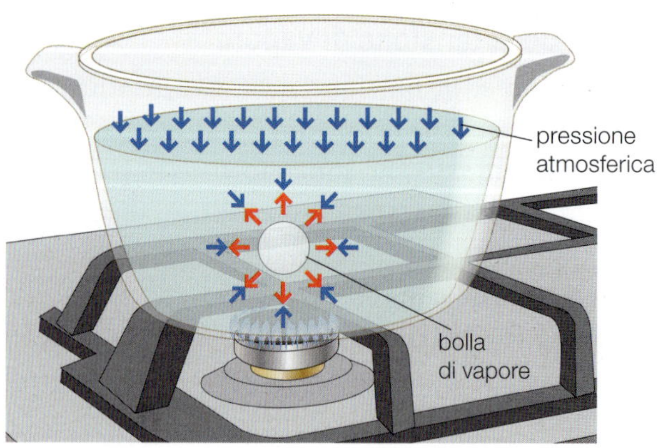

18. L'ebollizione si verifica quando la tensione di vapore del liquido raggiunge e supera la pressione esercitata al di sopra della superficie del liquido stesso (in genere la pressione atmosferica).

L'**aggiunta di soluto**, che come è noto abbassa la tensione di vapore, impone che, perché si abbia l'ebollizione, il valore di temperatura debba essere più elevato, rispetto a quella del solvente puro, determinando il fenomeno dell'**innalzamento ebullioscopico** [**19**].

Per gli stessi motivi una soluzione ha una **temperatura di solidificazione** (punto di fusione o di congelamento) più bassa del solvente puro, fenomeno chiamato **abbassamento crioscopico** [**20**].

Le proprietà colligative di due soluzioni distinte dello stesso solvente, con concentrazioni uguali ma di soluti diversi, saranno le stesse, perché dipendono solo dalla concentrazione del soluto e non dalla sua natura chimica.

19. L'acqua salata bolle a una temperatura più elevata per cui i tempi di cottura (in particolare della pasta) si riducono.

20. In inverno quando le temperature si avvicinano a 0 °C, spargere del sale sulle strade serve ad abbassare la temperatura di congelamento.

6.3 Pressione osmotica

Tra **due soluzioni** a **diversa concentrazione di soluto**, messe a contatto tra loro, si osserverà il passaggio di soluto, dalla soluzione più concentrata a quella meno concentrata, fino al raggiungimento dell'equilibrio delle concentrazioni, in base a un meccanismo noto come **diffusione**.

Se tra le due soluzioni si interpone, però, una **membrana semipermeabile**, dotata di pori di dimensioni ridotte, tali da far passare solo le molecole più piccole, come l'acqua, ma non molecole grosse, come quelle di molti soluti, si osserverà il passaggio di solvente dalla soluzione più diluita a quella più concentrata, determinando un fenomeno chiamato **osmosi** [**21** e **22**].

... in English
abbassamento crioscopico
freezing point depression

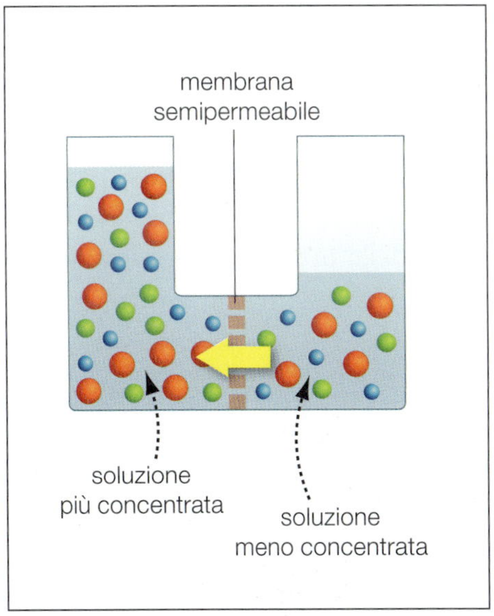

21. Tra due soluzioni, a diversa concentrazione, separate da una membrana semipermeabile, si avrà osmosi con il passaggio di solvente dalla soluzione meno concentrata a quella più concentrata.

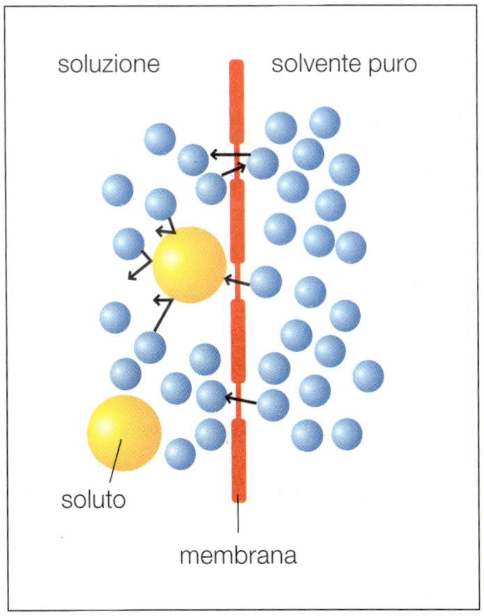

22. Attraverso i piccoli pori della membrana semipermeabile passano le molecole di solvente (l'acqua) ma non quelle dei soluti.

Il livello del liquido dal lato della soluzione più concentrata prenderà, progressivamente, a salire arrestandosi quando la pressione dovuta all'osmosi (pressione osmotica) sarà uguale a quella idrostatica esercitata dal peso della colonna liquida, corrispondente al dislivello creatosi [**23**].

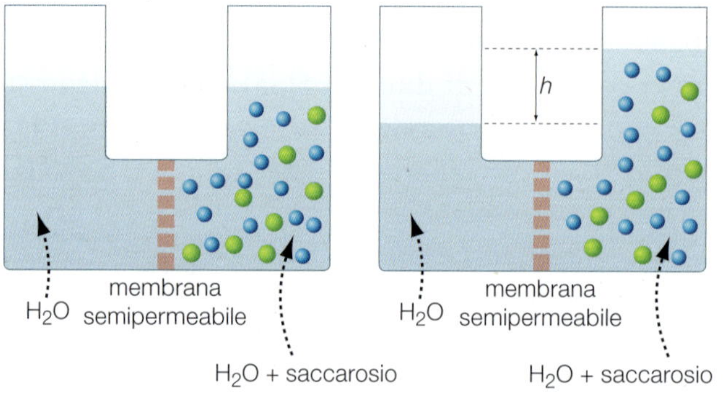

23. La soluzione di acqua e saccarosio, più concentrata rispetto all'acqua, richiamerà attraverso la membrana semipermeabile solvente finché la pressione osmotica non sarà uguale alla pressione idrostatica, generata dal dislivello (h) tra la colonna contenente la soluzione e quella contenente il solo solvente (acqua).

La pressione idrostatica, che cresce proporzionalmente al dislivello, rallenterà l'entrata dell'acqua, fino a bloccarla completamente, quando le due pressioni saranno in equilibrio.

Anche l'**osmosi** è una **proprietà colligativa** delle soluzioni, in quanto il fenomeno non dipende dal tipo di soluto, ma solo dalla sua concentrazione: più la soluzione a contatto col solvente puro è concentrata, maggiore sarà il dislivello che si osserverà. Per evitare questo dislivello si dovrebbe applicare dall'esterno una pressione (pressione osmotica) sul livello del tubo, impedendo il passaggio dell'acqua attraverso la membrana semipermeabile; tale pressione dovrebbe essere uguale a quella idrostatica esercitata dal dislivello creatosi nel tubo.

La **pressione osmotica** si indica col simbolo π (pi greco) e, come tutte le pressioni, si esprime, nel SI, in pascal. All'interno di una soluzione le particelle hanno un moto che richiama il movimento delle particelle presenti in un volume di gas: per questo motivo, il calcolo della pressione osmotica di una **soluzione ideale**, cioè molto diluita, utilizza la seguente equazione, analoga a quella dei gas perfetti, e cioè:

$$\pi V = nRT$$

che è detta **equazione di van't Hoff**, nella quale π è la pressione osmotica, **V** il volume, **T** la temperatura assoluta, **n** il numero di moli e **R** la costante universale dei gas.

Com'è evidente dall'equazione, la pressione osmotica, come le altre proprietà colligative, a parità di volume e di condizioni ambientali (temperatura e pressione) dipenderà da **n**, cioè dal numero di particelle presenti.

Se due soluzioni hanno una differente pressione osmotica, quella a concentrazione maggiore si definirà **ipertonica** e quella a concentrazione minore **ipotonica**. Si dicono **isotoniche**, invece, due soluzioni che hanno la stessa pressione osmotica [**24**].

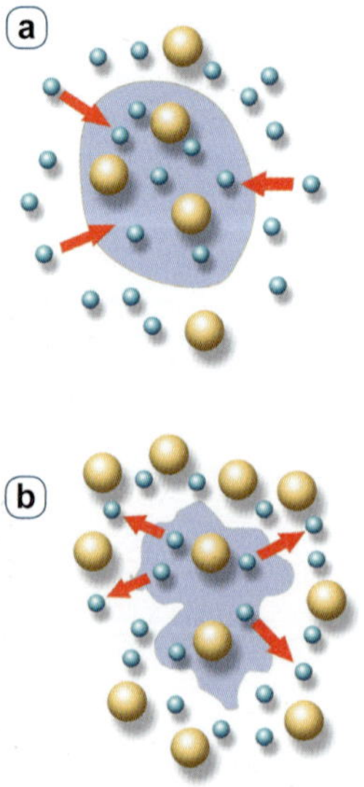

24. La membrana cellulare si comporta come una membrana semipermeabile: (a) in una soluzione ipotonica, la cellula assorbe acqua per osmosi e si gonfia (fino a esplodere); (b) in una soluzione ipertonica, l'acqua esce dalla cellula, che si raggrinzisce.

Leggere sull'eBook
- Osmosi inversa

ESERCIZI di autoverifica

A Completa la seguente mappa concettuale inserendo le parole elencate

1. comprimibile
2. forma propria
3. volume proprio
4. incomprimibile
5. allo stato solido
6. vaporizza
7. allo stato gassoso
8. solidifica

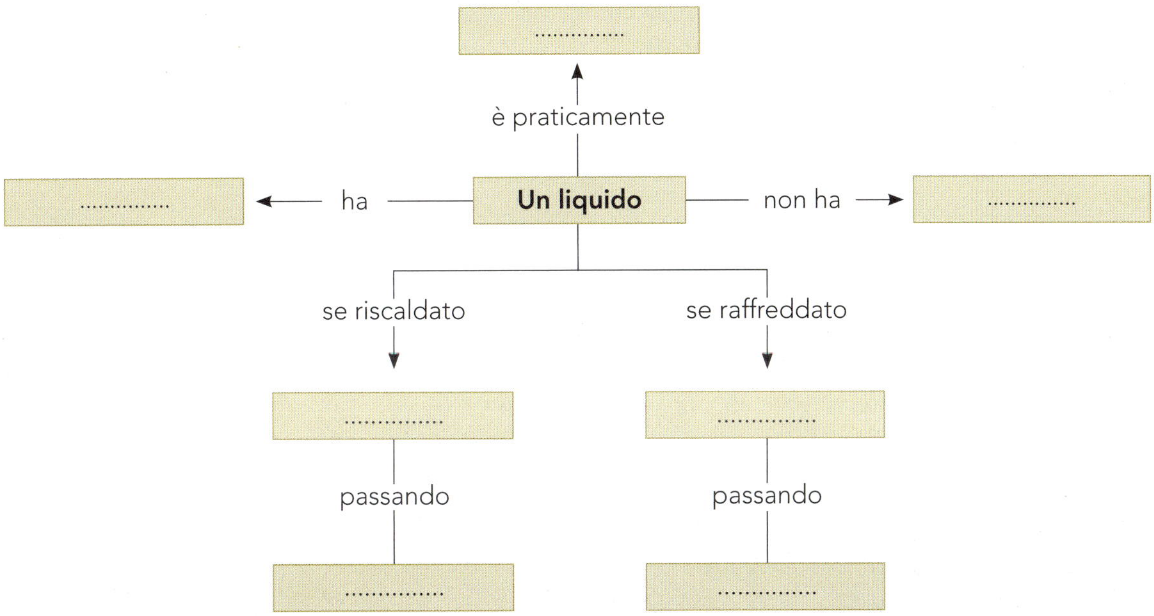

B Completa la seguente mappa concettuale inserendo le parole elencate

1. l'ebollizione
2. l'evaporazione
3. la tensione di vapore
4. la viscosità

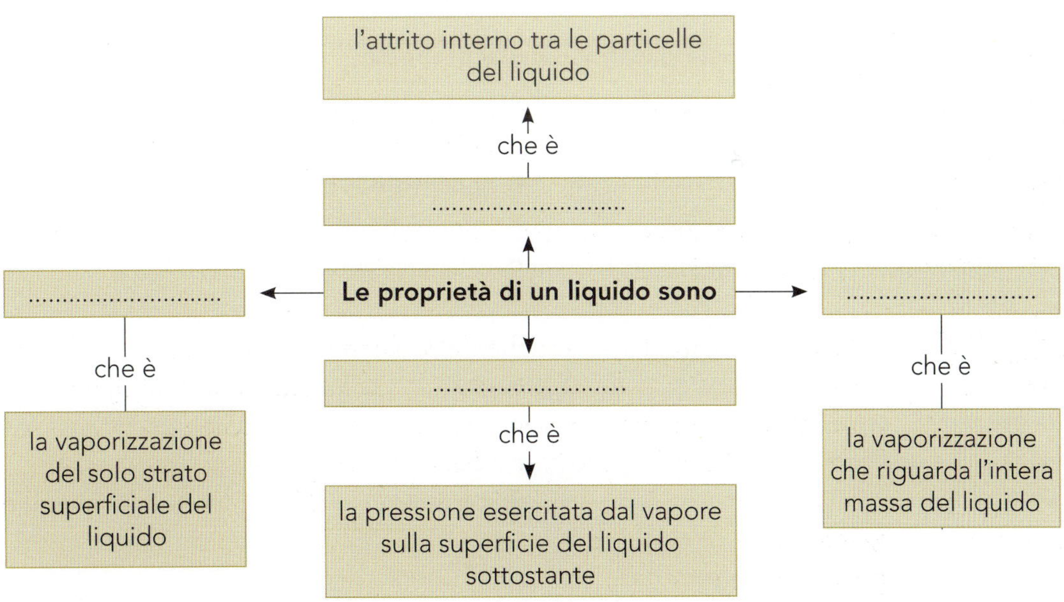

C Se non lo sai, rileggilo alla pagina indicata

1. Definisci le caratteristiche di un liquido, analizzando lo stato energetico delle sue particelle. (pagg. 118-119)
2. Confronta le proprietà di un liquido con quelle di un solido o di un gas. (pag. 119)
3. Che cosa sono la fusione e la vaporizzazione? (pagg. 119-120)
4. Spiega le differenze tra evaporazione ed ebollizione. (pag. 120)
5. Cosa si intende per tensione di vapore di un liquido? (pag. 120)
6. In quale caso il vapore si definisce saturo? (pag. 120)
7. Spiega l'equilibrio dinamico che a livello molecolare si instaura tra un liquido e la sua fase di vapore. (pagg. 120-121)
8. Che cos'è una sosta termica? (pag. 122)
9. Che cosa sono i moti convettivi? (pag. 122)
10. Spiega l'influenza che la temperatura e la pressione esercitano sui processi di evaporazione ed ebollizione di un liquido. (pag. 122)
11. Che cos'è una soluzione? (pag. 123)
12. Cosa esprime la concentrazione di una soluzione? (pagg. 124-125)
13. Spiega le differenze tra la molarità e la molalità di una soluzione. (pag. 125)
14. Che cos'è la solubilità? (pag. 125)
15. Spiega il fenomeno della solvatazione. (pag. 126)
16. Quali parametri influenzano la solubilità di un soluto in un solvente? (pag. 126)
17. Cosa indica il prodotto di solubilità? (pag. 126)
18. Cosa sono gli elettroliti? (pagg. 127-128)
19. Spiega da cosa dipendono le proprietà colligative. (pagg. 128-129)
20. Spiega l'effetto dell'aggiunta di un soluto sulla temperatura di fusione e su quella di ebollizione del solvente puro. (pagg. 129-130)
21. Perché si verifica l'osmosi? (pagg. 131-132)
22. Spiega il significato dei termini ipertonica, ipotonica e isotonica. (pag. 132)

D Indica con una crocetta la risposta giusta tra quelle proposte

1. Passaggio di stato da liquido a vapore:
a. vaporizzazione
b. condensazione
c. sublimazione
d. liquefazione

2. Hanno volume proprio:
a. solidi
b. solidi e liquidi
c. solidi, liquidi e aeriformi
d. liquidi e aeriformi

3. Un liquido ha:
a. forma e volume propri
b. né forma né volume propri
c. forma propria
d. volume proprio

4. Hanno una forma propria:
a. gas
b. aeriformi
c. liquidi
d. solidi

5. Hanno una massa:

a. solidi e liquidi
b. solidi, liquidi e aeriformi
c. solidi
d. liquidi

6. Da solido a liquido:

a. fusione
b. evaporazione
c. ebollizione
d. solidificazione

7. Le soluzioni che presentano uguale pressione osmotica si dicono:

a. ipertoniche
b. isotoniche
c. isobare
d. ipotoniche

8. Durante una sosta termica:

a. la temperatura aumenta
b. la temperatura rallenta
c. la temperatura diminuisce
d. la temperatura non cambia

9. Quali tra le seguenti non è una proprietà colligativa:

a. la pressione osmotica
b. l'innalzamento ebullioscopico
c. la viscosità
d. l'abbassamento crioscopico

10. Le proprietà colligative delle soluzioni dipendono principalmente:

a. dalla costante di proporzionalità del solvente
b. dal numero di particelle di soluto nel solvente
c. dalla natura chimica del soluto
d. dal recipiente in cui è contenuta la soluzione

E **Indica se le seguenti affermazioni sono vere (V) o false (F)**

		V	F
1.	I liquidi hanno in genere maggiore densità dei gas.	○	○
2.	I liquidi sono molto comprimibili.	○	○
3.	L'evaporazione è un passaggio di stato che interessa solo la superficie del liquido.	○	○
4.	I liquidi non hanno forma propria.	○	○
5.	Nei liquidi le particelle sono soggette a forze di attrazione elettrostatica molto deboli.	○	○
6.	La tensione di vapore è la pressione esercitata dal vapore sulla superficie del liquido.	○	○
7.	La condensazione è il passaggio dallo stato liquido a quello di vapore.	○	○
8.	Un vapore si dice saturo quando non è in equilibrio con il suo liquido.	○	○
9.	La viscosità esprime l'attrito interno tra le particelle di un liquido.	○	○
10.	La distillazione consente di separare l'acqua dai sali minerali disciolti.	○	○
11.	Durante le soste termiche la temperatura aumenta lentamente.	○	○
12.	La molarità è il numero di moli di soluto per ogni litro di soluzione.	○	○
13.	Il corpo di fondo si osserva nelle soluzioni non completamente sature.	○	○
14.	Solitamente, un liquido bolle se la tensione di vapore supera la pressione atmosferica.	○	○
15.	L'equazione di van't Hoff permette di calcolare la tensione di vapore della soluzione.	○	○

F Completa le seguenti frasi inserendo le parole mancanti, scegliendole nell'elenco sottostante

a. Le particelle di un liquido tendono a disporsi in .... sovrapposti.

b. Una .... è costituita da due componenti: il solvente e i soluti.

c. La .... è il passaggio da vapore a liquido.

d. La .... è il passaggio di un gas allo stato liquido.

e. La .... è il passaggio dallo stato solido allo stato liquido.

f. Un vapore in equilibrio con il suo liquido si dice vapore ....

g. In una soluzione elettrolitica gli ioni positivi sono detti ....

h. Il passaggio di stato da solido a vapore è detto ....

i. Nelle soluzioni sature si osserva la formazione del ....

j. L'aggiunta di soluto .... la tensione di vapore rispetto a quella del solvente puro.

k. Nell'osmosi si osserva il passaggio del .... e non quello del .... da una soluzione .... concentrata a quella .... concentrata.

l. L'osmosi si osserva tra due soluzioni separate da una membrana ....

m. Nell'abbassamento crioscopico si abbassa la temperatura di ....

1. anioni	**10.** soluto	**19.** solidi
2. sublimazione	**11.** fusione	**20.** liquidi
3. soluzione	**12.** strati	**21.** vapori
4. concentrazione	**13.** gas	**22.** più
5. abbassa	**14.** saturo	**23.** evaporazione
6. volatilità	**15.** corpo di fondo	**24.** vaporizzazione
7. cationi	**16.** liquefazione	**25.** solidificazione
8. solvente	**17.** semipermeabile	**26.** innalza
9. condensazione	**18.** meno	**27.** permeabile

G ESERCIZI applicativi

1. Calcola la concentrazione (percentuale in peso) delle seguenti soluzioni, contenenti:

a. 0,6 g di Na_2SO_4 in 35 g di acqua

b. 30 g di KCl in 350 g di H_2O

c. 200 mg di LiF in 0,8 g di H_2O

d. 0,07 g di LiBr in 730 mg di H_2O

e. 80 mg di NH_4Cl in 99,02 g di H_2O

2. Calcola la massa dei soluti presenti nelle seguenti soluzioni:

a. massa di NaCl in 50 g di soluzione di NaCl al 3% in massa

b. massa di KBr in 25 mg di soluzione di KBr al 6,5% in massa

c. massa di $LiNO_3$ in 130 g di soluzione di $LiNO_3$ allo 0,5% in massa

d. massa di glucosio in 175 g di soluzione di glucosio al 3% in massa

e. milligrammi di saccarosio in 10,2 g di soluzione di saccarosio allo 0,2% in massa

3. Quale volume di alcol etilico è contenuto in 1 bicchiere da 200 mL di whisky al 43% in volume?

4. Per assumere 30 mL di alcol etilico quanti mL di vino al 9% in volume dobbiamo bere?

5. L'esame del sangue rileva un valore della glicemia di 90 mg/100 mL. Quanti mg di glucosio sono presenti in 7 cm^3 di questo sangue?

6. Calcola la molarità delle seguenti soluzioni.

a. 2,25 mol di $CaCl_2$ in 1,50 L di soluzione

b. 275 g di $C_6H_{12}O_6$ in 775 mL di soluzione

c. 1,75 mol di KBr in 0,75 L di soluzione

d. 0,50 mol di soluto in 125 mL di soluzione

7. Applicando l'equazione di van't Hoff (π V = n R T), tenendo presente che n/V corrisponde alla molarità, calcola:

a. la pressione osmotica di una soluzione 3,0 M di glucosio alla temperatura di 30 °C.

b. la pressione osmotica di 1 L di soluzione contenente 100 g di glucosio a 25 °C.

c. a quale temperatura una soluzione 1,0 M di NaCl ha una pressione osmotica di 10 atm.

8. Risolvi i seguenti problemi:

a. Una bottiglia contiene 500,0 g di sciroppo al 40,0% m/m di zucchero. Calcola la quantità in grammi di zucchero presente in esso.

b. Se aggiungo 35 mL di alcol a 0,5 L di acqua quale sarà la concentrazione (% in vol) della soluzione?

c. Calcola quanti grammi di acido nitrico HNO_3 sono contenuti in 400 mL di una soluzione 1,5 M*.

d. Una soluzione è formata da 160,0 g di NaOH sciolti in 250 g di H_2O. Calcola la molalità della soluzione**.

e. Calcola in quanti grammi di acqua bisogna sciogliere 500 g di KCl per ottenere una soluzione 5 molale**.

f. Per ottenere 150 mL di soluzione di acqua e alcol al 70% in volume quanto alcol dobbiamo aggiungere?

g. Quanti grammi di NaCl sono contenuti in 350 g di acqua di una soluzione 0,76 m (molale) del sale**?

h. Calcola la concentrazione della soluzione che si ottiene diluendo fino a 75 mL con acqua distillata 30 mL di una soluzione 6 M di HCl.

i. Quanti mL di acqua devo aggiungere a 100 mL di una soluzione di NaCl 2,5 M per ottenere una soluzione 1,5 M dello stesso sale?

j. Quanti g di nitrato di potassio ($NaNO_3$) sono necessari per preparare 500 mL di una soluzione 0,125 M?

---

* Conoscendo il numero di moli (n) puoi ricavare la massa in grammi (m) applicando la formula: m = n x MM, dove MM è la massa molare, vedi capitolo 5

** La molalità (m) equivale a numero di moli n diviso massa del solvente in kg: m = n/kg di solvente

PDF **Soluzioni**

9. Completa la mappa concettuale scegliendo i termini mancanti dall'elenco seguente:

1. molalità
2. molarità
3. percentuale massa/volume
4. percentuale in volume
5. percentuale in massa

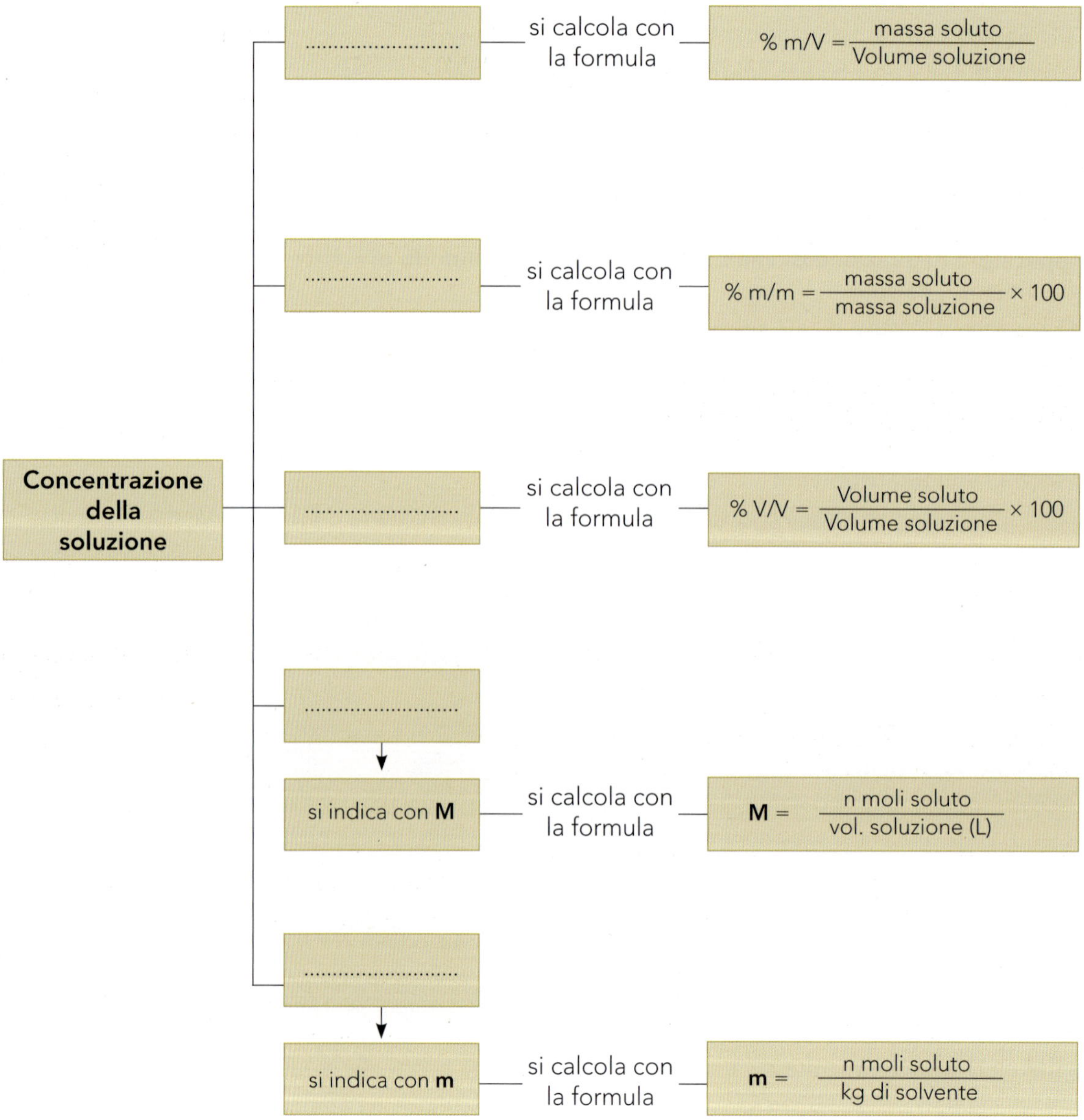

Capitolo 7 Nomenclatura dei composti inorganici

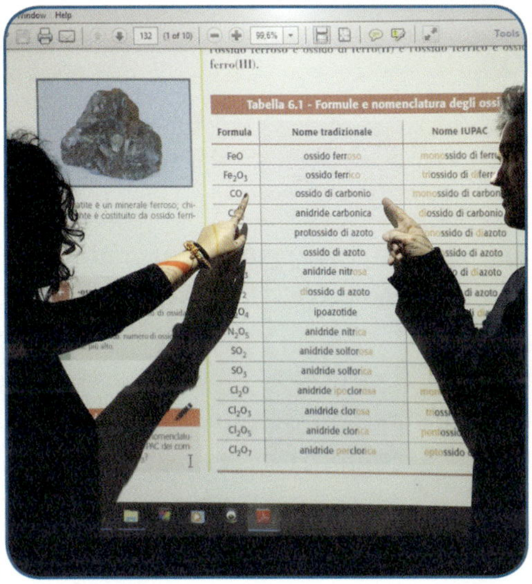

Obiettivi

- Definire un composto.
- Elencare i principali tipi di composti inorganici.
- Definire valenza e numero di ossidazione.
- Dare un nome ai principali composti partendo dalle formule, secondo la nomenclatura tradizionale e quella IUPAC.
- Scrivere correttamente le formule dei composti a partire dal loro nome.

1 Dagli elementi ai composti

Un **composto** è una sostanza pura che può essere scomposta in sostanze più semplici, gli **elementi**.

Come agli elementi (che sono solo un centinaio) è stato assegnato un nome e un simbolo, così anche ai composti (ne conosciamo, attualmente, più di 25 milioni!) deve essere dato un **nome** e, per poterli meglio identificare, una **formula**; questa formula (utilizzando i **simboli** degli elementi e un **numero** collocato in basso a destra del simbolo di ciascun elemento presente nel composto) ci informa circa il numero di atomi di ciascuna specie presente nella molecola del composto stesso.

Per esempio, $\mathbf{H_2O}$ è la formula dell'acqua, la cui molecola è composta da 2 atomi di idrogeno (H) e **1** (numero sottinteso) di ossigeno (O); **HCl** è quella dell'acido cloridrico (costituita da **1** atomo di idrogeno, H, e **1** di cloro, Cl); $\mathbf{Na_2O}$ è quella dell'ossido di sodio, con **2** atomi di sodio (Na) e **1** (numero sottinteso) di ossigeno.

H_2O: 2 atomi di idrogeno; 1 atomo di ossigeno

HCl: 1 atomo di idrogeno; 1 atomo di cloro

Na_2O: 2 atomi di sodio; 1 atomo di ossigeno

Fare per apprendere

- Creiamo un composto

Le formule possono essere anche più complicate, per esempio in:

$$Ca_3(PO_4)_2$$

il numero a destra della parentesi moltiplica il numero degli atomi presenti all'interno della parentesi: così in questo composto (ortofosfato di calcio) troviamo:

$$Ca_3(PO_4)_2$$

3 atomi di calcio

1 x 2 = 2 atomi di fosforo (P)
4 x 2 = 8 atomi di ossigeno (O)

Queste formule, dette **formule brute**, non forniscono altre informazioni. Per i composti ionici, non essendo costituiti da molecole, la formula indica solo il rapporto tra gli ioni delle diverse specie.

Più complesse sono, invece, le **formule di struttura**, nelle quali vengono rappresentati anche i legami che uniscono tra loro gli atomi.

Per esempio, la formula di struttura dell'**acqua** è la seguente:

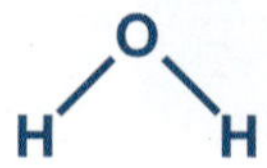

I **composti organici** hanno **struttura complessa**, e complesse sono anche le formule di struttura che li rappresentano. Per esempio, il butano (C_4H_{10}), un gas naturale, può essere rappresentato con le seguenti formule di struttura:

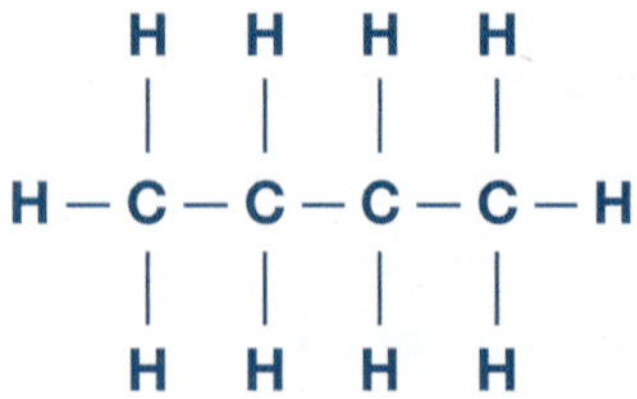

Formula di struttura

$CH_3 - CH_2 - CH_2 - CH_3$

Formula razionale

Formula "a stecche"

2 Classificazione dei composti inorganici

I **composti inorganici** vengono classificati in base alla natura degli elementi costituenti (**metalli** e **non metalli**) e alla loro reattività principalmente con l'idrogeno, l'ossigeno e l'acqua.

In base al numero di elementi presenti nella formula del composto, i composti inorganici vengono suddivisi in due principali categorie:

- **composti binari**, costituiti da atomi di 2 soli elementi;
- **composti ternari**, costituiti da atomi di 3 elementi.

Sono composti binari gli ossidi, gli idruri, gli idracidi e i sali degli idracidi; sono composti ternari gli idrossidi, gli ossiacidi e i sali degli ossiacidi.

1. **Ossidi**: composti con l'**ossigeno**. Nella nomenclatura tradizionale si suddividono in:
   - **ossidi basici**: metallo + ossigeno;
   - **ossidi acidi** (o **anidridi**): non metallo + ossigeno.
2. **Idrossidi**: ossidi basici + acqua.
3. **Ossiacidi** (o **ossoacidi**): ossidi acidi (anidridi) + acqua.
4. **Idracidi**: idrogeno + un alogeno (non metalli del VII gruppo: F, Cl, Br, I) o lo zolfo.
5. **Sali binari** (sali degli idracidi): metallo + non metallo.
6. **Sali ternari** (sali degli ossiacidi): metallo + non metallo + ossigeno.
7. **Idruri**, che si suddividono in:
   - **idruri metallici**: metallo + idrogeno;
   - **idruri covalenti**: non metallo (tranne gli alogeni e lo zolfo) + idrogeno.

Riconosci questa formula?

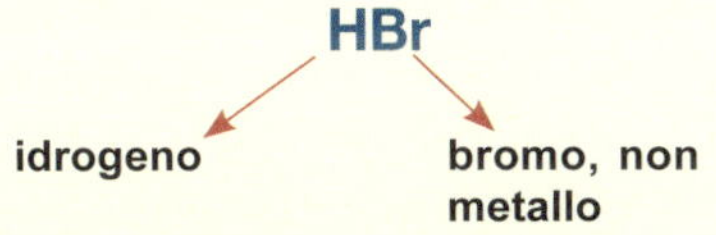

Questo composto è un acido, l'acido bromidrico: tranne l'acqua, H_2O, tutti i composti inorganici che hanno una formula che inizia con H sono acidi, distinti in idracidi e ossiacidi (questi ultimi hanno nella formula anche l'ossigeno O); non essendoci O è un idracido; H_2SO_4 è invece un ossiacido, perché nella molecola è presente anche O.

3 Un nome e una formula: la nomenclatura

3.1 La valenza

Per scrivere la formula di un composto è necessario sapere:

- se gli elementi costituenti appartengono a un **metallo** o a un **non metallo**, informazione deducibile dalla tavola periodica;
- la loro **configurazione elettronica**, che ci indica la tendenza di ogni elemento presente nel composto a cedere, acquistare o condividere elettroni dello strato più esterno, detti **elettroni di valenza**.

La **valenza** di un elemento è il numero (intero) di elettroni che esso è in grado di cedere, acquistare o condividere con altri atomi per formare un composto.

In pratica, la valenza indica il **numero di legami** che un atomo di un elemento riesce a formare quando si lega ad altri atomi e ci permette di prevedere i **rapporti** tra gli atomi degli elementi che formano il composto, ossia il numero degli atomi di ciascun elemento presente nella formula del composto.

Nella tavola che segue sono indicate le **valenze dei principali elementi**.

H 1																
Li 1	**Be** 2											**B** 3	**C** 2, 4	**N** 1, 2, 3, 4, 5	**O** 2	**F** 1
Na 1	**Mg** 2											**Al** 3	**Si** 4	**P** 3, 5	**S** 2, 4, 6	**Cl** 1, 3, 5, 7
K 1	**Ca** 2				**Cr** 2, 3, 6	**Mn** 2, 3, 4, 6, 7	**Fe** 2, 3	**Co** 2, 3	**Ni** 2, 3	**Cu** 1, 2	**Zn** 2			**As** 3, 5		**Br** 1, 5
Rb 1	**Sr** 2									**Ag** 1			**Sn** 2, 4	**Sb** 3, 5		**I** 1, 5, 7
Cs 1	**Ba** 2								**Pt** 2, 4	**Au** 1, 3	**Hg** 1, 2		**Pb** 2, 4	**Bi** 3, 5		

Per scrivere la **formula** di un **composto binario** è sufficiente conoscere la valenza dei 2 elementi che lo costituiscono: così, per esempio, la formula dell'ossido di sodio, composto da sodio (valenza 1) + ossigeno (valenza 2) sarà:

$$Na_2O$$

Infatti, l'ossigeno ha valenza 2 e deve formare due legami; il sodio ha valenza 1 e deve formarne uno solo: quando si combinano tra loro, l'ossigeno si lega a 2 atomi di sodio.

In pratica, per ottenere il numero di atomi di ogni elemento presente nella formula del composto dovremmo fare il **minimo comune multiplo** delle due valenze:

tra Na (valenza 1) e O (valenza 2) il minimo comune multiplo è 2

Il passo successivo è dividere il minimo comune multiplo (**mcm**) per la valenza di ciascun elemento: il risultato è il numero di atomi dell'elemento, che va indicato (in carattere piccolo) in basso alla destra del simbolo dell'elemento:

$$\frac{\text{minimo comune multiplo}}{\text{valenza}} = \text{numero atomi}$$

Nell'esempio, per il sodio Na (che ha valenza 1):

$\dfrac{2\ (\text{mcm})}{1\ (\text{valenza})}$ **= 2 atomi di Na** da indicare nella formula: $\mathbf{Na_2}$

Per l'ossigeno O (valenza 2):

$\dfrac{2\ (\text{mcm})}{2\ (\text{valenza})}$ **= 1 atomo di O** nella formula il numero 1 è sottinteso e non si indica

Per cui la formula dell'ossido di sodio sarà: Na_2O

Un metodo più rapido consiste nell'**incrociare i valori delle due valenze**, riportando come numero degli atomi la valenza dell'altro elemento. Per esempio la formula dell'**ossido di alluminio**, sapendo che l'alluminio Al ha valenza 3 e l'ossigeno O ha valenza 2, si può così ricavare:

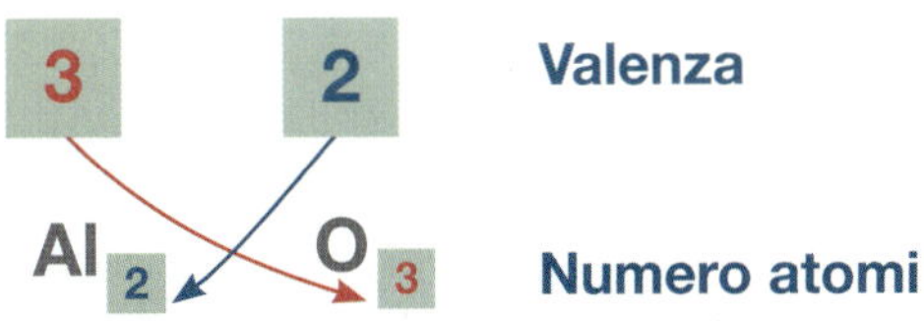

Quando 2 elementi hanno la stessa valenza, nella formula scriviamo solo i simboli dei 2 atomi (perché il numero 1 è sempre sottinteso); così, l'**ossido di calcio** (valenza di entrambi gli elementi 2) sarà:

CaO

Quando, utilizzando il metodo dell'incrocio, il numero degli atomi risulta per tutti gli elementi divisibile per uno stesso numero, si divide per quel numero ottenendo la **formula minima**; per esempio, il carbonio ha valenza 4 e forma un ossido (chiamato diossido di carbonio o anidride carbonica) che dovrebbe avere una formula:

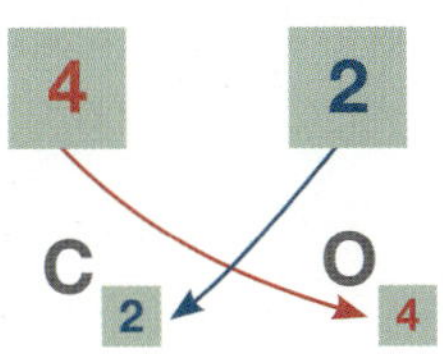

Dividendo per 2 entrambi gli indici otteniamo la nota formula dell'anidride carbonica:

$\mathbf{CO_2}$

Alcuni elementi possono avere valenza diversa a seconda del composto che vanno a formare: per esempio, il **ferro** può avere **valenza 2** o **valenza 3**; con l'ossigeno forma due diversi ossidi (l'ossido ferroso e l'ossido ferrico: le regole della nomenclatura verranno spiegate più avanti):

FeO ossido ferroso (il ferro ha valenza 2)

Fe_2O_3 ossido ferrico (il ferro ha valenza 3)

3.2 Il numero di ossidazione

... in English

numero di ossidazione
oxidation number

Link

http://www.chemguide.co.uk/inorganic/redox/oxidnstates.html

Il **numero di ossidazione** (n.o.) è la carica, positiva o negativa, che possiamo attribuire a ciascun elemento di un composto, se assegniamo gli elettroni di legame tutti all'elemento più elettronegativo del composto.

Invece della valenza, si può utilizzare il numero di ossidazione come riferimento per scrivere correttamente le formule dei composti.

Nella tavola seguente sono indicati i **numeri di ossidazione** dei più importanti elementi chimici.

H ±1																	He -
Li +1	Be +2											B +3	C +2±4	N +2±3 +4+5	O -2	F -1	Ne -
Na +1	Mg +2											Al +3	Si +2±4	P ±3+5	S -2+4 +6	Cl ±1+3 +5+7	Ar -
K +1	Ca +2	Sc +3	Ti +2+3 +4	V +2+3 +4+5	Cr +2+3 +6	Mn +2+3+4 +6+7	Fe +2+3	Co +2+3	Ni +2+3	Cu +1+2	Zn +2	Ga +3	Ge +2+4	As ±3+5	Se -2+4 +6	Br ±1+3+5	Kr -
Rb +1	Sr +2	Y +3	Zr +4	Nb +3+5	Mo +1+2+3 +4+5+6	Tc +4+5 +6+7	Ru +2+3+4 +5+6+7	Rh +3	Pd +2+4	Ag +1	Cd +2	In +3	Sn +2+4	Sb ±3+5	Te -2+4 +6	I ±1+5+7	Xe -
Cs +1	Ba +2		Hf +4	Ta +5	W +2+3+4 +5+6	Re +4+6 +7	Os +2+3+4 +6+8	Ir +3+4	Pt +2+4	Au +1+3	Hg +1+2	Tl +1+3	Pb +2+4	Bi +3+5	Po +2+4 +6	At ±1+3 +5+7	Rn -
Fr +1	Ra +2		Rf +4	Db -	Sg -	Bh -	Hs -	Mt -	Ds -	Rg -							

La +3	Ce +3+4	Pr +3	Nd +3	Pm +3	Sm +2+3	Eu +2+3	Gd +3	Tb +3	Dy +3	Ho +3	Er +3	Tm +2+3	Yb +2+3	Lu +3
Ac +3	Th +4	Pa +4+5	U +3+4 +5+6	Np +3+4 +5+6	Pu +3+4 +5+6	Am +3+4 +5+6	Cm +3	Bk +3+4	Cf +3	Es +3	Fm +3	Md +2+3	No +2+3	Lr +3

Per “costruire” una **formula** di un **composto binario** utilizzando il **numero di ossidazione (n.o.)** bisogna ricordare che la somma algebrica dei numeri di ossidazione deve essere uguale a zero: il numero di atomi da indicare si ottiene con un procedimento simile a quello applicato per la valenza (regola dell’incrocio o minimo comune multiplo). Così, per esempio, il **magnesio** (Mg), numero di ossidazione **+2**, si combina con l’ossigeno (O), numero di ossidazione **–2**, formando l’**ossido di magnesio MgO**.

L’**alluminio** (Al), numero di ossidazione **+3**, si combina con lo **zolfo** (S), che ha in questo composto numero di ossidazione **–2**, formando il **solfuro di alluminio**:

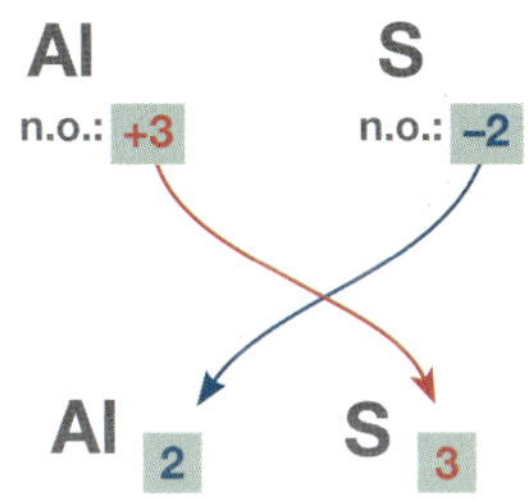

Regola dell’incrocio

La regola dell’incrocio (o il minimo comune multiplo) viene applicata senza tenere conto del segno (+ o –).
Come controllo si moltiplica il numero degli atomi per il n.o. e si fa la somma algebrica: il risultato deve essere uguale a zero:

$$+3 \times 2 = +6$$
$$-2 \times 3 = -6$$
$$+6 - 6 = 0$$

Alcuni elementi mantengono costante il loro **numero di ossidazione** in tutti i composti che formano, come per esempio i **metalli alcalini**, appartenenti al I gruppo della tavola periodica (n.o.: +1) o i **metalli alcalino terrosi**, appartenenti al II gruppo (n.o.: +2), mentre altri, come lo zolfo, il fosforo, l’azoto, il cloro e altri alogeni (Br, I), lo variano da un composto all’altro.

Come il numero di ossidazione consente di scrivere la **formula** di un composto, così dalla formula di un composto possiamo ricavare il **numero di ossidazione** di un elemento conoscendo quello degli altri elementi del composto (vedi il paragrafo che segue *La nomenclatura dei composti inorganici*), informazione importante sia per dare un nome alle formule dei composti, sia per riconoscere alcune reazioni chimiche importanti, le reazioni di ossido-riduzione.

Così dalla formula:

$$N_2O_3$$

con la regola già ricordata dell’**incrocio** ricaviamo il numero di ossidazione dell’azoto in questo composto, sapendo che il numero di ossidazione dell’ossigeno è sempre –2 (tranne nei **perossidi** nei quali è –1):

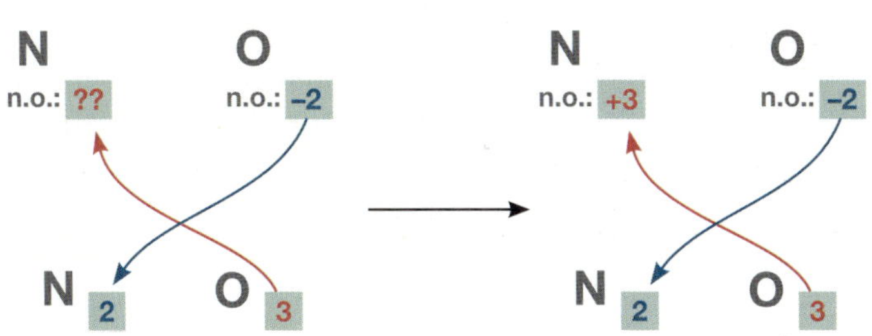

Glossario

Perossidi: sono composti che contengono due atomi di ossigeno legati tra loro da un legame covalente semplice e un atomo di ossigeno in più rispetto agli ossidi corrispondenti. Il più noto è il perossido di idrogeno, conosciuto con il nome di acqua ossigenata (H_2O_2):

H–O–O–H

Leggere sull'eBook

- Le regole per l'attribuzione del numero di ossidazione

Le tre regole principali per calcolare il numero di ossidazione degli elementi di un composto sono:

1. la **somma algebrica** dei numeri di ossidazione di tutti gli atomi di un composto deve essere uguale a **0**;
2. l'**ossigeno** (tranne nei perossidi) ha sempre n.o. = **–2**;
3. l'**idrogeno** (tranne negli idruri) ha sempre n.o. = **+1**.

Così, per esempio, vogliamo calcolare il **n.o.** del cloro nel composto $\mathbf{HClO_4}$ (acido perclorico). Sarà:

$$H = +1$$

$$O_4 = -2 \times 4 = -8$$

... in English

nomenclatura della chimica inorganica
nomenclature of inorganic chemistry

La loro somma algebrica è: –8 +1= –7 e, per arrivare a 0, il numero di ossidazione di Cl deve essere uguale a **+7**.

Nel composto $\mathbf{HClO_2}$, H = +1, $O_2 = -2 \times 2 = -4$; la loro somma algebrica è –4 +1 = –3 per cui il n.o. di Cl = **+3**.

Leggere sull'eBook

- Riconoscere classi di composti dalla formula
- Le regole della nomenclatura tradizionale e IUPAC dei composti inorganici

4 La nomenclatura dei composti inorganici

L'esigenza di dare un nome condivisibile a tutte le sostanze chimiche note è sempre stata presente, almeno da quando la Chimica ha abbandonato l'alone di mistero dell'alchimia, per diventare una disciplina scientifica sperimentale; questa necessità è andata via via crescendo con lo sviluppo della Chimica e la scoperta e la sintesi di milioni di nuove sostanze.

La **nomenclatura tradizionale**, alla quale facciamo ancora oggi spesso riferimento, presenta alcune ambiguità, per superare le quali dal 1959 la **IUPAC** (*International Union for Pure and Applied Chemistry*) ha cominciato a stabilire **regole razionali** per determinare la nomenclatura dei composti chimici.

Nasce così la **nomenclatura IUPAC**, che identifica le sostanze dando loro un nome in stretta relazione con la formula chimica: vengono infatti utilizzati dei **prefissi** (**mono-**, **di-**, **tri-**, **tetra-** ecc.) che indicano il numero di atomi di ogni elemento del composto, facilitando così il riconoscimento della formula chimica corrispondente.

La IUPAC consente, tuttavia, di continuare a usare **nomi tradizionali** per alcune sostanze molto comuni, come l'**acqua** (H_2O), l'**ammoniaca** (NH_3) o il **metano** (CH_4).

Esaminiamo in dettaglio la nomenclatura tradizionale e quella IUPAC delle principali classi di composti inorganici.

Prefissi e atomi

Prefisso	Numero atomi
Mono-	1
Di-	2
Tri-	3
Tetra-	4
Penta-	5
Esa-	6
Epta-	7
Otta-	8
Nona-	9
Deca-	10

4.1 I composti binari

I **composti binari** sono quelli più semplici, perché costituiti da atomi di 2 soli elementi diversi.

... in English
composti binari
binary compounds

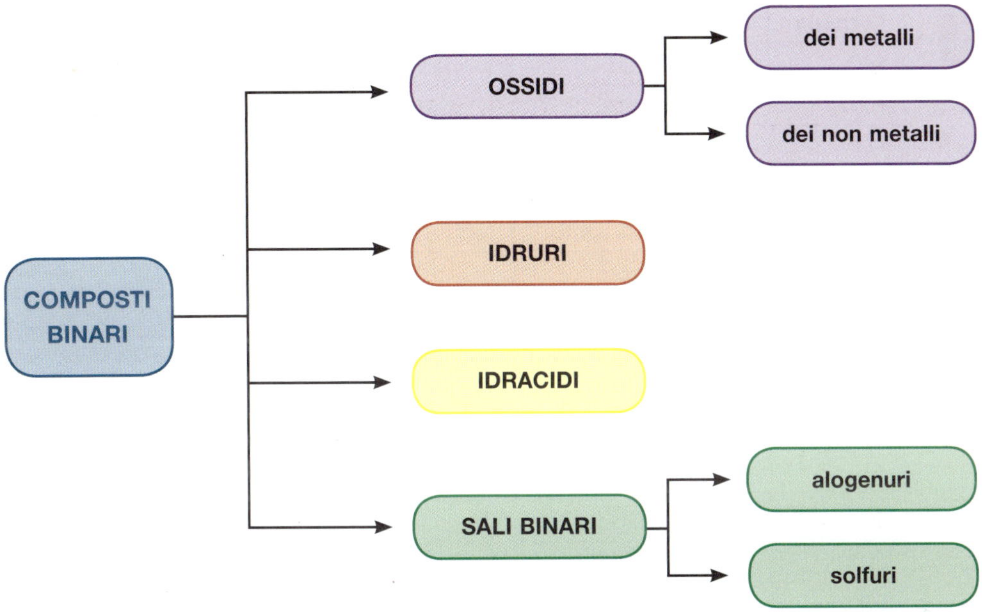

I composti binari dell'ossigeno: gli ossidi

Gli **ossidi** sono i composti binari dell'ossigeno. Secondo la **nomenclatura IUPAC**, agli ossidi viene assegnato un nome costituito da:

ossido di + nome del metallo o del non metallo

preceduti dai prefissi **mono-**, **di-**, **tri-**, **tetra-**, **penta-** ecc., corrispondenti al numero di atomi di ogni elemento presente.

La **nomenclatura tradizionale** distingue gli ossidi in 2 gruppi:

- **ossidi basici**, composti dell'ossigeno con i **metalli**;
- **ossidi acidi** o **anidridi**, composti dell'ossigeno con i **non metalli**.

Quando un elemento ha **più numeri di ossidazione**, forma **più di un ossido** e per distinguerli la nomenclatura tradizionale prevede l'uso del suffisso **-oso** per l'ossido con il n.o. più basso e del suffisso **-ico** per quello con il n.o. più alto. Se sono più di 2 si utilizzano anche i prefissi **ipo-** per il n.o. più basso e **per-** per il più alto.

Leggere sull'eBook

- Regole di nomenclatura per gli ossidi
- Ossidi, perossidi e superossidi

1. L'ematite è un minerale ferroso; chimicamente è costituito da Fe_2O_3, nome IUPAC triossido di diferro, nome tradizionale ossido ferrico, notazione di Stock ossido di ferro(III).

I suffissi -oso e -ico

- Suffisso **-oso**: numero di ossidazione più basso.
- Suffisso **-ico**: numero di ossidazione più alto.

La **notazione di Stock**, invece, fa seguire al nome dell'elemento, in parentesi e in numero romano, la **valenza** dell'elemento: per esempio l'**ossido ferroso** è ossido di **ferro(II)** e l'**ossido ferrico** è ossido di **ferro(III)** [1].

Formule e nomenclatura degli ossidi

Formula	Nome tradizionale	Nome IUPAC	n.o.
FeO	ossido ferr**oso**	**mono**ssido di ferro	+2
Fe_2O_3	ossido ferr**ico**	**tri**ossido di **di**ferro	+3
CO	ossido di carbonio	**mono**ssido di carbonio	+2
CO_2	anidride carbonica	**di**ossido di carbonio	+4
N_2O	protossido di azoto	**mono**ssido di **di**azoto	+1
NO	ossido di azoto	**mono**ssido di azoto	+2
N_2O_3	anidride nitr**osa**	**tri**ossido di **di**azoto	+3
NO_2	**di**ossido di azoto	**di**ossido di azoto	+4
N_2O_4	**ipo**azotide	**tetra**ossido di **di**azoto	+4
N_2O_5	anidride nitr**ica**	**pent**ossido di **di**azoto	+5
SO_2	anidride solfor**osa**	**di**ossido di zolfo	+4
SO_3	anidride solfor**ica**	**tri**ossido di zolfo	+6
Cl_2O	anidride **ipo**clor**osa**	**mono**ssido di **di**cloro	+1
Cl_2O_3	anidride clor**osa**	**tri**ossido di **di**cloro	+3
Cl_2O_5	anidride clor**ica**	**pent**ossido di **di**cloro	+5
Cl_2O_7	anidride **per**clor**ica**	**ept**ossido di **di**cloro	+7

Gli ossidi acidi nella nomenclatura tradizionale

Nella **nomenclatura tradizionale** gli ossidi acidi, chiamati così perché capaci di formare acidi reagendo con l'acqua, vengono indicati con il termine **anidride**, abolito dalla IUPAC, ma ancora utilizzato per alcuni composti molto comuni, come l'**anidride carbonica CO_2**, l'**anidride solforosa SO_2**, l'**anidride solforica SO_3**.

I composti binari dell'idrogeno

I composti binari dell'idrogeno sono gli **idruri** e gli **idracidi**.

Gli **idruri** vengono distinti in **idruri metallici** o **salini** e **idruri covalenti**.

La **nomenclatura IUPAC** degli idruri prevede l'uso delle parole "**idruro di**" seguite dal nome del metallo o del non metallo, con l'aggiunta di eventuali prefissi (**di-**, **tri-**) per indicare il numero degli atomi:

idruro di + nome metallo o non metallo

Per esempio, NaH è idruro di sodio, CaH_2 diidruro di calcio ecc.

Per alcuni idruri covalenti è ammesso anche l'uso del nome comune, come l'ammoniaca NH_3 o il metano CH_4.

Leggere sull'eBook

- Regole di nomenclatura per gli idruri

Gli **idracidi** sono composti dell'idrogeno con particolari non metalli (F, Cl, Br, I, S), che hanno notevole importanza per le loro proprietà acide, da cui deriva il nome di questa classe di composti. Questi non metalli hanno **elettronegatività** maggiore dell'idrogeno, che in questi composti (diversamente dagli altri idruri) ha numero di ossidazione +1 e nella formula si scrive alla sinistra del non metallo.

Per gli idracidi, la **nomenclatura tradizionale** prevede l'uso del termine **acido**, seguito dal nome dell'elemento (non metallo), cui si aggiunge il suffisso **-idrico**:

acido + nome elemento -idrico

La **IUPAC** prevede di comporre il nome dell'idracido utilizzando il suffisso **-uro** nel modo seguente:

nome del non metallo-uro + di idrogeno

cioè, solfuro di diidrogeno, fluoruro di idrogeno, cloruro di idrogeno, bromuro di idrogeno, ioduro di idrogeno [2].

2. Il nome tradizionale di HCl è acido cloridrico, il nome IUPAC è cloruro di idrogeno, ma in commercio lo troviamo in soluzione col nome di acido muriatico.

Gli idracidi

Formula	Nome tradizionale	Nome IUPAC
HCl	acido clor**idrico**	clor**uro** di idrogeno
HBr	acido brom**idrico**	brom**uro** di idrogeno
HF	acido fluor**idrico**	fluor**uro** di idrogeno
HI	acido iod**idrico**	iod**uro** di idrogeno
H_2S	acido solf**idrico**	solf**uro** di diidrogeno
HCN (acido non binario)	acido cian**idrico**	cian**uro** di idrogeno

I sali binari

I **sali binari** sono **composti ionici**; la formula di questi sali comprende un metallo (catione) e un non metallo (anione):

metallo + non metallo = sale binario

Le formule di questi sali si possono ottenere sostituendo all'idrogeno dell'acido il metallo, tenendo presente il numero di ossidazione del metallo e dell'anione non metallico.

Per esempio: **HCl acido cloridrico** sostituendo l'H **con Na** diventa **NaCl cloruro di sodio** [3]. Sostituendo con **Ca** (n.o. +2) diventa $\mathbf{CaCl_2}$.

3. Il comune sale marino è un sale binario, NaCl, come pure il cloruro di potassio, KCl, anche questo usato nell'alimentazione.

Nella **nomenclatura tradizionale**, il nome di questi sali deriva da quello degli idracidi, cambiando il suffisso **-idrico** in **-uro**.

Così, per esempio, dall'**acido solfidrico** derivano i **solfuri**, dall'**acido cloridrico** i **cloruri** ecc.

Anche per la **nomenclatura IUPAC** si deve aggiungere il suffisso **-uro** al nome del non metallo da cui derivano: solfuro, fluoruro, cloruro, bromuro, ioduro, seguito dal nome del metallo.

A seconda del numero di atomi dei 2 elementi che entrano a far parte del composto, si usano i prefissi **mono-**, **di-**, **tri-**, **tetra-**, **penta-**, **esa-**, **epta-**.

Dagli acidi agli ioni

Gli idracidi (come tutti gli acidi) in acqua si ionizzano, liberando lo ione H^+; lo ione negativo che rimane prende il suffisso –uro come il sale che si forma sostituendo l'atomo (o gli atomi) di idrogeno con un metallo:
Cl^- = ione cloruro;
F^- = ione fluoruro;
I^- = ione ioduro;
Br^- = ione bromuro;
S^{2-} = ione solfuro

I sali binari

Formula	Nome tradizionale	Nome IUPAC
NaCl	cloruro di sodio	monocloruro di sodio
CuCl	cloruro rameoso	monocloruro di rame
$CuCl_2$	cloruro rameico	dicloruro di rame
Al_2S_3	solfuro di alluminio	trisolfuro di dialluminio
$FeCl_2$	cloruro ferroso[1]	dicloruro di ferro
$FeCl_3$	cloruro ferrico[2]	tricloruro di ferro
MgS	solfuro di magnesio	monosolfuro di magnesio
CaS	solfuro di calcio	monosolfuro di calcio

[1] cloruro di ferro(II), secondo la notazione di Stock
[2] cloruro di ferro(III), secondo la notazione di Stock

4.2 I composti ternari

... in English
composti ternari
ternary compounds

I **composti ternari** contengono atomi di 3 diversi elementi.

Le principali categorie di composti ternari sono: gli **idrossidi** (per esempio, NaOH idrossido di sodio), gli **ossoacidi** (ossiacidi nella nomenclatura tradizionale: per esempio, H_2SO_4 acido solforico) e i **sali ternari** (sali degli ossiacidi, per esempio, $CaCO_3$ carbonato di calcio).

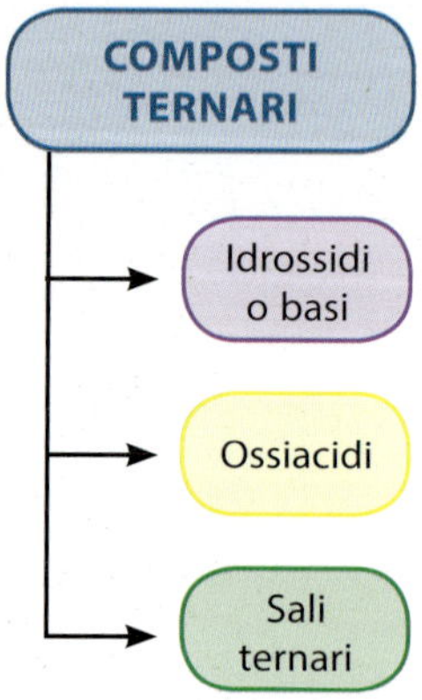

Gli idrossidi

Gli **idrossidi** sono **composti ternari** formati da un metallo, ossigeno O e idrogeno H.

Per mettere in evidenza la loro natura ionica gli idrossidi (o **basi**) si possono anche definire come composti formati da un **metallo** e **ioni OH^-** (**ioni idrossido**), che, avendo globalmente carica negativa 1^-, hanno anche numero di ossidazione –1.

Nelle formule, il gruppo OH^- va trattato come se fosse un atomo solo e quando deve essere preso 2 o 3 volte va scritto tra parentesi con l'indice numerico in basso a destra, per esempio $Al(OH)_3$.

Le formule degli idrossidi si scrivono secondo lo schema:

metallo – ione idrossido

ovvero

Me – (OH)n.o.

(dove n.o. è il numero di ossidazione del metallo; se è 1 non va scritto e non va messa la parentesi)

La **nomenclatura** degli idrossidi è semplice: si scrive **idrossido di + nome metallo**. Nella IUPAC va eventualmente aggiunto il prefisso **di-** o **tri-** (diidrossido o triidrossido).

Gli idrossidi più comuni		
Formula	**Nome tradizionale**	**Nome IUPAC**
NaOH	idrossido di sodio	monoidrossido di sodio
KOH	idrossido di potassio	monoidrossido di potassio
$Ca(OH)_2$	idrossido di calcio	diidrossido di calcio
$Zn(OH)_2$	idrossido di zinco	diidrossido di zinco
$Fe(OH)_2$	idrossido ferroso[1]	diidrossido di ferro
$Al(OH)_3$	idrossido di alluminio	triidrossido di alluminio
$Cr(OH)_3$	idrossido di cromo	triidrossido di cromo
$Fe(OH)_3$	idrossido ferrico[2]	triidrossido di ferro

[1] o idrossido di ferro(II), secondo la notazione di Stock
[2] o idrossido di ferro(III), secondo la notazione di Stock

Gli ossoacidi o ossiacidi

Un altro importante gruppo di composti ternari è quello degli **ossoacidi** o **ossiacidi**, formati da idrogeno **H**, un **non metallo** (oppure un **metallo** il cui ossido abbia proprietà acide, per esempio: Cr, Mn, V) e ossigeno **O**.

Le formule degli ossiacidi si scrivono secondo lo schema:

HXO (idrogeno + elemento caratteristico + ossigeno)

La denominazione degli ossiacidi, secondo la **nomenclatura tradizionale**, prevede, come per le anidridi da cui derivano, l'utilizzo dei suffissi **-oso** (numero di ossidazione + basso) e **-ico** (n.o. + alto) e, quando necessario, dei prefissi **ipo-** e **per-**:

- acido **ipo** ... **oso** (per esempio, acido **ipocloroso** con n.o. +1);
- acido ... **oso** (per esempio, acido **cloroso** con n.o. +3);
- acido ... **ico** (per esempio, acido **clorico** con n.o. +5);
- acido **per** ... **ico** (per esempio, acido **perclorico** con n.o. +7).

4. Dalle fumarole si sprigionano vapori contenenti alte percentuali di acido solforico o acido tetraossosolforico(VI), H_2SO_4.

La **nomenclatura IUPAC** "costruisce" il nome degli ossoacidi (acido di...) partendo dall'ossigeno, indicando con **osso-**, **diosso-**, **triosso-** o **tetraosso-** (o **tetrosso-**) la presenza nella formula rispettivamente di 1, 2, 3 o 4 atomi di ossigeno. Segue poi il nome del non metallo con il suffisso **-ico**: così, per esempio, $\mathbf{H_2SO_4}$ è l'**acido tetraossosolforico**(VI) [**4**].

Al nome dell'acido viene aggiunto in parentesi la valenza (il numero di ossidazione) del non metallo, scritta in numero romano (come la notazione di Stock): acido tetraossosolforico(VI), dove VI indica la valenza dello zolfo.

Gli ossiacidi

Formula	Nome tradizionale	Nome IUPAC
H_2CO_3	acido carbon**ico**	acido triossocarbonico(IV)
HNO_2	acido nitr**oso**	acido diossonitrico(III)
HNO_3	acido nitr**ico**	acido triossonitrico(V)
H_2SO_3	acido solfor**oso**	acido triossosolforico(IV)
H_2SO_4	acido solfor**ico**	acido tetraossosolforico(VI)
H_3PO_4	acido (**orto**)fosfor**ico**	acido tetraossofosforico(V)
HClO	acido **ipo**clor**oso**	acido (mon)ossoclorico(I)
$HClO_2$	acido clor**oso**	acido diossoclorico(III)
$HClO_3$	acido clor**ico**	acido triossoclorico(V)
$HClO_4$	acido **per**clor**ico**	acido tetraossoclorico(VII)
$HBrO_3$	acido brom**ico**	acido triossobromico(V)
HIO	acido **ipo**iod**oso**	acido (mon)ossoiodico(I)

Leggere sull'eBook

- Nomenclatura di acidi monoprotici, diprotici e triprotici
- Nomenclatura di acidi meta, piro e orto

Per risalire dal nome tradizionale dell'acido (ossiacido) alla sua formula, conviene partire dalla formula dell'anidride corrispondente e aggiungere poi una molecola d'acqua. Nella formula si mette prima H_2 poi l'anidride con un atomo di O in più.

Per esempio, l'acido carbonico deriva dall'anidride carbonica:

$$CO_2 + H_2O \rightarrow H_2CO_3$$

Se tutti gli indici numerici della formula sono divisibili per 2, la formula dell'acido va divisa anch'essa per 2.

Per esempio, l'acido nitrico, che deriva dall'anidride nitrica:

$$N_2O_5 + H_2O \rightarrow H_2N_2O_6 \rightarrow H_{\cancel{2}}N_{\cancel{2}}O_{\cancel{6}} \rightarrow HNO_3$$

Alcune anidridi possono combinarsi con 1, 2 o 3 molecole di acqua, dando origine a diversi acidi, il cui nome prende un prefisso: **meta-** (1 molecola di acqua), **piro-** (2 molecole) e **orto-** (3 molecole).

Per esempio, dall'anidride fosforica (P_2O_5):

$$P_2O_5 + H_2O \rightarrow H_{\cancel{2}}P_{\cancel{2}}O_{\cancel{6}} \rightarrow HPO_3 \quad \text{acido metafosforico}$$

$$P_2O_5 + 2H_2O \rightarrow H_4P_2O_7 \quad \text{acido pirofosforico}$$

$$P_2O_5 + 3H_2O \rightarrow H_{\cancel{6}}P_{\cancel{2}}O_{\cancel{8}} \rightarrow H_3PO_4 \quad \text{acido ortofosforico}$$

5. L'acido ortofosforico trova impiego come additivo nell'industria alimentare, specialmente nelle bevande gassate (soprattutto la cola) come correttore di acidità in sostituzione dell'acido citrico prodotto dal limone, meno economico.

Gli ioni degli ossiacidi e i sali ternari

Gli ossiacidi in acqua si scindono in ioni H^+ e anioni (ioni negativi) poliatomici. Per esempio:

$$H_2SO_4 \rightarrow 2H^+ + SO_4^{2-}$$

L'anione poliatomico, come se fosse un solo atomo (con numero di ossidazione pari alla carica dello ione), si combina con uno ione (catione) metallico per formare un sale ternario.

Il nome dello ione poliatomico deriva dal nome dell'acido. Nella nomenclatura tradizionale si sostituisce al suffisso **-oso** (n.o. + basso) il suffisso **-ito** e al suffisso **-ico** (n.o. + alto) il suffisso **-ato**; nella nomenclatura IUPAC non esiste il suffisso -ito, per cui si sostituisce al suffisso **-ico** il suffisso **-ato**.

Nomenclatura degli anioni poliatomici			
Da acido...		**... ad anione poliatomico**	
H_2CO_3	ACIDO CARBONICO Acido triossicarbonico(IV)	CO_3^{2-}	IONE CARBONATO Ione triossicarbonato(IV)
		HCO_3^-	IONE BICARBONATO Ione idrogenotriossicarbonato(IV)
HNO_2	ACIDO NITROSO Acido diossonitrico(III)	NO_2^-	IONE NITRITO Ione diossonitrato(III)
HNO_3	ACIDO NITRICO Acido triossonitrico(V)	NO_3^-	IONE NITRATO Ione triossonitrato(V)
H_2SO_3	ACIDO SOLFOROSO Acido triossosolforico(IV)	SO_3^{2-}	IONE SOLFITO Ione triossosolfato(IV)
		HSO_3^-	IONE BISOLFITO Ione idrogenotriossosolfato(IV)
H_2SO_4	ACIDO SOLFORICO Acido tetraossosolforico(VI)	SO_4^{2-}	IONE SOLFATO Ione tetraossosolfato(VI)
		HSO_4^-	IONE BISOLFATO Ione idrogenotetraossosolfato(VI)
H_3PO_4	ACIDO ORTOFOSFORICO Acido tetraossofosforico(V)	PO_4^{3-}	IONE ORTOFOSFATO Ione tetraossofosfato(V)
$H_4P_2O_7$	ACIDO PIROFOSFORICO Acido eptaossodifosforico(V)	$P_2O_7^{4-}$	IONE PIROFOSFATO Ione eptaossodifosfato(V)
HPO_3	ACIDO METAFOSFORICO Acido triossofosforico(V)	PO_3^-	IONE METAFOSFATO Ione triossofosfato(V)
H_3PO_3	ACIDO ORTOFOSFOROSO Acido triossofosforico(III)	PO_3^{3-}	IONE ORTOFOSFITO Ione triossofosfato(III)
$HClO$	ACIDO IPOCLOROSO Acido monossoclorico(I)	ClO^-	IONE IPOCLORITO Ione monossoclorato(I)
$HClO_2$	ACIDO CLOROSO Acido diossoclorico(III)	ClO_2^-	IONE CLORITO Ione diossoclorato(III)
$HClO_3$	ACIDO CLORICO Acido triossoclorico(V)	ClO_3^-	IONE CLORATO Ione triossoclorato(V)
$HClO_4$	ACIDO PERCLORICO Acido tetraossoclorico(VII)	ClO_4^-	IONE PERCLORATO Ione tetraossoclorato(VII)

I nomi tradizionali sono indicati in maiuscolo; i nomi IUPAC in minuscolo.

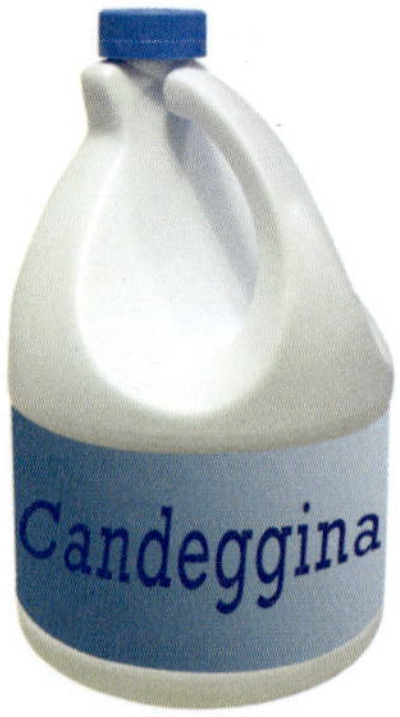

6. La candeggina, che abitualmente usiamo nelle nostre case per la pulizia e la disinfezione, è ipoclorito di sodio, secondo la nomenclatura IUPAC ossoclorato(I) di sodio.

I **sali ternari**, la cui formula è costituita da metallo, non metallo e ossigeno, sono composti ionici che derivano dalla reazione tra un idrossido e un ossiacido:

idrossido + ossiacido → sale ternario + acqua

Esempio:

$$2NaOH + H_2SO_4 \rightarrow Na_2SO_4 + 2H_2O$$

Le formule dei sali ternari si ottengono, come per i sali binari, mettendo il metallo al posto dell'idrogeno, sempre seguendo le regole di concordanza dei numeri di ossidazione.

La **nomenclatura tradizionale** dei sali ternari parte da quella degli acidi ternari: i suffissi **-oso** e **-ico** diventano rispettivamente **-ito** e **-ato**, mentre eventuali prefissi si conservano invariati, come si vede dallo schema seguente per i sali ternari derivati dagli ossiacidi del cloro:

Prefissi e n.o.

numero di ossidazione	(Anidride) Acido	Sale
+ basso	(-osa) -oso	-ito
+ alto	(-ica) -ico	-ato
Eventuali prefissi rimangono uguali: ipocloroso → ipoclorito perclorico → perclorato		

- da acido ipoclor**oso** ($HClO$) → $NaClO$ → sale: ipoclor**ito** di sodio [6];
- da acido clor**oso** $HClO_2$ → $NaClO_2$ → sale: clor**ito** di sodio;
- da acido clor**ico** ($HClO_3$) → $NaClO_3$ → sale: clor**ato** di sodio;
- da acido perclor**ico** ($HClO_4$) → $NaClO_4$ → sale: perclor**ato** di sodio.

La **nomenclatura IUPAC** "costruisce" il nome del sale ternario indicando prima gli atomi di ossigeno (**monosso-**, **diosso-** ecc.) poi il nome dell'elemento centrale con il suffisso **-ato**, specificando tra parentesi, con un numero romano, il numero di ossidazione dell'elemento (**notazione di Stock**) seguito infine dal nome del metallo (con i prefissi **mono-**, **di-** ecc. per indicare il numero degli atomi):

- (mono-, di-, tri-, tetra-) osso +
- elemento centrale con suffisso -ato +
- (n.o. in numero romano) +
- di +
- (mono- di ecc.) metallo.

Leggere sull'eBook

- Sali acidi e sali doppi

Nomenclatura IUPAC dei sali ternari

Da acido...	... a sale
$HClO$ acido ossoclorico	$NaClO$ monossoclorato(I) di sodio
$HClO_2$ acido diossoclorico	$NaClO_2$ diossoclorato(III) di sodio
$HClO_3$ acido triossoclorico	$NaClO_3$ triossoclorato(V) di sodio
$HClO_4$ acido tetraossoclorico	$NaClO_4$ tetraossoclorato(VII) di sodio
H_2SO_4 acido tetraossosolforico	Na_2SO_4 tetraossosolfato(VI) di disodio

La nomenclatura IUPAC dei sali ternari può essere applicata anche agli ossoacidi da cui derivano, aggiungendo al nome dell'anione: "**di idrogeno**" (con gli eventuali prefissi **mono-**, **di-**, **tri-**, **tetra-** ecc.). Abbiamo così 2 diverse nomenclature IUPAC per gli ossoacidi:

Nomenclatura IUPAC degli ossoacidi		
Formula	**I nomenclatura IUPAC**	**II nomenclatura IUPAC**
$HClO$	acido ossoclorico(I)	monossoclorato(I) di idrogeno
$HClO_2$	acido diossoclorico(III)	diossoclorato(III) di idrogeno
$HClO_3$	acido triossoclorico(V)	triossoclorato(V) di idrogeno
$HClO_4$	acido tetraossoclorico(VII)	tetraossoclorato(VII) di idrogeno
H_2SO_4	acido tetraossosolforico(VI)	tetraossosolfato(VI) di diidrogeno
H_3PO_4	acido tetraossofosforico(V)	tetraossofosfato(V) di triidrogeno

Questa seconda nomenclatura IUPAC specifica anche il numero di atomi di idrogeno nella formula, che con la prima nomenclatura andava calcolato tenendo conto del numero di atomi di ossigeno e del numero di ossidazione del non metallo (indicato con numero romano nella parentesi).

5 Minerali e rocce

I **minerali** sono sostanze naturali solide, caratterizzate da una precisa composizione chimica e da una disposizione ordinata e regolare delle particelle che li costituiscono. Le **rocce** sono aggregati di minerali (sono perciò dei miscugli eterogenei) e vengono suddivise, in base alla loro origine, in rocce magmatiche, sedimentarie e metamorfiche.

I minerali vengono classificati in **8 gruppi fondamentali**, in base alla loro composizione chimica: elementi nativi (minerali allo stato elementare); solfuri; ossidi e idrossidi; carbonati; alogenuri; fosfati; solfati; silicati.

Classificazione chimica dei minerali	
Classe	**Minerali e formule chimiche**
Elementi nativi	rame Cu
Solfuri	galena PbS, pirite FeS_2
Ossidi e idrossidi	ematite Fe_2O_3, gibbsite $Al(OH)_3$, brucite $Mg(OH)_2$
Carbonati	calcite $CaCO_3$, magnesite $MgCO_3$, dolomite $CaMg(CO_3)_2$
Alogenuri	salgemma $NaCl$, silvite KCl, fluorite CaF_2
Fosfati	fluoro-apatite $Ca_5F(PO_4)_3$, cloro-apatite $Ca_5Cl(PO_4)_3$, idrossi-apatite $Ca_5OH(PO_4)_3$
Solfati	barite $BaSO_4$, anidrite $CaSO_4$, gesso $CaSO_4 \cdot 2H_2O$
Silicati	olivina, pirosseni, anfiboli, minerali argillosi, feldspati, plagioclasi, quarzo, feldspatoidi*

*I vari silicati differiscono tra loro per il rapporto esistente tra silicio (Si) e ossigeno (O), vedi tabella alla pagina seguente.

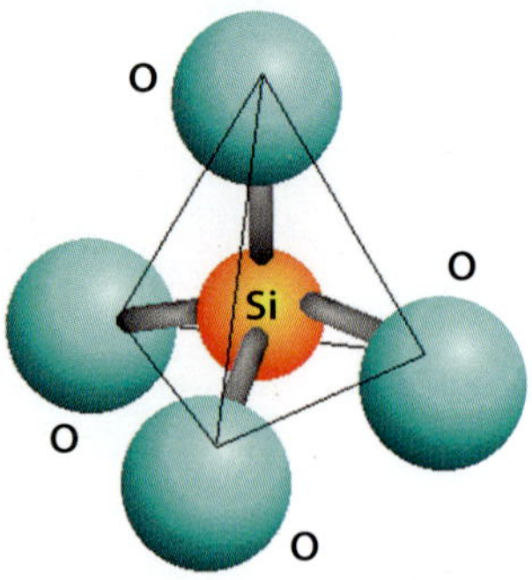

7. Il tetraedro regolare di silice con l'atomo di silicio al centro e gli atomi di ossigeno ai vertici.

Di tutti i minerali i **silicati** sono nettamente i più diffusi, rappresentando più del 90% dei minerali presenti nelle rocce della crosta terrestre. In questi minerali il silicio si lega con l'ossigeno a formare una struttura tetraedrica (SiO_4), la **silice**, nella quale l'atomo di silicio è al centro e i quattro atomi di ossigeno sono ai quattro vertici del tetraedro [7]. Questi tetraedri si possono trovare isolati, come nel caso dell'olivina (nesosilicati), oppure riuniti a formare catene lineari singole (pirosseni) e doppie (anfiboli), lamine sottili (miche) o strutture tridimensionali complesse (quarzo, feldspati). Il collegamento tra i tetraedri è ottenuto per mezzo degli atomi di ossigeno, che fanno da "ponte" tra un tetraedro e l'altro.

Struttura dei silicati				
Rapporto Si/O		**Esempi di minerali**		
SiO_4	1:4	**Nesosilicati** tetraedro singolo	olivina	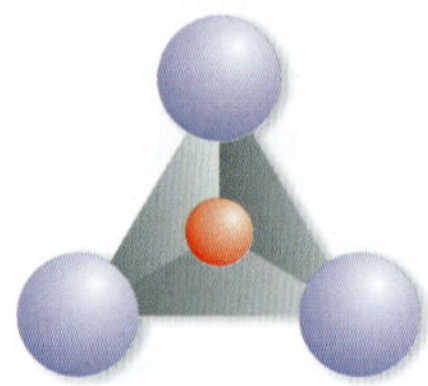
SiO_3	1:3	**Inosilicati** catena semplice	pirosseni	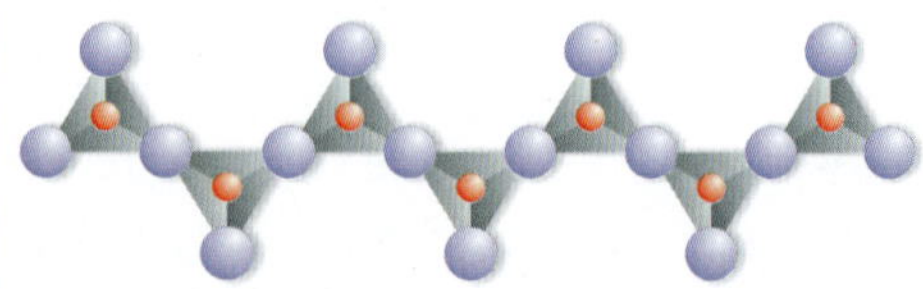
Si_4O_{11}	1:2,75	**Inosilicati** catena doppia	anfiboli	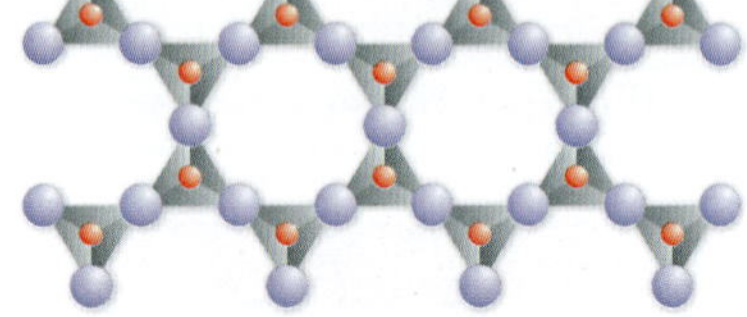
Si_2O_5	1:2,5	**Fillosilicati** strati	miche, talco	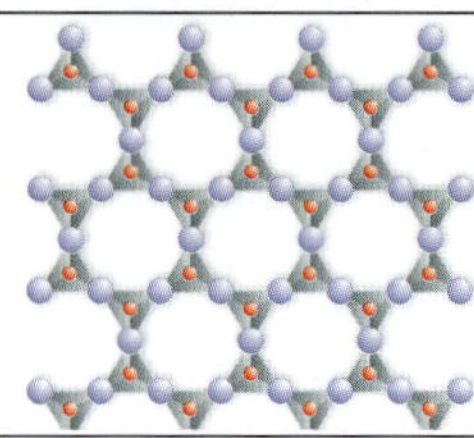
SiO_2	1:2	**Tettosilicati** i tetraedri sono uniti per tutti i vertici	quarzo, feldspati	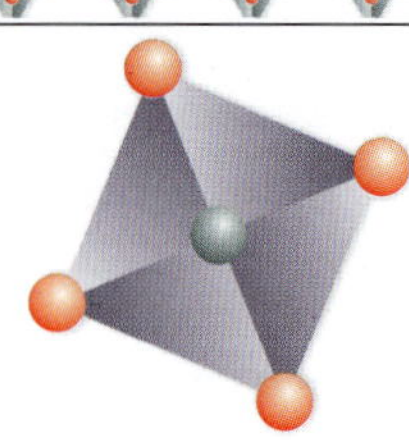

ESERCIZI di autoverifica

A **Completa la seguente mappa concettuale inserendo le parole elencate**

1. -uro
2. +4
3. ossidi
4. -2
5. sali binari
6. ossidi basici
7. -oso
8. +3
9. -idrico
10. -osa
11. ossidi acidi
12. +2
13. -ico
14. -ica
15. +6
16. -1
17. idruri

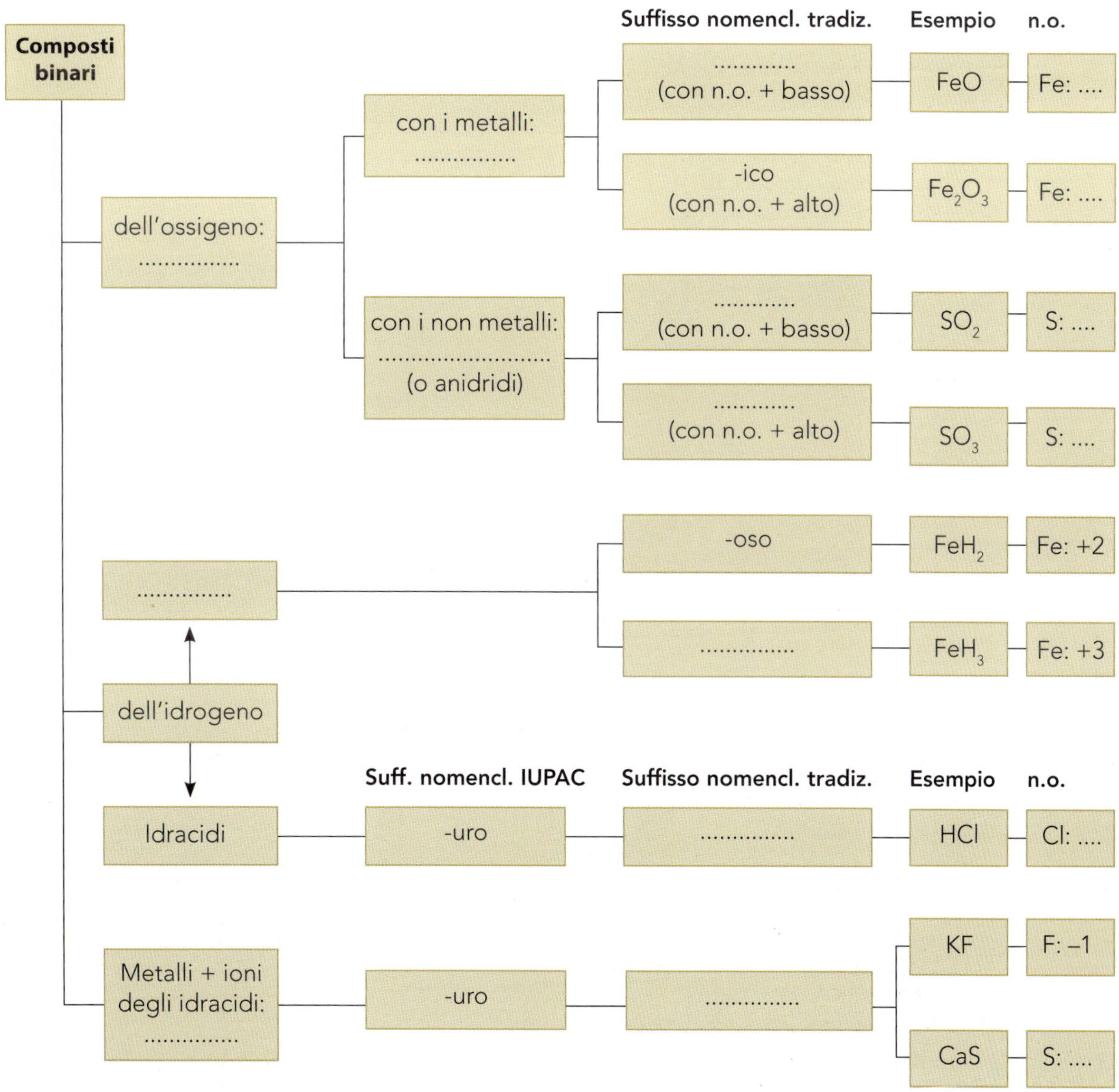

B Completa la seguente mappa concettuale inserendo le parole elencate

1. -oso
2. -ato
3. ossiacidi/ossoacidi
4. -ico
5. -ito
6. sali ternari
7. idrossidi
8. nitroso
9. nitrito
10. nitrico
11. nitrato
12. rameoso
13. rameico
14. +2
15. +3
16. +5
17. diossonitrico(III)
18. triossonitrico(V)

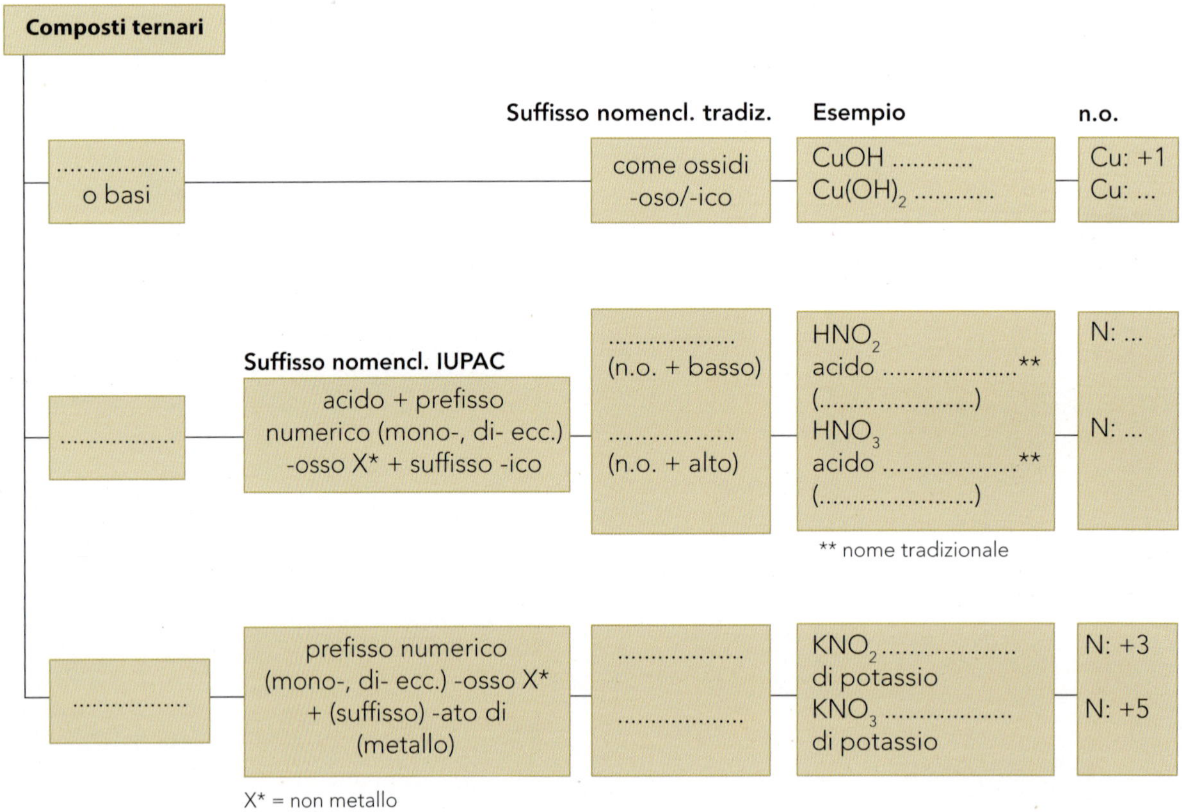

C Se non lo sai, rileggilo alla pagina indicata

1. Quali sono le principali classi di composti inorganici? (pagg. 140-141)
2. Come vengono suddivisi nella nomenclatura tradizionale gli ossidi? (pagg. 141 e 147)
3. Che cos'è la valenza? Come si può calcolare? (pagg. 141-144)
4. Che cos'è la formula minima? (pag. 143)
5. Che cos'è il numero di ossidazione? (pagg. 144-146)
6. Quali sono le regole fondamentali per calcolare il numero di ossidazione? (pag. 146)
7. Che cos'è la IUPAC? (pag. 146)
8. Quali prefissi utilizza la IUPAC per indicare il numero degli atomi? (pag. 146)
9. Che cosa indicano i suffissi -ico e -oso negli ossidi, idrossidi, idruri e ossiacidi? (pag. 147)
10. Qual è la formula dell'ossido di sodio? (pag. 147)
11. Come vengono chiamati gli ossidi dei non metalli nella nomenclatura tradizionale? (pag. 147)
12. Quali sono le classi di composti binari dell'idrogeno? (pagg. 148-149)

13. Da che cosa è formato un idracido? (pag. 149)
14. Quali suffissi sono utilizzati per gli idracidi e i sali binari dalla IUPAC e dalla nomenclatura tradizionale? (pagg. 149-150)
15. Che cosa sono gli idrossidi? E gli ossiacidi? (pagg. 150-151)
16. Che cosa indicano i prefissi per- e ipo-? (pag. 151)
17. Come viene "costruito" il nome di un ossoacido nella IUPAC? (pagg. 151-152)
18. Che cos'è l'acido solforico? (pag. 152)
19. Indica la formula e il nome di un sale ternario. (pag. 154)

D Indica se le seguenti affermazioni sono vere (V) o false (F) **V F**

1. Tutti i composti con l'idrogeno sono idruri. ○ ○
2. Ossido basico + acqua = anidride ○ ○
3. L'ossigeno ha quasi sempre numero di ossidazione +2. ○ ○
4. Nella nomenclatura IUPAC gli idracidi sono detti idruri. ○ ○
5. I sali binari sono i sali degli idracidi. ○ ○
6. Gli ioni degli ossiacidi prendono sempre il suffisso -ato (nella IUPAC). ○ ○
7. Lo zolfo nell'acido solforico ha numero di ossidazione +5. ○ ○
8. Nella formula dell'acido ortofosforico troviamo 3 atomi di ossigeno. ○ ○
9. L'acido fluoridrico è un idracido. ○ ○
10. Dall'acido cloroso si ottengono i cloriti. ○ ○
11. Nelle formule di struttura vengono rappresentati anche i legami che uniscono tra loro gli atomi. ○ ○
12. I sali binari sono costituiti da un metallo e un non metallo. ○ ○
13. Per la nomenclatura tradizionale degli idracidi si usa la desinenza -idrico. ○ ○
14. Gli idrossidi sono composti ternari formati da un metallo, ossigeno e idrogeno. ○ ○
15. I sali ternari sono composti ionici, che derivano dalla reazione tra un idrossido e un ossiacido. ○ ○
16. Il cloruro di sodio è un sale ternario. ○ ○
17. Il cloruro di idrogeno è l'acido cloridrico. ○ ○
18. Gli ossiacidi sono composti ternari formati da un metallo e da ioni OH. ○ ○
19. Le formule degli ossiacidi si scrivono secondo lo schema HXO. ○ ○
20. Il composto $HClO_3$ è l'acido perclorico. ○ ○

E Indica con una crocetta la risposta giusta tra quelle proposte

1. Individua la classe a cui appartiene il composto Na_2SO_3:

a. acidi
b. sali
c. idrossidi
d. ossidi

2. Individua la classe a cui appartiene il composto CaO:

a. acidi
b. sali
c. idrossidi
d. ossidi

3. Nella nomenclatura tradizionale si chiamano anidridi:
a. ossidi acidi
b. ossiacidi
c. ossidi basici
d. idrossidi

4. È un ossiacido:
a. NaOH
b. H_2CO_3
c. HCN
d. CO_2

5. È un idrossido:
a. $Ca(OH)_2$
b. HClO
c. N_2O_5
d. Na_2CO_3

6. Quale tra i seguenti composti è l'acido perclorico?
a. $KClO_4$
b. $HClO_4$
c. Cl_2O_7
d. HClO

7. Quale tra i seguenti composti è l'anidride nitrica?
a. NO
b. N_2O_3
c. NO_2
d. N_2O_5

8. Il nome tradizionale del composto NH_3:
a. idruro di azoto
b. ammoniaca
c. anidride nitrosa
d. idruro nitroso

9. Per la nomenclatura dei sali binari si usa:
a. il suffisso -oso
b. il suffisso -uro
c. il suffisso -ico
d. il suffisso -idrico

10. I sali ternari sono formati da:
a. metallo, idrogeno, ossigeno
b. non metallo, idrogeno, ossigeno
c. metallo, non metallo, ossigeno
d. metallo, non metallo, idrogeno

11. Il numero di ossidazione del fosforo in $H_4P_2O_7$ è:
a. +2
b. +5
c. +7
d. +10

12. Combinando 3 molecole di acqua con P_2O_5 si ottiene:
a. il triidrossido di fosforo
b. l'acido pirofosforico
c. l'acido metafosforico
d. l'acido ortofosforico

13. La formula KCl corrisponde a:
a. cloruro di calcio
b. un ossiacido
c. un sale binario
d. potassiuro di cloro

14. L'anidride solforosa è:
a. PO_2
b. SO_3
c. H_2SO_3
d. SO_2

15. Quale tra i composti seguenti è un idruro?
a. $Ca(OH)_2$
b. HCl
c. NaH
d. H_2CO_3

16. Qual è l'altro nome IUPAC dell'acido eptaossodifosforico(V)?
a. acido pirofosforico
b. acido eptaossodifosfato(V)
c. eptaossodifosfato(V) di tetraidrogeno
d. pirofosfato(V) di tetraidrogeno

Capitolo 8 Le reazioni chimiche

Obiettivi

- Definire una reazione chimica.
- Spiegare il principio di conservazione della massa.
- Bilanciare un'equazione chimica.
- Distinguere i diversi tipi di reazioni chimiche.
- Individuare le reazioni redox.
- Bilanciare una reazione redox.
- Descrivere la pila Daniell e quella di Volta.
- Descrivere una cella elettrolitica.
- Distinguere reazioni esotermiche ed endotermiche.
- Spiegare il significato dell'energia di attivazione.
- Descrivere la teoria degli urti efficaci.

1 Le reazioni chimiche: reagenti e prodotti

Osserviamo un pezzo di legno che brucia: la fiamma emana fumo, luce e calore. Il pezzo di legno scompare e rimane solo cenere.

Le sostanze che costituivano il pezzo di legno, combinandosi con l'ossigeno dell'aria, si sono trasformate, irreversibilmente, in nuove sostanze, che compongono il fumo (anidride carbonica e vapore acqueo) e la cenere. Siamo di fronte a un fenomeno chimico.

Le molecole che costituiscono il legno hanno reagito con l'ossigeno dell'aria, trasformandosi in nuove molecole: queste trasformazioni vengono perciò dette **reazioni chimiche**.

In una reazione chimica due o più sostanze, chiamate **reagenti**, si combinano tra loro e si trasformano in altre sostanze, dette **prodotti della reazione**.

Per esempio, l'idrogeno e l'ossigeno (due gas) possono combinarsi tra loro dando origine all'acqua (un liquido). Le molecole di acqua che si formano durante la reazione (prodotti della reazione) sono diverse sia da quelle di idrogeno sia da quelle di ossigeno (reagenti).

Perché si formino molecole di acqua (H_2O), gli atomi che costituiscono le molecole di idrogeno (H_2) e di ossigeno (O_2) devono separarsi per potersi legare diversamente e dare origine alle nuove molecole, quelle di acqua.

... in English

reazione chimica
chemical reaction

reagenti
reactants

prodotti
products

Fare per apprendere

- Produrre nuove sostanze: le reazioni chimiche

Link

https://www.britannica.com/science/chemical-reaction

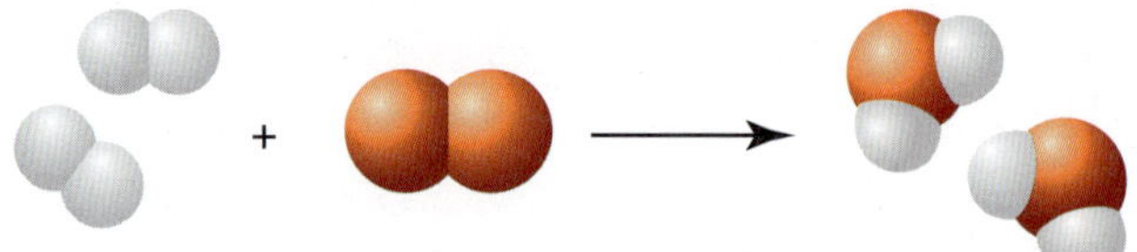

Una **reazione chimica** è, perciò, un processo nel quale la rottura dei legami chimici delle molecole delle sostanze reagenti porta alla formazione di nuovi legami chimici e quindi di molecole di nuove sostanze: i prodotti della reazione.

1. Il magnesio (Mg) è un metallo che reagisce spontaneamente, dopo essere stato attivato dal calore della fiamma, con l'ossigeno (O) dell'aria, formando un nuovo composto, l'ossido di magnesio.

Non è sempre facile comprendere se si è verificata una reazione chimica, poiché a volte le differenze tra reagenti e prodotti non sono evidenti.

Si ha una reazione quando la composizione della materia cambia. Questa modificazione può determinare (ma non sempre) un cambiamento di colore.

Prendiamo per esempio una striscia di magnesio, di colore grigio. Bruciandolo, otteniamo l'ossido di magnesio che è una polvere di colore bianco: la combustione del magnesio è una reazione chimica. Nella reazione si libera anche **calore** ed **energia luminosa** [1].

Tutte le combustioni sono reazioni chimiche.

Generalizzando, possiamo dire che siamo di fronte a una reazione chimica in presenza di:

- sviluppo o assorbimento di energia;
- cambiamento di colore;
- formazione di un precipitato;
- sviluppo di gas (ma la presenza di bolle si verifica anche nell'ebollizione, che è una trasformazione fisica);
- sviluppo di sostanze con odore caratteristico.

Antoine-Laurent Lavoisier (1743-1794)

Nato a Parigi da una ricca famiglia borghese, pur essendo avvocato, si dedicò insieme alla moglie agli studi scientifici, in particolare sulla combustione, sulla composizione dell'aria e sul ruolo dell'ossigeno nella respirazione. Viene spesso definito il padre della chimica moderna; enunciò il principio di conservazione della massa. Dopo la Rivoluzione francese, negli anni del Terrore, per la sua attività di esattore delle tasse fu arrestato, condannato a morte e ghigliottinato.

2 Il principio di conservazione della massa

Nelle reazioni chimiche, si formano **nuove molecole** perché cambiano i legami tra gli atomi presenti; tuttavia, gli atomi non si creano né scompaiono: restano sempre gli stessi. Cambia solo il modo in cui essi sono legati: il numero (e il tipo) di atomi presenti nei prodotti della reazione deve essere uguale a quello delle sostanze reagenti.

È il **principio di conservazione della massa** (legge di Lavoisier).

In una reazione chimica, la **massa delle sostanze reagenti** deve essere sempre **uguale** alla **massa dei prodotti della reazione**.

3 Equazioni chimiche e loro bilanciamento

Le reazioni chimiche vengono descritte mediante le **equazioni chimiche**, nelle quali i reagenti sono indicati (con la loro formula molecolare) a sinistra e il prodotto o i prodotti a destra, separati da una freccia che indica il senso della reazione (dai reagenti ai prodotti), secondo lo schema:

$$A + B \rightarrow C + D$$

(la sostanza **A** reagisce con la sostanza **B** formando le sostanze C e D)

... in English
equazioni chimiche
chemical equations
bilanciamento
balance

Spesso viene indicato tra parentesi, dopo la formula di ogni sostanza, il suo **stato fisico**: ***s*** = solido; ***l*** = liquido; ***g*** = gassoso; ***aq*** = in soluzione acquosa

Per esempio:

$$CaCO_{3(s)} + 2HCl_{(aq)} \rightarrow CaCl_{2(aq)} + H_2O_{(l)} + CO_{2(g)}$$

Per il principio di **conservazione della massa**, nella reazione il numero degli atomi di ogni elemento presenti nelle molecole dei reagenti deve essere uguale al numero degli atomi degli stessi elementi presenti nelle molecole dei prodotti. Se ciò non si verifica, l'equazione va "**bilanciata**", introducendo a sinistra della formula di ogni molecola numeri interi, chiamati **coefficienti stechiometrici**.

Il coefficiente stechiometrico moltiplica tutti gli atomi della molecola. Non vanno invece modificate le formule delle molecole attraverso l'alterazione del numero di atomi presenti all'interno di una molecola.

Così, come abbiamo visto, nella reazione chimica tra 1 molecola di idrogeno (H_2) e 1 di ossigeno (O_2) entrano in gioco 2 atomi di idrogeno e 2 di ossigeno: il prodotto della reazione è una molecola di acqua (H_2O), formata da 2 atomi di idrogeno ma da 1 solo atomo di ossigeno:

$$H_2 + O_2 \rightarrow H_2O$$

Poiché gli atomi non "scompaiono" possiamo pensare che il secondo atomo di O si sia legato ad altri due atomi di H per formare una seconda molecola d'acqua:

$$H_2 + O_2 \rightarrow 2H_2O$$

A questo punto abbiamo una molecola di idrogeno, formata da 2 atomi di idrogeno, che combinandosi con una molecola di ossigeno, formata da 2 atomi di ossigeno, dà origine a 2 molecole di acqua, ognuna delle quali è formata da 2 atomi di idrogeno e 1 di ossigeno.

Fare per apprendere
- Individua il reagente limitante
- Resa percentuale

Tuttavia, poiché due molecole di acqua contengono 2 × 2 = 4 atomi di idrogeno e 2 × 1 = 2 atomi di ossigeno, in questa reazione così scritta dai 2 atomi di idrogeno (della molecola di idrogeno H_2) dovrebbero derivare 4 atomi di idrogeno: ciò è impossibile perché le reazioni chimiche non "creano" atomi, ma si limitano a legare tra loro in modi diversi gli atomi presenti.

Dobbiamo perciò aggiungere una molecola di idrogeno tra i reagenti per far tornare i conti:

$$2H_2 + O_2 \longrightarrow 2H_2O$$

Le molecole dei reagenti contengono ora 2 × 2 = 4 atomi di idrogeno e 1 × 2 = 2 atomi di ossigeno.

Lo stesso accade nelle molecole dei prodotti (H_2O): infatti a destra della freccia si hanno 2 × 2 = 4 atomi di idrogeno e 2 × 1 = 2 atomi di ossigeno.

L'**equazione chimica** è ora **bilanciata**: il numero complessivo degli atomi di ogni elemento a sinistra del segno di reazione ($\longrightarrow$) è uguale a quello degli atomi a destra del segno.

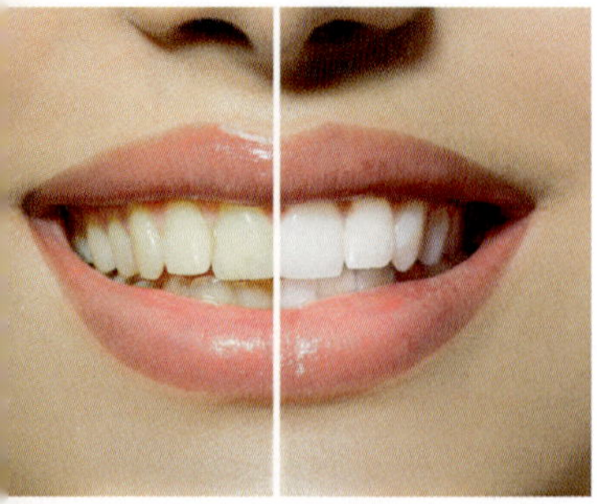

2. La formula dell'acqua, H_2O, e quella del perossido di idrogeno, H_2O_2, differiscono "solo" per un atomo di ossigeno: sono però prodotti decisamente diversi.
L'acqua è un composto preziosissimo per la vita, H_2O_2 è invece un prodotto molto aggressivo tanto che viene usato come disinfettante, e anche come sbiancante per denti.

È invece sbagliato tentare di bilanciare l'equazione modificando le formule dei composti. La reazione:

$$H_2 + O_2 \longrightarrow H_2O$$

non può essere bilanciata aggiungendo un atomo di ossigeno alla molecola di acqua H_2O, posta a destra della freccia:

$$H_2 + O_2 \longrightarrow H_2O_2$$

Infatti H_2O_2 non è la formula dell'acqua ma quella di un altro composto, il perossido di idrogeno, ossia l'acqua ossigenata [**2**].

3.1 Regole nel bilanciamento delle equazioni chimiche

Il **bilanciamento** di un'equazione chimica procede per **aggiustamenti successivi dei coefficienti**; non esistono vere istruzioni per il bilanciamento, ma possiamo suggerire **tre** semplici **regole**:

Bilanciamento di una reazione chimica

1. bilanciare per primi gli atomi dei metalli e dei non metalli;
2. trattare gli ioni poliatomici come se fossero un atomo solo; per esempio, in $Al_2(SO_3)_3$ il gruppo SO_3^{2-} va considerato come un solo atomo preso 3 volte;
3. bilanciare per ultimi gli atomi di idrogeno e ossigeno (cominciando da quello che compare solo in una molecola).

Per chiarire vediamo un esempio:

$$H_3PO_3 + CuO \longrightarrow Cu_3(PO_3)_2 + H_2O$$

1. Iniziamo dal **metallo Cu**: 1 solo atomo tra i reagenti, in **Cu**O, e 3 tra i prodotti, in **Cu$_3$**(PO$_3$)$_2$. Inseriamo il coefficiente 3 prima di CuO:

$$H_3PO_3 + 3CuO \longrightarrow Cu_3(PO_3)_2 + H_2O$$

2. Prendiamo in esame il **gruppo PO_3**: tra i reagenti è preso una sola volta (H_3PO_3), due volte tra i prodotti ($Cu_3(PO_3)_2$).
Inseriamo il coefficiente 2 a H_3PO_3:

$$2H_3PO_3 + 3CuO \longrightarrow Cu_3(PO_3)_2 + H_2O$$

3. Bilanciamo ora gli **atomi di idrogeno**: tra i reagenti sono in tutto 6 (2 × 3) $2H_3PO_3$; il coefficiente stechiometrico moltiplica, infatti, tutti gli atomi presenti nella molecola e i 3 di idrogeno diventano 6; tra i prodotti abbiamo, invece, solo 2 atomi di H (H_2O) e per arrivare a 6 atomi di H, la molecola H_2O va moltiplicata per 3:

$$2H_3PO_3 + 3CuO \longrightarrow Cu_3(PO_3)_2 + 3H_2O$$

Controlliamo ora gli **atomi di ossigeno** (non vanno contati quelli presenti nel gruppo PO_3): 3 × 1 in $3CuO$ (reagenti) e 3 × 1 in $3H_2O$ (prodotti).

L'equazione è ora bilanciata:

$$2H_3PO_3 + 3CuO \longrightarrow Cu_3(PO_3)_2 + 3H_2O$$

Dalla formula al nome:

H_3PO_3 è l'acido fosforoso (n.o. di P = +3) o ortofosforoso (nomenclatura tradizionale); per la IUPAC è acido triossofosforico(III); $Cu_3(PO_3)_2$ è il fosfito rameico (tradizionale) o di-triossofosfato(III) di trirame (IUPAC).

4 Tipi di reazioni chimiche

Le reazioni chimiche possono essere ricondotte a **4 tipi fondamentali**, in base a come si riaggregano gli atomi dei reagenti nel formare le molecole dei prodotti.

- Reazione di sintesi
- Reazione di decomposizione
- Reazione di scambio semplice
- Reazione di doppio scambio

Reazioni di sintesi: $A + B \longrightarrow AB$
Da 2 o più elementi o composti semplici (reagenti) si ottiene 1 solo prodotto; la formazione di molti composti avviene per mezzo di questo tipo di reazioni.
Reazioni di decomposizione: $AB \longrightarrow A + B$
Un unico reagente si decompone in 2 o più prodotti (è, in pratica, l'inverso delle reazioni di sintesi); queste reazioni sono favorite dalle alte temperature. Questo tipo di reazione può essere utilizzato per ottenere un elemento da un composto (per esempio, per la produzione di ossigeno dall'acqua ossigenata o dal clorato di potassio).
Reazioni di scambio semplice: $A + BC \longrightarrow AC + B$
Un elemento libero sposta un altro elemento da un suo composto; l'elemento spostato diventa "libero"; l'elemento che "scalza" dal composto deve essere più "reattivo" dell'elemento che viene scalzato.
Reazioni di doppio scambio: $AB + CD \longrightarrow AD + CB$
2 composti si scambiano gli elementi che li costituiscono; queste reazioni possono portare alla formazione di gas (se uno dei nuovi prodotti è un gas) o di un precipitato (quando uno dei prodotti non è solubile in acqua) [3].

$$AB + CD \longrightarrow AD + CB\uparrow$$

$$AB + CD \longrightarrow AD + CB\downarrow$$

3. Talvolta capita di vedere nella scrittura delle reazioni delle piccole frecce con la punta rivolta verso l'alto oppure verso il basso: quando si forma un gas, accanto alla formula del prodotto si pone il simbolo ↑; quando si forma un precipitato si pone invece ↓.

4. Il ferro a contatto con l'ossigeno e il vapore acqueo (H_2O) dell'aria si ossida, formando una nuova sostanza, un composto, un ossido di ferro; il processo di ossidazione del ferro in presenza di acqua porta alla formazione della ruggine, di colore bruno-rossiccio, che si sgretola favorendo l'ossidazione e la corrosione degli strati di ferro sottostanti.

4.1 Reazioni di sintesi: A + B ⟶ AB

Nelle reazioni di **sintesi** da due o più elementi o composti semplici si ottiene un solo composto.

- Metallo + ossigeno ⟶ ossido basico $2Fe + O_2 \rightarrow 2FeO$
- Non metallo + ossigeno ⟶ ossido acido o anidride $P + O_2 \rightarrow P_2O_3$
- Ossido basico + acqua ⟶ idrossido o base $FeO + H_2O \rightarrow Fe(OH)_2$
- Ossido acido + acqua ⟶ ossiacido $P_2O_3 + H_2O \rightarrow 2HPO_2$
- Metallo + idrogeno ⟶ idruro metallico $2Na + H_2 \rightarrow 2NaH$
- Alogeno + idrogeno ⟶ idracido $Cl_2 + H_2 \rightarrow 2HCl$
- Metallo + non metallo ⟶ sale binario $2Na + Cl_2 \rightarrow 2NaCl$

Nelle reazioni tra un elemento (metallo o non metallo) e l'ossigeno (reazioni di ossidazione) il numero di ossidazione sia dell'elemento (metallo o non metallo) che dell'ossigeno si modifica: aumenta quello dell'elemento (nell'esempio del ferro passa da 0 a +2) e si riduce quello dell'ossigeno (che nello stesso esempio passa da 0 a –2); queste reazioni sono perciò dette **reazioni di ossido-riduzione.**

La sintesi degli idrossidi è limitata agli ossidi dei metalli dei primi due gruppi della tavola periodica, perché la maggior parte degli altri ossidi sono insolubili in acqua [**4**].

4.2 Reazioni di decomposizione: AB ⟶ A + B

Possono essere considerate l'inverso delle reazioni di sintesi: da un solo composto (reagente) si ottengono due o più prodotti (composti più semplici o elementi). Queste reazioni sono favorite dalle **alte temperature**.

Alcune reazioni di decomposizione vengono utilizzate in laboratorio per la **produzione di ossigeno**.

Il **perossido d'idrogeno** (acqua ossigenata), in presenza di **biossido di manganese** MnO_2 (che non partecipa alla reazione ma funge da catalizzatore aumentandone la velocità), libera ossigeno gassoso:

$$2H_2O_{2(l)} \rightarrow O_{2(g)} + 2H_2O_{(l)}$$

L'**ossigeno** viene prodotto anche mediante decomposizione di **clorato di potassio**:

$$2KClO_{3(s)} \rightarrow 3O_{2(g)} + 2KCl_{(s)}$$

Dalla decomposizione del **monossido di mercurio** (HgO) si ottengono i due elementi **mercurio** e **ossigeno**:

$$2HgO_{(s)} \rightarrow O_{2(g)} + 2Hg_{(l)}$$

... in English

reazioni di sintesi
synthesis reactions

reazioni di decomposizione
decomposition reactions

I **bicarbonati** e i **carbonati** (tranne quelli dei metalli alcalini, I gruppo della tavola periodica) si decompongono liberando **anidride carbonica**.

Per esempio, il **bicarbonato di sodio** a secco a 200 °C si decompone liberando CO_2 secondo questa reazione:

$$2NaHCO_{3(s)} \rightarrow Na_2CO_{3(s)} + CO_{2(g)} + H_2O_{(l)}$$

In presenza di acqua, la produzione di CO_2 inizia anche a temperatura ambiente; in acqua bollente è una reazione molto veloce e può essere utilizzata come test "casalingo" per capire se un vecchio barattolo di bicarbonato di sodio è ancora utilizzabile o è "scaduto" (il bicarbonato si trasforma in carbonato di sodio insolubile): mettendo in acqua bollente un cucchiaino di bicarbonato si formano rapidamente bollicine di CO_2 [**5**].

5. Il bicarbonato in acqua bollente produce CO_2.

Il bicarbonato può essere utilizzato come **lievito chimico**, anche se nella reazione viene prodotto carbonato di sodio, che è più alcalino del bicarbonato e può dare luogo a reazioni indesiderate nell'impasto. Un pH troppo alto può infatti rendere più scuri i prodotti e può anche alterare i grassi presenti lasciando un retrogusto saponoso per nulla piacevole.

6. Nel lievito naturale la formazione di CO_2 che fa gonfiare (lievitare) l'impasto è determinata dalla fermentazione operata dai lieviti (microrganismi unicellulari appartenenti al regno dei Funghi). Il lievito chimico produce lo stesso risultato mediante una reazione chimica di decomposizione del bicarbonato (in ambiente acido).

In più il carbonato di sodio nello stomaco reagisce con l'HCl presente e libera CO_2 che provoca forti eruttazioni che possono risultare… imbarazzanti! Per questo il lievito chimico è in genere costituito da bicarbonato con l'aggiunta di una sostanza acida per ottenere una decomposizione completa che non lasci residui alcalini [**6**]:

$$NaHCO_{3(s)} + H^+_{(aq)} \rightarrow Na^+_{(aq)} + CO_{2(g)} + H_2O_{(l)}$$

In altri casi, la produzione di anidride carbonica nella reazione di decomposizione rappresenta un prodotto di scarto.

Per esempio, la decomposizione del carbonato di calcio viene sfruttata per la produzione industriale dell'**ossido di calcio**, ossia la **calce** utilizzata nel settore edile:

$$CaCO_{3(s)} \rightarrow CaO_{(aq)} + CO_{2(g)}$$

Dalla decomposizione degli **idrossidi** (tranne quelli dei metalli alcalini, I gruppo della tavola periodica) mediante riscaldamento si ottiene la formazione del corrispondente **ossido metallico** e di acqua.

Per esempio:

$$Ni(OH)_{2(s)} \rightarrow NiO_{(s)} + H_2O_{(g)}$$

... in English

reazioni di scambio semplice (o di spostamento o di sostituzione)
displacement (replacement) reaction

4.3 Reazioni di scambio o di spostamento (o di sostituzione): A + BC ⟶ AC + B

Un elemento A (più reattivo) sposta un elemento meno reattivo B da un suo composto BC: la reazione porta alla liberazione dell'elemento meno reattivo B e alla formazione di un nuovo composto, AC.

Il numero di ossidazione dei due elementi coinvolti cambia e la reazione è una reazione di ossido-riduzione.

Per esempio, lo zinco (Zn), più reattivo dell'idrogeno (H), lo sposta dal composto HCl, liberando idrogeno gassoso e formando cloruro di zinco:

$$Zn + 2HCl \longrightarrow ZnCl_2 + H_2$$

Oro e argento, meno reattivi dell'idrogeno, non sono invece in grado di spostarlo dal composto HCl.

Nella tabella seguente sono riportati alcuni **metalli** (oltre a H e C, che sono non metalli) in ordine decrescente di reattività rispetto all'idrogeno [**7**].

Quelli alla destra dell'idrogeno non sono in grado di spostarlo dai relativi composti, mentre quelli a sinistra sostituiscono l'idrogeno nei loro composti.

Li	K	Ba	Ca	Na	Mg	Al	Zn	Fe	Ni	Sn	Pb	C	H_2	Cu	Hg	Ag	Au

Più reattivo ⟶ **Meno reattivo**

7. Scala di reattività dei metalli (comprende anche C e H, non metalli).

Le **posizioni dell'idrogeno** e del **carbonio** nella scala di reattività dipendono anche dalle condizioni di reazione.

Da Li a Ca gli elementi metallici sono in grado di sostituire l'idrogeno sia dell'acqua (liberano idrogeno gassoso dall'acqua, ottenendo i relativi idrossidi in soluzione acquosa) sia degli acidi, mentre da Mg a Pb è possibile farlo solo in presenza di un acido.

L'**alluminio** non reagisce con l'acqua (non sposta l'idrogeno, pur essendo più reattivo di quest'ultimo), perché è ricoperto da uno strato di ossido di alluminio che si forma a contatto con l'aria.

Anche i **non metalli** possono scambiarsi con altri non metalli; gli alogeni sono i non metalli a maggior reattività [**8**]. Il più reattivo tra questi è il fluoro seguito nell'ordine dagli altri alogeni con peso molecolare maggiore:

F	Cl	Br	I

Più reattivo ⟶ **Meno reattivo**

8. Scala di reattività dei non metalli.

Così, per esempio, il **cloro** Cl_2 sostituisce il bromo del bromuro di sodio:

$$Cl_2 + 2NaBr \rightarrow 2NaCl + Br_2$$

Lo **iodio** non è invece in grado di farlo, perché è meno reattivo del bromo.

Carbonio, magnesio, alluminio e idrogeno gassoso sono frequentemente utilizzati per ottenere dai loro minerali (composti) gli elementi puri. Per esempio, per ottenere il **fosforo** (P_4) puro, allo stato gassoso:

$$5C + 2P_2O_5 \rightarrow 5CO_2 + P_4$$

(a circa 1500 °C)

L'**idrogeno**, poco reattivo, è utilizzato solo per elementi meno reattivi come l'argento o il rame.

4.4 Reazioni di doppio scambio: AB + CD ⟶ AD + CB

Si verificano quando due composti si scambiano gli elementi che li costituiscono per formare due nuovi composti. Queste reazioni possono portare alla formazione di gas (CO_2, SO_2, NH_3), precipitati (composti insolubili in acqua), acqua (reazioni di neutralizzazione).

Vediamo alcuni esempi.

... in English
reazioni di doppio scambio
exchange reactions

I. Reazioni di doppio scambio con formazione di gas

a. solfuro + acido: si libera acido solfidrico

$$FeS + 2HCl \rightarrow FeCl_2 + H_2S$$

(acido solfidrico, gas dal tipico odore di uova marce)

$$FeS + H_2SO_4 \rightarrow FeSO_4 + H_2S$$

b. carbonato + acido: si libera anidride carbonica

$$CaCO_3 + 2HCl \rightarrow CaCl_2 + CO_2 + H_2O$$

c. solfito + acido: si libera anidride solforosa

$$Na_2SO_3 + 2HCl \rightarrow 2NaCl + SO_2 + H_2O$$

d. sali di ammonio + idrossido: si libera ammoniaca

$$NH_4Cl + KOH \rightarrow KCl + NH_3 + H_2O$$

II. Reazioni di doppio scambio con formazione di precipitati

In una reazione tra due sali solubili in acqua il doppio scambio dei loro ioni può portare alla formazione di nuovi sali di cui uno poco solubile o del tutto insolubile in acqua, che forma una fase solida colorata che precipita sul fondo:

$$AgNO_3 + NaCl \longrightarrow AgCl + NaNO_3$$

($AgCl$ forma un precipitato bianco)

$$FeCl_3 + 3NH_4OH \longrightarrow Fe(OH)_3 + 3NH_4Cl$$

($Fe(OH)_3$ forma un precipitato rosso ruggine)

$$FeSO_4 + 2NaOH \longrightarrow Fe(OH)_2 + Na_2SO_4$$

($Fe(OH)_2$ forma un precipitato verde)

$$Pb(NO_3)_2 + 2KI \longrightarrow PbI_2 + 2KNO_3$$

(PbI_2 forma un precipitato giallo)

$$Cu(NO_3)_2 + Na_2S \longrightarrow CuS + 2NaNO_3$$

(CuS forma un precipitato nero)

... in English
precipitati
precipitates

Si possono formare precipitati anche da una reazione tra un sale solubile e un acido:

$$BaCl + H_2SO_4 \longrightarrow BaSO_4 + 2HCl$$

($BaSO_4$ forma un precipitato bianco cristallino)

Equazioni ioniche

Le reazioni di precipitazione riportate nel testo, sotto forma di equazioni chimiche (molecolari), possono essere meglio rappresentate dall'**equazione ionica**, nella quale gli elettroliti forti sono rappresentati sotto forma di ioni, mentre i solidi, gli elettroliti deboli e i gas sono rappresentati sotto forma di molecole. Per esempio, la reazione:

$$AgNO_{3(aq)} + NaCl_{(aq)} \longrightarrow AgCl_{(s)} + NaNO_{3(aq)}$$

può essere scritta in forma di equazione ionica:

$$Ag^+_{(aq)} + NO^-_{3(aq)} + Na^+_{(aq)} + Cl^-_{(aq)} \longrightarrow AgCl_{(s)} + Na^+_{(aq)} + NO^-_{3(aq)}$$

In questa equazione gli ioni Na^+ e NO_3^- non partecipano alla reazione (si ritrovano in soluzione, indicati con aq, sia tra i reagenti sia tra i prodotti) e vengono perciò detti **ioni spettatori**.
Considerando solo le specie chimiche che partecipano alla reazione, possiamo scrivere l'equazione ionica netta:

$$Ag^+_{(aq)} + Cl^-_{(aq)} \longrightarrow AgCl_{(s)}$$

III. Reazioni di doppio scambio con formazione di acqua

In una reazione tra un acido e una base si formano un sale e acqua: è detta **reazione di neutralizzazione** perché gli ioni H^+ dell'acido si legano agli OH^- della base e formano un composto stabile, l'H_2O:

$$NaOH + HCl \rightarrow NaCl + H_2O$$

Più correttamente l'equazione si scrive in forma di equazione ionica:

$$Na^+_{(aq)} + OH^-_{(aq)} + H^+_{(aq)} + Cl^-_{(aq)} \rightarrow Na^+_{(aq)} + Cl^-_{(aq)} + H_2O_{(l)}$$

dove Na^+ e Cl^- si comportano da ioni spettatori.

Reazioni di neutralizzazione si verificano anche tra idrossidi e ossidi acidi, tra acidi e ossidi basici e tra ossidi basici e ossidi acidi (in quest'ultimo caso non si forma acqua).

4.5 Reazioni reversibili

Molte reazioni sono **reversibili**: mentre dai reagenti si formano i prodotti, i prodotti reagendo tra loro possono riformare i reagenti. Questo tipo di reazioni sono indicate con una doppia freccia:

$$\text{reagenti} \underset{\text{reazione inversa}}{\overset{\text{reazione diretta}}{\rightleftarrows}} \text{prodotti}$$

I reagenti della reazione inversa sono i prodotti della reazione diretta e i prodotti della reazione inversa sono i reagenti della reazione diretta.

4.6 Reazioni di particolare interesse

I. Reazioni di dissociazione

Un composto **ionico** si dissocia in acqua liberando dal legame ionico gli ioni presenti nel composto, che diventano così elettroliti:

$$NaCl_{(s)} + H_2O_{(l)} \rightarrow Na^+_{(aq)} + Cl^-_{(aq)} + H_2O_{(l)}$$

L'equazione ionica netta è:

$$NaCl_{(s)} \rightarrow Na^+_{(aq)} + Cl^-_{(aq)}$$

II. Reazioni di ionizzazione

Un composto **molecolare** reagisce con l'acqua formando ioni positivi e negativi (elettroliti), non presenti nel composto originale:

$$HCl + H_2O \rightarrow H_3O^+ + Cl^-$$

Questa equazione viene spesso indicata come segue:

$$HCl \rightarrow H^+ + Cl^-$$

... in English

reazione di neutralizzazione
neutralization reaction

reazione reversibile
reversible reaction

reazioni di dissociazione
dissociation reactions

ionizzazione
ionization (or ionisation)

Attenzione pericolo!

La combustione del metano o di qualunque altro combustibile in carenza di ossigeno genera CO, monossido di carbonio, un gas potenzialmente letale, che si lega irreversibilmente all'emoglobina dei globuli rossi impedendo il trasporto dell'ossigeno nel sangue (avvelenamento da monossido di carbonio).

III. Reazioni di combustione

Sono particolari reazioni di **ossido-riduzione**, nelle quali una sostanza detta **combustibile** si ossida combinandosi con un'altra (di solito l'ossigeno), detta **comburente**, che si riduce.

La reazione di combustione è fortemente esotermica e sviluppa notevoli quantità di calore. Per esempio, la combustione del metano, il gas che utilizziamo in cucina, avviene secondo questa reazione:

$$CH_4 + O_2 \rightarrow CO_2 + 2H_2O + \text{calore}$$

... in English

reazioni di ossido-riduzione
redox reactions (or oxidation-reduction)

5 Reazioni di ossido-riduzione

Reazioni particolarmente importanti sono le **reazioni di ossido-riduzione** o **redox** nelle quali si verifica il trasferimento di elettroni da una specie chimica a un'altra: il composto chimico che cede elettroni si ossida ed è chiamato **riducente**, quello che riceve elettroni si riduce ed è chiamato **ossidante**.

Nel corso della reazione redox, le sostanze che vi partecipano vedono cambiare il proprio **numero di ossidazione**:

- l'elemento che si ossida aumenta il suo numero di ossidazione;
- l'elemento che si riduce riduce il suo numero di ossidazione.

Un esempio di reazioni di ossido-riduzione sono le reazioni di scambio semplice (già viste in precedenza, nel paragrafo 4.3) come:

$$Zn + 2HCl \rightarrow ZnCl_2 + H_2$$

nella quale lo zinco si ossida (il suo numero di ossidazione aumenta: passa da 0 a + 2), mentre l'idrogeno si riduce (il suo numero di ossidazione si riduce: passa da + 1 a 0).

Fare per apprendere

- Realizzazione di una reazione di ossido-riduzione

Redox

Il termine redox, che deriva dall'inglese *reduction-oxidation*, riassume i due processi di riduzione e ossidazione che si verificano in queste reazioni. Il termine ossidazione deriva dall'ossigeno, che è l'agente ossidante in molte reazioni redox; il termine riduzione deriva invece dalla pratica in metallurgia di ridurre allo stato elementare i metalli contenuti in composti quali gli ossidi dei metalli stessi.

5.1 Le semireazioni di ossidazione e riduzione

In ogni reazione redox gli elettroni non si trovano mai isolati: se una specie si ossida cedendo elettroni, un'altra specie si riduce acquistando quegli elettroni. Per questo motivo si possono scrivere le reazioni redox dividendole in due **semireazioni**, una di **ossidazione** e l'altra di **riduzione**.

Così, la reazione tra l'ossigeno e l'idrogeno per la formazione di acqua:

$$O_2 + 2\,H_2 \longrightarrow 2\,H_2O$$

può essere suddivisa in due semireazioni:

- **semireazione di ossidazione** $2\,H_2 \longrightarrow 4\,H^+ + 4\,e^-$
- **semireazione di riduzione** $O_2 + 4\,e^- \longrightarrow 2\,O^{2-}$

Nella semireazione di ossidazione le forme ridotta (**H_2**) e ossidata (**H^+**) costituiscono insieme una **coppia redox** indicata con **H_2/H^+**; nella semireazione di riduzione, la coppia redox è **O_2/O^{2-}**.

Una coppia redox è costituita dalle due forme, **ridotta** e **ossidata**, della stessa sostanza, che ritroviamo nella reazione.

L'idrogeno cede gli elettroni e **si ossida**, comportandosi da **riducente**; l'ossigeno acquista gli elettroni e **si riduce**, comportandosi da **ossidante**.

In una reazione redox, il **numero di elettroni** ceduti e di elettroni acquistati deve essere **uguale**.

Di solito, si scrivono le semireazioni in **forma bilanciata**, facendo attenzione che gli elettroni ceduti, nella semireazione di ossidazione, siano lo stesso numero di quelli acquistati, nella semireazione di riduzione.

5.2 Il bilanciamento delle reazioni di ossido-riduzione

Le reazioni di ossido-riduzione possono essere scritte in **forma molecolare**, indicando le molecole in forma indissociata, o in **forma ionica**, scrivendo gli ioni e, in forma indissociata, solo le molecole in cui cambia il numero di ossidazione. In una qualsiasi reazione redox il bilanciamento delle cariche in gioco deve essere uguale a zero.

In ogni caso si tende, preferibilmente, a esprimere in forma ionica queste reazioni che, potendo avvenire sia in ambiente acido sia basico, vedranno tra i loro prodotti anche ioni H^+ e OH^-, a seconda dei casi. Per il loro bilanciamento, che si presenta spesso un po' complesso, esistono diversi procedimenti; quello più usato, per la sua razionalità, è il **metodo delle semireazioni**.

Metodo delle semireazioni

Le operazioni di bilanciamento di una reazione redox possono risultare più semplici se si procede secondo l'ordine che suggeriamo, che consiste nel considerare e bilanciare separatamente le due reazioni di ossidazione e di riduzione, e infine sommarle, membro a membro, ottenendo il bilanciamento della reazione complessiva. Supponiamo di voler bilanciare la reazione:

$$Cu + HNO_3 \longrightarrow Cu(NO_3)_2 + NO + H_2O$$

1. Bisogna accertarsi che sia una reazione redox: a ogni elemento dei composti coinvolti si assegna il **n.o.** (numero di ossidazione) e si osserva se nel passaggio dai reagenti ai prodotti il n.o. è cambiato:

$$\overset{0}{Cu} + \overset{+1+5-2}{HNO_3} \longrightarrow \overset{+2\ +5\ -2}{Cu(NO_3)_2} + \overset{+2-2}{NO} + \overset{+1\ -2}{H_2O}$$

La nostra reazione è una redox perché il rame **Cu** si ossida, passando da **0** a +2, mentre l'azoto **N** si riduce passando da +5 a +2. In questo particolare caso l'azoto compare in due prodotti, ma solo in uno di questi cambia il numero di ossidazione.

La dissociazione non riguarderà mai: ossidi, molecole biatomiche di gas e alcuni composti binari come PH_3 e NH_3.

2. Rappresentiamo i composti (acidi, basi, sali) in cui sono avvenute le variazioni del n.o. **in forma ionica** (dissociata).

$$Cu + H^+ + NO_3^- \longrightarrow Cu^{2+} + NO_3^- + NO + H_2O$$

3. A questo punto si eliminano gli **ioni spettatori**, come NO_3^- presente al secondo membro della reazione, ed eventuali specie chimiche ripetute o presenti sia tra i reagenti che tra i prodotti (nostro esempio non ce ne sono).

$$Cu + H^+ + NO_3^- \longrightarrow Cu^{2+} + \cancel{NO_3^-} + NO + H_2O$$

La nostra reazione in **forma ionica** netta sarà:

$$Cu + H^+ + NO_3^- \longrightarrow Cu^{2+} + NO + H_2O$$

4. Scriviamo ora le due semireazioni, riportando, per il momento, solo le specie che si ossidano e che si riducono e bilanciando le cariche degli ioni aggiungendo, dove opportuno, degli elettroni.
Nella reazione di ossidazione il rame passa da n.o. 0 a +2, perde due elettroni che quindi dovranno comparire tra i prodotti, mentre nella reazione di riduzione l'azoto N passerà da n.o. +5 a +2, acquistando tre elettroni che dovranno, quindi, comparire tra i reagenti:

ossidazione $Cu \longrightarrow Cu^{2+} + 2e^-$

riduzione $NO_3^- + 3e^- \longrightarrow NO$

5. Dovremo ora bilanciare le **cariche** e le **masse** nelle due semireazioni.
Nella semireazione di ossidazione dell'esempio sono già bilanciate sia le cariche (le 2 cariche positive sono neutralizzate dai due elettroni, cariche negative) sia le masse (Cu compare con 1 atomo sia a sinistra che a destra della freccia):

ossidazione $Cu \longrightarrow Cu^{2+} + 2e^-$

Nella semireazione di riduzione, invece, abbiamo 4 cariche negative a sinistra e nessuna a destra: aggiungeremo 4 ioni **H^+** (cariche positive che neutralizzano quelle negative) a sinistra, per bilanciare le cariche:

riduzione $NO_3^- + 3e^- + 4H^+ \longrightarrow NO$

A questo punto bilanciamo le masse (gli atomi) della semireazione di riduzione: a sinistra abbiamo 3 atomi di ossigeno e 4 di idrogeno e a destra un solo atomo di ossigeno e nessuno di idrogeno. Dobbiamo aggiungere 4 atomi di H e due atomi di O, ossia 2 molecole di acqua:

riduzione $NO_3^- + 3e^- + 4H^+ \longrightarrow NO + 2H_2O$

Le due semireazioni sono pertanto:

semireazione di ossidazione $Cu \longrightarrow Cu^{2+} + 2e^-$

semireazione di riduzione $NO_3^- + 3e^- + 4H^+ \longrightarrow NO + 2H_2O$

6. Dobbiamo ora controllare che il numero di elettroni ceduti (nell'ossidazione) sia uguale al numero di elettroni acquistati (nella riduzione). In alcuni casi, come il nostro, risulta necessario moltiplicare ogni semireazione per un numero, facendo in modo che risultino uguali il numero di elettroni ceduti e acquistati, nell'intero processo (in pratica come per le frazioni, si applica qui il minimo comune multiplo). Nel nostro esempio, i coefficienti dei termini della semireazione di riduzione dovranno essere moltiplicati **per 2** e quelli della semireazione di ossidazione **per 3**.

ossidazione $3\,(Cu \longrightarrow Cu^{2+} + 2e^-)$ ossia $3Cu \longrightarrow 3Cu^{2+} + 6e^-$

riduzione $2\,(NO_3^- + 3e^- + 4H^+ \longrightarrow NO + 2H_2O)$

ossia

$2NO_3^- + 6e^- + 8H^+ \longrightarrow 2NO + 4H_2O$

7. Si sommano le semireazioni, membro a membro, eliminando quei termini che compaiono sia tra i reagenti che tra i prodotti.

$$\begin{array}{rcl} 3Cu & \longrightarrow & 3Cu^{2+} + 6e^- \\ 2NO_3^- + 6e^- + 8H^+ & \longrightarrow & 2NO + 4H_2O \\ \hline 3Cu + 2NO_3^- + 6e^- + 8H^+ & \longrightarrow & 3Cu^{2+} + 6e^- + 2NO + 4H_2O \end{array}$$

Avremo così bilanciato la nostra reazione di ossido-riduzione, che sarà rappresentata dalla seguente equazione:

$$3Cu + 2NO_3^- + 8H^+ \longrightarrow 3Cu^{2+} + 2NO + 4H_2O$$

6 L'elettrochimica

... **in English**
elettrochimica
electrochemistry

L'elettrochimica è quella parte della chimica che studia i processi che, mediante reazioni chimiche, possono portare alla **produzione di energia elettrica**, come avviene nelle **pile** o **batterie**, o che, viceversa, possono utilizzare l'energia elettrica per far avvenire reazioni chimiche (**elettrolisi**).

L'elettrochimica nasce (intorno al 1800) con Alessandro Volta (1745-1827), che riprese gli studi sull'elettricità di Luigi Galvani (1737-1798) e inventò la **pila**.

La pila di Alessandro Volta

Alessandro Volta intorno al 1800 inventò la pila elettrica che da lui prende il nome. La pila di Volta è costituita da una colonna di elementi simili, detti **elementi voltaici**, "impilati" appunto uno sopra l'altro. Ogni elemento è formato da un disco di rame e uno di zinco e i diversi elementi sono separati tra loro da un disco di cartone o feltro imbevuto di acqua salata o acidulata (in pratica una soluzione elettrolitica). Collegando con un filo conduttore le due estremità (rame e zinco) della pila si realizza un circuito elettrico, attraverso il quale circola elettricità per la differenza di potenziale che si realizza tra gli elementi voltaici posti in serie.

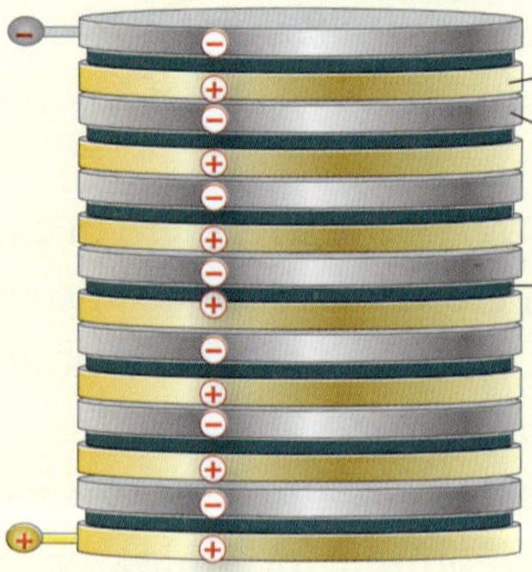

Alessandro Volta (1745-1827)

Scienziato comasco, docente di fisica all'Università di Pavia, fin da giovane si dedicò con grande entusiasmo agli studi sull'elettricità. Nel 1800 inventò la pila elettrica, che gli valse numerosi riconoscimenti internazionali.

6.1 La pila

La **pila** o **cella galvanica** (o **cella voltaica**) è un dispositivo che sfrutta reazioni chimiche spontanee (di ossido-riduzione) per produrre energia elettrica.

Immergendo una lamina di zinco in un becher contenente una soluzione di solfato di rame (di colore azzurro), dopo un breve tempo, si può notare che:

1. la lamina immersa assume un colore rossiccio, essendosi ricoperta di uno strato di rame metallico;
2. la temperatura è aumentata.

Lo zinco si è ossidato (da Zn metallico, n.o. = 0, a ione Zn^{2+}, n.o. = +2) cedendo 2 elettroni al rame, che si è ridotto da ione Cu^{2+} (n.o. = +2) a rame metallico Cu (n.o. = 0).

In questa reazione di ossido-riduzione si verifica **spontaneamente** un flusso di elettroni dallo zinco al rame, che si accompagna a produzione di calore.

Se separiamo fisicamente le due semireazioni (quella di ossidazione in un becher e quella di riduzione in un altro), l'**energia chimica** prodotta nella reazione redox può essere trasformata in **energia elettrica**: collegando opportunamente i siti delle due semireazioni con un filo conduttore metallico, gli elettroni liberati nella semireazione di ossidazione scorreranno lungo il filo metallico per raggiungere l'agente ossidante che si riduce "catturando" questi elettroni [**10**].

Il dispositivo che abbiamo costruito è una **pila elettrica**, più esattamente la **pila Daniell**, dal nome del suo inventore (l'invenzione è del 1836 e rappresenta un perfezionamento della prima pila, la pila di Volta).

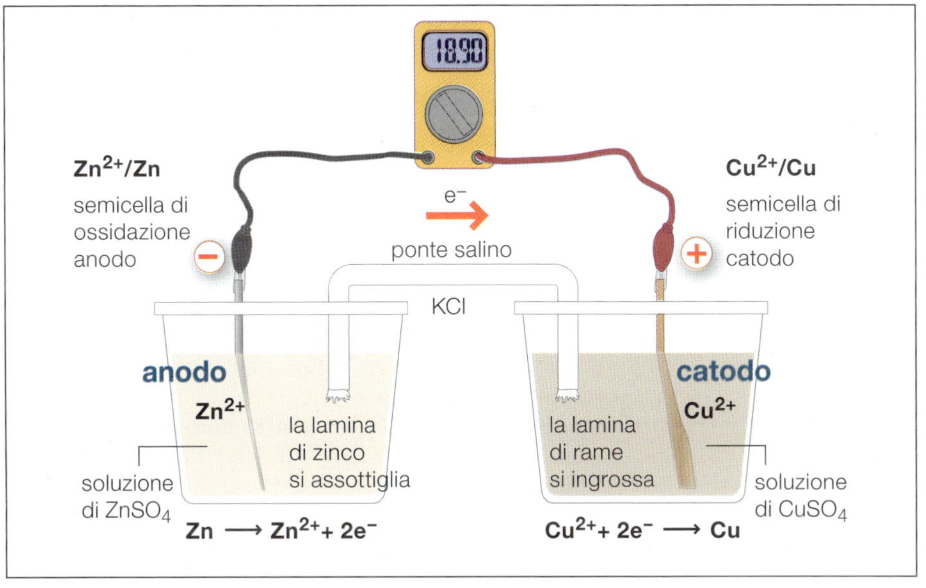

10. Schematizzazione della pila elettrica Daniell. Il passaggio di corrente elettrica è rilevato da un amperometro collegato al filo conduttore e agli elettrodi. Nella pila il catodo è l'elettrodo positivo e l'anodo l'elettrodo negativo. Nella cella elettrolitica, invece, il catodo è negativo e l'anodo positivo. In entrambi i casi il catodo si riduce e l'anodo si ossida.

I due becher rappresentano le due semicelle della pila. Nelle due semicelle, una volta collegate, si verificano, rispettivamente, le due semireazioni:

1. semireazione di ossidazione $Zn_{(s)} \rightarrow Zn^{2+}_{(aq)} + 2e^-$

2. semireazione di riduzione $Cu^{2+}_{(aq)} + 2e^- \rightarrow Cu_{(s)}$

Gli elettroni si spostano lungo il filo conduttore dall'anodo (lamina di zinco) al catodo (lamina di rame).

La pila Daniell, in sintesi, funziona per la reazione redox complessiva:

$$Zn_{(s)} + CuSO_{4(aq)} \rightarrow Cu_{(s)} + ZnSO_{4(aq)} + \text{energia elettrica}$$

Durante il funzionamento della pila, all'anodo aumentano gli ioni Zn^{2+} mentre al catodo diminuiscono gli ioni Cu^{2+}. All'anodo, l'eccesso di cariche positive nella soluzione impedirebbe altre trasformazioni di atomi di zinco in ioni Zn^{2+}. Al catodo, la carenza di cariche positive impedirebbe l'ulteriore trasformazione di ioni Cu^{2+} in rame metallico.

Il **ponte salino** (tubo contenente soluzione di KCl), con i suoi ioni, neutralizza le cariche che si vanno accumulando nelle due semicelle: gli anioni Cl^- si spostano verso l'anodo per bilanciare la carica positiva che qui si produce, mentre gli ioni K^+ si spostano verso il catodo per bilanciare l'eccesso di ioni negativi che si vanno accumulando.

Abbiamo realizzato, in modo così semplice, un generatore di corrente elettrica: la pila elettrica Daniell.

Una pila elettrica, dunque:
- è un dispositivo che converte l'energia chimica (liberata da una reazione redox spontanea) in energia elettrica;
- è costituita da due semicelle (una di ossidazione e una di riduzione), collegate mediante un filo conduttore (per verificare il passaggio di corrente possiamo collegare quest'ultimo a un amperometro) e da un ponte salino (che completa il circuito e riequilibra le cariche elettriche).

Un po' di terminologia elettrochimica

Chiamiamo **celle elettrochimiche** sia i dispositivi che consentono di utilizzare reazioni redox per produrre energia elettrica (questi sono chiamati più specificamente **celle galvaniche** o **celle voltaiche**) sia i dispositivi che utilizzano l'energia elettrica per reazioni redox nell'elettrolisi (**celle elettrolitiche**).
Gli **elettrodi** delle celle elettrochimiche sono chiamati anodo e catodo. L'**anodo** è quello in cui si verifica il processo di **ossidazione** (nella pila Daniell è la lamina di zinco, che tende a consumarsi, perché passa in soluzione sotto forma di ioni Zn^{2+}); dall'anodo partono gli elettroni che raggiungono il catodo attraverso il circuito esterno (filo conduttore); nella pila Daniell l'anodo è il **polo negativo**; il **catodo** riceve gli elettroni e **si riduce** (è la lamina di rame della pila Daniell, che tende a ispessirsi, perché gli ioni Cu^{2+} della soluzione, riducendosi, si depositano sulla lamina sotto forma di rame metallico); nella pila Daniell è il **polo positivo**.
La pila Daniell (come le altre pile) viene rappresentata indicando, secondo un preciso ordine, le specie chimiche (le coppie redox) coinvolte nella reazione:

$$(-)Zn/Zn^{2+} // Cu^{2+}/Cu(+)$$

Oggigiorno, le pile hanno una larghissima diffusione, per i molteplici campi di utilizzo. Ne esistono diverse tipologie, come:
1. le **pile a secco**, che non contengono un elettrolita liquido. Per esempio, la tradizionale **pila Leclanché** (zinco-carbone), le **pile alcaline** (che utilizzano come elettrolita l'idrossido di potassio), le **pile a bottone** (contenenti mercurio) molto usate, per le loro ridotte dimensioni, in orologi e calcolatrici;
2. le **pile ricaricabili** sempre più diffuse come quelle al **nichel-cadmio** e le **pile a ioni di litio**, utilizzate nei pc portatili e nei telefoni cellulari per la buona durata della carica;
3. gli **accumulatori al piombo**, comunemente conosciuti come batterie per autotrazione, che sono dispositivi ricaricabili utilizzati per l'avviamento delle autovetture a motore.

6.2 L'elettrolisi

Le pile elettriche sono dispositivi che consentono la produzione di energia elettrica mediante reazioni redox spontanee.

... in English
elettrolisi
electrolysis

L'**elettrolisi** può essere considerata come la condizione inversa, in cui si verificano reazioni chimiche (redox) non spontanee, grazie alla somministrazione di energia elettrica.

L'elettrolisi consente la produzione industriale dei metalli alcalini (litio, sodio, potassio) e alcalino-terrosi (berillio, magnesio, calcio), e ha altre importanti applicazioni.

I dispositivi nei quali si realizza questo processo sono le **celle elettrolitiche**.

Una **cella elettrolitica** è formata da due elettrodi uguali immersi in un **elettrolita**, sostanza che, in soluzione o allo stato fuso, si dissocia (o si ionizza), liberando ioni che possono condurre la corrente elettrica. Sono elettroliti gli acidi, le basi e i sali.

Collegando gli elettrodi a un generatore di elettricità, un elettrodo assume una carica positiva e l'altro una carica negativa. Gli ioni presenti nell'elettrolita vengono attratti verso l'elettrodo con la carica di segno opposto (gli ioni negativi o anioni verso l'elettrodo positivo e gli ioni positivi o cationi verso l'elettrodo negativo). A livello degli elettrodi si verificano poi le reazioni di ossido-riduzione.

Per comprendere il processo elettrolitico vediamo come vengono prodotti sodio e cloro per elettrolisi dal cloruro di sodio [**11**].

Il cloruro di sodio (NaCl) fuso (punto di fusione 804 °C) è un elettrolita (contiene gli ioni Na^+ e Cl^-) e consente il passaggio di corrente elettrica se vi immergiamo due elettrodi uguali collegati a una batteria.

L'elettrodo collegato al polo negativo della batteria attira gli ioni positivi Na^+, che si riducono a sodio metallico (Na), mentre l'elettrodo collegato al polo positivo attira gli ioni negativi Cl^-, che si ossidano a cloro gassoso (Cl_2):

$$Na^+ + e^- \rightarrow Na$$

(n.o. va da +1 a 0: riduzione)

$$2Cl^- \rightarrow Cl_2 + 2\,e^-$$

(n.o. va da -1 a 0: ossidazione)

Come per la pila, anche nella cella elettrolitica l'elettrodo dove si verifica l'**ossidazione** è detto **anodo** e quello dove si verifica la **riduzione**, **catodo**, ma, al contrario della pila, nella cella elettrolitica l'**anodo è positivo** e il **catodo è negativo**.

Così nella cella elettrolitica l'**anodo** (positivo) attira gli ioni negativi, **anioni**; il **catodo** (negativo) attira gli ioni positivi, **cationi**.

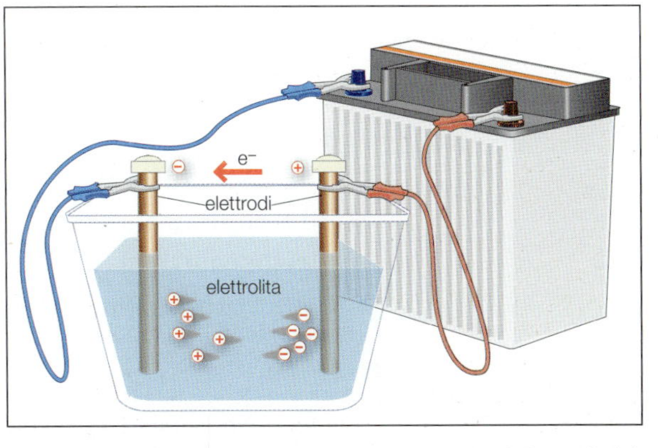

11. Nella cella elettrolitica l'anodo (+) attira anioni, il catodo (–) attira cationi.

12. Il fiammifero fornisce l'energia necessaria per "innescare" la combustione della carta.

7 Energia e reazioni chimiche

Durante la **combustione**, i combustibili reagiscono con l'ossigeno e bruciano. Ovviamente, se esponiamo all'ossigeno dell'aria un pezzo di carta, di legno o di carbone, non avviene alcuna reazione. Per avviare la combustione occorre una "spinta", occorre cioè fornire una certa quantità di **energia**, che viene detta **energia di attivazione**.

Per la combustione di un pezzo di carta basta l'energia di un fiammifero acceso che avvii la reazione con l'ossigeno: una volta iniziata, la combustione continuerà senza che sia necessaria un'ulteriore quantità di energia [**12**].

L'**energia di attivazione** è la quantità di energia richiesta per dare inizio a una reazione chimica.

Tutte le reazioni chimiche richiedono energia di attivazione per poter iniziare [**13**]; la quantità di energia necessaria dipende dalla natura delle sostanze reagenti: per innescare la combustione dell'alcol o della benzina basta un fiammifero; per bruciare la legna o il carbone occorre una quantità maggiore di energia.

Il mescolamento e il riscaldamento delle sostanze reagenti accelerano le reazioni chimiche, perché forniscono rapidamente l'energia necessaria per attivarle.

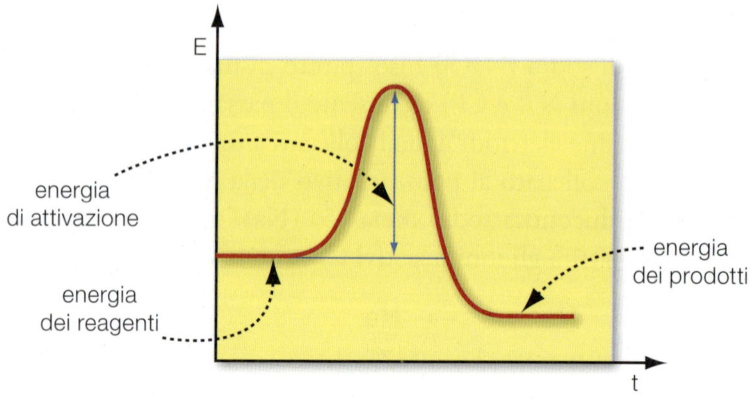

13. Affinché la reazione abbia inizio e porti alla trasformazione dei reagenti in prodotti, occorre fornire l'energia di attivazione, cioè l'energia minima per innescare la reazione.

7.1 La teoria delle collisioni o degli urti efficaci

La chimica moderna interpreta i meccanismi di reazione in base alla **teoria delle collisioni**, o degli **urti efficaci**, proposta da Max Trautz e William Lewis nel 1916. Secondo questa teoria, data una reazione

$$A + B \longrightarrow C + D$$

affinché i reagenti **A** e **B** si trasformino nei prodotti **C** e **D** e la reazione si compia, si devono verificare determinate condizioni.

... in English

energia di attivazione
activation energy

teoria delle collisioni
collision theory

Il primo presupposto è che le molecole dei reagenti **A** e **B** **si "urtino"**: la velocità di una reazione è **proporzionale** al numero di urti per secondo tra le molecole dei reagenti [**14**].

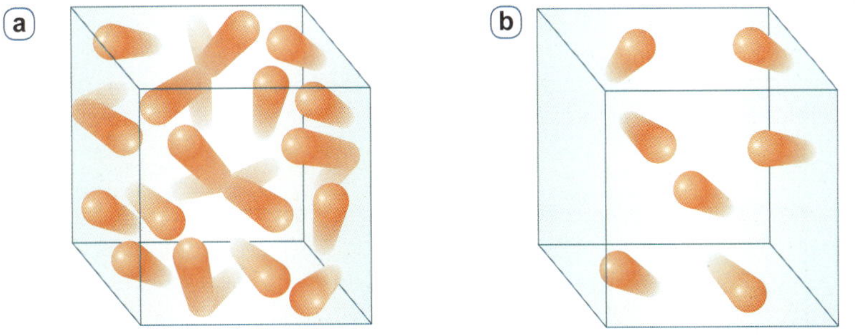

14. Maggiore è il numero di molecole presenti nel sistema, tanto più frequenti sono gli urti e quindi la velocità della reazione (a). Poche molecole, pochi urti (b).

In secondo luogo è indispensabile che gli urti siano **efficaci**, ossia che avvengano con un giusto **orientamento** e che abbiano una quantità di **energia** sufficiente [**15**].

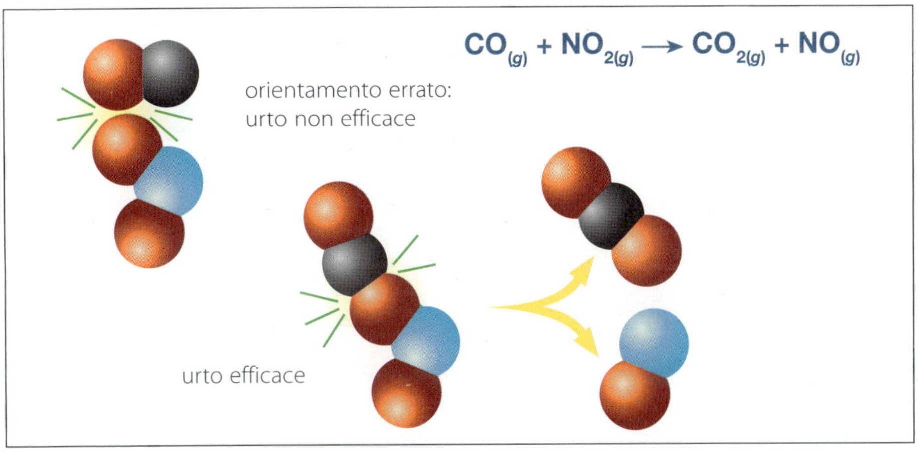

15. Perché la reazione possa avvenire, gli urti tra le molecole dei reagenti devono avere un preciso orientamento (e una sufficiente quantità di energia).

L'urto tra le molecole deve avvenire nel verso giusto (ossia in una precisa posizione delle molecole dei reagenti) e con un **adeguato livello di energia**, tale da permettere la collisione, nonostante le forze elettrostatiche di repulsione prodotte dagli elettroni che circondano il nucleo degli atomi.

Questa **energia minima**, che il chimico svedese **Svante Arrhenius** chiamò **energia di attivazione**, costituisce una vera e propria barriera da superare perché la reazione si possa realizzare: è come nel salto in alto, quando per superare l'asticella è necessario prendere la rincorsa e compiere lo slancio con la giusta quantità di energia.

Se l'energia a disposizione è sufficiente, gli urti provocheranno la rottura dei legami all'interno delle molecole dei reagenti, passando attraverso uno **stato di transizione**: si forma un **complesso intermedio** costituito dalle molecole dei reagenti in cui i legami si stanno rompendo e da quelle dei prodotti in cui i legami si stanno formando.

Questo complesso intermedio, detto **complesso attivato**, ha un contenuto energetico maggiore sia di quello dei reagenti che di quello dei prodotti.

L'analisi del grafico ci permette di definire l'**energia di attivazione E_a** come la **differenza di energia** (ΔE) esistente tra l'energia del complesso attivato e l'energia dei reagenti [**16**].

16. I reagenti, per dare i prodotti di reazione, devono trasformarsi in una struttura molecolare intermedia (tra reagenti e prodotti) altamente instabile, con un'energia potenziale (di legame) superiore sia a quella dei reagenti che a quella dei prodotti. Il composto instabile che si viene a formare è il complesso attivato.

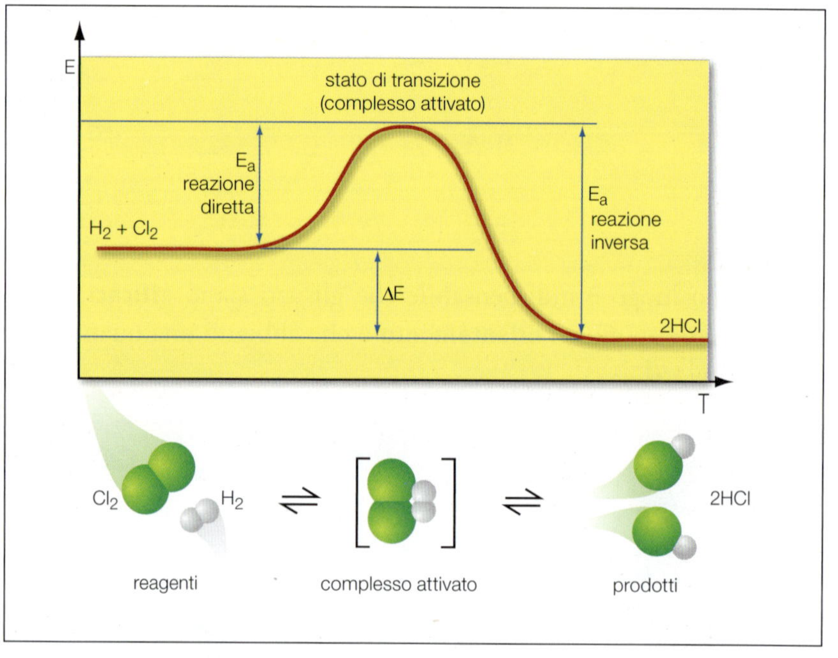

Glossario

Reazione esoergonica (da *ergon* "lavoro") se l'energia liberata assume forme diverse dal calore (luce, energia meccanica, energia chimica).
Reazione endoergonica quando viene assorbita energia in forme diverse dal calore (come nella fotosintesi clorofilliana, nella quale viene assorbita energia luminosa).

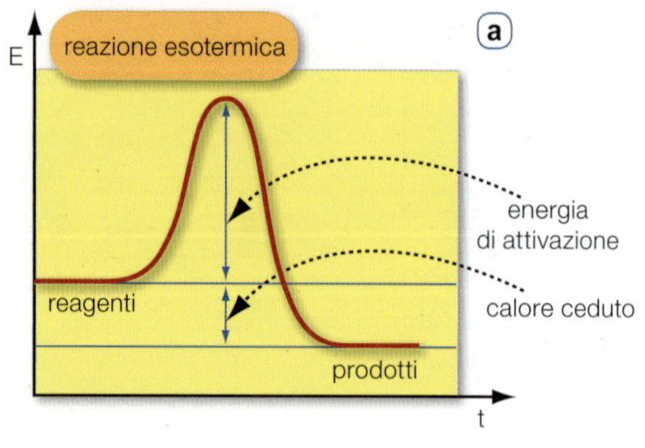

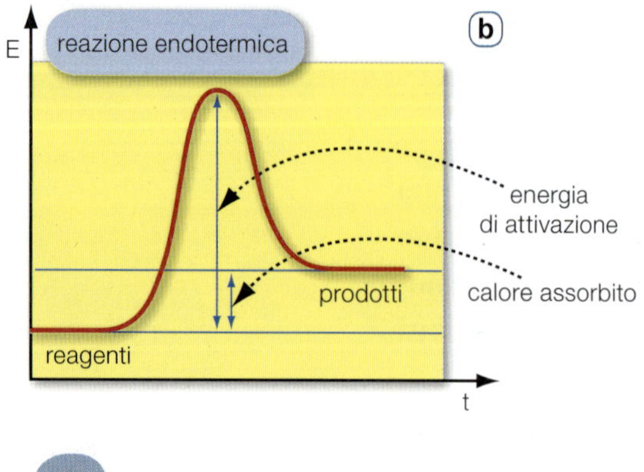

7.2 Reazioni esotermiche e reazioni endotermiche

Durante le combustioni, si libera energia sotto forma di **calore** o di **luce**. Tutte le reazioni chimiche che liberano energia all'esterno (sotto forma di calore) vengono dette **reazioni esotermiche**.

Spesso l'energia liberata assume forme diverse, per cui la reazione viene anche definita **esoergonica**.

Altre reazioni, invece, per poter avvenire devono assorbire energia dall'esterno; devono "portare dentro" energia che proviene dall'esterno: vengono chiamate perciò **reazioni endotermiche** o anche **endoergoniche** [**17**].

17. Nella reazione esotermica (da *eso*, fuori, esterno) i prodotti "contengono" meno energia dei reagenti: si produce calore che viene ceduto all'esterno (a).
In una reazione endotermica, invece, i prodotti hanno al loro interno (*endo*) un maggior contenuto di energia, che viene assorbito dall'esterno (b).

Un esempio di reazione endotermica che avviene in natura è la **fotosintesi clorofilliana**: le piante assorbono l'energia della luce solare per produrre zuccheri (glucosio) dall'anidride carbonica e dall'acqua. Senza questa energia la fotosintesi non può avvenire [**18**].

18. La clorofilla delle piante è verde perché assorbe tutte le radiazioni luminose tranne quelle di lunghezza d'onda corrispondente al verde (lunghezza d'onda compresa tra 490 e 590 nm), con un maggior assorbimento ("picchi di assorbimento") delle radiazioni a 430 e 663 nm (per la clorofilla a) e 480 e 650 nm (per la clorofilla b); l'energia delle radiazioni assorbite attiva una serie di reazioni chimiche, che porta alla formazione del glucosio (e ossigeno molecolare) a partire dall'anidride carbonica e dall'acqua. Questo processo è noto come fotosintesi clorofilliana.

Le molecole di ogni sostanza possiedono **energia chimica**, immagazzinata nei legami chimici che uniscono tra loro gli atomi che formano le molecole.

Nelle reazioni chimiche la rottura dei legami chimici delle molecole dei reagenti determina la liberazione di questa energia, che viene utilizzata per la formazione di nuovi legami chimici delle molecole dei prodotti.

Se l'energia chimica dei prodotti è minore dell'energia dei reagenti, per il principio di conservazione dell'energia, l'energia non "consumata" per formare nuovi legami dei prodotti viene **liberata** in altre forme: calore (reazioni esotermiche), energia luminosa, energia elettrica ecc. (reazioni più in generale definite esoenergetiche o esoergoniche) [**19**].

Se l'energia chimica dei prodotti è, invece, maggiore dell'energia chimica dei reagenti, il sistema **assorbe** al suo interno (nei nuovi legami) altre forme di energia proveniente dall'esterno: calore (reazioni endotermiche), energia luminosa ecc. (reazioni endoenergetiche o endoergoniche) [**20**].

PDF **Leggere sull'eBook**

- La termodinamica e le reazioni chimiche

... in English

reazioni esoergoniche/ endoergoniche
exergonic/endergonic reactions

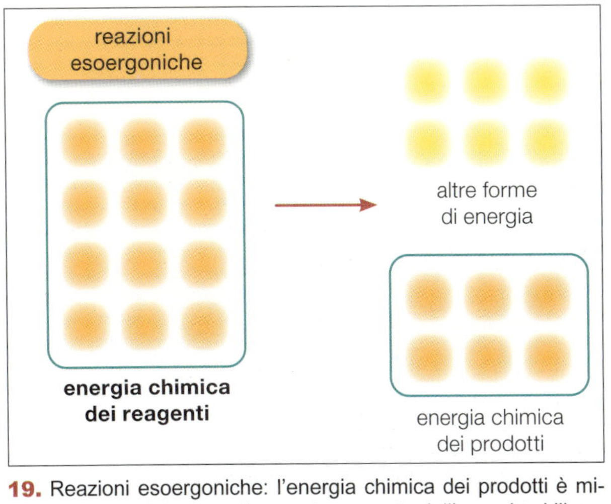

19. Reazioni esoergoniche: l'energia chimica dei prodotti è minore di quella dei reagenti per cui una parte dell'energia si libera come calore o altre forme di energia.

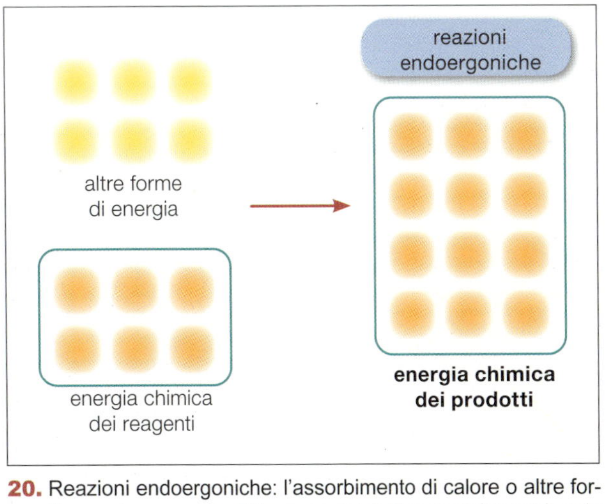

20. Reazioni endoergoniche: l'assorbimento di calore o altre forme di energia consente di formare prodotti a maggior contenuto di energia chimica dei reagenti.

ESERCIZI di autoverifica

A **Completa la seguente mappa concettuale inserendo le parole elencate**

1. equazioni chimiche
2. i reagenti
3. sintesi
4. prodotti
5. esotermiche
6. esoergoniche
7. endoergoniche
8. endotermiche
9. Lavoisier
10. bilanciate
11. scambio semplice
12. decomposizione
13. doppio scambio

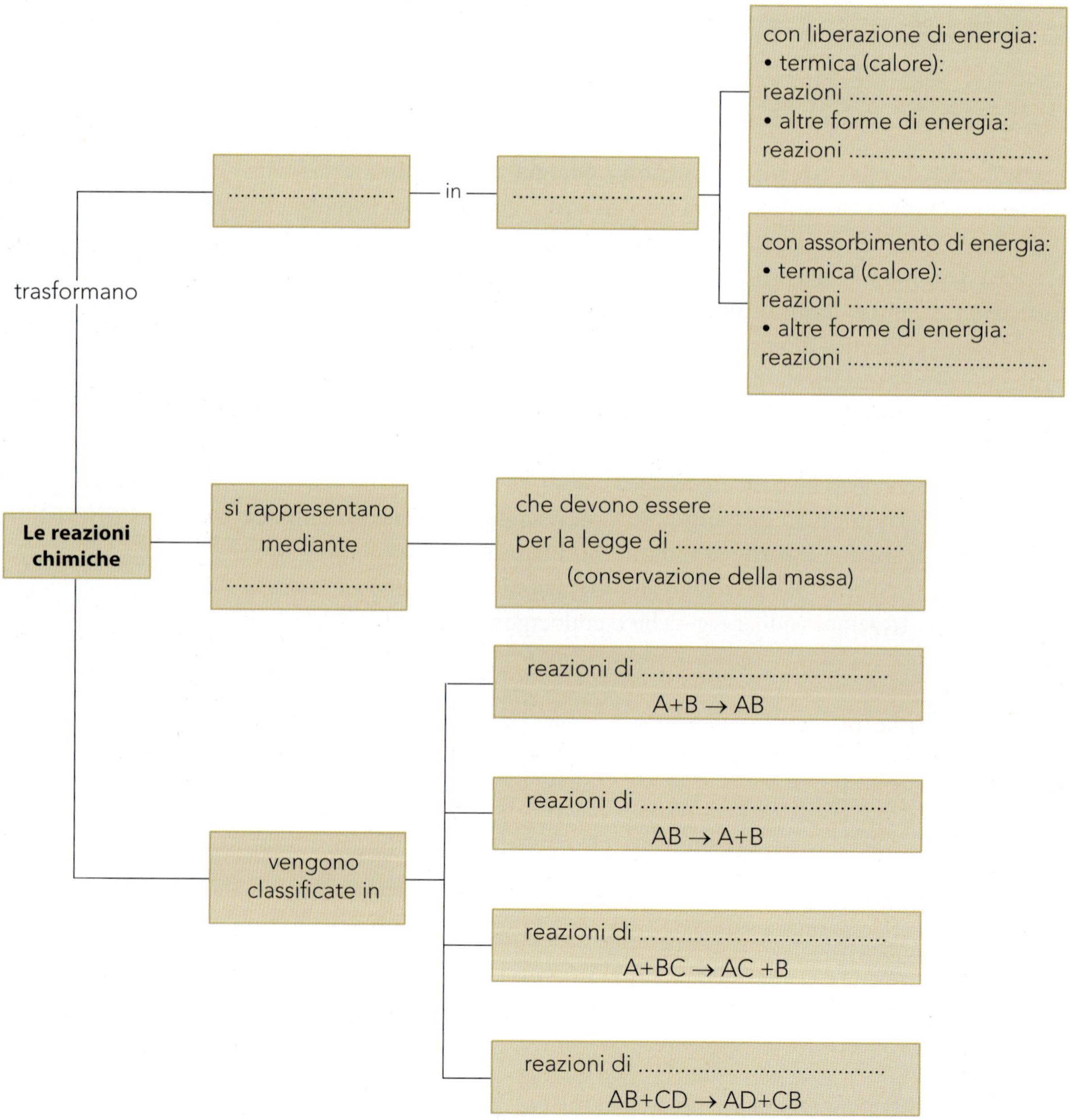

B Se non lo sai, rileggilo alla pagina indicata

1. Che cos'è una reazione chimica? (pagg. 161-162)
2. Che cosa sono i reagenti? E i prodotti? (pagg. 161-162)
3. Che cosa afferma il principio di Lavoisier? (pag. 162)
4. Come si bilancia un'equazione chimica? (pagg. 163-165)
5. Che differenza c'è tra una reazione di sintesi e una di decomposizione? (pag. 166)
6. Che cos'è una reazione di scambio semplice? (pag. 168)
7. Che cos'è una reazione di ossido-riduzione? (pagg. 172-175)
8. Perché le reazioni di ossido-riduzione sono alla base dell'elettrochimica? (pagg. 176-178
9. Che cos'è l'energia di attivazione? (pag. 181)
10. Che cos'è una reazione esotermica? (pag. 182)

C Completa le seguenti frasi inserendo le parole mancanti, scegliendole nell'elenco sottostante

a. Le sostanze che si formano in una reazione chimica sono dette ....

b. In una reazione chimica si ha la .... dei legami chimici delle molecole dei .... e la formazione delle molecole dei prodotti.

c. La massa dei reagenti deve essere sempre .... massa dei prodotti della reazione.

d. I coefficienti stechiometrici vanno messi .... della formula di ogni molecola.

e. Nel bilanciamento di un'equazione chimica gli atomi .... e .... vanno bilanciati per ultimi.

f. Gli atomi .... e .... vanno bilanciati per primi.

g. In una reazione di .... da due o più elementi o composti semplici (reagenti) si ottiene un solo prodotto.

h. Nelle reazioni redox si verifica un trasferimento di ....

i. Le reazioni chimiche nel corso delle quali viene assorbito calore dall'ambiente sono chiamate reazioni ....

j. L'energia minima necessaria perché si realizzi una reazione chimica è detta energia ....

1. minore della
2. maggiore della
3. uguale alla
4. di ossigeno
5. di idrogeno
6. rottura
7. libera
8. di attivazione
9. potenziale
10. cinetica
11. a sinistra
12. al posto
13. reagenti
14. destra
15. prodotti
16. dei metalli
17. endotermiche
18. esotermiche
19. dei non metalli
20. decomposizione
21. sintesi
22. scambio
23. sostituzione
24. elettroni
25. semplice

D Indica se le seguenti affermazioni sono vere (V) o false (F)

		V	F
1.	La fusione del ghiaccio è una reazione chimica.	○	○
2.	I reagenti sono le sostanze che si formano nel corso delle reazioni chimiche.	○	○
3.	Lavoisier stabilì il principio di conservazione della massa dei prodotti.	○	○
4.	Un'equazione chimica è bilanciata se la massa dei reagenti è uguale alla massa dei prodotti.	○	○
5.	In una reazione di sintesi la massa dei reagenti è maggiore della massa dei prodotti.	○	○
6.	In una reazione di decomposizione si formano sempre elementi chimici allo stato puro.	○	○
7.	L'equazione chimica che segue non è bilanciata: $H_3PO_3 + 3CuO \rightarrow Cu_3(PO_3)_2 + H_2O$	○	○
8.	La specie che si ossida si comporta da ossidante.	○	○
9.	L'energia di attivazione è l'energia che consente di innescare una reazione chimica.	○	○
10.	Le reazioni esotermiche si verificano solo se forniamo energia dall'esterno (eso).	○	○

E Indica con una crocetta la risposta giusta tra quelle proposte

1. L'equazione $2Fe + O_2 \rightarrow 2FeO$:
a. è una reazione di decomposizione
b. è una reazione di scambio semplice
c. è una reazione di doppio scambio
d. è una reazione redox

2. L'equazione $CaCO_3 \rightarrow CaO + CO_2$:
a. è una reazione di decomposizione
b. è una reazione di scambio semplice
c. è una reazione di doppio scambio
d. è una reazione di sintesi

3. L'equazione $Zn + 2HCl \rightarrow ZnCl_2 + H_2$:
a. è una reazione di decomposizione
b. è una reazione di scambio semplice
c. è una reazione di doppio scambio
d. è una reazione di sintesi

4. L'equazione $Pb(NO_3)_2 + 2KI \rightarrow PbI_2 + 2KNO_3$:
a. è una reazione di decomposizione
b. è una reazione di scambio semplice
c. è una reazione di doppio scambio
d. è una reazione di sintesi

5. È un'equazione chimica bilanciata:
a. $Cu(NO_3)_2 + Na_2S \rightarrow CuS + NaNO_3$
b. $Cu(NO_3)_2 + Na_2S \rightarrow CuS + 2NaNO_3$
c. $Cu(NO_3)_2 + Na_2S \rightarrow 2CuS + NaNO_3$
d. $2Cu(NO_3)_2 + Na_2S \rightarrow 2CuS + NaNO_3$

6. È un'equazione chimica bilanciata:
a. $Fe_2(SO_3)_3 + KCl \rightarrow FeCl_3 + 2K_2SO_3$
b. $Fe_2(SO_3)_3 + 2KCl \rightarrow 6FeCl_3 + 2K_2SO_3$
c. $Fe_2(SO_3)_3 + 6KCl \rightarrow 2FeCl_3 + 3K_2SO_3$
d. $Fe_2(SO_3)_3 + 2KCl \rightarrow 2FeCl_3 + K_2SO_3$

7. L'equazione $FeO + H_2O \rightarrow Fe(OH)_2$:
a. è una reazione di decomposizione
b. è una reazione di scambio semplice
c. è una reazione di doppio scambio
d. è una reazione di sintesi

8. L'equazione $HCl \rightarrow H^+ + Cl^-$:
a. è una reazione di ionizzazione
b. è una reazione di scambio semplice
c. è una reazione di doppio scambio
d. è una reazione di dissociazione ionica

F Bilancia le seguenti equazioni chimiche inserendo i coefficienti stechiometrici corretti

1. .... $Ca(OH)_2$ + ... $H_3PO_4 \rightarrow$ .... $Ca_3(PO_4)_2$ + ... H_2O
2. .... KNO_3 + ... $H_2SO_4 \rightarrow$ .... K_2SO_4 + ... HNO_3
3. .... $CaCO_3$ + ... $H_4P_2O_7 \rightarrow$ .... $Ca_2P_2O_7$ + ... H_2CO_3
4. .... $Mg(NO_3)_2$ + ... $H_2S \rightarrow$ .... MgS + ... HNO_3
5. .... $Al(OH)_3$ + ... $HPO_3 \rightarrow$ .... $Al(PO_3)_3$ + ... H_2O
6. .... $NaClO_3$ + ... $H_3PO_4 \rightarrow$ .... Na_3PO_4 + ... $HClO_3$
7. .... H_2SO_3 + ... $Na_3PO_4 \rightarrow$ .... Na_2SO_3 + ... H_3PO_4
8. .... $Fe(OH)_2$ + ... $H_3PO_4 \rightarrow$ .... $Fe_3(PO_4)_2$ + ... H_2O

G Bilancia le seguenti reazioni di ossido-riduzione

1. .... $KClO_3$ + ... $H_2S \rightarrow$ .... KCl + ... S_8 + ... H_2O
2. .... $KClO_3$ + ... I_2 + ... $H_2O \rightarrow$ .... KCl + ... HIO_3
3. .... $HClO$ + ... HCl + ... $KI \rightarrow$ .... KCl + ... $I_2 + H_2O$
4. .... P_4 + ... HNO_3 + ... $H_2O \rightarrow$ .... H_3PO_4 + ... NO

H ESERCIZI applicativi

1. **Dopo aver bilanciato la reazione:**
   ..... $Al(OH)_3$ + ... $HPO_3 \rightarrow$ ...... $Al(PO_3)_3$ + ... H_2O
   calcola quanti grammi di idrossido di alluminio $Al(OH)_3$ sono necessari per ottenere 600 g di metafosfato di alluminio $Al(PO_3)_3$.

2. **Dopo aver bilanciato la reazione:**
   ..... KNO_3 + ... $H_2SO_4 \rightarrow$ ...... K_2SO_4 + ... HNO_3
   calcola quanti grammi di nitrato di potassio sono necessari per ottenere 100 moli di acido nitrico.

3. **Dopo aver bilanciato la reazione:**
   ..... $NaClO_3$ + ... $H_3PO_4 \rightarrow$ ..... Na_3PO_4 + ... $HClO_3$
   calcola quanti grammi di ortofosfato di sodio si formeranno facendo reagire 480 g di clorato di sodio.

4. **Dopo aver bilanciato la reazione:**
   .... $Mg(NO_3)_2$ + ... $H_2S \rightarrow$ ...... MgS + ... HNO_3
   calcola quanti grammi di $Mg(NO_3)_2$ sono necessari per avere 450 grammi di HNO_3.

5. **Dopo aver bilanciato la reazione:**
   ..... Al_2O_3 + ... $H_2O \rightarrow$ ..... $Al(OH)_3$
   calcola quanti grammi di H_2O sono necessari per ottenere 73 g di $Al(OH)_3$.

PDF Soluzioni

Capitolo 9

Velocità ed equilibrio delle reazioni chimiche

Obiettivi

- Definire la velocità di una reazione chimica.
- Elencare i fattori che influenzano la velocità di una reazione chimica.
- Definire e rappresentare una reazione reversibile.
- Spiegare come si realizza l'equilibrio di una reazione.
- Definire la costante di equilibrio.
- Indicare quali fattori influenzano la costante di equilibrio.
- Spiegare il principio di Le Châtelier.

1. Un'esplosione è l'effetto di una reazione quasi istantanea, esplosiva! La velocità di questo tipo di reazioni è estremamente elevata e conduce rapidamente allo sviluppo di grandi volumi di gas, che causano una forte onda d'urto, a cui sono attribuibili i danni dell'esplosione e il forte rumore che l'accompagna.

1 La velocità delle reazioni chimiche

Alcune reazioni chimiche, come la formazione della ruggine (causata dalla reazione tra ferro, ossigeno e acqua), avvengono in **tempi lunghissimi**; altre, invece, sono **quasi istantanee**. Pensiamo, per esempio, alle esplosioni che si verificano in seguito a reazioni chimiche e liberano in pochi attimi enormi volumi di gas; questi, espandendosi, provocano una violenta onda d'urto in grado di distruggere tutto ciò che incontra sul suo cammino [**1**].

Ogni reazione chimica avviene con una sua **velocità**, determinabile sperimentalmente.

Prima di tutto che cos'è la **velocità di una reazione chimica**?

Come la velocità di un corpo è data dallo spazio percorso in un intervallo di tempo ($v = s/t$ o, più correttamente, $\Delta s/\Delta t$), così la **velocità di una reazione chimica** è data dalla quantità di sostanze reagenti consumate o di prodotti formati in un intervallo di tempo:

$$\text{velocità della reazione} = \frac{\text{quantità reagenti consumati}}{\text{intervallo di tempo}}$$

oppure:

$$\text{velocità della reazione} = \frac{\text{quantità prodotti formati}}{\text{intervallo di tempo}}$$

La quantità di reagenti consumati può essere espressa in grammi (g) o in moli (mol) e l'intervallo di tempo in secondi, minuti, ore, giorni o anni.

Se le sostanze che reagiscono sono in soluzione, si considera la loro concentrazione, quindi:

La **velocità della reazione** è definita come la variazione di concentrazione **Δc** (espressa in moli/litro, mol/L) dei reagenti (o dei prodotti) in un intervallo di tempo **Δt**. Ovvero, in formula:

$$v = \frac{\Delta c}{\Delta t}$$

Se si considerano i reagenti, la concentrazione diminuisce nel tempo, per cui la variazione va considerata come valore assoluto, senza il segno "–" (meno) che risulterebbe dalla differenza tra concentrazione finale e iniziale.

Il valore così calcolato rappresenta la **velocità media** della reazione nell'intervallo di tempo considerato: la velocità della reazione non è costante, ma tende a diminuire man mano che i reagenti si consumano. La velocità delle reazioni è, infatti, influenzata dalla concentrazione dei reagenti: maggiore è la loro concentrazione e più numerose saranno le molecole che potranno reagire, nell'unità di tempo.

La relazione tra la velocità della reazione e la concentrazione è espressa matematicamente da un'equazione, detta **equazione cinetica**, riportata nell'approfondimento qui accanto.

Fare per apprendere

• Quanto è veloce una reazione?

Velocità di reazione

Equazione cinetica

In generale, data una reazione:

aA + bB ⟶ prodotti

(dove **A** e **B** sono i **reagenti** e **a** e **b** i **coefficienti stechiometrici** degli stessi), la velocità della reazione viene espressa da un'equazione del tipo:

$$v = K\,[A]^{\alpha}\,[B]^{\beta}$$

dove **[A]** e **[B]** rappresentano le **concentrazioni molari** (mol/L) dei reagenti **A** e **B**, mentre **K** è una costante di proporzionalità, detta **costante cinetica**, caratteristica di ogni reazione. Gli esponenti **α** e **β** vengono determinati sperimentalmente.

2 Fattori che influenzano la velocità di reazione

La **cinetica chimica** studia la velocità delle reazioni chimiche cercando di identificare tutti i fattori che la influenzano, utilizzando come presupposto teorico la teoria delle collisioni o degli urti efficaci.

La **teoria degli urti efficaci** è in grado di spiegare tutti i fattori che influenzano la velocità di una reazione e, in particolare:

a. la **natura dei reagenti**: le proprietà chimiche e fisiche di ogni sostanza influenzano la velocità della reazione chimica. Per esempio, il carbone reagisce con l'ossigeno dell'aria molto più velocemente del ferro. In linea generale, le reazioni che non comportano rottura di legami (come quelle che avvengono tra ioni) sono rapide; mentre sono solitamente lente le reazioni che implicano rottura dei legami chimici;

b. la **concentrazione dei reagenti**: se aumentano le concentrazioni di un reagente aumentano proporzionalmente il numero di urti tra le molecole [**2**];

... in English

equazione cinetica
rate equation

cinetica chimica
chemical kinetics

2. Come in un autoscontro se aumenta il numero delle automobiline in movimento aumentano gli urti, così la concentrazione influenza la velocità delle reazioni chimiche.

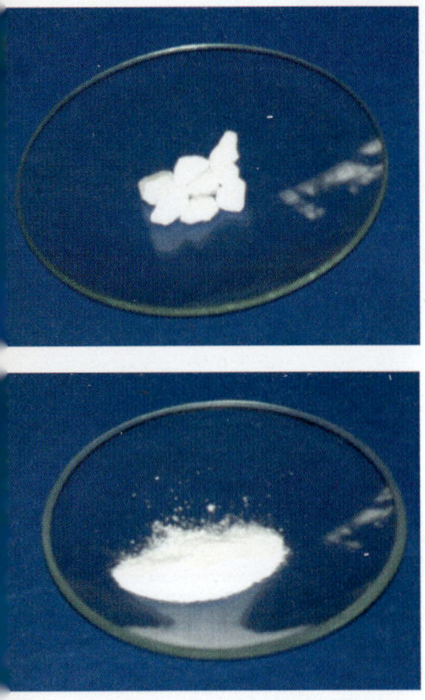

3. Una sostanza solida in pezzi reagisce più lentamente della stessa sostanza ridotta in polvere, perché quest'ultima offre una maggior superficie di contatto.

c. la **temperatura dei reagenti**: un aumento della temperatura dei reagenti si traduce in un maggior numero di molecole in grado di reagire, perché dotate dell'energia sufficiente a superare la barriera energetica dell'energia di attivazione;

d. la **superficie di contatto tra le fasi dei reagenti**: nelle reazioni che avvengono tra fasi eterogenee, cioè tra reagenti in stati fisici differenti, la velocità è tanto maggiore quanto maggiore è la suddivisione del reagente solido, perché aumenta la superficie di contatto [3].
Tutti sappiamo che per accendere un fuoco è necessario procurarsi legnetti di piccole dimensioni, mentre per aggiungere i pezzi più grossi bisognerà aspettare che il fuoco abbia preso bene; la reazione tra carbonio (del legno) e ossigeno (dell'aria) avviene secondo la reazione:

$$C_{(s)} + O_{2(g)} \rightarrow CO_{2(g)} + \text{calore}$$

Nelle miniere questa reazione rappresenta un evento abbastanza frequente e soprattutto molto pericoloso, perché quando il carbone è ridotto in polvere, la reazione avviene più velocemente e basta una scintilla per provocare una vera e propria esplosione, dovuta alla reazione tra la polvere di carbone e l'ossigeno dell'aria;

e. la **presenza di catalizzatori**: una reazione può essere accelerata o rallentata dalla presenza di particolari sostanze, dette **catalizzatori**, che non si consumano durante il processo di catalisi [4].

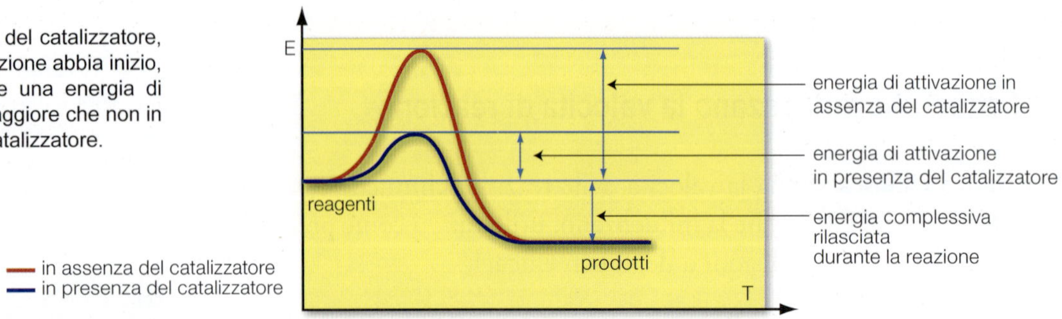

4. In assenza del catalizzatore, affinché la reazione abbia inizio, occorre fornire una energia di attivazione maggiore che non in presenza di catalizzatore.

I **catalizzatori** aumentano la velocità della reazione riducendo l'energia di attivazione necessaria, ma non partecipano direttamente alla reazione stessa (non sono cioè dei reagenti).

La presenza di un catalizzatore "orienta" opportunamente le molecole dei reagenti in modo da rendere ogni loro urto efficace: in questo modo occorrerà un'energia di attivazione minore di quella richiesta normalmente e un maggior numero di molecole dei reagenti avrà energia sufficiente, quindi la velocità della reazione aumenterà.

Tra i **catalizzatori** ricordiamo metalli come il **platino**, il **ferro**, gli **ossidi di molibdeno**, il **cromo**, o non metalli come il **cloro**.

... in English
catalizzatore
catalyst

Nelle cellule degli organismi viventi, svolgono funzione di catalizzatori gli **enzimi** (chimicamente sono proteine). Essi abbassano l'energia di attivazione perché con la loro particolare forma tridimensionale si adattano a quella dei reagenti in modo perfetto, "come una chiave alla sua serratura", formando un **complesso enzima-reagenti** che consente di disporre i reagenti in una posizione favorevole alla realizzazione degli urti efficaci. Una volta avvenuta la reazione, l'enzima si stacca dal complesso attivato, pronto a essere riutilizzato ancora, poiché non si consuma durante la reazione [5].

? Che cos'è un enzima? Come agisce?

... in English
complesso enzima-reagenti
enzyme-reagent complex

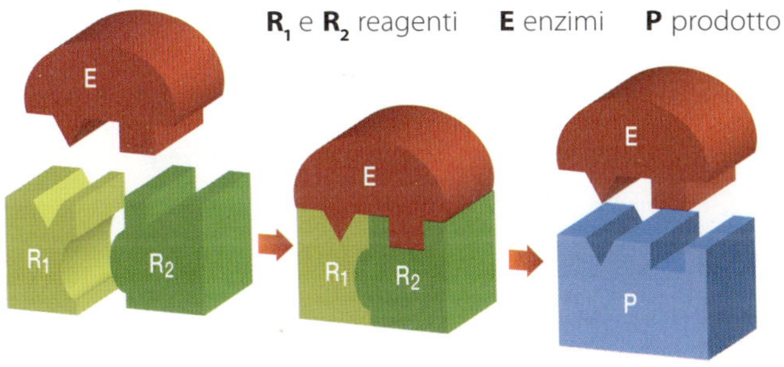

5. Nelle cellule gran parte delle reazioni chimiche sono catalizzate da enzimi: in una reazione la presenza dell'enzima specifico, che funge da catalizzatore, consente di abbassare l'energia di attivazione e quindi di accelerare le reazioni chimiche. Alla fine delle reazioni l'enzima si libera dal complesso attivato, pronto per essere riutilizzato, e si lega ad altre molecole dei reagenti.

3 Reazioni reversibili ed equilibrio chimico

Alcune reazioni procedono fino al completo esaurimento dei reagenti e sono considerate **irreversibili**. Un esempio di questo tipo di reazioni è rappresentato dalla combustione di un pezzo di legno che procede fino al completo incenerimento del legno stesso.

In altre reazioni (soprattutto quelle che si verificano in un sistema chiuso, dal quale i prodotti non possono allontanarsi) la trasformazione dei reagenti nei prodotti può non essere completa. In questo caso, mentre i reagenti si trasformano nei prodotti, osserveremo che parte dei prodotti si ritrasformeranno nei reagenti e che i due processi, dopo un certo tempo, raggiungono un **equilibrio**. La **reazione diretta**, che prevede la trasformazione dei reagenti in prodotti, procederà (all'equilibrio) con la stessa velocità della **reazione inversa**, che vede i prodotti ritrasformarsi nei reagenti.

... in English
reazione reversibile
reversible reaction
equilibrio chimico
chemical equilibrium

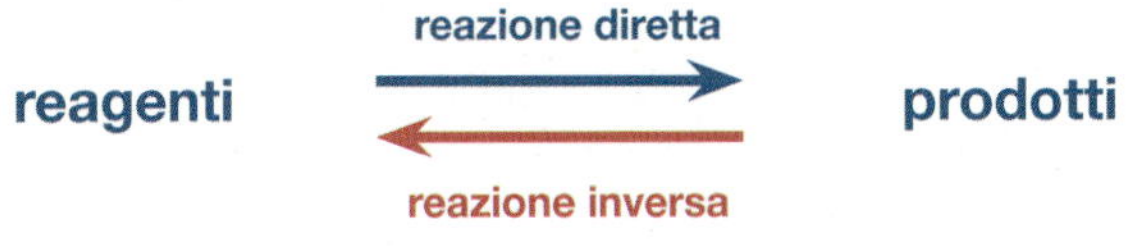

Le reazioni che procedono in entrambe le direzioni sono dette **reazioni reversibili** e vengono rappresentate da equazioni chimiche nelle quali tra reagenti e prodotti troviamo due frecce (invece di una) parallele ma di verso opposto ($\rightleftarrows$).

Vediamo, per esempio, la reazione – reversibile – di decomposizione del carbonato di calcio:

$$CaCO_3 \rightleftarrows CaO + CO_2$$

... in English

reazione diretta
forward reaction

reazione inversa
reverse reaction

La **reazione diretta** è quella che va da sinistra verso destra:

$$\underset{\text{reagenti}}{CaCO_3} \longrightarrow \underset{\text{prodotti}}{CaO + CO_2}$$

la **reazione inversa** è quella che va da destra verso sinistra; dai prodotti della reazione diretta ($CaO + CO_2$) si riformano i reagenti della reazione diretta ($CaCO_3$): i prodotti della reazione diretta sono i reagenti della reazione inversa, che ha come prodotti i reagenti della reazione diretta. La reazione inversa è perciò:

$$\underset{\substack{\text{reagenti}\\\text{(prodotti della reazione diretta)}}}{CaO + CO_2} \longrightarrow \underset{\substack{\text{prodotti}\\\text{(reagenti della reazione diretta)}}}{CaCO_3}$$

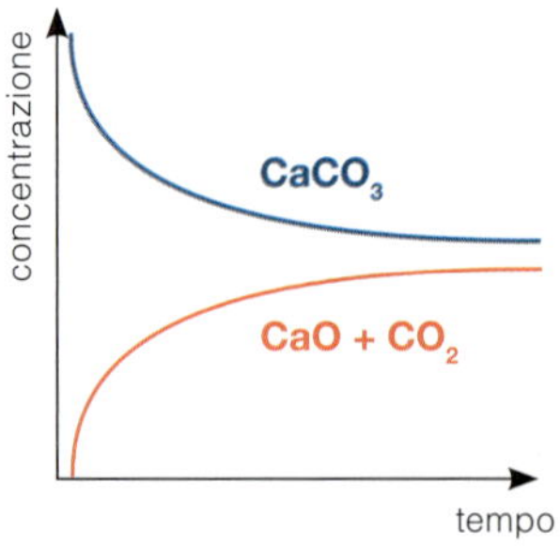

6. Le due reazioni (diretta e inversa) procedono con velocità diverse, fino al raggiungimento di un equilibrio. Raggiunto l'equilibrio, le concentrazioni dei reagenti e dei prodotti si mantengono costanti nel tempo.

L'equilibrio di una reazione reversibile è un **equilibrio dinamico**: le molecole dei reagenti continuano a trasformarsi nelle molecole dei prodotti e viceversa.

All'equilibrio, le velocità delle due reazioni (diretta e inversa) si equivalgono e le concentrazioni dei reagenti e dei prodotti si mantengono costanti perché il numero di molecole di reagenti che si trasformano nei prodotti (nell'unità di tempo) è uguale al numero di prodotti che si ritrasformano in reagenti [**6**].

L'equilibrio è **spostato verso destra** quando prevale la reazione diretta (all'equilibrio la concentrazione dei prodotti sarà maggiore di quella dei reagenti), e **spostato verso sinistra** quando prevale la reazione inversa (all'equilibrio la concentrazione dei reagenti sarà maggiore di quella dei prodotti).

La costante di equilibrio e la legge dell'azione di massa

Una reazione reversibile all'equilibrio mantiene costanti le concentrazioni dei prodotti e dei reagenti, poiché le due reazioni, diretta e inversa, hanno (all'equilibrio) velocità uguale. Ciò significa che ogni reazione all'equilibrio (e a temperatura costante) è caratterizzata da una **costante di equilibrio** K_{eq} che si ricava, per una generica reazione:

$aA + bB \longrightarrow cC + dD$ dalla seguente formula:

$$K_{eq} = \frac{[C]^c\,[D]^d}{[A]^a\,[B]^b}$$

Questa espressione è chiamata **legge dell'azione di massa** e afferma quanto segue. In una reazione reversibile all'equilibrio, il rapporto tra il prodotto delle concentrazioni (moli/litro) delle sostanze prodotte e il prodotto delle concentrazioni delle sostanze reagenti (ciascuna elevata al proprio coefficiente stechiometrico) è costante.

La costante di equilibrio è specifica per ogni reazione (a una determinata temperatura); si ricava sperimentalmente e varia al variare della temperatura.

Nelle **reazioni esotermiche**, che avvengono con produzione di calore, la costante di equilibrio **diminuisce all'aumentare della temperatura** (l'equilibrio si sposta verso sinistra), mentre nelle **reazioni endotermiche**, che avvengono con assorbimento di calore, la costante di equilibrio **aumenta all'aumentare della temperatura** (l'equilibrio si sposta verso destra).

Il valore della costante di equilibrio dà una precisa indicazione della direzione della reazione (verso la formazione dei prodotti o dei reagenti):

- se la costante di equilibrio ha un valore molto elevato, i prodotti prevalgono sui reagenti e la reazione è spostata verso destra: per esempio, la dissociazione dell'acido cloridrico in acqua $HCl \longrightarrow H^+ + Cl^-$ è pressoché completa e la sua costante di equilibrio è circa $\mathbf{4 \cdot 10^{31}}$;
- se, invece, la costante di equilibrio ha un valore molto piccolo, la concentrazione dei prodotti è molto bassa e la reazione è spostata verso sinistra: per esempio, la dissociazione dell'acqua in ioni H^+ e OH^- ha una costante di equilibrio di circa $\mathbf{1{,}8 \cdot 10^{-16}}$;
- se la costante ha un valore intorno a 1, all'equilibrio la concentrazione dei prodotti sarà pressoché uguale a quella dei reagenti (se assume valori compresi tra 10^{-3} e 10^3 la reazione sarà considerata **reversibile all'equilibrio**).

3.1 Il principio dell'equilibrio mobile o di Le Châtelier

La condizione di equilibrio di una reazione reversibile può subire modifiche per l'influenza esercitata da fattori esterni al sistema. Il sistema tende a minimizzare tale influenza reagendo in modo da raggiungere una nuova condizione di equilibrio che controbilancia la variazione subita.

L'**equilibrio** di una reazione è quindi "**mobile**" ed è regolato dal principio di Le Châtelier (enunciato nel 1884), secondo il quale:

> Ogni sistema tende a reagire a una variazione impostagli dall'esterno, neutralizzandone gli effetti.

... in English
principio dell'equilibrio mobile o di Le Châtelier
Le Châtelier's principle

Se l'equilibrio di una reazione viene alterato, questo si sposterà verso destra (aumentando la formazione dei prodotti) o sinistra (reagenti), in modo tale da contrastare la variazione apportata e ripristinare delle nuove condizioni di equilibrio.

I fattori che possono influenzare l'equilibrio sono:
- **variazione** della **concentrazione** di **reagenti** o **prodotti**;
- **variazione** della **temperatura**;
- **variazione** della **pressione** totale del sistema.

La **variazione della concentrazione** di una delle specie chimiche presenti nella reazione potrà alterare l'equilibrio, che si modificherà in modo da annullare il cambiamento.
- Se viene aggiunto alla reazione un reagente, la reazione modificherà il suo equilibrio, spostandosi verso destra, in modo da aumentare la formazione dei prodotti: aumentando i prodotti si ripristina la condizione di equilibrio preesistente; uno spostamento verso destra dell'equilibrio si verifica anche se viene sottratto un prodotto.

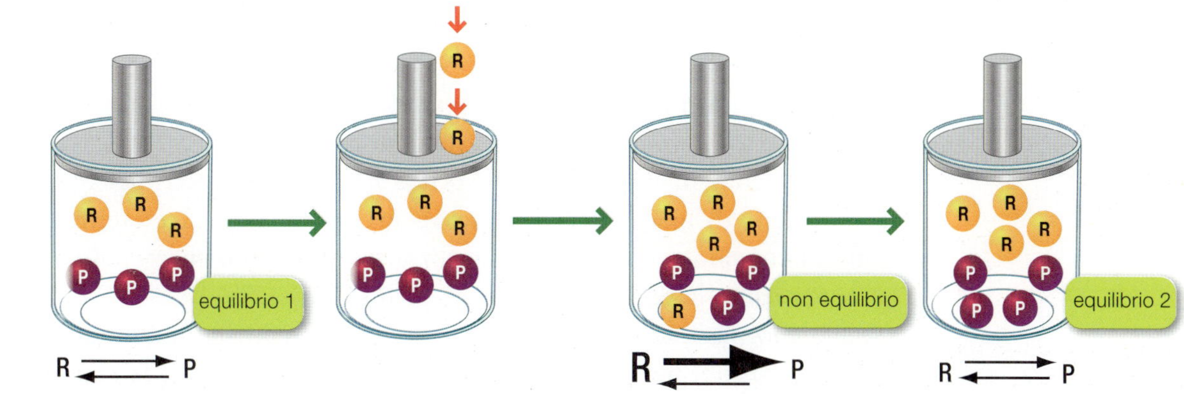

1. le velocità diretta e inversa sono equilibrate
2. aggiunta reagente
3. le velocità non sono equilibrate
4. le velocità sono di nuovo equilibrate

- Se aumentano i prodotti, invece, l'equilibrio si sposta verso sinistra, si riformeranno i reagenti, ripristinando l'equilibrio precedente; l'equilibrio si sposterà verso sinistra anche nel caso in cui venga sottratto uno o più reagenti.

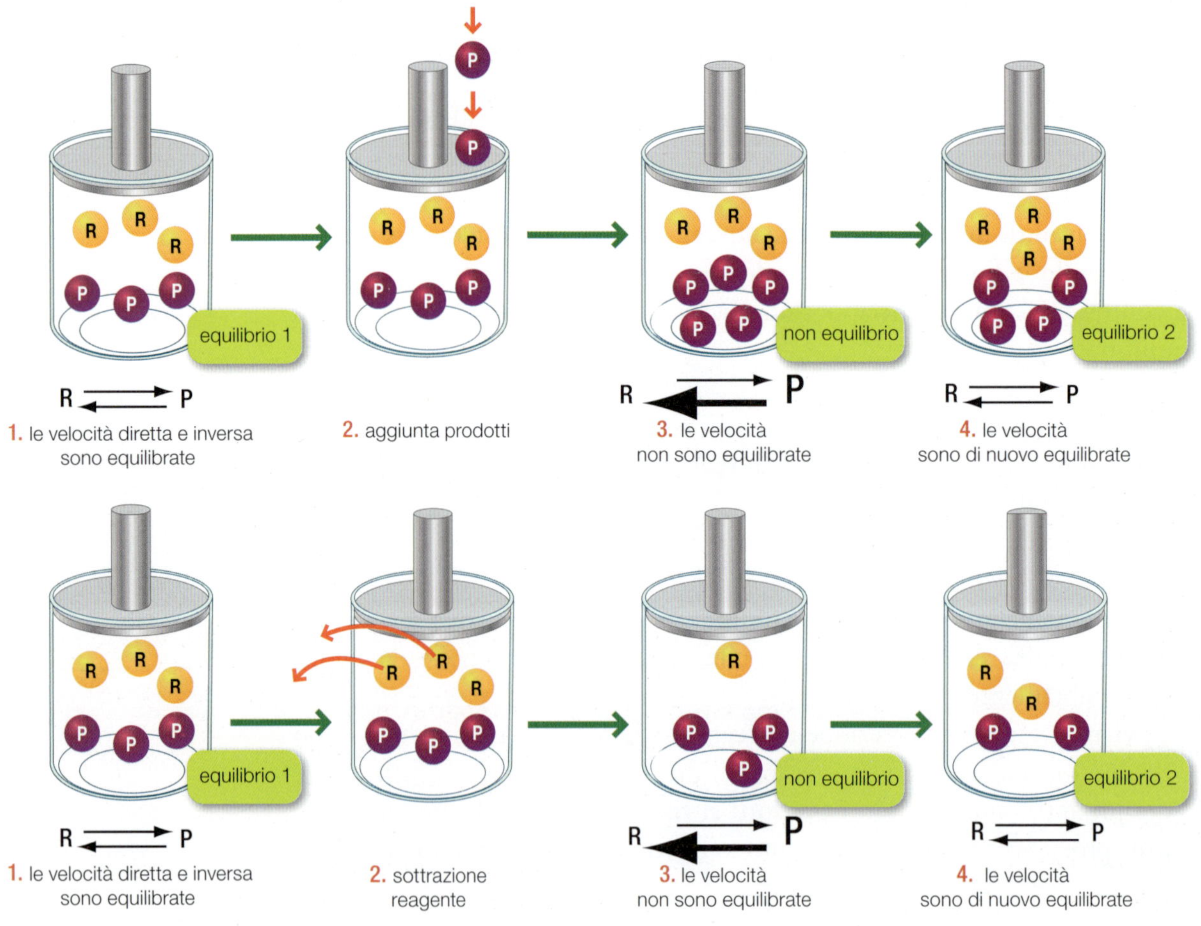

Le reazioni rispondono in modo opposto all'**aumento di temperatura** a seconda che si tratti di reazioni che avvengono con produzione (reazioni esotermiche) o assorbimento di calore (reazioni endotermiche).

Un aumento di temperatura favorisce i processi endotermici (come la dissociazione di una molecola gassosa), ma ostacola quelli esotermici. Infatti, una reazione endotermica si realizza solo fornendo energia al sistema: se aumentiamo la temperatura, l'equilibrio si sposta verso destra, si ha una maggiore formazione di prodotti. La variazione di temperatura, modificando le concentrazioni dei reagenti e dei prodotti, modifica anche la costante di equilibrio, che è specifica per ogni reazione ma dipendente anche dalla temperatura.

Un esempio di reazione endotermica è quella che determina la sintesi dell'ossido di azoto; come tutte le reazioni endotermiche, sarà favorita dall'aumento di temperatura:

$$N_{2(g)} + O_{2(g)} + 180 \text{ kJ/mol di } N_{2(g)} \rightleftarrows 2NO_{(g)}$$

La reazione di preparazione dell'ammoniaca, essendo tipicamente esotermica, sarà, invece, favorita da una diminuzione di temperatura:

$$N_{2(g)} + 3H_{2(g)} \rightleftarrows 2NH_{3(g)} + 92{,}4 \text{ kJ/mol di } N_{2(g)}$$

Quindi, un aumento della temperatura sposta l'equilibrio nelle reazioni esotermiche verso sinistra, cioè verso i reagenti, e quindi le ostacola, le rallenta, mentre nelle reazioni endotermiche l'equilibrio si sposterà verso destra, favorendo la formazione dei prodotti e quindi la reazione stessa.

Diminuendo la temperatura abbiamo gli effetti opposti: sono favorite le reazioni esotermiche (l'equilibrio si sposta verso destra), mentre le reazioni endotermiche sono rallentate dalla diminuzione di temperatura (l'equilibrio si sposta verso sinistra).

Nel caso in cui nella reazione siano presenti reagenti e prodotti allo stato gassoso, la **variazione della pressione totale** del sistema incide sull'equilibrio, come conseguenza della **legge delle pressioni parziali di Dalton**: la pressione totale esercitata da una miscela di gas ideali è uguale alla somma delle pressioni parziali che sarebbero esercitate dai gas se fossero presenti da soli in un eguale volume.

... in English
legge delle pressioni parziali di Dalton
Dalton's Law (Law of Partial Pressures)

La costante di equilibrio non varia al variare della pressione (è influenzata solo dalla temperatura), ma, poiché la pressione di un gas (a volume costante) dipende sostanzialmente dal suo numero di moli, il sistema all'equilibrio reagisce alla variazione della pressione totale, spostando l'equilibrio in funzione della differente variazione di moli gassose, che si ottiene.

- Se nella formazione dei prodotti si ottiene un numero maggiore di moli di gas (rispetto ai reagenti), all'**aumento della pressione totale** corrisponderà uno **spostamento dell'equilibrio verso i reagenti**; infatti, per il principio di Le Châtelier, il sistema tende a opporsi all'aumento della pressione, spostando l'equilibrio della reazione nella direzione che porta a una diminuzione delle moli e quindi della pressione totale.

  Per esempio nella reazione:

  $$N_2O_{4(g)} \rightleftarrows 2NO_{2(g)}$$

  un aumento di pressione sposterà verso sinistra l'equilibrio della reazione.

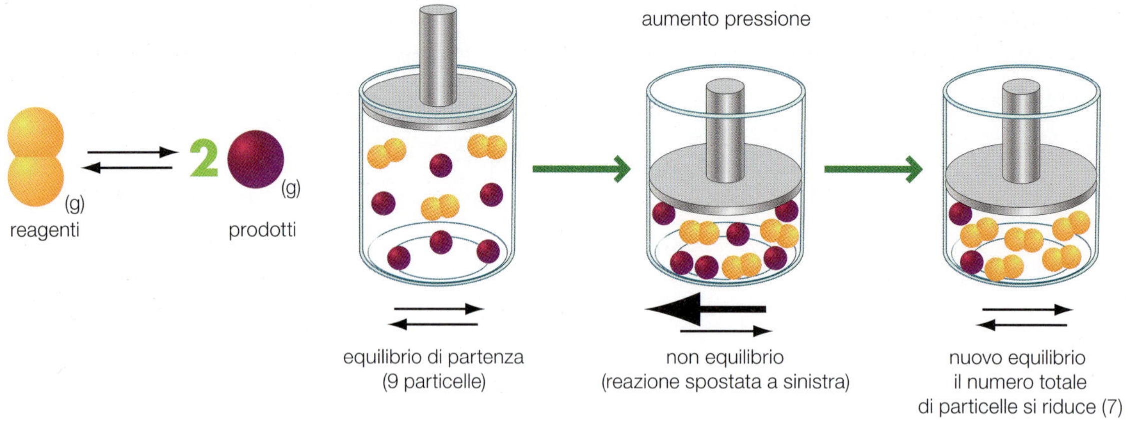

- Se, invece, nella formazione dei prodotti si ottiene un numero minore di moli di gas, un **aumento della pressione totale** sposterà l'**equilibrio verso i prodotti**, ossia verso destra, come nella reazione:

$$N_{2(g)} + 3H_{2(g)} \rightleftarrows 2NH_{3(g)}$$

In questo caso le moli di reagenti sono 4 mentre le moli di prodotti sono solo 2: aumentando la pressione è favorita la formazione di ammoniaca NH_3.

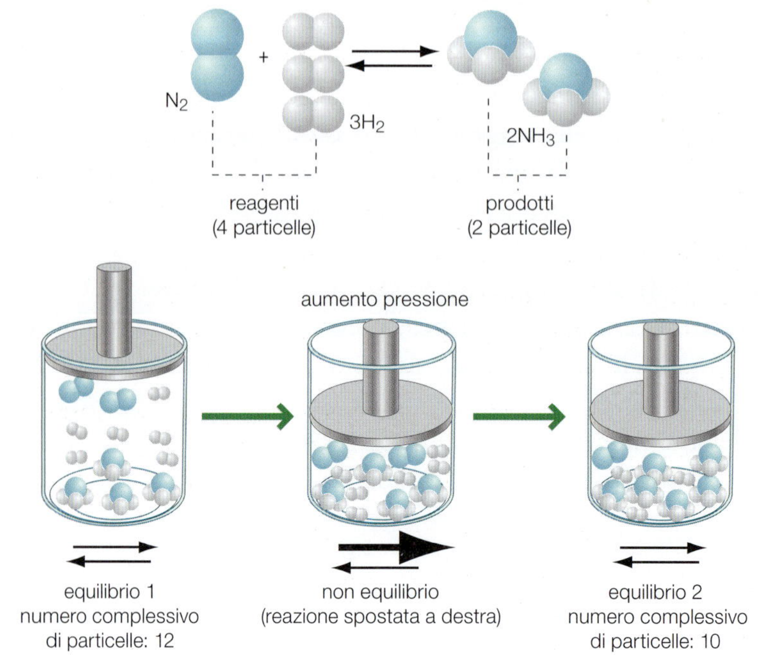

- La **diminuzione della pressione totale** agisce in senso opposto: sposta verso destra la reazione se le moli dei prodotti sono in numero maggiore di quelle dei reagenti e verso sinistra in caso contrario.
- Se, infine, il numero di moli dei reagenti è uguale a quello dei prodotti, la variazione di pressione non potrà influenzare l'equilibrio.

ESERCIZI di autoverifica

A **Completa la seguente mappa concettuale inserendo le parole elencate**

1. concentrazione **3.** reagenti **5.** collisioni **7.** superficie
2. catalizzatori **4.** prodotti **6.** velocità **8.** temperatura

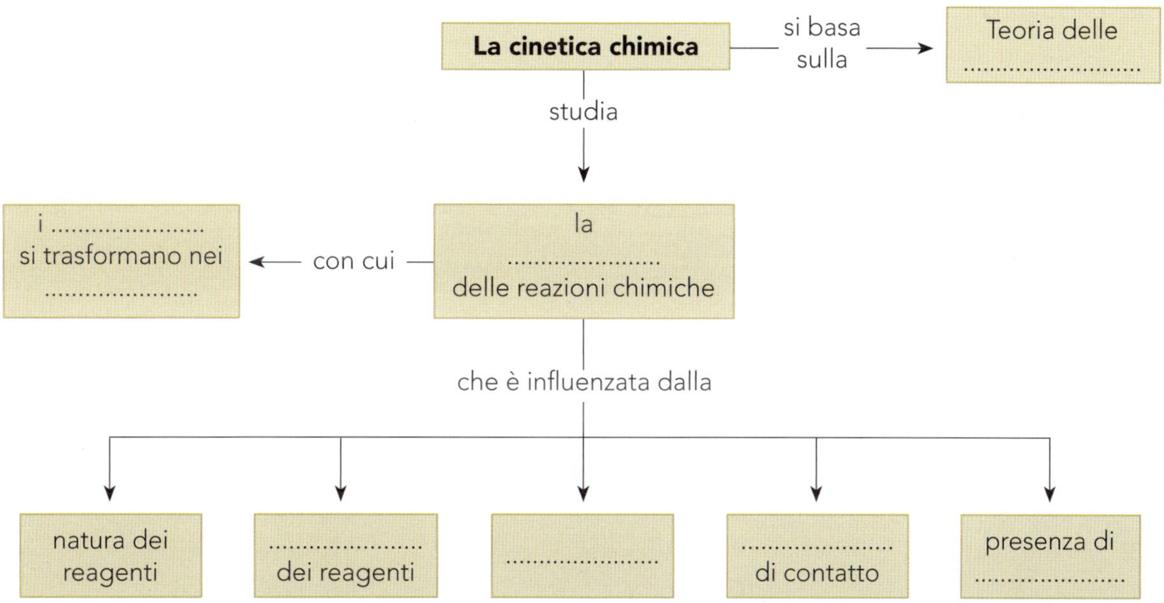

B **Se non lo sai, rileggilo alla pagina indicata**

1. Come puoi definire la velocità di una reazione chimica? (pag. 188)
2. Che cos'è l'equazione cinetica? (pag. 189)
3. Che cosa studia la cinetica chimica? (pag. 189)
4. Quali sono i fattori che influenzano la velocità di una reazione chimica? (pagg. 189-190)
5. Come agisce la temperatura sulla velocità di una reazione? (pag. 190)
6. Che cos'è un catalizzatore? (pag. 190)
7. Quali sono i più comuni catalizzatori metallici? (pag. 191)
8. Come partecipano gli enzimi alle reazioni biochimiche della cellula? (pag. 191)
9. Che cosa si intende per reazione inversa? (pagg. 191-192)
10. Che cosa vuol dire che l'equilibrio è spostato verso destra? (pag. 192)
11. Che cos'è la costante di equilibrio? (pag. 192)
12. Che cosa afferma la legge dell'azione di massa? (pag. 192)
13. Sai spiegare il principio di Le Châtelier? (pag. 193)
14. Come può essere modificata dalla temperatura? (pag. 195)

C **Completa le seguenti frasi inserendo le parole mancanti, scegliendole nell'elenco sottostante**

a. I meccanismi di reazione vengono interpretati in base alla teoria degli .... efficaci.

b. La .... chimica studia la velocità delle reazioni chimiche.

c. La variazione della concentrazione dei reagenti nel tempo è la .... della reazione.

d. L'energia di .... è l'energia minima necessaria perché una reazione possa iniziare.

e. I catalizzatori .... la velocità della reazione.

f. Un'equazione chimica con una doppia freccia tra reagenti e prodotti indica una reazione ....

g. La reazione .... va da destra verso sinistra.

h. La costante di .... è specifica per ogni reazione.

i. Nelle reazioni .... la costante di equilibrio diminuisce all'aumentare della temperatura.

j. Se la costante di equilibrio ha un valore molto elevato la reazione è spostata verso ....

1. velocità
2. cinetica
3. aumentano
4. riducono
5. diretta
6. inversa
7. equilibrio
8. destra
9. attivazione
10. sinistra
11. urti
12. spontanea
13. angoli
14. esotermiche
15. reversibile
16. irreversibile
17. endotermiche

D **Indica se le seguenti affermazioni sono vere (V) o false (F)**

	V	F
1. La velocità di una reazione chimica è direttamente proporzionale alla concentrazione dei prodotti.	○	○
2. La velocità di una reazione corrisponde alla variazione della concentrazione dei reagenti in un intervallo di tempo.	○	○
3. La velocità di una reazione viene calcolata sperimentalmente.	○	○
4. L'equazione cinetica esprime il rapporto tra la velocità della reazione e la temperatura dei reagenti.	○	○
5. Perché una reazione possa avvenire, le molecole dei reagenti devono urtarsi secondo un preciso orientamento.	○	○
6. Il complesso attivato ha energia inferiore a quella dei reagenti.	○	○
7. La temperatura influenza la velocità delle reazioni chimiche.	○	○
8. I catalizzatori aumentano l'energia di attivazione.	○	○
9. Si considera reazione inversa quella che va da destra verso sinistra.	○	○
10. Una reazione reversibile raggiunge un equilibrio dinamico.	○	○

E Indica con una crocetta la risposta giusta tra quelle proposte

1. La velocità di una reazione aumenta:
- **a.** se si riduce la temperatura
- **b.** se aumenta la concentrazione dei prodotti
- **c.** se si riduce la superficie di contatto tra i reagenti
- **d.** se aumenta la concentrazione dei reagenti

2. La velocità di una reazione è uguale:
- **a.** alla quantità di reagenti presenti nel sistema
- **b.** alla quantità di prodotti ottenuti
- **c.** alla quantità di reagenti consumati in un intervallo di tempo
- **d.** alla concentrazione dei prodotti ottenuti

3. L'equazione cinetica esprime la relazione tra la velocità della reazione e:
- **a.** la temperatura
- **b.** la pressione
- **c.** la concentrazione dei reagenti
- **d.** il tempo

4. Brucia più velocemente:
- **a.** la polvere di carbone
- **b.** il carbone in pezzi piccoli
- **c.** carbone in grossi pezzi
- **d.** bruciano tutti allo stesso modo

5. Una reazione si compie se:
- **a.** non si hanno urti tra le molecole
- **b.** gli urti avvengono con un preciso orientamento
- **c.** gli urti avvengono con un'energia sufficiente
- **d.** due delle precedenti si verificano contemporaneamente

6. L'energia del complesso attivato è:
- **a.** la somma dell'energia di attivazione e quella dei prodotti
- **b.** l'energia di attivazione meno quella dei reagenti
- **c.** la differenza tra l'energia dei reagenti e quella dei prodotti
- **d.** la somma dell'energia di attivazione e quella dei reagenti

7. Non si consuma durante una reazione:
- **a.** energia
- **b.** energia di attivazione
- **c.** un catalizzatore
- **d.** il reagente

8. La reazione inversa:
- **a.** procede da sinistra verso destra
- **b.** è sempre in equilibrio con la reazione diretta
- **c.** utilizza gli stessi reagenti della reazione diretta
- **d.** utilizza come reagenti i prodotti della reazione diretta

9. In una reazione endotermica, la velocità della reazione aumenta:
- **a.** con l'aumentare della temperatura
- **b.** se aumenta la concentrazione dei prodotti
- **c.** se si riduce la temperatura
- **d.** in nessuno dei casi precedenti

10. Se la costante di equilibrio ha un valore molto basso:
- **a.** la reazione è istantanea
- **b.** i prodotti prevalgono sui reagenti (hanno concentrazioni maggiori)
- **c.** la reazione è spostata verso sinistra
- **d.** prevale la reazione diretta sulla reazione inversa

11. Quale tra le seguenti reazioni è più veloce?
- **a.** 0,1 moli prodotte in 13 secondi
- **b.** 0,05 moli prodotte in 26 secondi
- **c.** 0,1 moli prodotte in 8 secondi
- **d.** 0,05 moli prodotte in 13 secondi

12. Quale dei seguenti interventi non consente di aumentare la frequenza degli urti in una miscela gassosa?
- **a.** l'aumento del volume
- **b.** l'aumento della temperatura
- **c.** l'aumento della concentrazione
- **d.** l'aumento di pressione

13. Il catalizzatore aumenta la velocità di reazione perché:

a. la reazione segue un percorso a più bassa energia di attivazione

b. aumenta l'energia di attivazione

c. aumenta l'energia dei reagenti

d. diminuisce l'energia dei prodotti

14. In una reazione in equilibrio chimico:

a. i reagenti si consumano completamente

b. la velocità della reazione diretta è uguale a quella della reazione inversa

c. la concentrazione delle sostanze si modifica continuamente

d. la velocità delle reazioni diretta e inversa sono nulle

F ESERCIZI applicativi

1. Se all'inizio di una reazione la concentrazione di una sostanza è di 0,050 mol/L e dopo 2,5 min la concentrazione è di 0,015 mol/L, qual è la velocità media della reazione?

2. Qual è la velocità di reazione, se la molarità di un reagente passa da 0,030 mol/L a 0,023 mol/L in 20 secondi?

3. Applica l'espressione della legge di azione di massa per il calcolo della costante di equilibrio delle seguenti reazioni:

a. $H_{2(g)} + F_{2(g)} \rightleftarrows 2\,HF$

b. $N_{2(g)} + 3\,H_{2(g)} \rightleftarrows 2\,NH_{3(g)}$

4. La reazione di decomposizione del triossido di zolfo (anidride solforica) determina all'equilibrio la formazione di una miscela di gas:

$2\,SO_{3(g)} \rightleftarrows 2\,SO_{2(g)} + O_{2(g)}$

A una determinata temperatura risultano all'equilibrio le seguenti concentrazioni:

$[SO_3] = 0{,}24$ mol/L

$[SO_2] = 0{,}96$ mol/L

$[O_2] = 0{,}48$ mol/L

Calcola la costante di equilibrio.

5. In un recipiente di 1,0 L si introducono, portandole a una determinata temperatura, 0,40 moli di H_2 e 0,40 moli di I_2, che danno luogo alla reazione:

$H_{2(g)} + I_{2(g)} \rightleftarrows 2\,HI_{(g)}$

la cui costante di equilibrio è K = 50.

Calcola le moli di H_2, I_2 e HI presenti all'equilibrio nel recipiente, esprimendo le concentrazioni delle sostanze in mol/L.

6. In un recipiente chiuso di 1,0 L vengono introdotti 184,0 g di diossido di azoto $NO_{2(g)}$.

Riscaldando a una determinata temperatura, una parte di NO_2 si trasforma in N_2O_4 secondo la reazione: $2NO_{2(g)} \rightleftarrows N_2O_{4(g)}$

Calcola la costante di equilibrio K sapendo che all'equilibrio sono presenti 1,0 moli di N_2O_4.

7. Facendo riferimento alla reversibilità delle seguenti reazioni, scrivi l'espressione della costante di equilibrio (in un sistema chiuso) della reazione diretta e della reazione inversa, espresse mediante le concentrazioni molari delle sostanze coinvolte:

$H_{2(g)} + I_{2(g)} \rightleftarrows 2\,HI_{(g)}$

$CO_{(g)} + NO_{2(g)} \rightleftarrows CO_{2(g)} + NO_{(g)}$

8. In un recipiente del volume di 1 litro e alla temperatura di 250 °C la reazione in fase gassosa

$PCl_{5(g)} \rightleftarrows PCl_{3(g)} + Cl_{2(g)}$

presenta una costante di equilibrio $K_{eq} = 0{,}041$.

Se all'equilibrio la concentrazione di PCl_5 è di 0,015 mol/L, quali saranno le mol/L di equilibrio di PCl_3 e Cl_2?

PDF Soluzioni

Capitolo 10 Acidi e basi: il pH

Obiettivi

- Definire acidi e basi secondo Arrhenius, Brönsted e Lowry, Lewis.
- Indicare le proprietà di un acido.
- Definire il prodotto ionico dell'acqua.
- Illustrare il processo di autoionizzazione dell'acqua.
- Definire il pH e indicare il pH di soluzioni neutre, acide e basiche.
- Distinguere acidi (e basi) forti e deboli.
- Spiegare il funzionamento degli indicatori di pH.

1 Acidi e basi

Agli albori della civiltà, i nostri antenati più primitivi acquisivano informazioni dall'ambiente esterno solo grazie agli organi di senso. La vista e l'udito permisero la sopravvivenza, in un mondo spesso ostile, mentre il gusto regalò loro i primi piaceri e la possibilità di riconoscere i cibi, in base ai **quattro sapori fondamentali**: **dolce**, **amaro**, **salato** e **acido**.

I **sapori aspri** del succo di limone e dell'aceto erano ben conosciuti dagli antichi popoli della Mesopotamia e dai Greci [1]. Spetta invece agli alchimisti del Medioevo il merito di aver scoperto la **capacità solvente** e **corrosiva** degli **acidi** riuscendo, inoltre, a prepararne alcuni, come gli acidi solforico, nitrico e cloridrico, che non avevano un'origine organica [2].

Robert Boyle, grande chimico irlandese, considerava acide quelle sostanze, dal sapore acre, capaci di corrodere il marmo, di alterare i metalli non nobili e di far cambiare colore a particolari sostanze vegetali, alcune delle quali vengono ancora utilizzate come **indicatori chimici** del grado di acidità di una soluzione.

1. L'acidità del limone (facilmente dimostrabile utilizzando il tè come indicatore di acidità: il limone lo schiarisce) è dovuta alla presenza dell'acido citrico.

2. Spesso i monumenti di marmo presentano segni di corrosione dovuta all'azione delle piogge "acide", che contengono acidi forti come l'acido solforico, che si forma per la combinazione con l'acqua piovana degli ossidi di zolfo prodotti nella combustione degli idrocarburi contenuti in benzina e gasolio.

... in English
acidi e basi
acids and bases

1.1 Acidi e basi secondo Arrhenius

La prima definizione "moderna" di acido fu proposta nel 1887 dal chimico svedese **Svante Arrhenius** (1859-1927), quando egli era ancora un giovane ricercatore, ma che gli valse poi, nel 1903, il premio Nobel per la Chimica. Osservando che le sostanze che venivano chiamate **acidi** contenevano lo **ione idrogeno** (H^+) e che le **basi** erano caratterizzate dalla presenza dello **ione idrossido** (OH^-), egli diede le seguenti definizioni:

È un **acido** ogni sostanza capace di **liberare ioni idrogeno H^+** in soluzione acquosa

$$HA \rightleftharpoons H^+ + A^-$$

È una **base** ogni sostanza capace di **liberare ioni idrossido OH^-** in soluzione

Me = metallo

$$MeOH \rightleftharpoons Me^+ + OH^-$$

L'acido cloridrico HCl in soluzione acquosa si ionizza completamente, liberando **ioni H^+**:

$$HCl_{(g)} \xrightarrow{H_2O} H^+_{(aq)} + Cl^-_{(aq)}$$

L'idrossido di sodio NaOH in acqua si dissocia completamente, liberando **ioni idrossido OH^-** ed è perciò una **base**:

$$NaOH_{(s)} \xrightarrow{H_2O} Na^+_{(aq)} + OH^-_{(aq)}$$

In questa prima definizione di acido e base non possono rientrare sostanze come l'ammoniaca, che hanno un comportamento basico, ma non contengono (al contrario degli idrossidi) ioni idrossido nella loro molecola: la formula dell'**ammoniaca** è infatti NH_3 e non contiene ioni OH^-; tuttavia in soluzione acquosa ha un comportamento basico (neutralizza gli acidi, fa assumere la colorazione tipica delle basi agli indicatori di basicità) e fa aumentare la concentrazione di ioni idrossido alla soluzione, interagendo con le molecole di acqua:

$$NH_{3(aq)} + H_2O_{(l)} \rightleftharpoons NH^+_{4(aq)} + OH^-_{(aq)}$$

Per questo sono state successivamente elaborate **altre definizioni** di acido e base (secondo Brönsted e Lowry e secondo Lewis).

Svante August Arrhenius (1859-1927)

Chimico e fisico svedese insignito del premio Nobel per la Chimica per la sua teoria che attribuiva agli ioni la responsabilità del passaggio di elettricità attraverso le soluzioni.
I suoi interessi spaziavano dalla Chimica dell'atmosfera, alla Fisica cosmica e all'Astrochimica. Fu il primo scienziato a descrivere l'effetto serra, attribuendo all'innalzamento dei livelli della CO_2 la responsabilità dell'aumento della temperatura della Terra.

Il gruppo ossidrile e lo ione idrossido

Gli idrossidi (ma anche importanti composti organici come gli alcoli e i fenoli) sono caratterizzati dalla presenza del gruppo OH, detto **gruppo ossidrilico** o **ossidrile** (ma anche gruppo idrossilico o idrossile); separandosi dal resto della molecola, il gruppo OH forma lo ione (anione) OH^-, che viene chiamato **ione idrossido**.

1.2 Acidi e basi secondo Brönsted e Lowry

La definizione di **acido** (e di **base**) di Arrhenius non appare ai giorni nostri soddisfacente per vari motivi:

1. si riferisce solo ad acidi e basi in soluzione, non spiega per esempio il comportamento acido dell'HCl puro (o quello basico dell'ammoniaca), allo stato gassoso;
2. non spiega come mai sostanze come l'ammoniaca (**NH_3**) o il carbonato di sodio Na_2CO_3 possano avere un comportamento basico pur non essendo presenti nella molecola ioni OH^-.

... in English

donatore di protoni
proton donor

accettore di protoni
proton acceptor

D'altra parte, la liberazione di ioni H^+ da parte di un acido in soluzione acquosa, a causa della forte reattività di questo ione, lo porta rapidamente a reagire e a legarsi con una molecola di acqua per formare uno ione idronio:

$$H^+ + H_2O \rightarrow H_3O^+$$

Per cui la reazione di ionizzazione dell'acido cloridrico:

$$HCl \rightarrow H^+ + Cl^-$$

andrebbe più correttamente scritta:

$$HCl + H_2O \rightarrow H_3O^+ + Cl^-$$

Sulla base di queste osservazioni, nel 1923, il danese **Johannes Nicolaus Brönsted** e l'inglese **Thomas Martin Lowry**, indipendentemente l'uno dall'altro, proposero una definizione più generale di acidi e basi, definendo:

> **Acido**, una sostanza in grado di cedere ioni H^+, cioè capace di comportarsi da **donatore di protoni**; **base**, una sostanza in grado di acquistare ioni H^+, cioè capace di comportarsi da **accettore di protoni** (ossia di sottrarre uno ione H^+ a un acido).

Il **protone**, o **ione idrogeno**, è fortemente reattivo e, liberato da un acido, viene prontamente catturato da un'altra molecola, che si comporta da base.

Acidi e basi a confronto

Acidi: sapore aspro, corrodono molti metalli, colorano di rosso il tornasole.
Basi: sapore amarognolo, scivolosi al tatto, colorano di blu il tornasole, corrodono solo alcuni metalli, neutralizzano gli acidi.

3. L'ammoniaca è un gas incolore, tossico con odore pungente, caratteristico. È molto solubile in acqua, usato in diverse applicazioni industriali, per esempio come componente di vernici, refrigerante nell'industria del freddo ecc. Aggiungendo la fenolftaleina all'ammoniaca la soluzione assume una colorazione rosso-porpora, tipica delle sostanze basiche.

Così, aggiungendo all'acqua un acido, il protone dell'acido viene ceduto a una molecola di acqua, che, comportandosi da base, lega il protone e forma lo ione idronio $\mathbf{H_3O^+}$:

$$HCl + H_2O \rightarrow H_3O^+ + Cl^-$$

La teoria acido-base di Brönsted e Lowry definisce base una qualunque sostanza in grado di accettare protoni (ossia ioni H^+).

Questa nuova definizione di base ha un valore più generale della precedente, perché include tutte le sostanze in grado di accettare protoni, anche se non possiedono lo ione idrossido; anche l'ammoniaca, aggiunta all'acqua, cattura uno ione H^+ e si comporta da base secondo Brönsted e Lowry, determinando contemporaneamente l'aumento della concentrazione di ioni OH^-, per la reazione seguente:

$$NH_3 + H_2O \rightleftharpoons NH_4^+ + OH^-$$

In questa reazione l'acqua cede uno ione H^+ (un protone) comportandosi, stavolta, come un acido (secondo Brönsted e Lowry) [**3**].

Coppie coniugate acido-base

Nella reazione precedente, l'ammoniaca $\mathbf{NH_3}$ si comporta da base catturando uno ione idrogeno e forma lo ione ammonio $\mathbf{NH_4^+}$; quest'ultimo, nella reazione inversa si comporta da acido, cedendo all'acqua lo ione idrogeno:

$$NH_4^+ + OH^- \rightleftharpoons H_2O + NH_3$$

NH_3 (base) e NH_4^+ (acido) sono una classica coppia coniugata acido-base.

Anche un **acido**, cedendo protoni, forma la sua **base coniugata**, come nel caso dell'acido **HCl**, che si dissocia formando la sua **base coniugata Cl^-**.
In ogni reazione in cui si ha un trasferimento di protoni si possono individuare due coppie coniugate acido-base:

$$\underset{\text{Base coniugata}}{NH_3} + \underset{\text{Acido}}{H_2O} \rightleftharpoons \underset{\text{Acido}}{NH_4^+} + \underset{\text{Base coniugata}}{OH^-}$$

$$\underset{\text{Acido}}{HCl} + \underset{\text{Base coniugata}}{H_2O} \rightleftharpoons \underset{\text{Acido}}{H_3O^+} + \underset{\text{Base coniugata}}{Cl^-}$$

Possiamo notare come alcune sostanze possono agire da acido o da base a seconda della specie con cui reagiscono: l'acqua, per esempio, con l'ammoniaca (base) cede un protone e si comporta da acido (e lo ione idrossido $\mathbf{OH^-}$ è la sua base coniugata):

$$NH_3 + \underset{\text{Acido}}{H_2O} \rightleftharpoons NH_4^+ + \underset{\text{Base coniugata}}{OH^-}$$

Con un acido (come HCl) si comporta da base (e lo ione idronio $\mathbf{H_3O^+}$ è il suo acido coniugato):

$$HCl + \underset{\text{Base}}{H_2O} \rightleftharpoons \underset{\text{Acido coniugato}}{H_3O^+} + Cl^-$$

Tutte le sostanze che, come l'acqua, possono comportarsi sia da acido sia da base (a seconda delle sostanze con cui reagiscono) sono dette **anfotere** o **anfiprotiche**.

Acidi e basi coniugati

Acido	Base coniugata
NH_4^+	NH_3
H_2O	OH^-
HCl	Cl^-
H_3O^+	H_2O

1.3 Acidi e basi secondo Lewis

Osservando le **formule di Lewis** di una base (secondo la definizione di Brönsted e Lowry) come l'ammoniaca, possiamo notare che la capacità di ogni base di accettare un protone dipende dalla presenza di una coppia di elettroni non condivisi (non impegnati in legami):

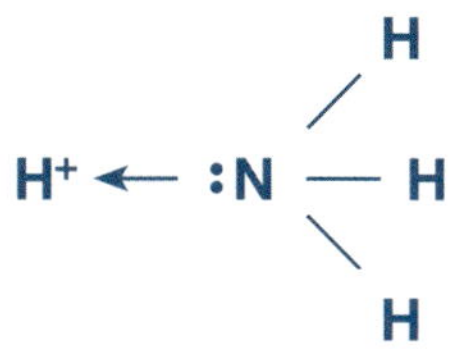

Un po' come avviene nella formazione dei legami dativi, una base si comporta da donatore di una coppia di elettroni, mentre lo ione idrogeno di un acido (sempre secondo la definizione di Brönsted e Lowry), non possedendo elettroni, è in grado di accettare una coppia di elettroni.

Così Lewis propose una nuova definizione di acido e di base:

> Una **base** è una sostanza in grado di **donare una coppia di elettroni**, mentre un **acido** è una sostanza in grado di **accettare una coppia di elettroni**.

Alcali = basi

Le soluzioni basiche sono dette alcaline, dall'arabo *al-qali*, che indica la potassa, sostanza contenuta nella cenere di legna, fortemente alcalina in soluzione.

Con questa definizione possiamo far rientrare nella "categoria" acidi anche sostanze che non possiedono ioni idrogeno, purché siano in grado di accettare una coppia di elettroni non condivisi donata da una base.

Per esempio, il fluoruro di boro (trifluoruro di boro, BF_3) è un acido di Lewis, perché è in grado di accettare una coppia di elettroni ceduta dall'ammoniaca:

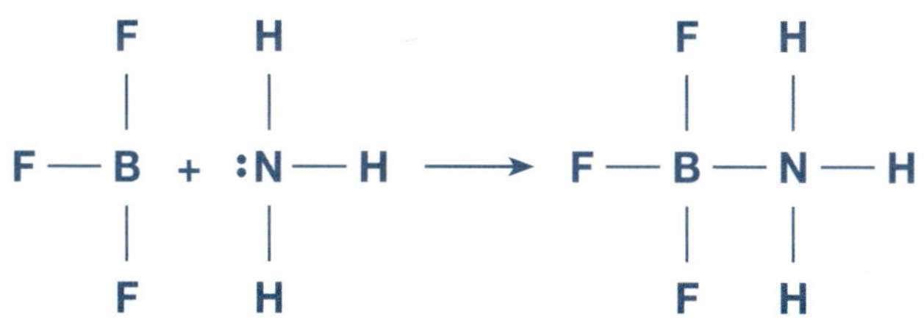

La tabella che segue riassume le tre principali definizioni di acido e di base.

Acido e base		
Definizione (di)	**Acido**	**Base**
Arrhenius	Libera ioni idrogeno	Libera ioni idrossido
Brönsted e Lowry	Cede protoni	Accetta protoni
Lewis	Accetta coppia elettroni	Cede coppia di elettroni

2 Ionizzazione dell'acqua

L'**acqua** (**H_2O**) è una sostanza polare e rappresenta il migliore **solvente** dei sali e di tutti i composti in cui sono presenti gruppi polari. Gli acidi, sciogliendosi in acqua, liberano **ioni idrogeno** (H^+) e **anioni** (ioni negativi) OH^-; queste particelle dotate di carica elettrica sono chiamate **elettroliti**, perché rendono la soluzione in grado di condurre l'elettricità.

L'acqua pura (sostanza pura, priva di sali disciolti) è un cattivo conduttore di elettricità e deve la sua pur debole capacità di condurre la corrente elettrica alla presenza di ioni positivi e negativi: seppure in concentrazione minima sono presenti ioni idrogeno (H^+) e ioni idrossido (OH^-), in quantità uguali tra loro.

Questi ioni sono generati dalla **ionizzazione** delle sue stesse molecole, processo chiamato di **autoionizzazione dell'acqua** (l'acqua ionizza l'acqua).

Schematicamente, la reazione di autoionizzazione può essere rappresentata da questa equazione chimica:

$$H_2O_{(l)} \rightleftarrows H^+_{(aq)} + OH^-_{(aq)} \quad \boxed{1}$$

Questa equazione [1] indica che per ogni molecola di acqua che si ionizza si forma 1 ione idrogeno (H^+) e 1 ione idrossido (OH^-): nell'acqua pura questi 2 ioni sono in quantità uguali tra loro.

La doppia freccia indica che la **reazione** è **reversibile**. Gli ioni H^+ e OH^- hanno una forte tendenza a riformare le molecole di acqua e l'equilibrio di questa reazione è spostato verso sinistra: solo 1 molecola di acqua su 500 milioni si dissocia, per cui, all'equilibrio (alla temperatura di 25 °C), la concentrazione degli ioni H^+ e OH^- nell'acqua pura è molto bassa, ossia 10^{-7} mol/L (un decimilionesimo di mole di H^+ o OH^- per ogni litro di acqua):

$$[H^+] = [OH^-] = 10^{-7} \text{ mol/L}$$

Graficamente l'equazione potrebbe essere riscritta con una grossa freccia verso sinistra e una molto più piccola verso destra:

$$H_2O_{(l)} \rightleftarrows H^+_{(aq)} + OH^-_{(aq)}$$

La costante di equilibrio dell'equazione chimica [1] può essere rappresentata dal prodotto delle concentrazioni molari dei 2 ioni presenti (H^+ e OH^-) e viene perciò detta **prodotto ionico dell'acqua** (K_w):

$$K_w = [H^+] \cdot [OH^-] = 10^{-14}$$

... in English

autoionizzazione dell'acqua
self-ionization of water (also autoionization of water, and autodissociation of water)

H_3O^+

Gli ioni H^+ liberati da una molecola di acqua si legano a un'altra molecola di acqua formando lo ione H_3O^+ (**ione ossonio** o, come veniva chiamato un tempo, **idronio**), per cui l'equazione della reazione di autoionizzazione dell'acqua andrebbe formulata così:

$$H_2O_{(l)} + H_2O_{(l)} \rightleftarrows H_3O^+_{(aq)} + OH^-_{(aq)}$$

Parentesi quadre [ ]

Le parentesi quadre [ ] indicano la concentrazione molare (ossia moli per litro, mol/L) della sostanza nella parentesi, quindi la scritta $[H^+]$ si legge concentrazione molare degli ioni H^+ e $[OH^-]$ concentrazione molare degli ioni OH^-.

La costante di equilibrio dell'acqua

La costante di equilibrio della [1] sarebbe:

$$Keq = \frac{[H^+] \cdot [OH^-]}{[H_2O]}$$

Tuttavia, essendo la $[H_2O]$ quasi uguale all'unità, il denominatore si può omettere e si ottiene così la K_w.

Il valore della costante di equilibrio, $\mathbf{10^{-14}}$, molto basso, indica che la reazione è fortemente spostata verso sinistra e, all'equilibrio, i prodotti sono in concentrazione molto ridotta.

Questa espressione ci rivela, inoltre, che le **concentrazioni** degli ioni $\mathbf{H^+}$ e $\mathbf{OH^-}$ nell'acqua (e nelle soluzioni acquose) sono **inversamente proporzionali**.

Se all'acqua aggiungiamo un acido (che libera H^+), la concentrazione degli H^+ aumenta. Poiché il prodotto ionico è costante, se aumenta H^+ la concentrazione degli OH^- si ridurrà proporzionalmente. Viceversa, se aggiungiamo all'acqua una base (un idrossido), la $[OH^-]$ aumenta, mentre si riduce la $[H^+]$.

Conoscendo la $[H^+]$ possiamo ricavare anche la $[OH^-]$ (e viceversa), perché il prodotto delle due concentrazioni (prodotto ionico dell'acqua) è costante, è sempre 10^{-14}.

... in English

grado di acidità e basicità

degree of acidity and alkalinity

3 Misura del grado di acidità: la scala del pH

La $[H^+]$ è una misura del **grado di acidità** (o di **basicità**) di una soluzione.

Nell'acqua pura (che non contiene né acidi né basi) la $[H^+]$ (uguale alla $[OH^-]$) è $\mathbf{10^{-7}}$ mol/L.

Aggiungendo un acido, la $[H^+]$ aumenta, passando da $\mathbf{10^{-7}}$ mol/L a $\mathbf{10^{-6}}$, $\mathbf{10^{-5}}$, $\mathbf{10^{-4}}$, $\mathbf{10^{-3}}$ ecc.

In parallelo, la $[OH^-]$ si riduce proporzionalmente (il loro prodotto deve rimanere sempre $\mathbf{10^{-14}}$).

Valore degli esponenti

Un esponente negativo più basso indica un numero più alto: $\mathbf{10^{-7}}$ è più piccolo di $\mathbf{10^{-6}}$ e quest'ultimo è più piccolo di $\mathbf{10^{-5}}$.

Rapporto di proporzionalità tra H^+ e OH^-		
se $[H^+] = 10^{-7}$ mol/L	$[OH^-] = 10^{-7}$ mol/L	Perché Kw è sempre $= 10^{-14}$: $10^{-7} \times 10^{-7} = 10^{-14}$
se $[H^+] = 10^{-6}$ mol/L	$[OH^-] = 10^{-8}$ mol/L	$10^{-6} \times 10^{-8} = 10^{-14}$
se $[H^+] = 10^{-5}$ mol/L	$[OH^-] = 10^{-9}$ mol/L	$10^{-5} \times 10^{-9} = 10^{-14}$
se $[H^+] = 10^{-4}$ mol/L	$[OH^-] = 10^{-10}$ mol/L	$10^{-4} \times 10^{-10} = 10^{-14}$
se $[H^+] = 10^{-3}$ mol/L	$[OH^-] = 10^{-11}$ mol/L	$10^{-3} \times 10^{-11} = 10^{-14}$
se $[H^+] = 10^{-2}$ mol/L	$[OH^-] = 10^{-12}$ mol/L	$10^{-2} \times 10^{-12} = 10^{-14}$
se $[H^+] = 10^{-1}$ mol/L	$[OH^-] = 10^{-13}$ mol/L	$10^{-1} \times 10^{-13} = 10^{-14}$

Ricordiamo che la moltiplicazione tra potenze aventi base uguale (in questo caso 10) si ottiene facendo la somma algebrica degli esponenti e mettendo la stessa base così, per esempio: $\mathbf{10^{-7} \times 10^{-7} = 10^{-14}}$ perché $(-7) + (-7) = -14$.

Aggiungendo una base, invece, aumenta la $[OH^-]$ e la $[H^+]$ si riduce proporzionalmente:

$[OH^-]$ e $[H^+]$ di una soluzione a confronto	
se $[OH^-] = 10^{-6}$ mol/L	$[H^+] = 10^{-8}$ mol/L
se $[OH^-] = 10^{-5}$ mol/L	$[H^+] = 10^{-9}$ mol/L
se $[OH^-] = 10^{-4}$ mol/L	$[H^+] = 10^{-10}$ mol/L
se $[OH^-] = 10^{-3}$ mol/L	$[H^+] = 10^{-11}$ mol/L
se $[OH^-] = 10^{-2}$ mol/L	$[H^+] = 10^{-12}$ mol/L
se $[OH^-] = 10^{-1}$ mol/L	$[H^+] = 10^{-13}$ mol/L

Leggere sull'eBook

- Le potenze di 10 e i logaritmi

... in English

soluzione acida
acid solution

soluzione basica
(o alcalina)
alkaline (or basic) solution

soluzione neutra
neutral solution

Se in una soluzione le concentrazioni di H^+ e OH^- sono uguali tra loro (ossia $\mathbf{10^{-7}}$ mol/L), come si verifica nell'acqua pura (che non è né acida né basica), la soluzione è **neutra**.

Se la $[H^+]$ è maggiore di $\mathbf{10^{-7}}$ mol/L (per esempio $\mathbf{10^{-6}}$ o $\mathbf{10^{-5}}$ mol/L), la soluzione sarà **acida**, tanto più acida quanto più alta sarà la $[H^+]$.

Se la $[H^+]$ è minore di $\mathbf{10^{-7}}$ mol/L (per esempio $\mathbf{10^{-8}}$ o $\mathbf{10^{-10}}$ mol/L), la soluzione sarà **basica**, tanto più basica quanto più bassa sarà la $[H^+]$.

Utilizzare la $[H^+]$ come misura dell'acidità di una soluzione, pur essendo concettualmente corretto, costringe spesso a ricorrere a numeri esponenziali complessi.

Come **indice della $[H^+]$** è stato perciò introdotto il concetto di **pH**:

Quando la $[H^+]$ è esattamente una potenza di 10, il **pH** è l'**esponente cambiato di segno** della $[H^+]$.

Per esempio, se $[H^+] = \mathbf{10^{-7}}$ mol/L il pH sarà 7; se $[H^+] = \mathbf{10^{-3}}$ mol/L il pH sarà 3 (vedi la tabella seguente).

$[H^+]$ e pH			
se $[H^+] = 10^{-14}$ mol/L	pH = 14	Soluzione BASICA	basicità crescente
se $[H^+] = 10^{-13}$ mol/L	pH = 13	Soluzione BASICA	
se $[H^+] = 10^{-12}$ mol/L	pH = 12	Soluzione BASICA	
se $[H^+] = 10^{-11}$ mol/L	pH = 11	Soluzione BASICA	
se $[H^+] = 10^{-10}$ mol/L	pH = 10	Soluzione BASICA	
se $[H^+] = 10^{-9}$ mol/L	pH = 9	Soluzione BASICA	
se $[H^+] = 10^{-8}$ mol/L	pH = 8	Soluzione BASICA	
se $[H^+] = 10^{-7}$ mol/L	pH = 7	Soluzione NEUTRA	
se $[H^+] = 10^{-6}$ mol/L	pH = 6	Soluzione ACIDA	
se $[H^+] = 10^{-5}$ mol/L	pH = 5	Soluzione ACIDA	
se $[H^+] = 10^{-4}$ mol/L	pH = 4	Soluzione ACIDA	
se $[H^+] = 10^{-3}$ mol/L	pH = 3	Soluzione ACIDA	
se $[H^+] = 10^{-2}$ mol/L	pH = 2	Soluzione ACIDA	
se $[H^+] = 10^{-1}$ mol/L	pH = 1	Soluzione ACIDA	
se $[H^+] = 1$ mol/L (10^0)	pH = 0	Soluzione ACIDA	acidità crescente

La definizione più corretta di pH è la seguente.

Il **pH** di una soluzione è il logaritmo in base 10 della $[H^+]$, cambiato di segno:

$$\mathbf{pH} = -\log_{10} [H^+] = \log_{10} \frac{1}{[H^+]}$$

La **scala del pH** è compresa tra **0** e **14**.

In base al valore del pH, la soluzione risulta:

- **neutra** se il pH è **uguale a** 7;
- **acida** se il pH è **minore di** 7;
- **basica** se il pH è **maggiore di** 7.

Analogamente al pH, in base alla **concentrazione di ioni OH^-**, si può esprimere il **pOH** della soluzione.

In base al valore del pOH, la soluzione risulta:

- **neutra** se il pOH è **uguale a** 7;
- **basica** se il pOH è **minore di** 7;
- **acida** se il pOH è **maggiore di** 7.

In ogni soluzione la somma del **pH** e del **pOH** è uguale a **14**:

$$\mathbf{pH + pOH = 14}$$

Se, per esempio, una soluzione acida ha pH = 2, il suo valore di pOH sarà pari a **12** [**4**].

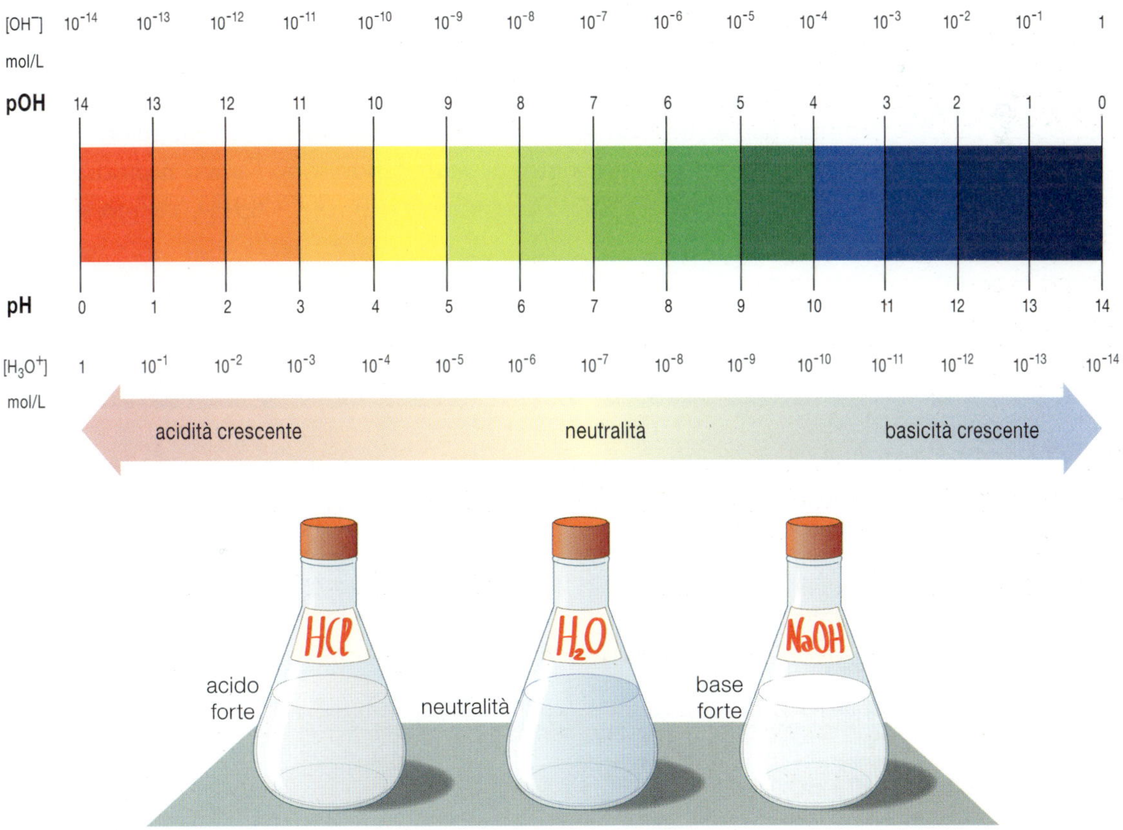

4. Relazione tra pH e pOH: sono indicate anche le concentrazioni molari di H^+ (indicato come H_3O^+) corrispondenti ai vari valori di pH e le concentrazioni molari di OH^- per il pOH.

... in English
forza degli acidi
strong acids

4 La forza degli acidi e delle basi

Una sostanza è **acida** se libera ioni $\mathbf{H^+}$. Se aggiungiamo all'acqua la stessa quantità (numero di moli per litro di soluzione) di acidi diversi si ottengono valori di pH sensibilmente differenti. Gli acidi che raggiungono un pH più basso sono più forti di quelli che determinano un pH più alto.

La forza di un acido è legata alla sua **capacità di liberare protoni** (ioni H^+) nella reazione di ionizzazione, che possiamo schematicamente rappresentare con questa equazione chimica:

$$HA \rightleftarrows H^+ + A^-$$

Gli acidi forti, come l'acido cloridrico, si ionizzano completamente:

$$HCl \longrightarrow H^+ + Cl^-$$

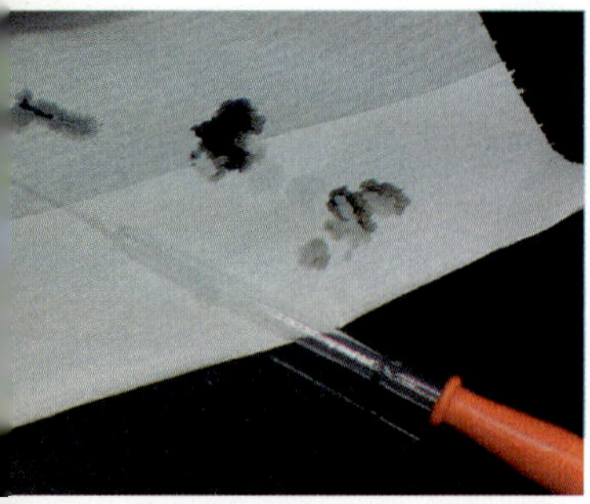

5. L'acido solforico è un acido forte: poche gocce su un foglio di carta possono provocare la carbonizzazione istantanea della carta.

Tutte le molecole di HCl si ionizzano, per cui da una mole di HCl si forma una mole di H^+. L'aggiunta di acido cloridrico a una soluzione fa abbassare rapidamente il pH: l'acido cloridrico è un **acido forte**.

Sono **acidi forti** solo **6** acidi: perclorico ($HClO_4$), iodidrico (HI), bromidrico (HBr), cloridrico (HCl), solforico (H_2SO_4), nitrico (HNO_3) [**5**].

Gli **acidi deboli** si ionizzano solo in parte, per cui solo poche molecole si ionizzano liberando ioni H^+: l'aggiunta di un acido debole all'acqua determina perciò una riduzione del pH molto minore di un acido forte (alla stessa concentrazione). Esempi di acidi deboli sono l'acido fluoridrico (HF), l'acido cianidrico (HCN), l'acido acetico (CH_3COOH), l'acido carbonico (H_2CO_3).

Scrivi il nome IUPAC degli acidi forti citati nel testo a fianco: per esempio, l'acido perclorico è detto acido tetraossoclorico(VII).

Acidi poliprotici

Alcuni acidi che possiedono più di 1 atomo di idrogeno e possono perciò liberare anche più di 1 protone (**ione idrogeno**) vengono detti **acidi poliprotici**.
Gli acidi poliprotici sono detti **diprotici** se hanno 2 atomi di H e **triprotici** se ne hanno 3.
L'acido solforico (H_2SO_4), per esempio, è un acido forte che si dissocia completamente, liberando un protone, in:

$$H^+ + HSO_4^-$$

Ma anche lo ione idrogeno solfato HSO_4^- è un acido e può liberare un secondo protone:

$$HSO_4^- \rightleftarrows H^+ + SO_4^{2-}$$

Il grado di ionizzazione di questo acido (HSO_4^-) è molto inferiore (è un acido debole) rispetto a H_2SO_4 di partenza, perché è più difficile strappare uno ione positivo H^+ a uno ione negativo (rispetto a una molecola neutra).

Questo vale per tutti gli acidi poliprotici: il secondo protone (e il terzo protone negli acidi triprotici) di un acido poliprotico si libera in percentuali molto inferiori rispetto al primo, per cui gli ioni derivati sono acidi molto più deboli rispetto all'acido di partenza (prima ionizzazione).

Tra gli **acidi deboli** distinguiamo:

- **acidi di media forza**: ortofosforico (H_3PO_4), solforoso (H_2SO_3), cloroso ($HClO_2$), fluoridrico (HF), nitroso (HNO_2);
- **acidi deboli**: acetico (CH_3COOH), carbonico (H_2CO_3), solfidrico (H_2S), ipocloroso (HClO), borico (H_3BO_3), cianidrico (HCN) [6].

6. I vapori sulfurei della solfatara hanno un caratteristico odore di uova marce determinato da composti come l'acido solfidrico (IUPAC: solfuro di idrogeno).

L'acido cianidrico, per esempio, si scinde secondo la **reazione reversibile**:

$$HCN \rightleftharpoons H^+ + CN^-$$

Tuttavia, l'**equilibrio** di questa reazione è fortemente spostato verso sinistra (prevale la reazione inversa) e solo poche molecole di HCN si scindono liberando ioni H^+. L'aggiunta di HCN all'acqua determina una minor riduzione del pH rispetto agli acidi forti come HCl: è infatti un acido debole.

Il pH di una soluzione acida dipende dalla **forza** dell'acido, ma anche dalla sua **concentrazione**: un acido debole, ma in concentrazioni elevate, può determinare un pH significativamente basso, mentre una sola goccia di un acido forte in una grande quantità di acqua non ne modifica quasi il pH.

Per calcolare il pH di una soluzione acida (o basica) si dovrà tener conto sia della forza sia della concentrazione dell'acido (o della base).

Analogamente agli **acidi**, in soluzione acquosa, anche le **basi** sono classificate come **forti** o **deboli** [7].

7. In un laboratorio chimico tra i reagenti sono sempre presenti basi forti come l'idrossido di sodio NaOH e acidi forti come l'acido cloridrico HCl o l'acido solforico H_2SO_4.

Una **base forte** in acqua si dissocia completamente, liberando ioni **OH^-** che determinano un aumento notevole del pH (da 7 a 10, 12, 14) e, in parallelo, una forte riduzione del pOH (da 7 a 2, 1, 0).

Sono **basi forti**, per esempio, gli idrossidi dei metalli alcalini (idrossido di sodio, di litio, di potassio), che sono composti ionici e si dissociano completamente in acqua liberando ioni **OH^-**:

$$NaOH \rightarrow Na^+ + OH^-$$

L'ammoniaca NH_3 è, invece, una **base debole** perché quando si scioglie in acqua solo poche delle sue molecole accettano protoni dall'acqua (liberando così da ogni molecola di acqua uno ione **OH^-**), secondo una reazione reversibile il cui equilibrio è spostato verso sinistra, ossia verso i reagenti:

$$NH_{3\,(aq)} + H_2O_{(l)} \rightleftharpoons NH^+_{4\,(aq)} + OH^-_{(aq)}$$

PDF **Leggere sull'eBook**

• Calcolo del pH di una soluzione acida o basica

4.1 Forza degli acidi e costante di dissociazione acida

La **forza di un acido** dipende dalla **capacità di cedere protoni** (ioni idrogeno), ossia dalla capacità di ionizzarsi. Gli acidi forti si dissociano completamente, per cui la reazione di **ionizzazione** può essere rappresentata da una semplice equazione con una sola freccia, che indica che tutto l'acido si ionizza liberando protoni. Per esempio:

$$HCl \longrightarrow H^+ + Cl^-$$

Una mole di HCl libera una mole di ioni idrogeno.

Gli **acidi deboli**, invece, si ionizzano solo parzialmente e la reazione è in equilibrio con la **reazione inversa**, nella quale la base coniugata si lega allo ione idrogeno per riformare l'acido indissociato. La reazione viene indicata con una doppia freccia, e l'equilibrio è spostato verso sinistra (forma indissociata dell'acido) tanto più quanto più l'acido è debole:

$$HA \rightleftarrows H^+ + A^-$$

(dove HA è un generico acido in forma indissociata e A^- la sua base coniugata)

La costante di equilibrio di questa reazione è:

$$K_a = \frac{[H^+]\ [A^-]}{[HA]}$$

... in English
costante di dissociazione acida
acid dissociation constant

Questa costante è detta **costante di dissociazione acida** (K_a). Più basso è il valore di questa e più prevarrà la reazione inversa e quindi minore sarà la concentrazione di ioni idrogeno liberati e più debole sarà l'acido: la costante di dissociazione acida è un indice della forza di un acido debole (vedi la tabella alla pagina seguente).

Per gli acidi forti il valore della costante di dissociazione acida (K_a) è molto elevato (molto maggiore di 1), perché l'acido è quasi totalmente dissociato, mentre gli acidi deboli hanno una K_a molto inferiore a 1 (da 10^{-2} a 10^{-13}). La K_a dell'acqua è il prodotto ionico dell'acqua (K_w) e ha un valore molto basso (1×10^{-14}).

Anche per le basi si può definire una **costante di dissociazione basica** (K_b), analoga alla K_a:

$$B_{(aq)} + HOH_{(l)} \rightleftarrows HB^+_{(aq)} + OH^-_{(aq)}$$

$$K_b = \frac{[HB^+]\ [OH^-]}{[B]}$$

Forza relativa degli acidi e delle basi e costanti di dissociazione acida

FORZA DEGLI ACIDI (↑) — FORZA DELLE BASI (↓)

ACIDI FORTI

Nome dell'acido	Formula dell'acido	Formula della base
Acido iodidrico	HI	$H^+ + I^-$
Acido bromidrico	HBr	$H^+ + Br^-$
Acido perclorico	$HClO_4$	$H^+ + ClO_4^-$
Acido cloridrico	HCl	$H^+ + Cl^-$
Acido solforico	H_2SO_4	$H^+ + ClO_4^-$
Acido clorico	$HClO_3$	$H^+ + ClO_3^-$
Acido nitrico	HNO_3	$H^+ + NO_3^-$

ACIDI DEBOLI

Nome dell'acido	Formula dell'acido		Formula della base	K_a
Acido ossalico	$H_2C_2O_4$	⇌	$H^+ + HC_2O_4^-$	$5{,}4 \times 10^{-2}$
Acido solforoso	H_2SO_3	⇌	$H^+ + HSO_3^-$	$1{,}3 \times 10^{-2}$
Ione idrogenosolfato	HSO_4^-	⇌	$H^+ + SO_4^{2-}$	$1{,}1 \times 10^{-2}$
Acido fosforico	H_3PO_4	⇌	$H^+ + H_2PO_4^-$	$7{,}1 \times 10^{-3}$
Acido nitroso	HNO_2	⇌	$H^+ + NO_2^-$	$7{,}2 \times 10^{-4}$
Acido fluoridrico	HF	⇌	$H^+ + F^-$	$6{,}6 \times 10^{-4}$
Acido formico (metanoico)	$HCOOH$	⇌	$H^+ + HCOO^-$	$1{,}8 \times 10^{-4}$
Acido benzoico	C_6H_5COOH	⇌	$H^+ + C_6H_5COO^-$	$6{,}3 \times 10^{-5}$
Ione idrogenoossalato	$HC_2O_4^-$	⇌	$H^+ + C_2O_4^-$	$5{,}3 \times 10^{-5}$
Acido acetico (etanoico)	CH_3COOH	⇌	$H^+ + CH_3COO^-$	$1{,}8 \times 10^{-5}$
Acido propionico (propanoico)	CH_3CH_2COOH	⇌	$H^+ + CH_3CH_2COO^-$	$1{,}3 \times 10^{-5}$
Acido carbonico	H_2CO_3	⇌	$H^+ + HCO_3^-$	$4{,}4 \times 10^{-7}$
Acido solfidrico	H_2S	⇌	$H^+ + HS^-$	$1{,}0 \times 10^{-7}$
Ione diidrogenofosfato	$H_2PO_4^-$	⇌	$H^+ + HPO_4^{2-}$	$6{,}3 \times 10^{-8}$
Ione idrogenosolfito	HSO_3^-	⇌	$H^+ + SO_3^{2-}$	$6{,}2 \times 10^{-8}$
Acido ipocloroso	$HClO$	⇌	$H^+ + ClO^-$	$2{,}9 \times 10^{-8}$
Acido cianidrico	HCN	⇌	$H^+ + CN^-$	$6{,}2 \times 10^{-10}$
Acido borico	H_3BO_3	⇌	$H^+ + H_2BO_3^-$	$5{,}8 \times 10^{-10}$
Ione ammonio	NH_4^+	⇌	$H^+ + NH_3$	$5{,}7 \times 10^{-10}$
Ione idrogenocarbonato	HCO_3^-	⇌	$H^+ + CO_3^{2-}$	$4{,}7 \times 10^{-11}$
Ione monoidrogenofosfato	HPO_4^{2-}	⇌	$H^+ + PO_4^{3-}$	$4{,}2 \times 10^{-13}$
Acqua	H_2O	⇌	$H^+ + OH^-$	$1{,}0 \times 10^{-14}$

LE SOSTANZE BASICHE PRENDONO H+ E DANNO VALORE DI PH DA 7 A 14

5 Misurazione del pH: gli indicatori

LE SOSTANZE ACIDE PRENDONO OH+ E DANNO VALORE DI PH DA 7 A 0

... in English

indicatori di pH
pH indicators

cartine al tornasole
litmus paper

indicatori universali
universal indicators

Gli **indicatori di pH** sono sostanze che hanno la proprietà di **cambiare colore** quando vengono a contatto con un ambiente **acido** o **basico** e possono essere utilizzati per valutare il grado di acidità di una soluzione.

Queste sostanze, di natura organica, cambiano colore a determinati valori del pH della soluzione in cui sono disciolti in quantità piccolissime.

Questo cambiamento di colore è detto **viraggio** [8].

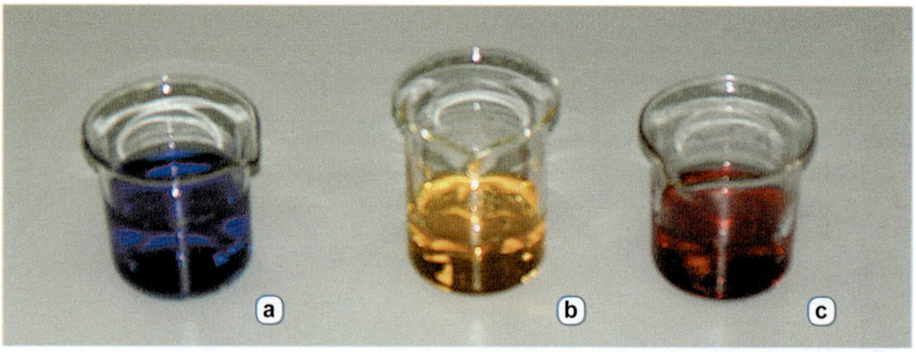

8. L'aggiunta di qualche goccia di indicatore universale colora in blu una soluzione basica (a), in rosso una acida (c), mentre l'acqua distillata (pH neutro) assume un colore giallognolo (b).

In laboratorio sono di uso comune indicatori come il metilarancio, il tornasole, la fenolftaleina, il rosso metile, il blu di bromotimolo.

Il **tornasole**, per esempio, è un **colorante vegetale**, disposto su strisce di carta (**cartine al tornasole**); a pH neutro è verde, ma "vira" verso il rosso se immerso in soluzioni acide (a pH inferiore a 4,4) o verso il blu in soluzioni basiche (a pH maggiore di 8) [9].

In commercio vengono vendute confezioni costituite da strisce di carta imbevute di una miscela di indicatori, dette **indicatori universali**, che sono in grado di evidenziare il **pH** della soluzione in cui vengono immerse, in base a una scala di colori (**scala cromatica**).

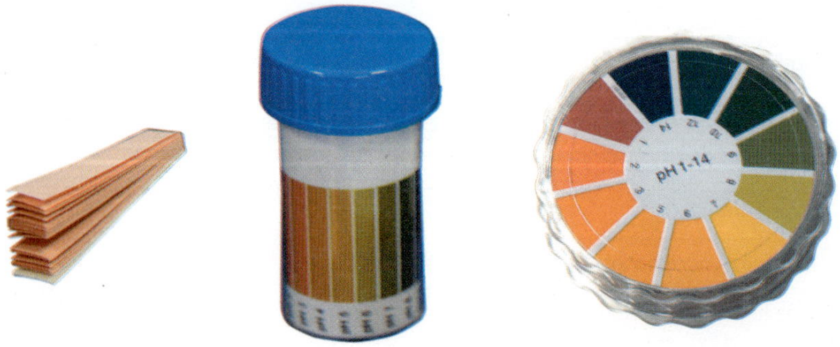

9. Indicatori universali di pH: si notano le scale cromatiche con i valori di pH corrispondenti ai diversi colori.

Per una misura precisa del pH vengono usate apparecchiature elettroniche chiamate **piaccametri** (o **pHmetri**) [**10**].

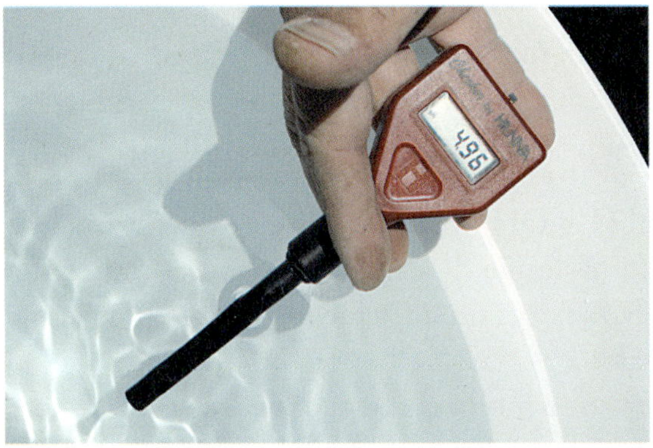

10. Un pHmetro elettronico: questo strumento consente una precisa determinazione del pH di una soluzione. È costituito da una sonda collegata a un dispositivo elettronico che rileva il valore del pH indicandolo sul display. La sonda è un elettrodo a vetro che misura la differenza di potenziale (in pratica, è un voltmetro che indica le misure in unità di pH anziché in volt) sui due lati di una membrana posta all'estremità della sonda: poiché la differenza di potenziale registrata è legata alla concentrazione di ioni H^+ della soluzione da esaminare, la sonda è in grado di registrare tale concentrazione, espressa in valori di pH.

6 Le reazioni di neutralizzazione

Se versiamo in un becher una soluzione di **NaOH** e aggiungiamo alcune gocce di indicatore universale, osserveremo lo sviluppo del classico colore **blu**, che l'indicatore assume a contatto con una **soluzione basica** [**11a**].

Se versiamo una soluzione di acido cloridrico **HCl**, in un secondo becher, dopo l'aggiunta dell'indicatore universale osserveremo, invece, che la colorazione diventerà del classico colore **rosso**, che rivela il carattere **acido** della sostanza [**11b**].

Se ora, in un terzo becher, uniamo le **due soluzioni** il colore che si sviluppa sarà il **verde**, caratteristico di una **soluzione neutra**, cioè né acida né basica [**11c**].

... in English
reazioni di neutralizzazione
neutralization reaction

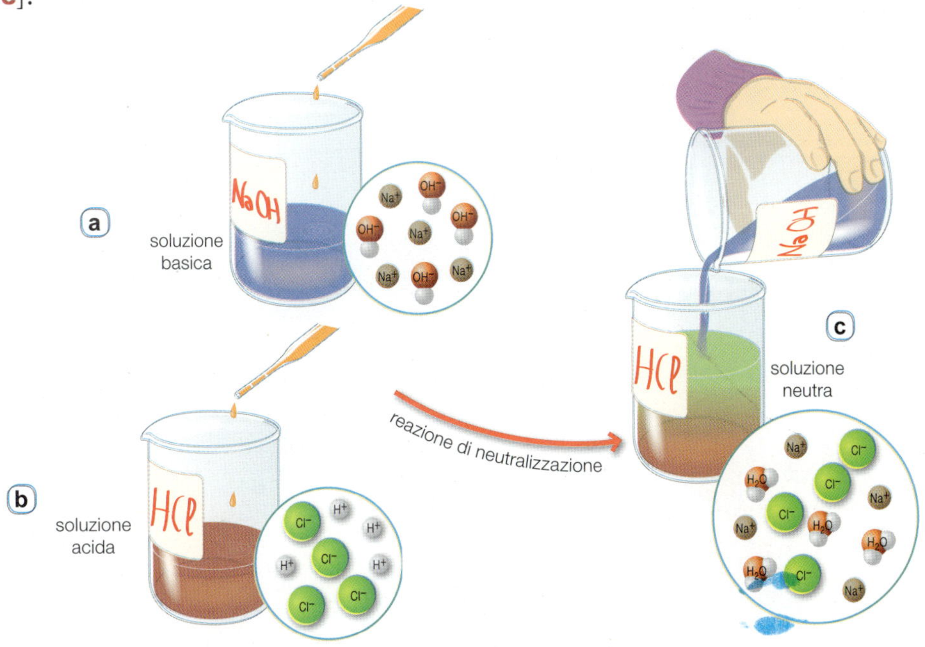

11. Una reazione di neutralizzazione.

... in English
titolazione
titration

Il cambiamento di colore suggerisce che l'azione dell'acido sia stata "**neutralizzata**" da quella della base, secondo lo schema:

$$HCl_{(aq)} + NaOH_{(aq)} \longrightarrow NaCl_{(aq)} + H_2O$$

Se scriviamo ogni sostanza presente in **forma ionica** (cioè indicando i reagenti nella loro forma dissociata in ioni), avremo la reazione:

$$H^+_{(aq)} + Cl^-_{(aq)} + Na^+_{(aq)} + OH^-_{(aq)} \longrightarrow H_2O_{(l)} + Na^+_{(aq)} + Cl^-_{(aq)}$$

in cui risulta evidente che gli ioni H^+ e OH^-, rilasciati, rispettivamente, dall'acido e dalla base, hanno formato molecole di acqua e si sono neutralizzati a vicenda. Una reazione di neutralizzazione, tra un acido e una base, avrà come suoi prodotti finali l'acqua e il sale.

Acidi o basi?

Le **reazioni di neutralizzazione** sono molto comuni. Nel nostro corpo, per esempio, l'acidità dei **succhi gastrici** (**acidi** per la presenza di acido cloridrico) viene neutralizzata nel duodeno dall'azione alcalina del **succo pancreatico**, che si comporta da **base**.

Fare per apprendere
- Titolazione acido-base

Possiamo utilizzare **reazioni di neutralizzazione** per determinare la concentrazione di un acido o una base in una soluzione, mediante una tecnica detta **titolazione**.

Leggere sull'eBook
- Le soluzioni tampone

Una parziale neutralizzazione degli effetti di un acido o di una base si può ottenere mediante l'utilizzo di particolari soluzioni, dette **soluzioni tampone**.

Il pH nella vita quotidiana

Ogni giorno veniamo a contatto con molte sostanze, alcune delle quali presentano valori di pH molto diversi. L'acidità di alcune **bevande gassate** è molto conosciuta: la **coca cola** (pH 3,8) è capace, per la sua acidità, di rimuovere patine di ossido dai metalli (per esempio, la ruggine da un chiodo immerso nella bevanda).

Molto acido è anche il **succo degli agrumi**, per la presenza, tra le altre sostanze, dell'**acido citrico**.
Una sostanza tipicamente **basica** è la **candeggina**, che è la base forte (NaClO, ipoclorito di sodio) di un acido debole come l'acido ipocloroso HClO.
Nella figura i valori del pH di sostanze molto comuni.

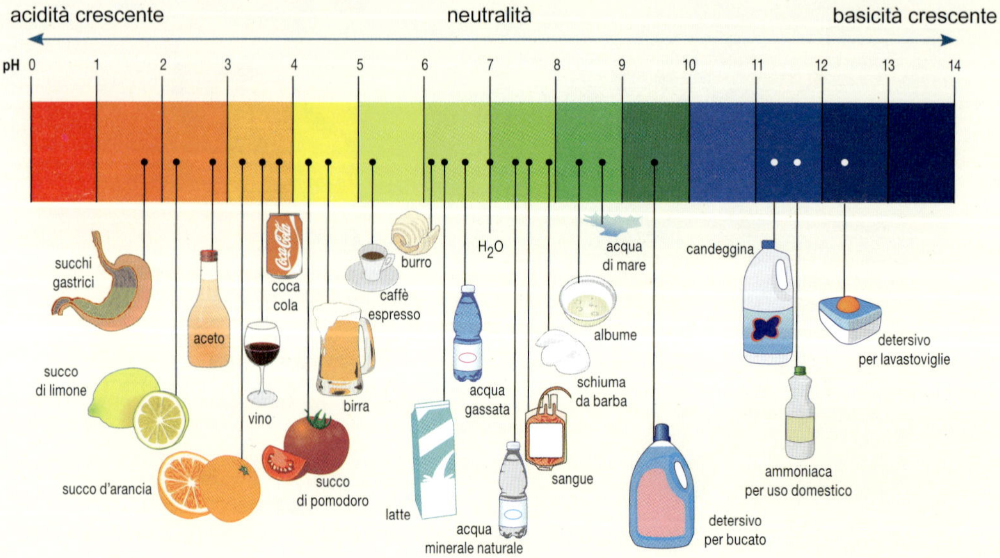

ESERCIZI di autoverifica

A **Completa la seguente mappa concettuale inserendo le parole elencate**

1. Lewis
2. Arrhenius
3. Brönsted-Lowry
4. accettori di protoni
5. donatori di coppie di elettroni
6. cedono ioni H^+
7. pH
8. K_b
9. K_a
10. acida
11. basica
12. neutra
13. acidi deboli
14. acidi forti

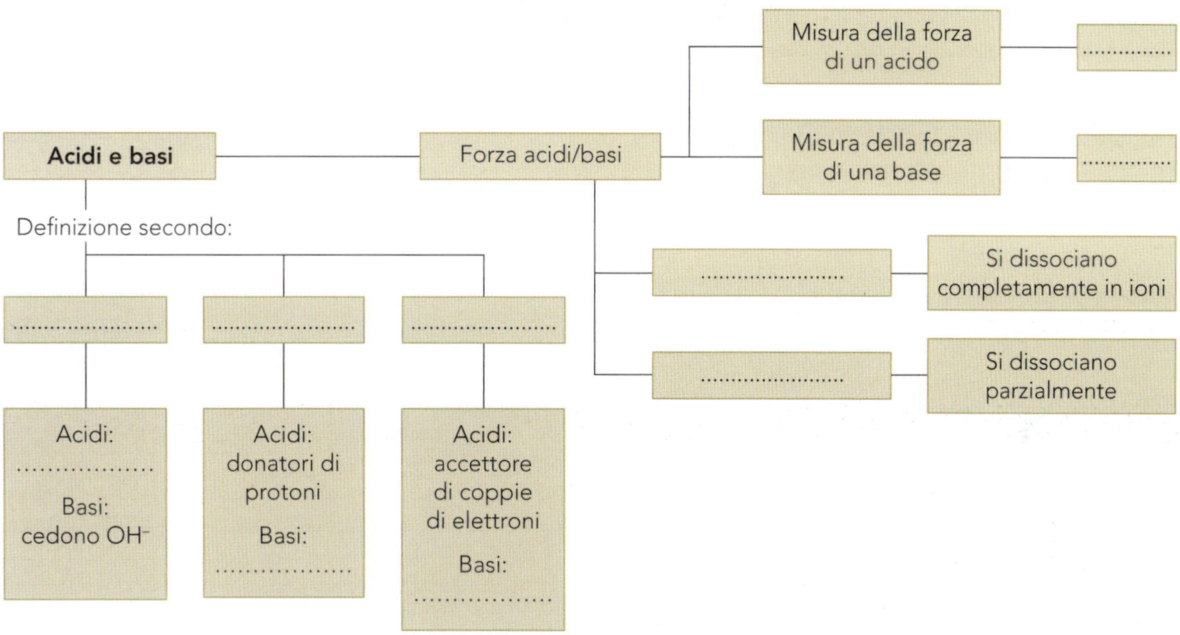

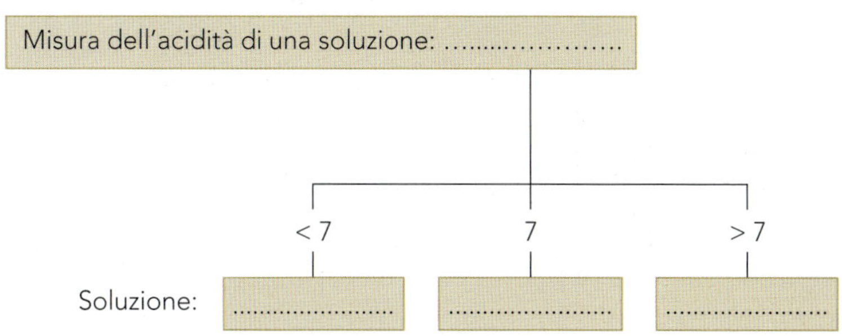

B Se non lo sai, rileggilo alla pagina indicata

1. Che cos'è una base (Arrhenius)? (pag. 202)
2. Quali sono le proprietà di un acido? (pag. 203)
3. Che cosa intendeva Arrhenius per acido? (pag. 203)
4. Come vengono definiti acidi e basi secondo Brönsted e Lowry? (pag. 203)
5. Che cosa sono le coppie coniugate acido-base? (pag. 204)
6. Che cos'è una sostanza anfotera? (pag. 204)
7. Come definisce acidi e basi Lewis? (pag. 205)
8. Che cos'è il prodotto ionico dell'acqua? (pag. 206)
9. Che cos'è il pH? (pagg. 207-209)
10. Qual è il pH di una soluzione neutra? E di una soluzione acida? (pag. 208)
11. Perché l'acido cloridrico è un acido forte? (pag. 210)
12. Che cosa sono gli acidi poliprotici? (pag. 210)
13. Che cos'è la costante di dissociazione acida? (pag. 212)
14. Quali acidi sono forti? Quali basi sono forti? (pagg. 212-213)
15. Quali valori assume la K_a negli acidi deboli? (pagg. 212-213)
16. Che cosa vuol dire il termine indicatore universale? (pag. 214)
17. Quale colore assume il tornasole a pH neutro, acido o basico? (pag. 214)
18. A che cosa serve il pHmetro? (pag. 215)
19. Che cos'è una reazione di neutralizzazione? (pag. 216)

C Indica se le seguenti affermazioni sono vere (V) o false (F)

		V	F
1.	Le sostanze detergenti, come saponi e detersivi, sono basiche.	○	○
2.	Un acido è una sostanza capace di rilasciare ioni OH^- in soluzione.	○	○
3.	Una base è una sostanza in grado di cedere ioni H^+.	○	○
4.	Nell'acqua pura a 25 °C, la concentrazione di ioni H^+ e di ioni OH^- sono uguali.	○	○
5.	Il prodotto ionico dell'acqua (K_w) vale 10^{-12}.	○	○
6.	Per l'acqua pura a 25 °C $[H^+] = 10^7$ M.	○	○
7.	Maggiore è la concentrazione degli ioni idrogeno e più alto è il valore del pH.	○	○
8.	Il grado di acidità di una soluzione dipende dal valore del pH.	○	○
9.	La scala cromatica dell'indicatore universale ci permette di conoscere il pH di una soluzione.	○	○
10.	A parità di concentrazione, un acido debole ha un pH maggiore di quello di un acido forte.	○	○
11.	Gli acidi corrodono i metalli.	○	○
12.	Gli idrossidi sono basi.	○	○
13.	Una soluzione a pH 13 è molto acida.	○	○
14.	Una soluzione con una $[OH^-]$ di 10^{-12} mol/L è fortemente acida.	○	○
15.	L'acido solfidrico è un acido forte.	○	○
16.	Per Brönsted-Lowry l'ammoniaca è una base perché dona una coppia di elettroni.	○	○
17.	L'acqua è una sostanza anfotera.	○	○
18.	L'acido nitroso ($K_a = 7{,}2 \times 10^{-4}$) è più forte dell'acido solforoso ($K_a = 1{,}3 \times 10^{-2}$).	○	○

D Completa le seguenti frasi inserendo le parole mancanti, scegliendole nell'elenco sottostante

a. Un acido è una sostanza in grado di .... ioni H^+ .

b. Una soluzione avente $[OH^-] = 10^{-2}$ mol/L ha un pH = ... ed è perciò una soluzione basica.

c. Lo ione .... è molto instabile e perciò si lega con una molecola di acqua, formando il più stabile ione idronio.

d. Una soluzione a pH 1 è una soluzione ....

e. Nell'acqua pura le concentrazioni di ....(o ossonio) e di ioni OH^- sono pari.

f. Una reazione di .... tra un acido e una base avrà come suoi prodotti finali l'acqua e il sale.

g. Il .... indica il grado di acidità di una soluzione.

h. Sono acidi .... gli acidi che si ionizzano completamente.

i. Gli .... sono quelle sostanze che hanno la proprietà di cambiare colore quando vengono a contatto con un ambiente acido o basico.

j. La candeggina è una sostanza ....

k. Una soluzione di NaOH viene neutralizzata mediante aggiunta di ....

l. L'acido cloridrico (HCl) in soluzione acquosa si scinde in H^+ e ....

m. L'acido carbonico (H_2CO_3) e l'acido ipocloroso (HClO) sono acidi ....

n. L'acido carbonico (H_2CO_3) e l'acido solforico (H_2SO_4) sono acidi ....

o. La costante di dissociazione acida (...) è una misura della forza di un acido.

p. La K_b è una misura della forza di ....

q. Il tornasole diventa .... in ambiente acido.

1. poliprotici
2. acida
3. ioni idronio H_3O^+
4. Cl^-
5. basi
6. Cl^+
7. indicatori
8. H^+
9. acidi
10. neutralizzazione
11. anfotere
12. pH
13. donatore
14. basica
15. 2
16. 12
17. 7
18. neutra
19. forti
20. deboli
21. blu
22. rosso
23. 10^{-12}
24. cedere
25. una base
26. K_a

E Indica con una crocetta la risposta giusta tra quelle proposte

1. Si chiamano basi le sostanze che in soluzione acquosa:

a. forniscono ioni H^+
b. fanno aumentare la concentrazione di OH^-
c. acquistano ioni OH^-
d. non influenzano il pH

2. Quale tra le seguenti sostanze è un acido secondo Arrhenius?

a. HCl
b. $CaSO_4$
c. KOH
d. NO_2

3. Quale tra le seguenti sostanze è una base secondo Arrhenius?

a. HCl
b. $CaSO_4$
c. KOH
d. NO_2

4. In una qualunque soluzione acquosa a T = 25 °C avremo sempre:

a. pH + pOH = 10^{-14}
b. pH + pOH = 14
c. pH × pOH = 10^{-14}
d. pH – pOH = 14

5. In una soluzione acquosa di una base sono presenti:

a. solo ioni negativi
b. ioni positivi e ioni idrossido
c. ioni H^+ e ioni negativi
d. solo ioni positivi

6. Una soluzione acquosa è sicuramente acida se:

a. $[H^+] = [OH^-]$
b. $[H^+] < [OH^-]$
c. $[OH^-] > 10^{-7}$ M
d. $[H^+] > 10^{-7}$ M

7. Quale tra le seguenti sostanze è un acido debole?

a. HCl
b. H_2CO_3
c. H_2SO_4
d. HNO_3

8. Una reazione di neutralizzazione tra un acido e una base avrà come suoi prodotti finali:

a. un acido e un sale
b. un sale e una base
c. l'acqua e un sale
d. due sali

9. Una soluzione è neutra se:

a. ha un pH = 10^{-7}
b. ha un pOH = 10^{-7}
c. ha una concentrazione di ioni idrogeno = 7
d. ha un pOH = 7

10. Il tornasole:

a. ha colore rosso a pH neutro
b. vira verso il blu in ambiente acido
c. è blu a pH neutro
d. vira verso il rosso a pH inferiore a 4,4

11. Per Lewis un acido è una sostanza che:

a. cede ioni H^+
b. acquista protoni
c. acquista una coppia di elettroni
d. cede ioni OH^-

12. Per Brönsted-Lowry, nella reazione $HCl + H_2O \rightleftarrows H_3O^+ + Cl^-$:

a. HCl è un acido perché accetta un doppietto elettronico
b. Cl^- è la base coniugata di HCl
c. H_3O^+ è la base coniugata di H_2O
d. H_3O^+ è la base coniugata di HCl

13. In una soluzione a pH 1:

a. la $[H^+]$ è pari a 1 mol/L
b. la $[OH^-]$ è pari a 10^{-1} mol/L
c. la $[OH^-]$ è pari a 10^{-14} mol/L
d. la $[H^+]$ è pari a 10^{-1} mol/L

14. Se una soluzione ha una $[OH^-] = 10^{-8}$ mol/L:

a. ha una $[H^+] = 10^6$ mol/L
b. ha un pH basico
c. ha un pOH = –8
d. ha un pH = 6

Capitolo 11 La Chimica organica

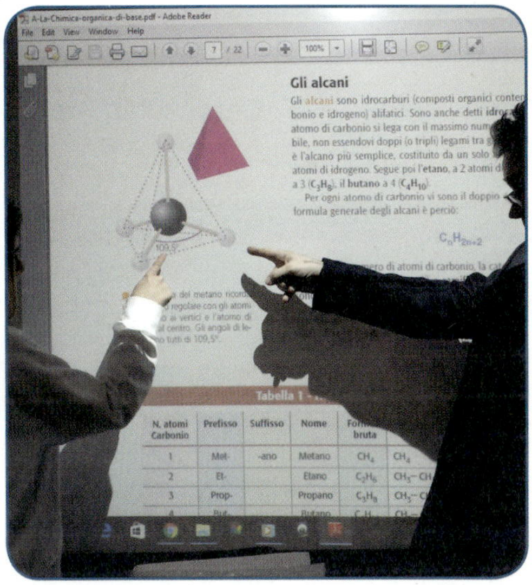

Obiettivi

- Indicare le proprietà del carbonio che determinano la sua importanza nella chimica organica.
- Distinguere i diversi tipi di isomeria.
- Classificare gli idrocarburi.
- Distinguere alcani, alcheni e alchini.
- Indicare le caratteristiche dell'anello benzenico.
- Indicare i gruppi funzionali caratteristici delle principali classi di composti organici.
- Indicare le formule di struttura, la nomenclatura (tradizionale e IUPAC) e le proprietà fisiche delle principali classi di composti organici.
- Descrivere il comportamento chimico delle principali classi di composti organici (approfondimento).

1 I composti organici

La **Chimica organica** studia i composti organici, costituiti prevalentemente da carbonio, distinti dai composti inorganici perché si riteneva che potessero essere elaborati solamente dagli organismi viventi (animali e vegetali).

... in English
Chimica organica
organic chemistry

Anche se le industrie chimiche sono in grado di sintetizzare molti composti organici, il termine "organico" è rimasto nell'uso corrente per definire la maggior parte dei composti del carbonio, ad esclusione di quelli presenti in natura al di fuori degli organismi viventi e perciò considerati inorganici: anidride carbonica, monossido di carbonio, acido carbonico, carbonati e bicarbonati.

Due proprietà dell'atomo di carbonio consentono a questo elemento, e solo a questo, di formare un'enorme varietà di composti organici:

- la capacità di formare **quattro legami covalenti** con altrettanti atomi (di carbonio o di altri elementi) [**1**];
- la capacità di formare molecole costituite da **lunghe catene**, lineari o ramificate, più o meno complesse, legandosi (mediante legami stabili, covalenti) con altri atomi di carbonio.

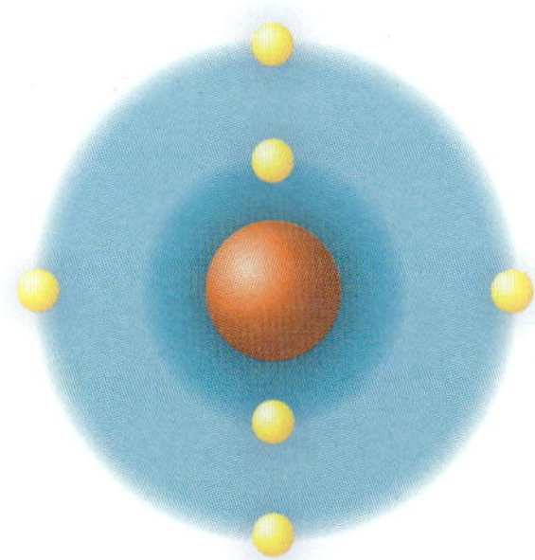

1. L'atomo di carbonio (numero atomico 6) ha 6 elettroni, 2 nel primo livello e quattro nel secondo. La sua configurazione elettronica è $1s^2 2s^2 2p^2$. È tetravalente e può formare 4 legami covalenti (mette a disposizione gli elettroni del suo livello più esterno).

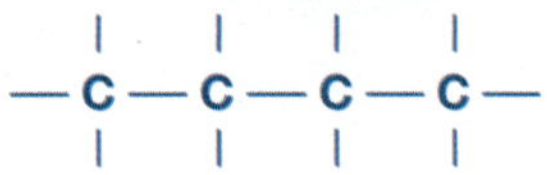

Catena lineare

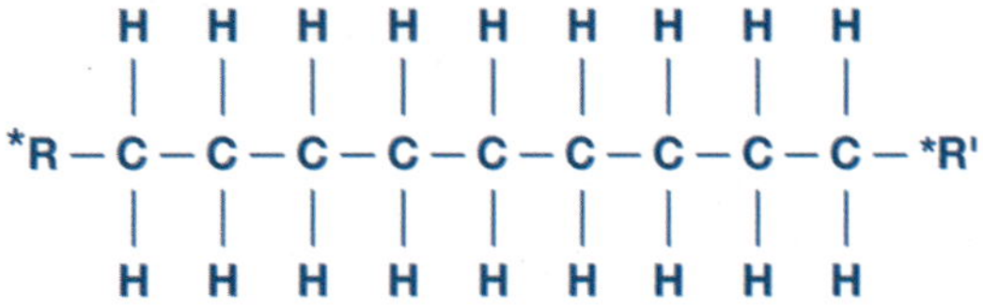

* R e R' indicano che la catena di carbonio può continuare

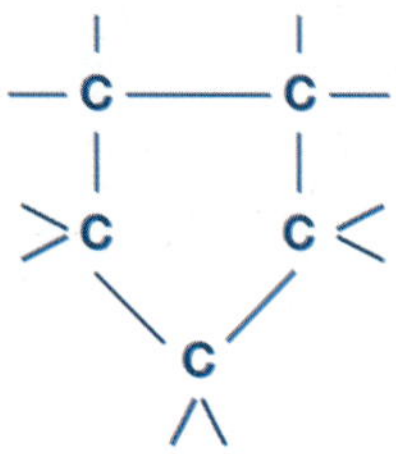

Catena ciclica

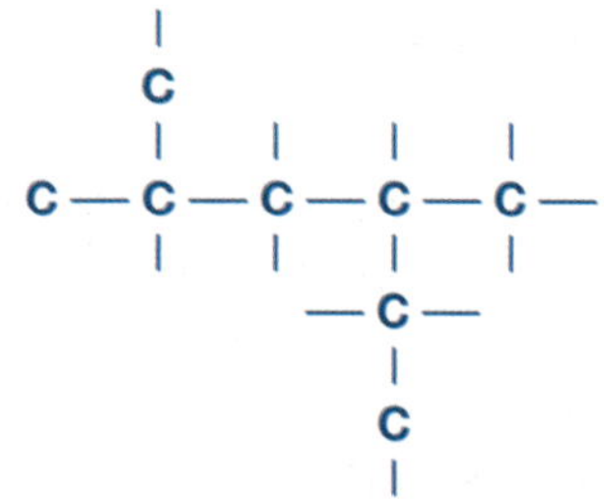

Catena ramificata

La rappresentazione dei composti organici: le formule

La **formula bruta** o **grezza** di una sostanza è un insieme di simboli e numeri che ne indica la composizione: l'elenco degli atomi presenti nel composto. È detta bruta poiché non fornisce informazioni su come gli atomi sono disposti né come sono legati tra loro.

Nella **formula di struttura** (per esempio quelle del composto qui a fianco) vengono rappresentati anche i **legami** che uniscono tra loro gli atomi, dando così un'idea della disposizione degli atomi all'interno della molecola. Le formule di struttura permettono di distinguere molecole che possiedono identica formula bruta ma hanno proprietà diverse proprio perché hanno una diversa disposizione degli atomi (gli atomi di carbonio si legano tra loro in maniera diversa).

Queste molecole vengono definite **isomeri**. Per esempio, hanno stessa formula bruta (C_4H_{10}), ma struttura diversa il metilpropano e il butano:

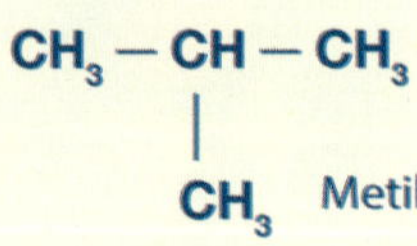

Metilpropano

$CH_3-CH_2-CH_2-CH_3$

Butano

Nella Chimica organica si fa spesso ricorso a una notazione diversa dalla formula bruta e dalla formula di struttura, chiamata **formula razionale** o **condensata**. La formula razionale utilizza la formula bruta per quei gruppi di atomi sulla cui disposizione non vi possono essere dubbi, e la formula di struttura laddove sia essenziale. Per esempio, l'etano può essere così rappresentato:

CH_3-CH_3 Formula razionale

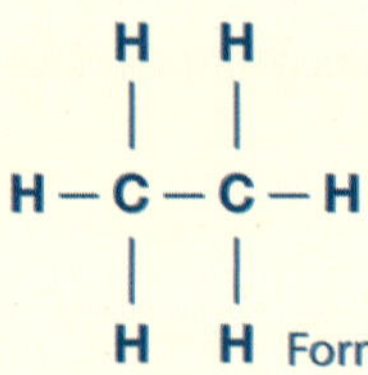

Formula di struttura

C_2H_6 Formula bruta

La formula razionale mette in evidenza i **gruppi funzionali**, permette di scrivere in maniera più breve la formula del composto e fornisce una più facile lettura.

Un'altra rappresentazione grafica delle formule di struttura è il **modello a stecche**, nel quale i legami tra gli atomi di carbonio sono rappresentati da linee, alle cui estremità (o agli angoli con un altro segmento) si considera posto un atomo di carbonio (non indicato); gli atomi di idrogeno non sono indicati (se sono presenti linee semplici, gli atomi di idrogeno sono 3 alle estremità e 2 agli angoli; una linea doppia, che indica un doppio legame, riduce di 1 il numero di atomi di idrogeno legati a entrambi gli atomi del doppio legame):

$CH_3-CH_2-CH_2-CH_2-CH_2-CH_3$ Esano

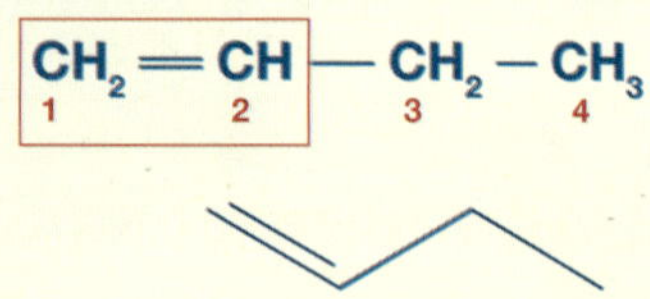

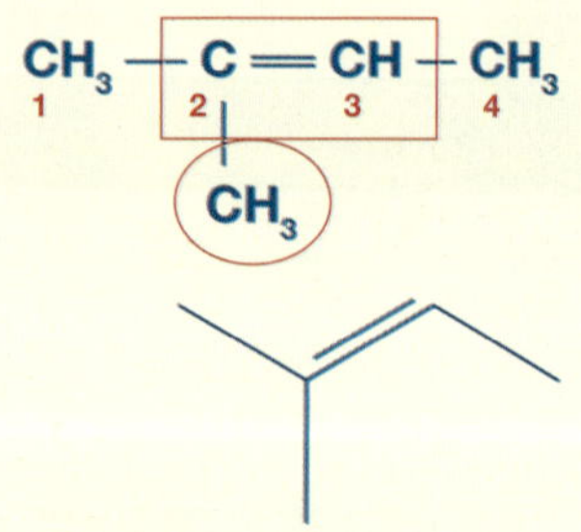

Le formule di struttura sono una rappresentazione sul piano del foglio (bidimensionale) di una disposizione degli atomi tridimensionale.

Modelli molecolari più complessi (come il modello a sfere) possono dare un'idea più precisa della reale forma tridimensionale della molecola:

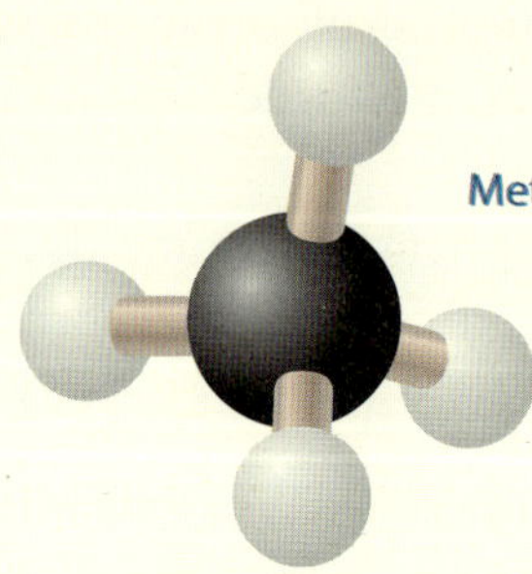

Metano

Gli isomeri

Gli **isomeri** sono composti diversi (ciascuno con proprietà fisiche e chimiche proprie) che hanno tuttavia la stessa composizione chimica e quindi la stessa formula chimica bruta.

Leggere sull'eBook

- Isomeria

Sono composti diversi e hanno proprietà diverse tra loro perché è diverso il modo in cui gli stessi atomi sono collegati tra loro: hanno perciò formule di struttura differenti. Possiamo distinguere **isomeri di struttura o costituzionali** e **stereoisomeri**.

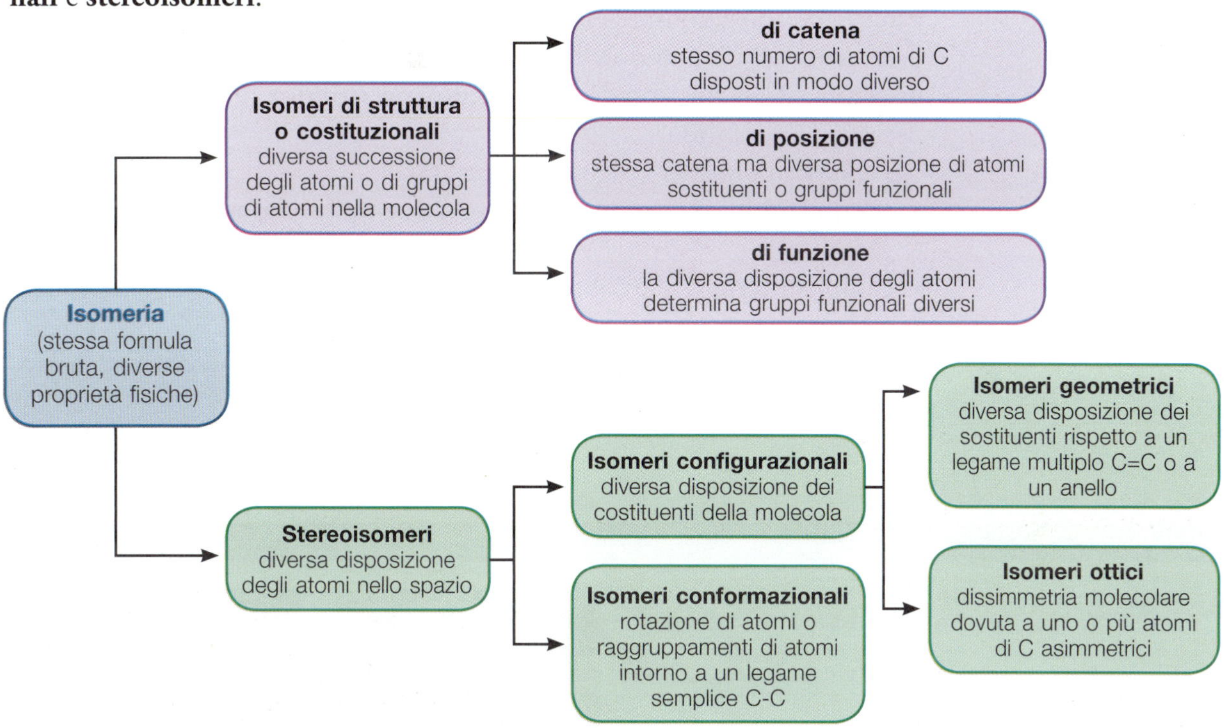

1.1 Composti inorganici e organici del carbonio

Il carbonio puro è presente in natura, come elemento chimico, in due forme principali [2]:

- la grafite, un minerale utilizzato per costruire la mina delle matite;
- il diamante, la sostanza più dura che si conosca, formata da carbonio purissimo: è raro e perciò prezioso.

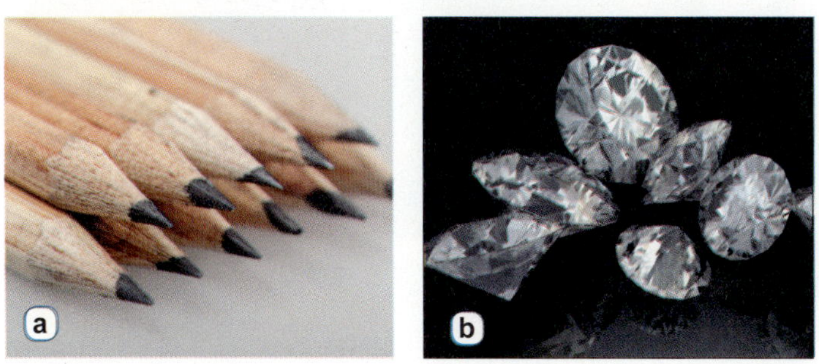

2. Grafite (a) e diamante (b): pur essendo costituiti entrambi da carbonio puro, questi due minerali presentano notevoli differenze che dipendono dal diverso modo in cui gli atomi di carbonio sono collegati tra loro.

?
Quali composti del carbonio sono composti inorganici?

La maggior parte dei **composti del carbonio** presenti in natura deriva da **organismi viventi**. Fanno eccezione alcuni composti del carbonio che sono **presenti nell'aria** e **nel mondo minerale** e che vengono perciò considerati **sostanze inorganiche**, in particolare: gli **ossidi del carbonio** (monossido di carbonio e diossido di carbonio, quest'ultimo noto con il nome comune di **anidride carbonica** e presente nell'aria), i **bicarbonati** (idrogeno-carbonati) e i **carbonati**, minerali molto diffusi, costituenti i calcari, il gesso, il travertino e il marmo.

Tutti gli altri composti del carbonio presenti in natura sono composti organici. Per la loro composizione chimica e per la loro struttura, oltre ai composti naturali, rientrano nella definizione di "composti organici" i milioni di composti organici prodotti dall'**industria chimica**, in gran parte come derivati del **petrolio**.

I composti organici vengono distinti in:

- **composti binari** che contengono solo **due tipi di atomi**: carbonio e idrogeno;
- **composti ternari** che contengono **tre tipi di atomi**: carbonio, idrogeno e ossigeno;
- **composti quaternari** che contengono **quattro tipi di atomi**: carbonio, idrogeno, ossigeno e azoto.

Il carbone

Il carbone è un **minerale fossile** a elevato contenuto di carbonio estratto da miniere sotterranee o a cielo aperto. Deriva dalla lenta decomposizione, in assenza di ossigeno, di piante sepolte milioni di anni fa in ambienti paludosi: la maggior parte dei giacimenti di carbone risale al periodo detto per questo Carbonifero (compreso tra i 280 e i 345 milioni di anni fa).

Utilizzato come **combustibile**, viene distinto in:

- **antracite**, il carbone più antico, risale a circa 400 milioni di anni fa, ha un'elevata percentuale di carbonio, fino al 90%, ma è poco utilizzato, pur avendo il più elevato potere calorifico, perché molto costoso;
- **litantrace**, il più diffuso in natura e il più utilizzato; dal litantrace viene ricavato il coke, attraverso un processo di cottura in forno a 1000 °C, che consente di eliminare residui volatili migliorando la qualità del combustibile;
- **lignite**, risale a circa 80 milioni di anni fa, ha minor potere calorifico del litantrace; in esso si riconosce ancora la struttura del legno da cui deriva;
- **torba**, con percentuali di carbonio più basse, non è un vero carbone fossile, perché le piante da cui deriva hanno subito solo una parziale fossilizzazione; si trova in giacimenti superficiali, chiamati torbiere, dai quali viene estratta per essere utilizzata soprattutto in agricoltura, per arricchire il terreno.

Antracite

Litantrace

Lignite

Torba

2 Gli idrocarburi

Gli **idrocarburi** sono i più semplici composti organici. Sono **composti binari**, essendo costituiti solamente da atomi di **carbonio** e atomi di **idrogeno**.

Tra questi composti, il più semplice è il **metano**, un gas naturale utilizzato nelle nostre case come combustibile per cucinare, negli impianti di riscaldamento e nelle centrali termoelettriche; è meno inquinante degli altri combustibili [3]. La sua formula chimica bruta è:

$$CH_4$$

3. Il gas metano è comunemente usato nelle cucine.

... in English
idrocarburi
hydrocarbons

Gli atomi di carbonio di tutti gli idrocarburi si legano tra loro per mezzo di **legami covalenti** (semplici, doppi o tripli) per costituire lo scheletro della molecola, formando catene lineari o ramificate o anche anelli. Dallo scheletro carbonioso sporgono gli atomi di idrogeno:

Esano: C_6H_{14}

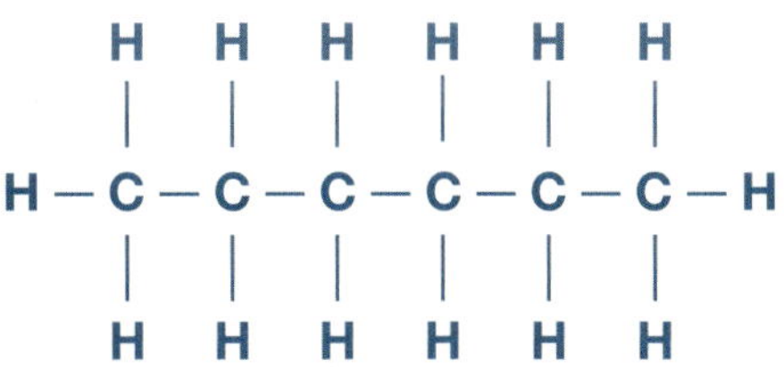

molecola lineare
(per la spiegazione dei diversi modi di rappresentare le formule chimiche dei composti organici vedi box "La rappresentazione dei composti organici: le formule")

Link
http://hyperphysics.phy-astr.gsu.edu/hbase/Organic/hydrocarbon.html

Ciclopentano: C_5H_{10}

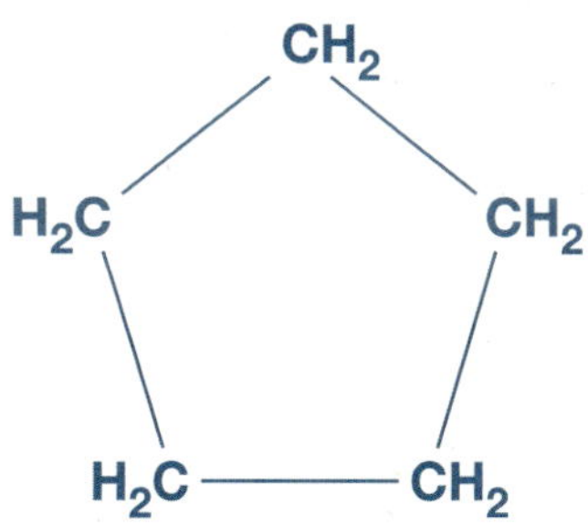

molecola ciclica, ad anello

Metilbutano (isopentano): C_5H_{12}

molecola ramificata
(due diversi modi di rappresentare la sua struttura)

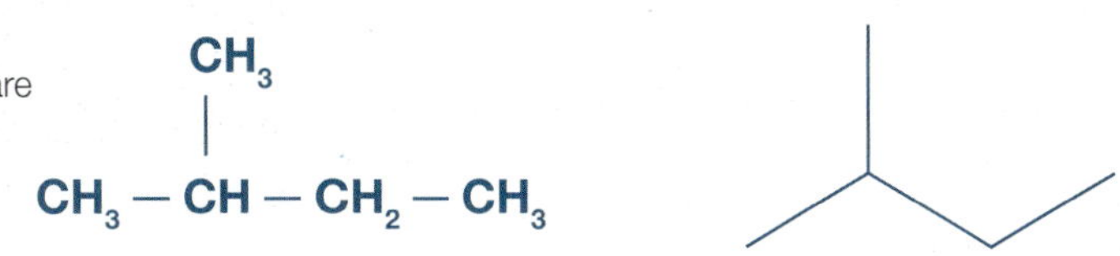

Gli **idrocarburi** vengono distinti in **due classi** principali:

- gli **idrocarburi alifatici** nei quali gli atomi di carbonio formano catene lineari, ramificate e anche anelli collegati tra loro mediante legami covalenti semplici (alcani), doppi (alcheni) o tripli (alchini).

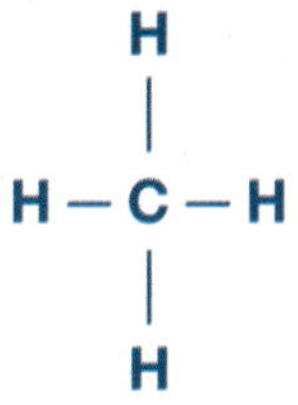

Metano (alcano)

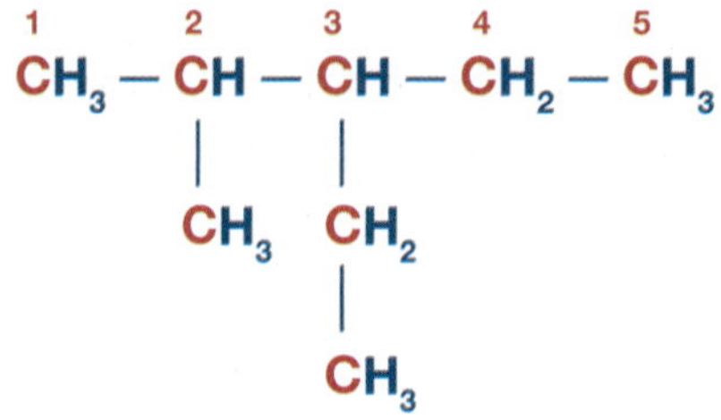

3-etil-2-metilpentano

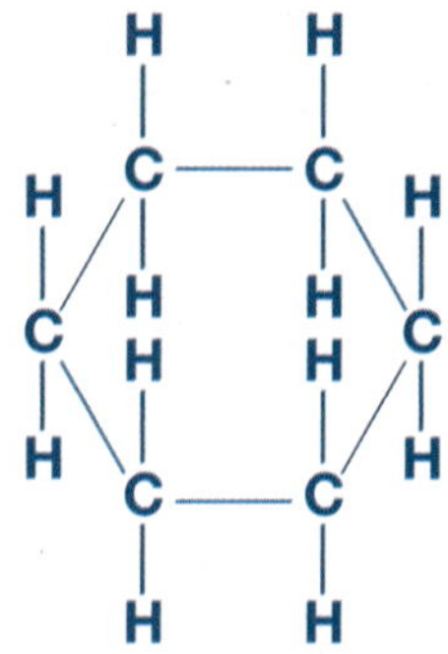

Cicloesano

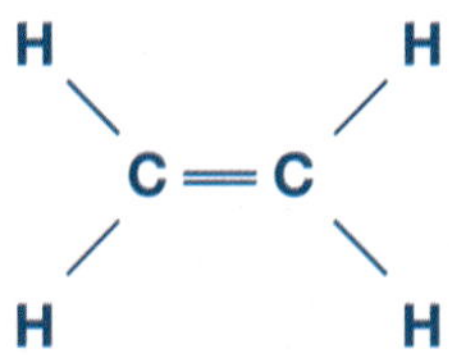

Etene (alchene)

$$H-C\equiv C-H$$

Etino o acetilene (alchino)

... in English
anello benzenico
benzene ring

- gli **idrocarburi aromatici**, caratterizzati dalla presenza di un particolare anello a 6 atomi di carbonio, detto **anello benzenico** (assente negli idrocarburi alifatici), che conferisce particolari proprietà alle molecole che lo contengono:

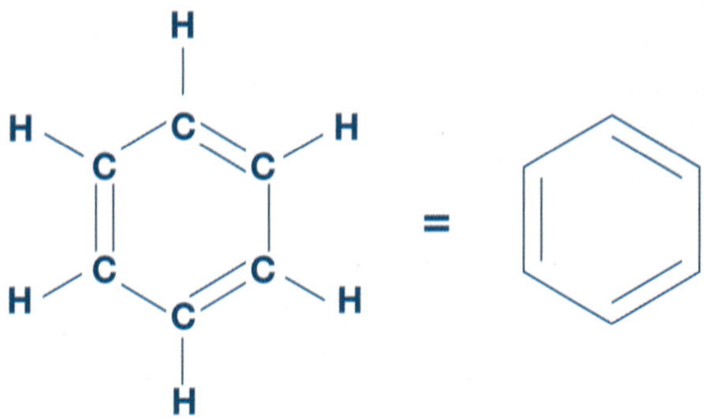

Benzene: C_6H_6

La **principale fonte** degli idrocarburi è il **petrolio**, che deriva dalla decomposizione e dall'azione del tempo che, attraverso milioni di anni, hanno trasformato i complessi composti presenti negli organismi viventi in una **miscela di idrocarburi**. Tale miscela può essere costituita da molecole a un atomo di carbonio fino a molecole contenenti da 30 a 40 atomi di carbonio e talvolta anche fino a 100.

Gli idrocarburi presenti nel petrolio sono alcune centinaia, mediamente rappresentati, per l'80%, da idrocarburi alifatici e, per il 20%, da idrocarburi aromatici.

2.1 Idrocarburi alifatici

Gli **idrocarburi alifatici** vengono distinti, in base alla presenza di **legami** semplici doppi o tripli tra gli **atomi di carbonio**, in:

- **alcani**, nei quali tutti gli atomi di carbonio sono legati tra loro da **legami semplici**;
- **alcheni**, nei quali è presente un **doppio legame** tra 2 atomi di carbonio;
- **alchini**, in presenza di un **triplo legame** tra 2 atomi di carbonio.

... in English

idrocarburi alifatici
aliphatic hydrocarbons
alcani
alkanes
cicloalcani
cycloalkanes

Gli alcani

Gli **alcani** sono idrocarburi (composti organici contenenti solo atomi di carbonio e idrogeno) alifatici. Sono anche detti **idrocarburi saturi**, perché ogni atomo di carbonio si lega con il massimo numero di atomi di idrogeno possibile, non essendovi doppi (o tripli) legami tra gli atomi di carbonio. Il **metano** è l'alcano più semplice, costituito da un solo atomo di carbonio, legato a 4 atomi di idrogeno [4]. Segue poi l'**etano**, a 2 atomi di carbonio (C_2H_6), il **propano** a 3 (C_3H_8), il **butano** a 4 (C_4H_{10}).

Per ogni atomo di carbonio vi sono il doppio + due atomi di idrogeno. La formula generale degli alcani è perciò:

$$C_nH_{2n+2}$$

Crescendo il numero di atomi di carbonio, la catena si allunga. La catena può essere **lineare** (alcani normali) o **ramificata**. Da 3 atomi di carbonio in poi sono possibili anche molecole ad anello chiuso, definite **cicloalcani**.

I nomi degli alcani normali sono composti da un **prefisso** che fa riferimento al numero di atomi e dal suffisso **-ano**.

Gli stessi prefissi vengono utilizzati per i nomi di tutti gli altri composti organici (cambiando opportunamente i suffissi).

Alcani
Formula generale
C_nH_{2n+2}
Desinenza -ano

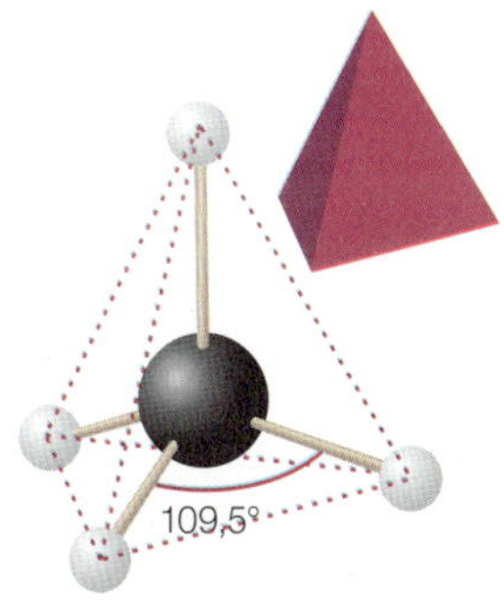

4. La struttura del metano ricorda un tetraedro regolare con gli atomi di idrogeno ai vertici e l'atomo di carbonio al centro. Gli angoli di legame sono tutti di 109,5°.

Nomi e formule dei primi dieci alcani

N. atomi Carbonio	Prefisso	Suffisso	Nome	Formula bruta	Formula condensata o razionale
1	Met-	-ano	Metano	CH_4	CH_4
2	Et-	-ano	Etano	C_2H_6	CH_3-CH_3
3	Prop-	-ano	Propano	C_3H_8	$CH_3-CH_2-CH_3$
4	But-	-ano	Butano	C_4H_{10}	$CH_3-CH_2-CH_2-CH_3$
5	Pent-	-ano	Pentano	C_5H_{12}	$CH_3-CH_2-CH_2-CH_2-CH_3$
6	Es-	-ano	Esano	C_6H_{14}	$CH_3-CH_2-CH_2-CH_2-CH_2-CH_3$
7	Ept-	-ano	Eptano	C_7H_{16}	$CH_3-CH_2-CH_2-CH_2-CH_2-CH_2-CH_3$
8	Ott-	-ano	Ottano	C_8H_{18}	$CH_3-CH_2-CH_2-CH_2-CH_2-CH_2-CH_2-CH_3$
9	Non-	-ano	Nonano	C_9H_{20}	$CH_3-CH_2-CH_2-CH_2-CH_2-CH_2-CH_2-CH_2-CH_3$
10	Dec-	-ano	Decano	$C_{10}H_{22}$	$CH_3-CH_2-CH_2-CH_2-CH_2-CH_2-CH_2-CH_2-CH_2-CH_3$

Leggere sull'eBook

- Alcani e cicloalcani

A partire da molecole a 4 atomi di carbonio, oltre alle molecole lineari, esistono molecole ramificate che sono isomeri delle lineari (hanno la stessa formula bruta, ma la formula di struttura è diversa: isomeri di catena). Per dare il nome alle molecole ramificate occorre utilizzare i **gruppi alchilici**.

... in English
gruppo alchilico
alkyl group

Un **gruppo alchilico** corrisponde a un alcano a cui è stato tolto un atomo di idrogeno.

Il nome del gruppo alchilico ha lo stesso prefisso dell'alcano da cui deriva e il suffisso **-ile**.

Nomi dei primi quattro gruppi alchilici				
N. atomi C	**Prefisso**	**Suffisso**	**Nome**	**Formula razionale**
1	Met-	-ile	Metile	$-CH_3$
2	Et-	-ile	Etile	$-CH_2-CH_3$
3	Prop-	-ile	Propile	$-CH_2-CH_2-CH_3$
4	But-	-ile	Butile	$-CH_2-CH_2-CH_2-CH_3$

Così, per esempio, la più piccola molecola ramificata, a 4 atomi di carbonio (isomero del butano) ha la seguente formula:

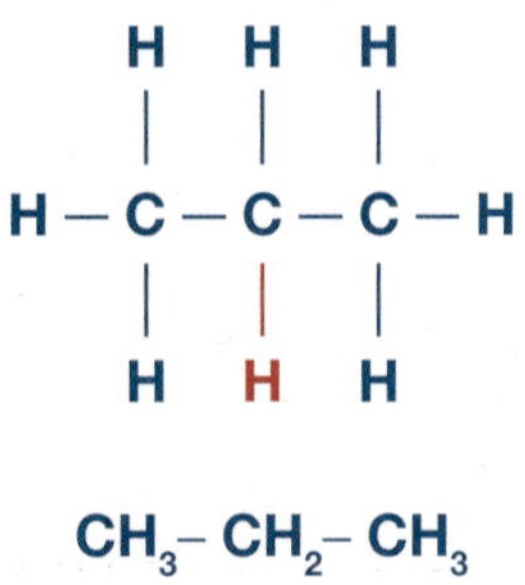

Propano

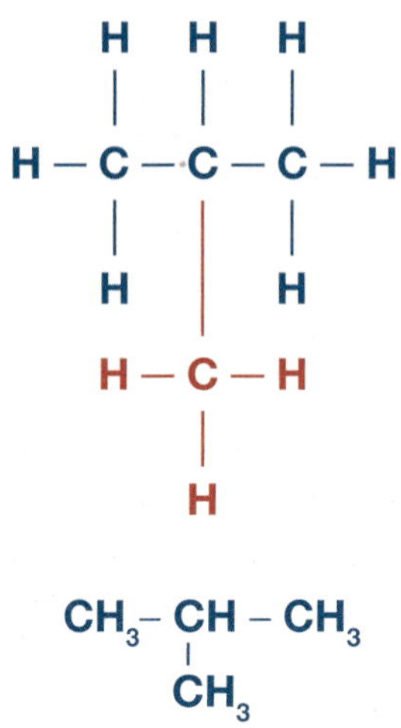

Metilpropano (isobutano)

che si può considerare derivata dalla formula del propano sostituendo un atomo di idrogeno legato al carbonio centrale con un gruppo metile ($-$ **CH_3**).

Il nome di questo composto sarà **metilpropano**.

Alcheni e alchini: idrocarburi insaturi

Alcheni e **alchini** sono **idrocarburi** caratterizzati dalla presenza di un doppio (alcheni) o un triplo (alchini) legame tra due atomi di carbonio, legame che impedisce agli atomi di carbonio coinvolti di legare il numero massimo possibile di atomi di idrogeno: sono perciò chiamati anche idrocarburi **insaturi**.

> Gli **alcheni** sono idrocarburi **alifatici** nei quali è presente un **doppio legame** tra due atomi di carbonio.

Il più semplice degli alcheni è l'**etene** o **etilene** (formula bruta C_2H_4): nella formula sono presenti 2 atomi di idrogeno in meno rispetto al corrispondente alcano (etano). La formula generale degli alcheni è perciò:

$$C_nH_{2n}$$

La nomenclatura prevede gli stessi prefissi degli alcani, seguiti dal suffisso **-ene**:

Etene C_2H_4

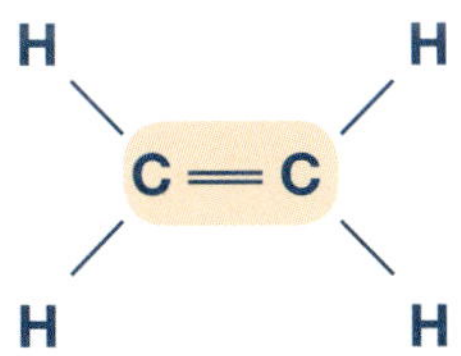

Propene C_3H_6

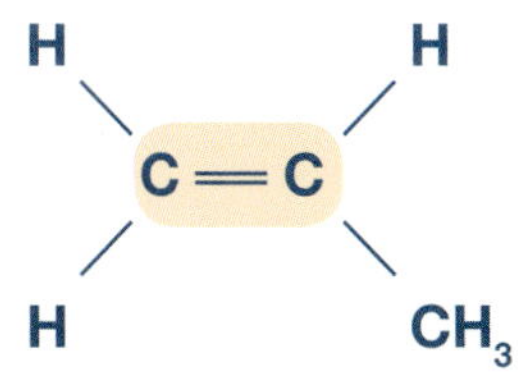

Butene C_4H_8

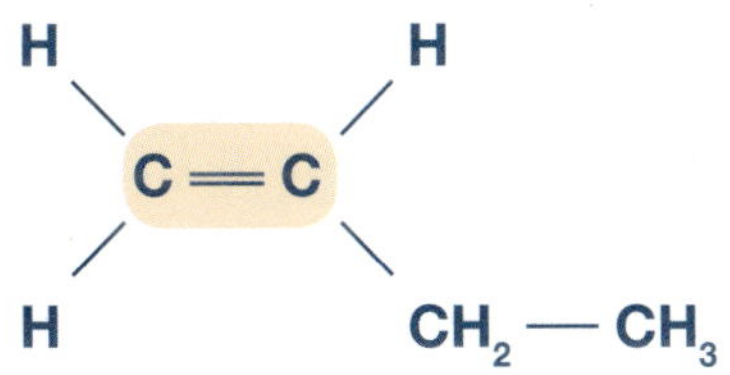

A partire dal butene, la posizione del doppio legame nella molecola può cambiare, per cui si possono avere diversi composti con stessa formula bruta ma diversa posizione del doppio legame (e diverse proprietà fisiche, come il punto di fusione e di ebollizione) ossia diversi **isomeri** (di posizione):

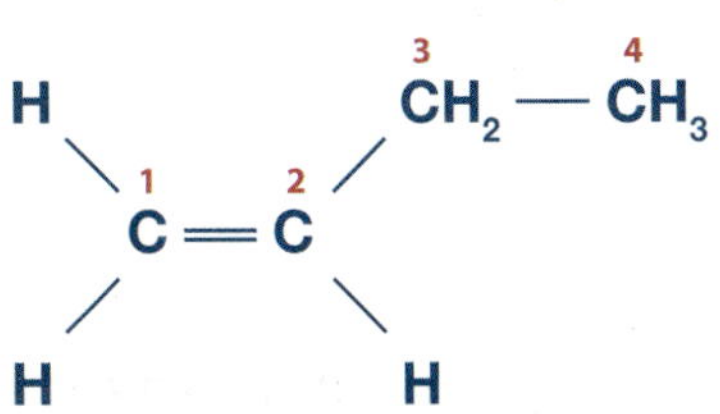

1-butene

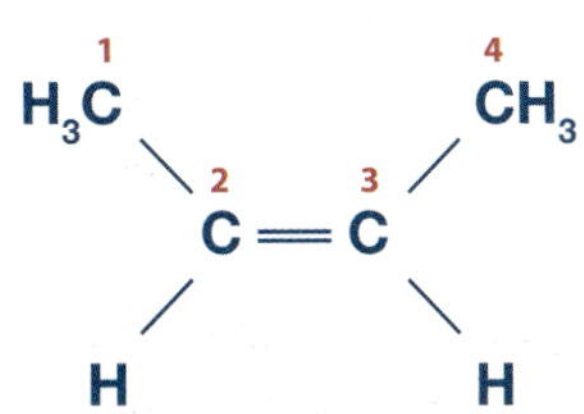

2-butene

Alcheni
Formula generale
C_nH_{2n}
Desinenza -ene

Leggere sull'eBook
- Alcheni

Dieni, trieni e polieni

Se sono presenti due doppi legami si hanno i dieni, i trieni con tre doppi legami e polieni quando sono presenti molti doppi legami.

... in English

alcheni
alkenes

isomeri
isomers

Inoltre la presenza di un doppio legame rende la molecola più rigida (gli atomi di carbonio del doppio legame non possono ruotare) e questo determina la formazione di altri tipi di isomeri:

***cis*-2-butene**

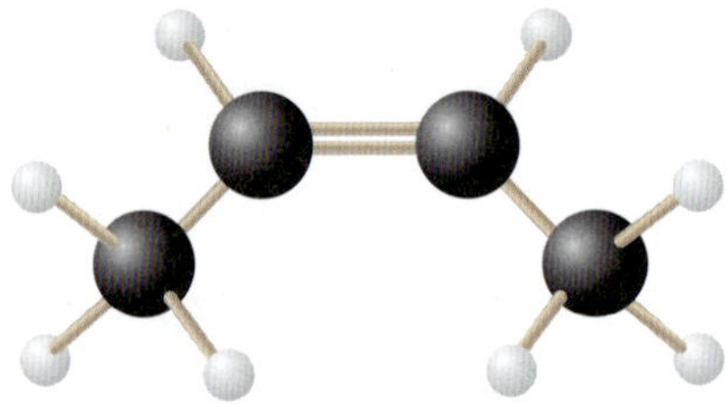

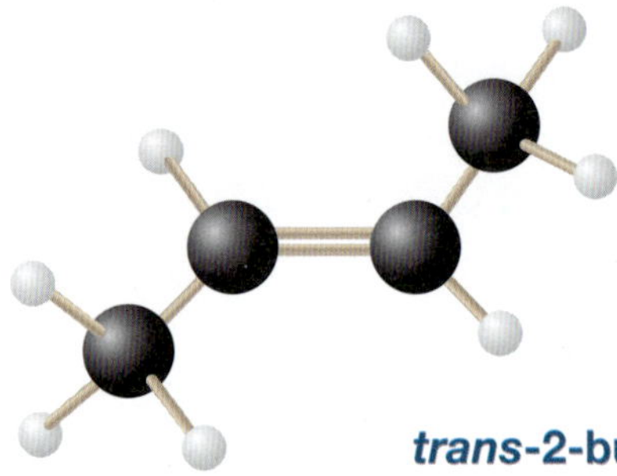

***trans*-2-butene**

Alchini
Formula generale
C_nH_{2n-2}
Desinenza -ino

Gli **alchini** sono **idrocarburi alifatici** nei quali due atomi di carbonio sono uniti per mezzo di un **triplo legame**.

Il più semplice degli alchini è l'**etino** (nome IUPAC) o **acetilene** (nome comune) [**5**].

Etino o acetilene: $H-C\equiv C-H$

Leggere sull'eBook

- Alchini

5. L'acetilene (o etino) è un gas incolore estremamente infiammabile. È usato per saldatura e taglio dei metalli (ossiacetilene), dato che la sua combustione con l'ossigeno produce una fiamma la cui temperatura arriva a circa 3300 °C.

... in English
alchini
alkynes

Rispetto agli alcani corrispondenti, la formula bruta prevede 4 atomi di idrogeno in meno:

$$C_nH_{2n-2}$$

Il nome degli alchini prevede il suffisso **-ino**: etino, propino, butino ecc.

Anche per gli alchini sono presenti isomeri di posizione e stereoisomeri.

2.2 Idrocarburi aromatici

Gli **idrocarburi aromatici** sono composti caratterizzati dalla presenza di un anello benzenico (assente negli alifatici).

Il più semplice di questi composti è il **benzene**, che ha formula bruta:

$$C_6H_6$$

Gli atomi di carbonio che lo compongono si trovano ai vertici di un esagono regolare. La molecola è planare, ha angoli di legame di 120° e possiede **3 doppi legami**.

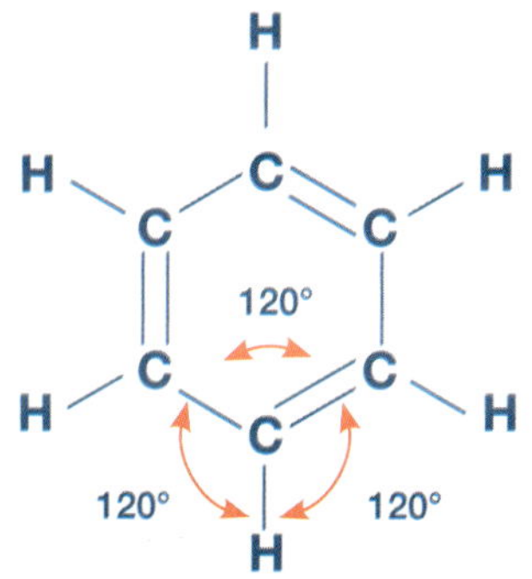

Rappresentando l'**anello benzenico** con i **doppi legami** possiamo ottenere due diverse formule di struttura:

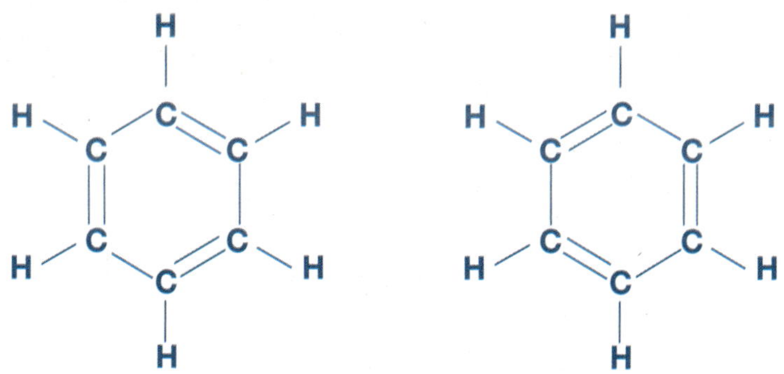

Nessuna delle due rappresenta la realtà: la presenza dei doppi legami renderebbe la molecola un esagono irregolare, perché la lunghezza dei legami doppi (la distanza tra gli atomi) è minore della lunghezza dei legami singoli. Invece, l'anello benzenico è un esagono regolare, perciò i 6 atomi di carbonio ai vertici dell'esagono si trovano a una distanza intermedia tra quella di un legame semplice o di un doppio legame carbonio-carbonio.

Leggere sull'eBook

- Idrocarburi aromatici

Glossario

Idrocarburi aromatici: il termine "aromatico" deriva dai primi composti identificati, caratterizzati da odori intensi, ma è ora attribuito a tutti i composti con anelli benzenici, perché la presenza dell'anello è responsabile della particolare reattività degli idrocarburi aromatici.

... in English

idrocarburi aromatici
aromatic hydrocarbons (or arene)

... in English
ibrido di risonanza
resonance hybrid
elettroni delocalizzati
delocalized electrons

La struttura del benzene può essere considerata come un **ibrido di risonanza** tra queste due rappresentazioni e rappresentata da un esagono che racchiude un cerchio:

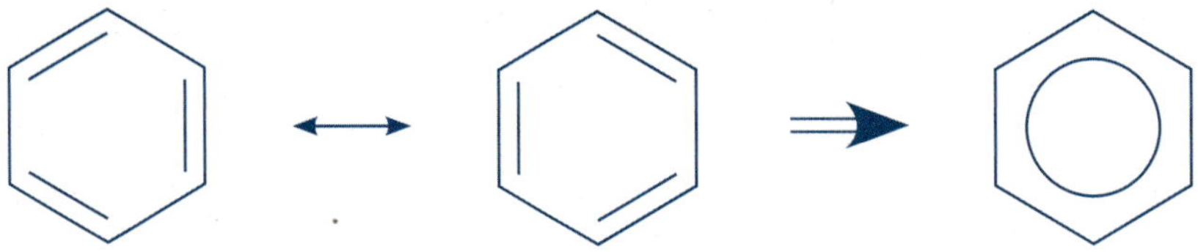

Formule di Kekulé

Le strutture utilizzate per rappresentare il benzene sono dette formule di Kekulé, dal nome del chimico tedesco che le propose nel 1858.

Gli **elettroni** sono **delocalizzati**, ovvero, distribuiti in modo uguale tra tutti gli atomi di carbonio.

La formula semplificata della molecola del benzene rappresenta bene questa situazione di **delocalizzazione elettronica**.

Gli atomi di idrogeno dell'anello benzenico possono essere sostituiti da altri atomi o gruppi di atomi, ottenendo moltissimi composti appartenenti alla classe degli idrocarburi aromatici, alcuni esistenti in natura, altri prodotti industrialmente.

Alchilbenzeni e xileni

Gli **alchilbenzeni** sono composti formati da un **anello benzenico** e un **gruppo alchilico**.

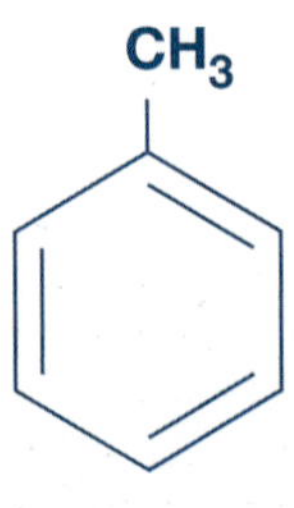

Metil-benzene (toluene)

Inserendo un **gruppo metile** al posto di un atomo di idrogeno del benzene otteniamo il **metil-benzene** o **toluene**, il più semplice degli **alchilbenzeni**.

Se i gruppi metilici legati al benzene sono due si formano gli **xileni**, dei quali esistono 3 diversi isomeri di posizione, chiamati **orto-**, **meta-** e **para-xilene**, a seconda della posizione dei due gruppi metilici legati all'anello benzenico [6].

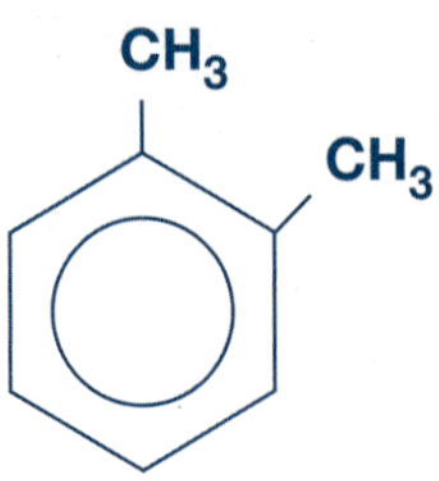

1,2-dimetilbenzene (orto-xilene)

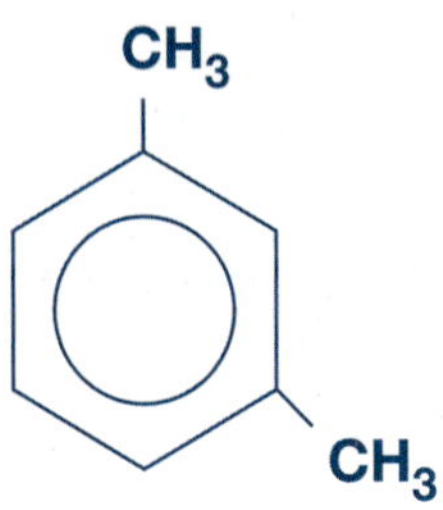

1,3-dimetilbenzene (meta-xilene)

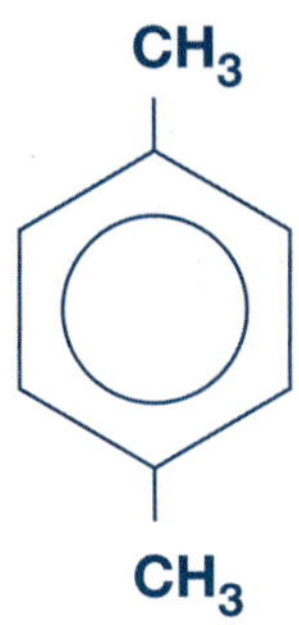

1,4-dimetilbenzene (para-xilene)

6. Gli xileni sono componenti della benzina e vengono anche utilizzati come solventi per vernici.

Idrocarburi policiclici aromatici (IPA)

Se togliamo un atomo di idrogeno al benzene (da C_6H_6 passa a C_6H_5) si ottiene un gruppo chiamato **fenile** ($-C_6H_5$). Unendo due gruppi fenile si ottiene il **difenile**, composto da due anelli benzenici e perciò appartenente alla classe degli **idrocarburi policiclici aromatici**.

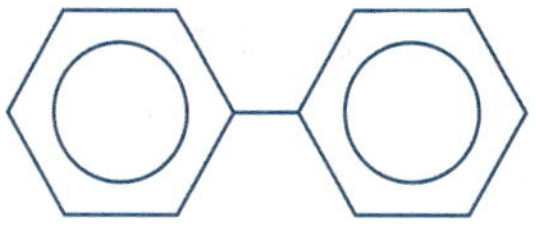

Difenile

A questa classe appartengono anche gli **idrocarburi aromatici condensati**, nei quali 2 o più anelli benzenici sono uniti per **una coppia di atomi di carbonio in comune**. Il **naftalene** è il più semplice di questi composti, essendo costituito da 2 anelli benzenici condensati [7]:

Naftalene

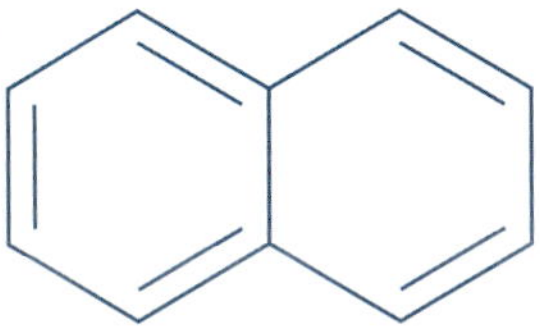

7. Noto anche come naftalina, il naftalene è il tipico solido che sublima (passa cioè direttamente allo stato gassoso); ha azione tarmicida, ma è cancerogeno ed è perciò stato sostituito da altri prodotti meno tossici, come la canfora.

Altri idrocarburi aromatici policiclici condensati sono l'**antracene** e il **fenantrene** (a 3 anelli benzenici) e il **benzopirene** (costituito da 5 anelli benzenici condensati). Gli IPA hanno in comune una triste proprietà: sono cancerogeni, possono cioè causare il cancro. In particolare, il 3,4-benzopirene è contenuto nel fumo di sigaretta e la sua presenza spiega la pericolosità del fumo per la salute.

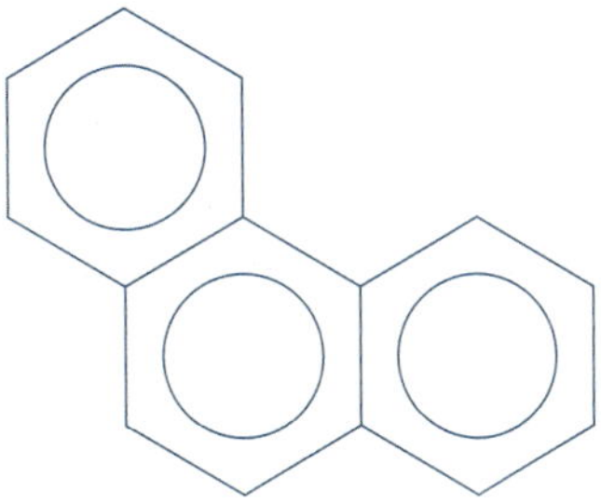

Fenantrene ($C_{14}H_{10}$)

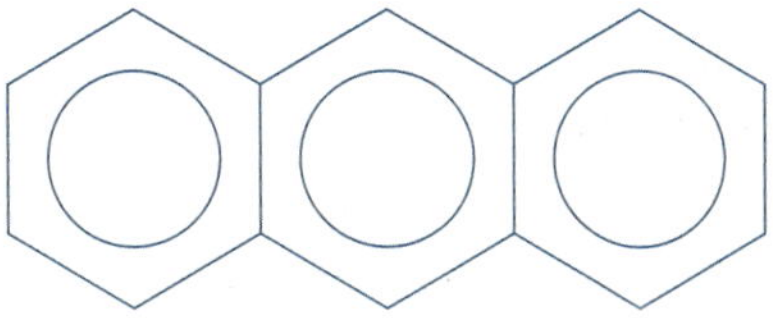

Antracene ($C_{14}H_{10}$)

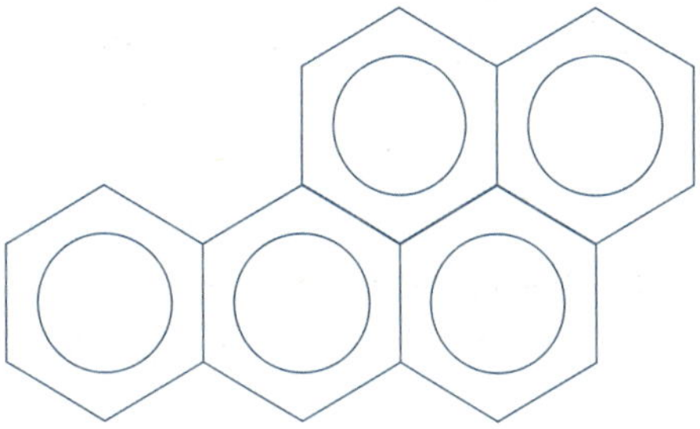

3,4-benzopirene ($C_{20}H_{12}$)

3 I gruppi funzionali e i derivati degli idrocarburi

Tutti i composti organici possono essere considerati derivati dagli idrocarburi, mediante sostituzione di uno o più atomi di idrogeno con un atomo o gruppi di atomi che vengono definiti **gruppi funzionali**.

Un **gruppo funzionale** è un atomo o un gruppo di atomi che caratterizzano l'appartenenza di una molecola a una particolare **classe** di composti organici, perché conferisce proprietà particolari al composto di cui fa parte.

... in English
gruppo funzionale
functional group

I principali gruppi funzionali sono riassunti nella tabella seguente.

Gruppi funzionali dei composti organici				
Gruppo funzionale	**Formula generale**	**Classe di composti**	**Esempi (formule)**	**Nome ***
Alogenuro (— X)	R — X**	Alogenuri (o idrocarburi alogenati)	CH_3F	Fluorometano
Ossidrile — OH	R — OH	Alcoli	CH_3CH_2OH	Etanolo (alcol etilico)
Ossidrile — OH	Ar — OH	Fenoli	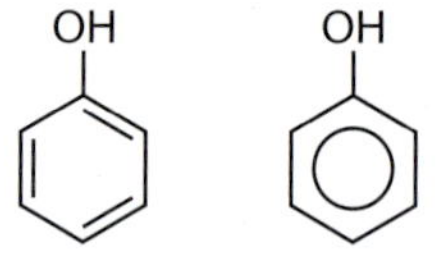	Fenolo
Etere — O —	R — O — R	Eteri	$CH_3-CH_2-O-CH_2-CH_3$	Etere dietilico
Carbonile $\rangle C=O$	(R — CHO)	Aldeidi	$CH_3-C(=O)-H$	Etanale (acetaldeide)
Carbonile $\rangle C=O$	(R — CO — R′)	Chetoni	$(CH_3)(CH_3)\rangle C=O$	Propanone (acetone)
Carbossile $-C(=O)-OH$	(R — COOH)	Acidi carbossilici	$CH_3-C(=O)-OH$	Acido etanoico (acido acetico)
Estere $-C(=O)-O-$	R — COO — R′	Esteri	$H_3C-C(=O)-O-CH_2-CH_3$	Etanoato di etile (acetato di etile)
Amminico — NH_2	R — NH_2	Ammine	CH_3-NH_2	Metilammina
Ammidico $-C(=O)-NH_2$	(R — CO — NH_2)	Ammidi	$CH_3-C(=O)-NH_2$	Etanammide (acetammide)

* In colore è indicato il suffisso IUPAC; in parentesi il nome tradizionale. ** X: è un atomo di un alogeno (F, Cl, Br o I).

Il gruppo funzionale può essere collegato a un **gruppo alifatico** o a un **gruppo aromatico** (detto anche arilico), indicati genericamente con **R** (il gruppo aromatico può essere indicato con **Ar**).

Da questo legame risultano diverse **classi** di composti organici, che elenchiamo di seguito.

Gli alcoli

Gli **alcoli** sono, dopo gli idrocarburi, i composti organici più comuni, che è possibile considerare come derivati dagli alcani per sostituzione di un atomo di idrogeno — H con un gruppo ossidrile — OH.

Alcoli
Formula generale
R — OH
Desinenza -olo

La loro formula generale è **R — OH**, con il **gruppo ossidrile — OH** legato a un **gruppo alchilico R**.

Nomenclatura degli alcoli

La **nomenclatura IUPAC** degli alcoli alifatici prevede di aggiungere la desinenza **-olo** al nome dell'idrocarburo corrispondente (metanolo, etanolo, propanolo) [8].

Nella tabella seguente riportiamo le formule, il nome secondo la nomenclatura IUPAC e il corrispondente nome tradizionale.

8. L'alcol etilico, chiamato anche etanolo, è l'alcol presente nelle bevande alcoliche: vino, birra, superalcolici. Viene prodotto per fermentazione alcolica, operata da alcuni lieviti del genere *Saccharomyces*, in particolare il *S. cerevisiae*, presente sulla buccia dell'uva e nel lievito di birra.

Nome IUPAC e nome tradizionale degli alcoli più semplici		
Formula	**Nome IUPAC**	**Nome tradizionale**
CH_3OH	Metanolo	Alcol metilico
CH_3CH_2OH	Etanolo	Alcol etilico
$CH_3CH_2CH_2OH$	Propanolo	Alcol propilico
$CH_3CH_2CH_2CH_2OH$	Butanolo	Alcol butilico

In base a quanti atomi di idrogeno si legano al carbonio, legato al gruppo funzionale — **OH**, gli alcoli vengono distinti in:

- **alcoli primari**, se al carbonio sono legati 2 atomi di idrogeno;
- **alcoli secondari**, se al carbonio è legato un solo atomo di idrogeno;
- **alcoli terziari**, se al carbonio non sono legati atomi di idrogeno come risulta evidente dallo schema seguente:

$R-CH_2OH$ **primario (1°)**

$R-CH(R)OH$ (R — CHOH con R sul carbonio) **secondario (2°)**

$R-C(R)(R)-OH$ **terziario (3°)**

... in English
alcoli
alcohols

Leggere sull'eBook
• Alcoli

Proprietà fisiche degli alcoli

Gli alcoli a lunga catena sono solidi, mentre quelli a catena corta sono liquidi e **solubili in acqua**, soprattutto quando contengono più gruppi ossidrili: la loro buona miscibilità con l'acqua è dovuta alla presenza del **gruppo — OH**, che può formare legami a idrogeno. Hanno punti di ebollizione bassi, ma più alti di quelli degli idrocarburi corrispondenti.

Punti di ebollizione e solubilità in acqua di alcuni alcoli			
Composto	**Formula**	**Punto di ebollizione (°C)**	**Solubilità in H_2O (g/L a 20 °C)**
Metanolo	CH_3OH	65	completamente miscibile
Etanolo	CH_3CH_2OH	78,5	completamente miscibile
1-Propanolo	$CH_3CH_2CH_2OH$	97	completamente miscibile
1-Butanolo	$CH_3CH_2CH_2CH_2OH$	117,7	77 g/L
1-Pentanolo	$CH_3CH_2CH_2CH_2CH_2OH$	137,9	27 g/L
1-Esanolo	$CH_3CH_2CH_2CH_2CH_2CH_2OH$	155,8	5,9 g/L

Glicoli
Formula generale
HO — C ..... C — OH
Desinenza -diolo
o -triolo

I glicoli

Si chiamano **glicoli** o **polialcoli** le sostanze organiche che presentano più di un gruppo alcolico — **OH**. Il più importante polialcol è il glicerolo, chiamato comunemente glicerina, che entra nella composizione dei grassi principali, come i trigliceridi e i fosfolipidi.

Il gruppo alcolico riveste un ruolo primario nella composizione delle principali molecole biologiche, risultando presente negli zuccheri, negli acidi nucleici, in alcuni amminoacidi ecc.

... in English
glicoli
glycols

Nomenclatura dei glicoli

La nomenclatura dei glicoli prevede di assegnare i nomi in base al numero di — OH presenti: inserendo, dopo il nome dell'idrocarburo da cui deriva, il suffisso **-diolo** se sono presenti 2 gruppi — OH, **-triolo** se i gruppi — OH presenti sono 3, tetra- se sono 4, penta- se sono 5, esa- se sono 6 ecc.

Leggere sull'eBook
• Glicoli

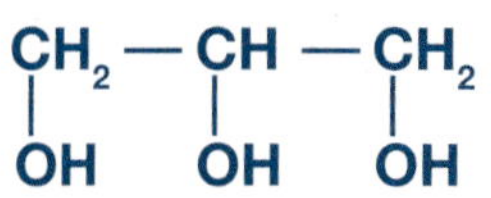

Glicerolo (glicerina)
(1,2,3-propantriolo)

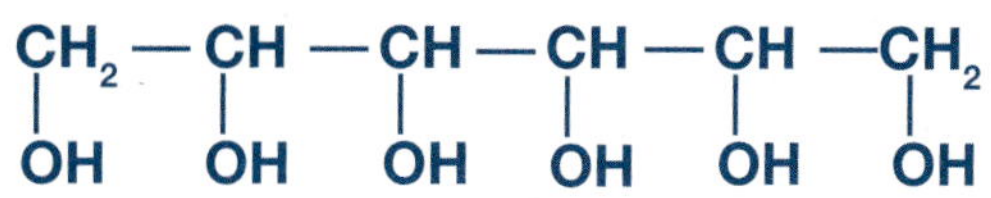

Sorbitolo
(esan-1,2,3,4,5,6-esolo)

I fenoli

I **fenoli** sono composti aromatici al cui anello benzenico è legato il gruppo — **OH**, in sostituzione di un — **H**.

Il termine più semplice della classe è il **fenolo** C_6H_5 — OH che viene preparato sempre partendo dal benzene.

Nomenclatura dei fenoli

Per i fenoli si usano solitamente nomi comuni (resorcina, idrochinone ecc.). La nomenclatura tradizionale utilizza sempre come suffisso il termine **fenolo** anche per gli altri termini di questa classe, che possono, quindi, considerarsi derivati dal fenolo stesso.

Gli idrossifenoli presentano due gruppi — **OH**:

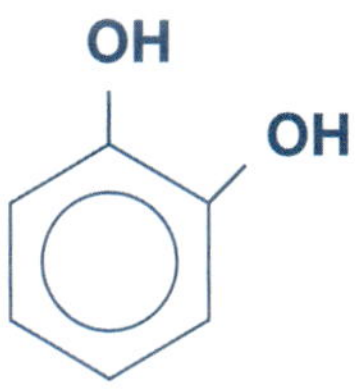

Catecolo
o-idrossifenolo
2-idrossifenolo

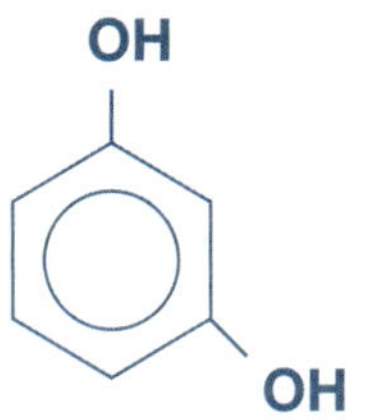

Resorcina
m-idrossifenolo
3-idrossifenolo

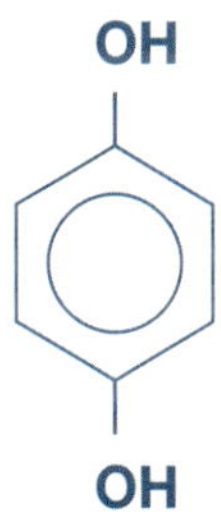

Idrochinone
p-idrossifenolo
4-idrossifenolo

Quando sull'anello benzenico, oltre all'ossidrile — **OH**, sono presenti altri sostituenti, essi si possono trovare in tre diverse posizioni: **orto**, **meta**, **para**. Nella nomenclatura comune si utilizzano questi prefissi per distinguere i tre isomeri, come nel caso del metil-fenolo o cresolo:

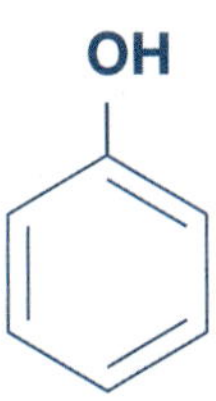

Fenolo

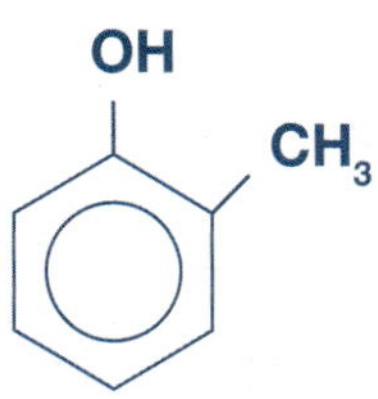

o-cresolo
o-metilfenolo
2-metilfenolo

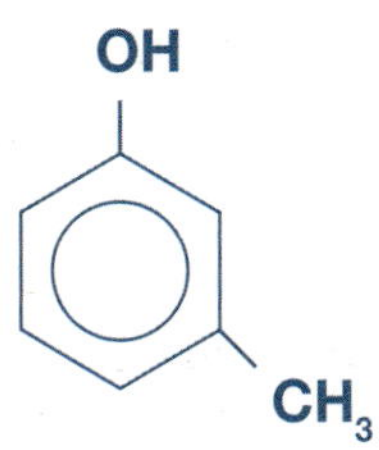

m-cresolo
m-metilfenolo
3-metilfenolo

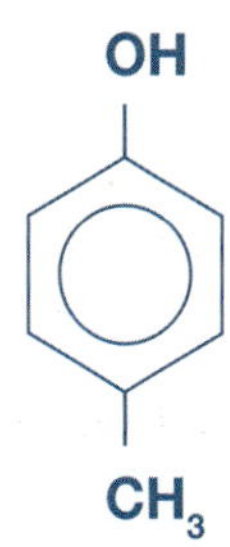

p-cresolo
p-metilfenolo
4-metilfenolo

Fenoli
Formula generale
Ar — OH
Desinenza -olo

... in English

fenoli
phenols

9. I fenoli presenti nei vegetali e nella frutta (acini e bucce dell'uva) e in molti derivati (vino, olio d'oliva, caffè e tè) sono dei potenti agenti antiossidanti, nei confronti delle lipoproteine a bassa densità (LDL), ricche di colesterolo, svolgendo sulle arterie un'azione di prevenzione su aterosclerosi e malattie cardiovascolari.

Leggere sull'eBook

• Fenoli

Proprietà fisiche dei fenoli

I composti aromatici di questa classe sono solidi, di aspetto solitamente cristallino, dall'odore pungente, solubili nei solventi organici apolari. Il fenolo è totalmente solubile in acqua calda, ma poco in acqua fredda (6,7 g/L).

Proprietà fisiche di alcuni fenoli

Composto	Formula	Aspetto	Punto di fusione (°C)	Punto di ebollizione (°C)	Solubilità in H_2O a 20 °C (g/L)
Fenolo	C_6H_5-OH	solido	42,5	181	93
o-cresolo (o-metilfenolo)	$CH_3-C_6H_4-OH$	solido	31	191	25
m-cresolo (m-metilfenolo)	$CH_3-C_6H_4-OH$	liquido	11	201	26
p-cresolo (p-metilfenolo)	$CH_3-C_6H_4-OH$	solido	36	202	22

Gli eteri

Eteri
Formula generale
R — O — R'
Desinenza -etere

... in English
eteri
ethers

Leggere sull'eBook
• Eteri

Gli **eteri** sono composti organici in cui due gruppi, alchilici R o arilici Ar, sono tenuti insieme da un atomo di ossigeno, e possono essere indicati, genericamente, con la formula: **ROR'** dove **R** e **R'** possono essere uguali o diversi.

Nomenclatura degli eteri

La nomenclatura di questi composti prevede che si aggiunga la desinenza **-etere** al nome dei **gruppi alchilici** (arilici, se sono sostituenti aromatici) legati all'atomo di O. Per esempio:

$C_2H_5-O-C_2H_5$ **Dietil-etere (etere dietilico)**

$CH_3-O-C_2H_5$ **Metil-etil-etere**

In alcuni casi più complessi, si considera il gruppo etere **— OR** come un sostituente dell'idrocarburo, cui si assegna il nome IUPAC (**alchil**)**-ossi-**.

Per esempio:

$CH_3-O-C_2H_5$ **Metossi-etano (metil-etil-etere)**

$C_6H_5-O-CH_3$ **Fenossi-metano (metil-fenil-etere o anisolo)**

Proprietà fisiche degli eteri

Gli eteri sono leggermente solubili in H_2O (meno degli alcoli), perché riescono a formare, con essa, legami a idrogeno. Sono buoni solventi di sostanze organiche non polari. Presentano punti di ebollizione più bassi rispetto agli alcoli.

Proprietà fisiche di alcuni eteri					
Composto	**Formula**	**Aspetto**	**Punto di fusione (°C)**	**Punto di ebollizione (°C)**	**Solubilità in H_2O a 20 °C (g/L)**
Dimetil-etere (etere dimetilico)	CH_3-O-CH_3	gas incolore	−140	−24	71
Dietil-etere (etere dietilico)	$CH_3CH_2-O-CH_2CH_3$ ($C_2H_5-O-C_2H_5$)	liquido	−116	+34,6	69
Metil-fenil-etere (anisolo)	$C_6H_5-O-CH_3$	liquido incolore (odore dell'anice)	−37,3	+184	34
Difenil-etere	$C_6H_5-O-C_6H_5$	solido o liquido incolore (odore di geranio)	+25	+259	insolubile
Etil-fenil-etere	$CH_3CH_2-O-C_6H_5$	liquido	−33	+172	–

Le aldeidi

Le **aldeidi** sono un'importante classe di composti organici, caratterizzata dalla presenza del **gruppo aldeidico – CHO**, in cui uno degli atomi di carbonio della catena principale è interessato da un doppio legame **C = O** con un ossigeno. Il loro nome è un'abbreviazione del termine alcol deidrogenato, perché si possono preparare dagli alcoli primari.

Come i chetoni, nella molecola delle aldeidi è presente il **gruppo carbonilico C = O**, con la differenza che nelle aldeidi l'atomo di carbonio di questo gruppo è legato a un atomo di idrogeno (e forma così il **gruppo aldeidico** CHO, chiamato anche **gruppo formile**) e a un radicale alifatico R, mentre nei chetoni manca l'atomo di idrogeno e l'atomo di carbonio del gruppo carbonilico si lega a due radicali alifatici (R e R').

Aldeidi
Formula generale
R – CHO
Desinenza -ale

... in English
gruppo carbonilico
carbonyl group
aldeidi
aldehydes

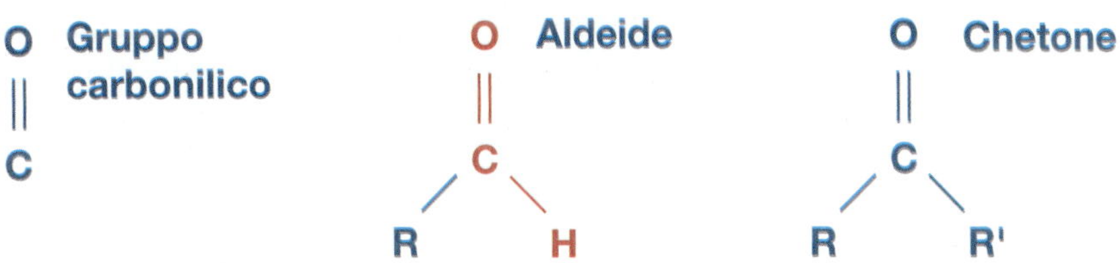

Leggere sull'eBook
• Aldeidi

Nomenclatura delle aldeidi

La nomenclatura delle aldeidi deriva da quella degli alcoli: si sostituisce l'ultima lettera **-o** del nome dell'idrocarburo corrispondente con il suffisso **-ale**.

Nomenclatura delle aldeidi più semplici		
Formula	**Nome IUPAC**	**Nome tradizionale**
HCHO	Metanale	Aldeide formica o formaldeide
CH_3CHO	Etanale	Aldeide acetica o acetaldeide
CH_3CH_2CHO	Propanale	Aldeide propionica o propionaldeide
$CH_3CH_2CH_2CHO$	Butanale	Aldeide butirrica o butirraldeide

Riportiamo di seguito le formule di struttura di alcune aldeidi:

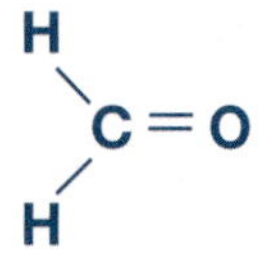

Formaldeide (metanale)

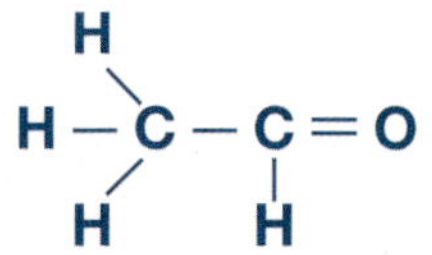

Acetaldeide (etanale)

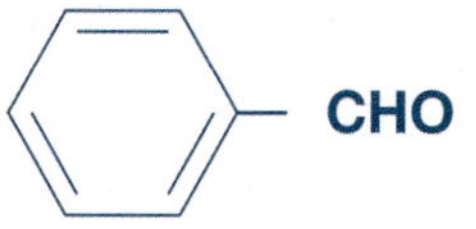

Benzaldeide

Proprietà fisiche delle aldeidi

Il gruppo carbonilico **C = O** è polarizzato e questo rende le aldeidi polari, condizione che determina punti di ebollizione più elevati di quelli dei composti non polari, aventi un pari peso molecolare. La polarità della molecola favorisce anche la miscibilità in acqua di queste sostanze.

Nella tabella seguente riportiamo punti di ebollizione e solubilità delle aldeidi più semplici.

Proprietà fisiche delle aldeidi più semplici

Composto	Formula	Punto di ebollizione (°C)	Solubilità in acqua (g/100 mL)
Formaldeide	HCHO	21	55
Acetaldeide	CH_3CHO	21	solubile
Propanale	CH_3CH_2CHO	49	16
Butanale	$CH_3CH_2CH_2CHO$	76	7
Pentanale	$CH_3CH_2CH_2CH_2CHO$	103	1

Le aldeidi sono comunque poco solubili in H_2O, e la loro solubilità diminuisce con l'aumentare del numero di atomi di C. Solo l'acetaldeide è completamente solubile in acqua.

10. Il vino e tutte le bevande alcoliche devono essere consumate con moderazione, per l'alto contenuto di alcol etilico che, una volta ingerito, viene assorbito nello stomaco e nel duodeno. Quando arriva al fegato viene metabolizzato ad acetaldeide, un composto altamente dannoso per l'organismo se presente oltre il limite fisiologico.

I chetoni

Chetoni
Formula generale
R — CO — R'
Desinenza -one

I **chetoni** sono caratterizzati dalla presenza di un **gruppo carbonilico C = O**, legato a due radicali alchilici **R** e **R'**.

R — CO — R'

Chetone

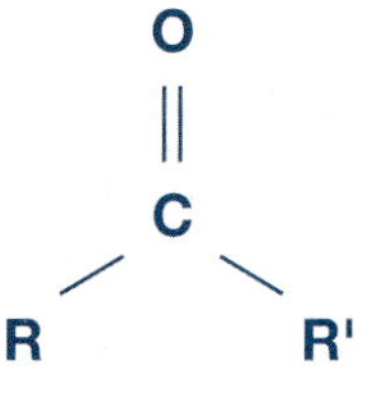

Formula di struttura dei chetoni: il gruppo carbonile è legato a due radicali.

Nomenclatura dei chetoni

Per la nomenclatura dei chetoni, si procede come per le aldeidi:

- si sostituisce l'ultima lettera **-o** del nome dell'alcano corrispondente con il suffisso **-one**;
- si assegna il numero più basso al carbonio più vicino al carbonile.

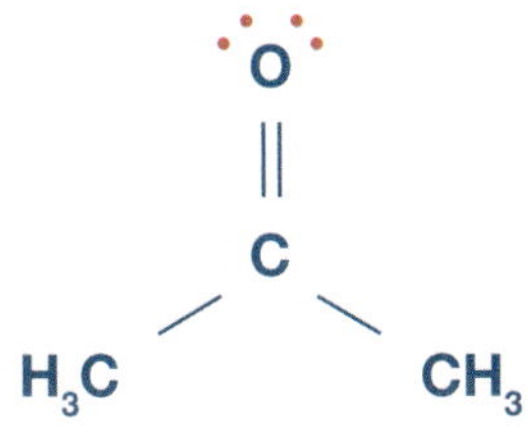

Dimetilchetone (acetone o propanone)

Nomenclatura dei chetoni più semplici		
Formula	**Nome IUPAC**	**Nome tradizionale**
CH_3COCH_3	Propanone	Acetone o dimetilchetone
$CH_3COCH_2CH_3$	2-butanone	Metiletilchetone
$CH_3COCH_2CH_2CH_3$	2-pentanone	Metilpropilchetone
$CH_3COCH_2CH_2CH_2CH_3$	2-esanone	Metilbutilchetone

Leggere sull'eBook

- Chetoni

... in English

chetoni
ketones

acidi carbossilici
carboxylic acids

Proprietà fisiche dei chetoni

I chetoni sono solubili in acqua per la polarità del gruppo carbonilico, che interagisce con le molecole d'acqua e che influisce anche sul loro punto di ebollizione.

Proprietà fisiche dei chetoni			
Composto	**Formula**	**Punto di ebollizione (°C)**	**Solubilità in acqua (g/100 mL)**
Acetone	CH_3COCH_3	56	completamente solubile
2-butanone	$CH_3CH_2COCH_3$	80	26
2-pentanone	$CH_3CH_2CH_2COCH_3$	102	6
Cicloesanone	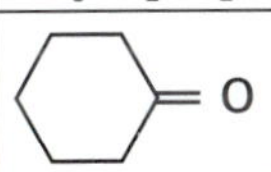	156	2

Gli acidi carbossilici

Questi composti organici si possono ottenere dalle aldeidi, energici riducenti, che vengono facilmente ossidate, secondo la reazione:

$$\underset{\text{aldeide}}{R-CHO} + \tfrac{1}{2}\,O_2 \longrightarrow \underset{\text{acido}}{R-COOH}$$

Acidi carbossilici
Formula generale
R — COOH
Desinenza -oico

Il gruppo carbossile può essere considerato l'unione del gruppo **— OH** (ossidrile) con il gruppo carbonile $>C=O$; è presente negli acidi carbossilici (formula generale **R — COOH**).

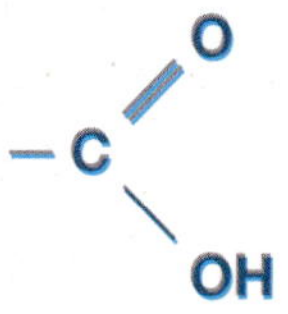

Gruppo carbossile

Nomenclatura degli acidi carbossilici

La nomenclatura degli acidi carbossilici prevede di derivarne il nome da quello dell'alcano corrispondente, preceduto dal termine **acido** e seguito dalla desinenza **-oico**.

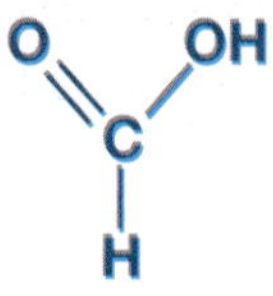

Acido metanoico (acido formico)

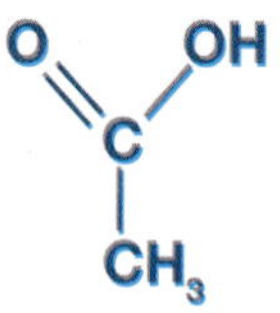

Acido etanoico (acido acetico)

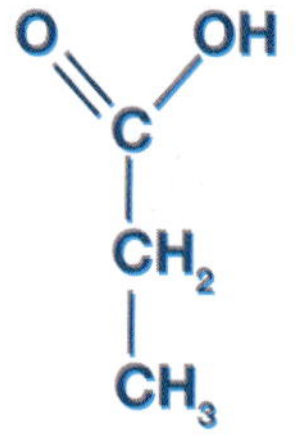

Acido propanoico (acido propionico)

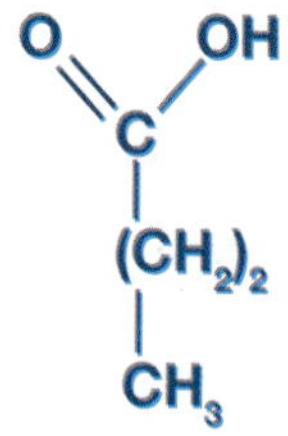

Acido butanoico (acido butirrico)

Nomenclatura di alcuni acidi carbossilici

Composto	Nome IUPAC	Nome tradizionale	Fonte naturale
$HCOOH$	Acido metanoico	Acido formico	pungiglione degli insetti (formiche)
CH_3COOH	Acido etanoico	Acido acetico	aceto
CH_3CH_2COOH	Acido propanoico	Acido propionico	latte
$CH_3CH_2CH_2COOH$	Acido butanoico	Acido butirrico	burro
$CH_3CH_2CH_2CH_2COOH$	Acido pentanoico	Acido valerianico	radice della valeriana
$CH_3CH_2CH_2CH_2CH_2COOH$	Acido esanoico	Acido caproico	capre

... in English
gruppo carbossile
carboxyl group

Proprietà fisiche degli acidi carbossilici

Gli acidi carbossilici sono composti **polari** e, come gli alcoli, formano legami idrogeno con se stessi o con altre molecole: per conseguenza hanno punti di ebollizione elevati, anche più degli alcoli di pari peso molecolare.

I primi termini della serie sono liquidi incolori, con odori pungenti o sgradevoli, quelli a elevato peso molecolare sono solidi.

Proprietà fisiche degli acidi carbossilici più semplici

Composto	Formula	Punto di fusione (°C)	Punto di ebollizione (°C)
Acido metanoico	$HCOOH$	8,4	101
Acido etanoico	CH_3COOH	16,6	118
Acido propanoico	CH_3CH_2COOH	–20,8	141
Acido butanoico	$CH_3CH_2CH_2COOH$	–5,5	164
Acido pentanoico	$CH_3CH_2CH_2CH_2COOH$	–34,5	186
Acido esanoico	$CH_3CH_2CH_2CH_2CH_2COOH$	–4,0	205

Gli **acidi carbossilici a lunga catena** sono detti **acidi grassi**, perché untuosi al tatto e vengono distinti in acidi grassi **saturi** (contenenti solo legami semplici tra gli atomi di carbonio) e **insaturi** (contenenti doppi legami), a loro volta suddivisi in **monoinsaturi** (un solo doppio legame) e **polinsaturi** (due o più doppi legami) [**11**].

11. Il burro, che contiene grassi tra l'80 e il 90%, è un solido untuoso al tatto.

$CH_3CH_2CH_2COOH$

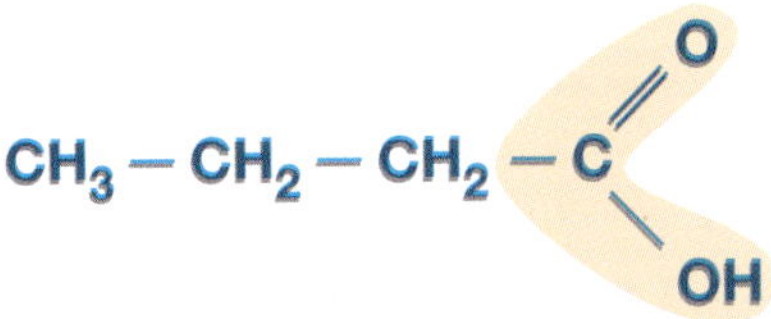

Saturo **Acido butirrico o acido butanoico**

$$CH_3-CH_2-CH_2-CH_2-CH_2-CH_2-CH_2-CH_2-CH=CH-CH_2-CH_2-CH_2-CH_2-CH_2-CH_2-CH_2-COOH$$

Monoinsaturo **Acido oleico o acido cis-9-ottadecenoico**

$$CH_3-CH_2-CH_2-CH_2-CH_2-CH=CH-CH_2-CH=CH-CH_2-CH_2-CH_2-CH_2-CH_2-CH_2-CH_2-COOH$$

Polinsaturo **Acido linoleico o acido 9,12-ottadecadienoico**

Alcuni acidi grassi hanno un nome tradizionale che deriva dalla fonte principale in natura (butirrico dal burro, oleico dall'olio di oliva ecc.); il nome IUPAC prende il suffisso **-oico** per i saturi, **-enoico** per i monoinsaturi e **di-**, **tri-**, **tetra-**, **penta-** **-enoico** per i polinsaturi; precisa, inoltre, la posizione dei doppi legami e il tipo di isomeria (cis o trans), essendo gli acidi grassi insaturi naturali prevalentemente isomeri **cis**.

Leggere sull'eBook

- Acidi carbossilici e bicarbossilici

Gli acidi bicarbossilici

Gli acidi con due gruppi carbossilici sono detti **bicarbossilici** o **alcandioici**; se è presente un doppio legame è detto **alchendioico**.

Il primo della serie è l'acido ossalico:

$$\begin{array}{c} COOH \\ | \\ COOH \end{array}$$

La serie degli acidi bicarbossilici continua con gli acidi malonico, succinico, glutarico, adipico.

... in English

acidi grassi
fatty acids

saturi e insaturi
saturated and unsaturated

Esteri
Formula generale
R — COO — R'
Desinenza -ato

... in English
esteri
esters

Gli esteri

I composti organici di questa classe presentano una struttura che deriva da quella degli acidi carbossilici in cui, al posto dell'**— OH** del gruppo carbossilico, è presente un gruppo **— OR'**.

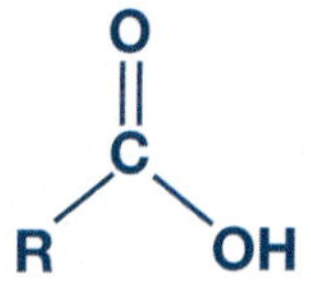

Acido carbossilico

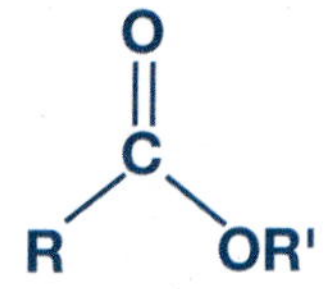

Estere

Nomenclatura degli esteri

La loro nomenclatura è simile a quella dei sali degli acidi carbossilici, cambiando la desinenza **-ico** in **-ato**, seguito da quello del radicale **— R** o del gruppo **— OR**.

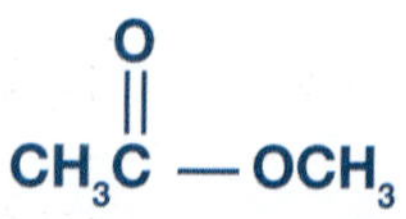

Acetato di metile (etanoato di metile)
p.e. 57 °C

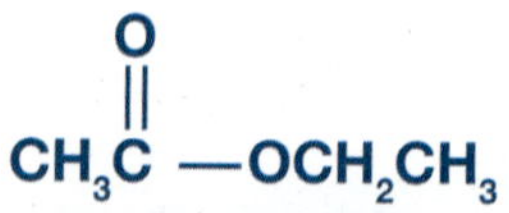

Acetato di etile (etanoato di etile)
p.e. 77 °C

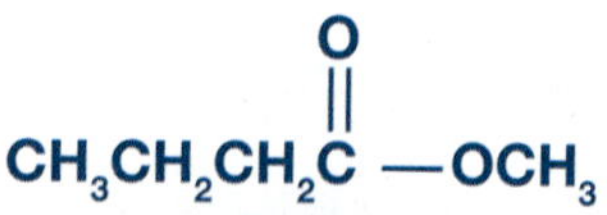

Butanoato di metile
p.e. 102,3 °C

Il **p.e.** (punto di ebollizione) aumenta all'aumentare del peso molecolare.

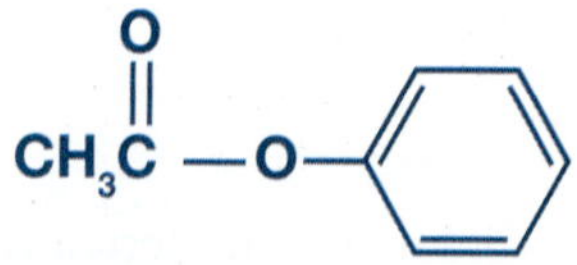

Acetato di fenile
p.e. 195,7 °C

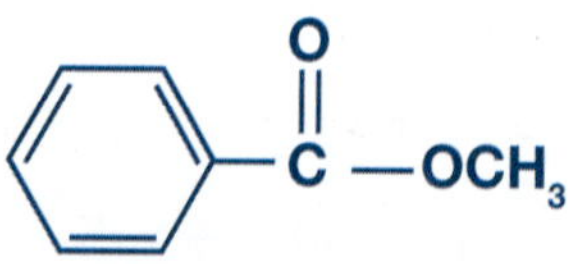

Benzoato di metile
p.e. 196,6 °C

Leggere sull'eBook
- Esteri

Gli **esteri** derivano dalla **condensazione** di un acido carbossilico e un alcol:

$$R - COOH + HO - R' \rightarrow R - CO - O - R' + H_2O$$

Acido carbossilico **Alcol** **Estere**

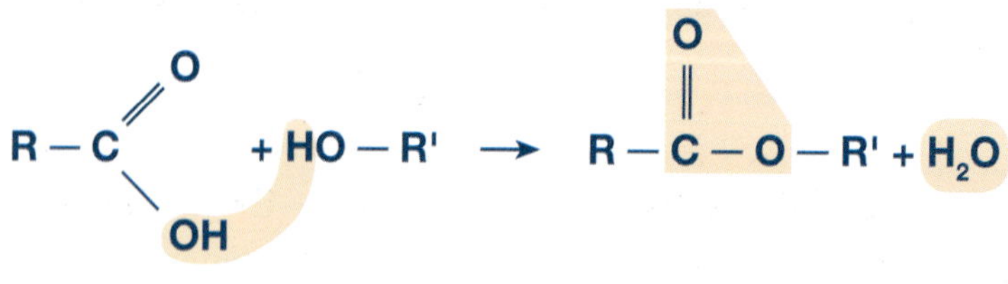

Proprietà fisiche degli esteri

Gli esteri con un peso molecolare più basso presentano un odore forte, sgradevole, mentre quelli più volatili a differenza degli acidi da cui si possono derivare, che hanno solitamente odori sgradevoli, presentano un caratteristico odore di frutta: si devono ad alcuni esteri gli odori caratteristici della banana, dell'arancia e dell'ananas e il profumo di molti fiori [**12**].

Sono insolubili in acqua e presentano un punto di ebollizione più basso di quello degli alcoli di pari peso molecolare, perché non formano legami a idrogeno. I loro punti di fusione sono inferiori a quelli degli acidi con egual peso molecolare, mentre i loro punti di ebollizione sono simili a quelli di aldeidi e chetoni di pari peso molecolare.

12. I profumi che emanano molti frutti sono dovuti alla presenza degli esteri.

Proprietà fisiche di alcuni esteri

Composto	Formula	Aspetto	Punto di fusione (°C)	Punto di ebollizione (°C)	Solubilità (g/L)
Etanoato di metile (acetato di metile)	$CH_3 - COO - CH_3$	liquido incolore	−98,05	57	solubile 330 g/L
Etanoato di etile (acetato di etile)	$CH_3 - COO - CH_2CH_3$	liquido incolore	−83	77	solubile 85,3 g/L (20 °C)
Butanoato di metile (etanoato di 1-butile)	$CH_3CH_2CH_2 - COO - CH_3$	liquido incolore	−77	127	solubile 7 g/L (20 °C)
Acetato di fenile	$CH_3 - COO - C_6H_5$			195,7	
Benzoato di metile	$C_6H_5 - COO - CH_3$	liquido incolore	−12	196,6	quasi insolubile 0,157 g/L (30 °C)

Particolare importanza hanno gli esteri di un polialcol, il glicerolo o glicerina, con tre molecole di acidi grassi, che formano i **trigliceridi**, i principali grassi della nostra alimentazione:

... in English
trigliceridi
triglycerides

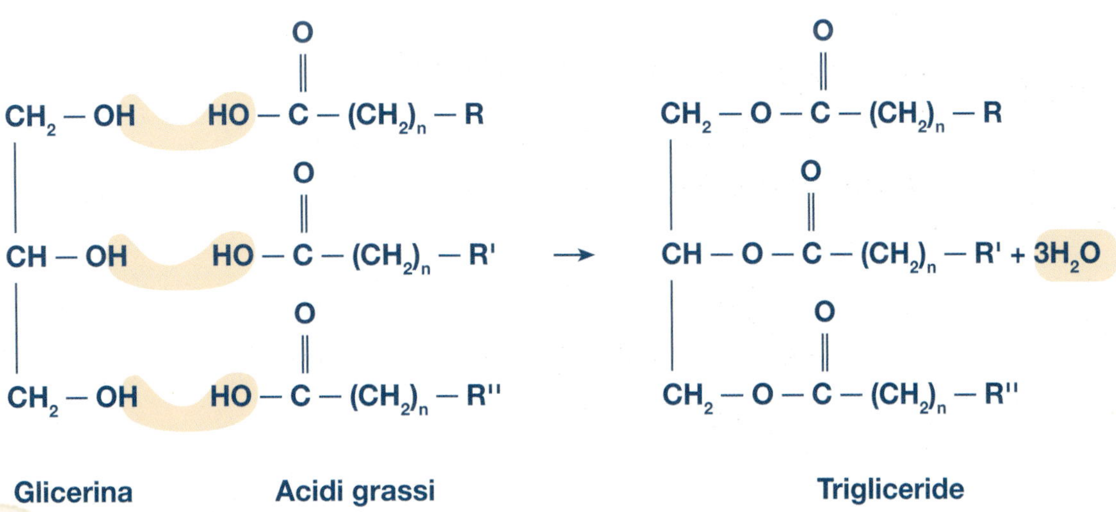

Ammine
Formula generale
R — NH_2
Desinenza
-ammina

Le ammine

Le **ammine** possono essere considerate derivati organici dell'ammoniaca (NH_3), in cui sono stati sostituiti gli atomi di idrogeno con uno o più gruppi alchilici — **R** o — **Ar** arilici (aromatici).

Nomenclatura delle ammine

In base al tipo di sostituente legato all'azoto, le ammine possono essere distinte in ammine **alifatiche** (alchilammine) o **aromatiche** (arilammine).

Se sono presenti altri gruppi funzionali, il gruppo amminico viene considerato un sostituente:

$\overset{4}{C}H_3\overset{3}{C}H(NH_2)\overset{2}{C}H_2\overset{1}{C}O_2H$

Acido 3-amminobutanoico

$H_2N\overset{1}{C}H_2\overset{2}{C}H_2\overset{3}{C}(=O)\overset{4}{C}H_2\overset{5}{C}H_3$

1-ammino-3-pentanone

$CH_3NH\overset{2}{C}H_2\overset{1}{C}H_2OH$

2-metilamminoetanolo

... in English
ammine
amines

Le ammine aromatiche, caratterizzate dall'anello benzenico, sono considerate dei derivati dell'anilina.

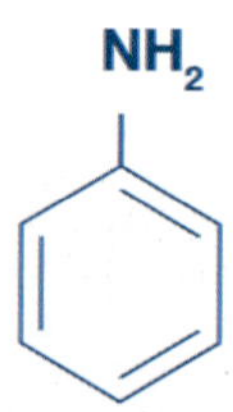

Anilina
(benzenammina)

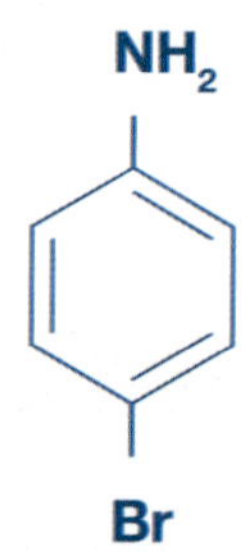

p-bromoanilina
(4-bromobenzenammina)

Leggere sull'eBook
- Ammine

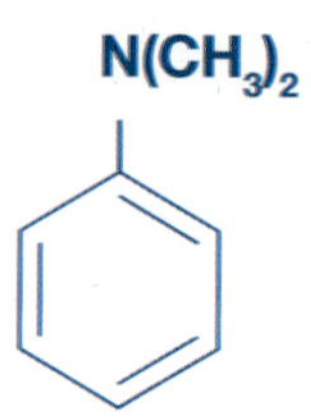

N,N-dimetilanilina
(N,N-dimetilbenzenammina)

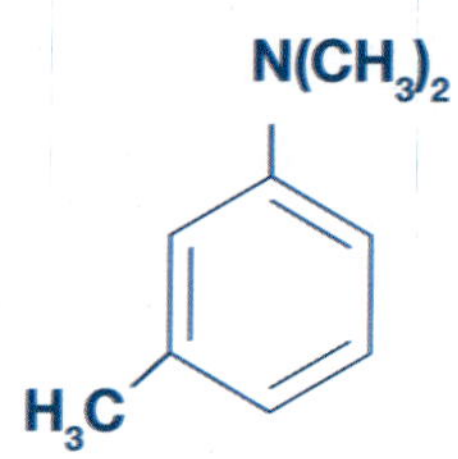

m-metil-N-metilanilina
N-metil-m-toluidina
(N-metil-3-metilbenzenammina)

Considerate come derivati dell'ammoniaca, le ammine vengono distinte in:

- **ammine primarie** (**RNH_2**), un solo atomo di idrogeno dell'ammoniaca è sostituito da un gruppo R (es. metilammina **CH_3NH_2**);
- **ammine secondarie** (**R_2NH**), quando possiedono due sostituenti (es. dimetilammina e dietilammina);
- **ammine terziarie** (**R_3N**), quando hanno tutti e tre gli atomi di idrogeno sostituiti (trimetilammina e trietilammina).

... in English
ammina primaria, secondaria, terziaria
primary, secondary and tertiary amine

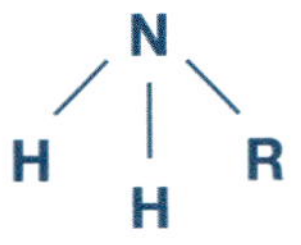

Ammina primaria

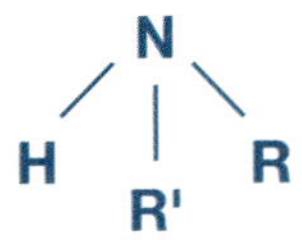

Ammina secondaria

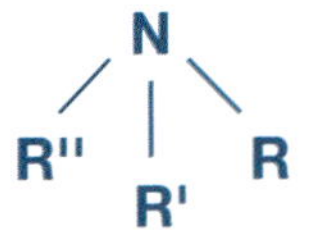

Ammina terziaria

Proprietà fisiche delle ammine

L'atomo di azoto delle ammine porta un doppietto elettronico non condiviso; per questo motivo gli orbitali dell'azoto sono ibridati sp^3, geometria quasi tetraedrica.

Le ammine più semplici presentano il caratteristico odore del pesce non fresco, e hanno un comportamento molto simile a quello dell'ammoniaca: sono solubili in acqua. Le ammine primarie e secondarie possono formare legami a idrogeno con l'acqua, e hanno solubilità simile a quella degli alcoli; la solubilità è massima in quelle aventi fino a 5-6 atomi di C e aumenta con le ramificazioni della molecola.

Proprietà fisiche di alcune ammine comuni

Composto	Formula	Ammina	Punto di fusione (°C)	Punto di ebollizione (°C)	Solubilità (g/1000 g)
Metilammina	CH_3NH_2	alifatica	−92,5	−6,5	buona
Dimetilammina	$(CH_3)_2NH_2$	alifatica	−96	+7,4	buona
Trimetilammina	$(CH_3)_3NH_2$	alifatica	−124	+3,5	909
Etilammina	$CH_3CH_2NH_2$	alifatica	−80,6	+16,6	grande
Anilina (fenilammina)	$C_6H_5NH_2$	aromatica	−6	+184	38
Metilanilina (metil, fenilammina)	$C_6H_5NH_2CH_3$	aromatica	−57	+196	scarsa
Difenilammina	$(C_6H_5)_2NH$	aromatica	+52,8	+302	nulla

La più semplice ammina è la **metilammina**, un gas dal tipico odore di pesce (ammoniaca). La sua formula è:

$$CH_3-NH_2$$

Ammidi
Formula generale
$R-COO-NH_2$
Desinenza
-ammide

... in English
ammidi
amides

Leggere sull'eBook
• Ammidi

Le ammidi

La struttura delle ammidi deriva da quella degli acidi carbossilici in cui, al posto dell'— **OH** del gruppo carbossilico, è legato un gruppo — $\mathbf{NR'_2}$.

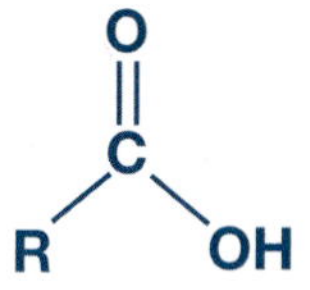

Acido carbossilico

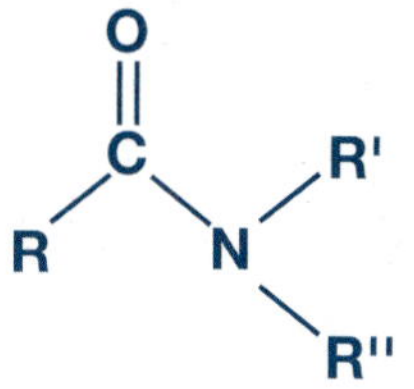

Ammide

Il gruppo ammidico, che contiene carbonio e azoto, lega un residuo alifatico — **R** (a catena lineare) o aromatico — **Ar** (ad anello).

Si usa distinguere le ammidi in base al numero di radicali che presentano legati all'azoto amminico in:

- **ammidi primarie** ($\mathbf{RCONH_2}$), quando N si lega a due atomi di idrogeno (es. formammide $HCONH_2$);
- **ammidi secondarie** (**RCONHR**), quando N lega un idrogeno e un sostituente — R;
- **ammidi terziarie** (**RCONRR'**), quando N lega due sostituenti — R e — R'.

Nomenclatura delle ammidi

La nomenclatura IUPAC stabilisce che il nome dell'ammide si ottenga sostituendo il suffisso **-ammide** al posto del suffisso **-ico** o **-oico** dell'acido carbossilico corrispondente.

Ammidi primarie, secondarie e terziarie			
Composto	**Formula**		**Tipo di ammide**
Formammide	$HCONH_2$	$H-C(=O)-NH_2$	ammide primaria
Etanammide (acetammide)	CH_3CONH_2	$CH_3-C(=O)-NH_2$	ammide primaria
Propanammide	$CH_3CH_2CONH_2$	$CH_3CH_2-C(=O)-NH_2$	ammide primaria
N-metil etanammide	$CH_3CONHCH_3$	$CH_3-C(=O)-NH-CH_3$	ammide secondaria
N-metil,N-etil etanammide	$CH_3CONCH_3CH_2CH_3$	$CH_3-C(=O)-N(CH_3)-CH_2CH_3$	ammide terziaria

L'ammide derivata dall'acido formico HCOOH è la più semplice: si chiama **formammide** $HCONH_2$.

Nei casi in cui all'azoto, al posto dell'idrogeno, risultino legati dei sostituenti, si farà precedere al nome dell'ammide **N-** o **N,N-**, a seconda che abbia uno o due sostituenti, seguito dal nome dei sostituenti stessi. Per esempio, N-metil etanammide $CH_3CONHCH_3$.

Quando uno dei sostituenti è un anello benzenico si forma una ammide aromatica, la benzammide $C_6H_5CONH_2$.

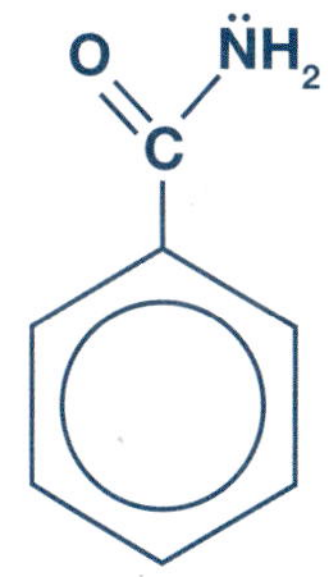

Benzammide

Amminoacidi e peptidi

Un gruppo amminico è presente nella molecola di tutti gli **amminoacidi**; allo stesso atomo di carbonio è legato anche un gruppo carbossilico, per cui la formula generale degli amminoacidi è:

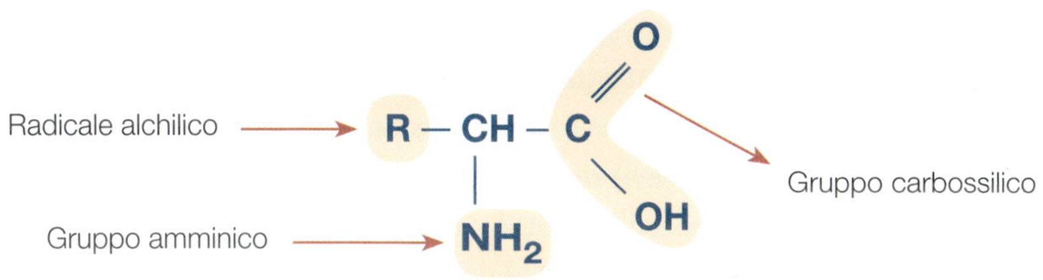

... in English

amminoacidi
amino acids

legame peptidico
peptide bond

polipeptide
polypeptide

proteine
proteins

La reazione di condensazione tra il gruppo amminico di un amminoacido e il gruppo carbossilico di un altro amminoacido porta alla formazione di un **legame** tra due amminoacidi detto **legame peptidico**. La molecola così formata è perciò detta **dipeptide**:

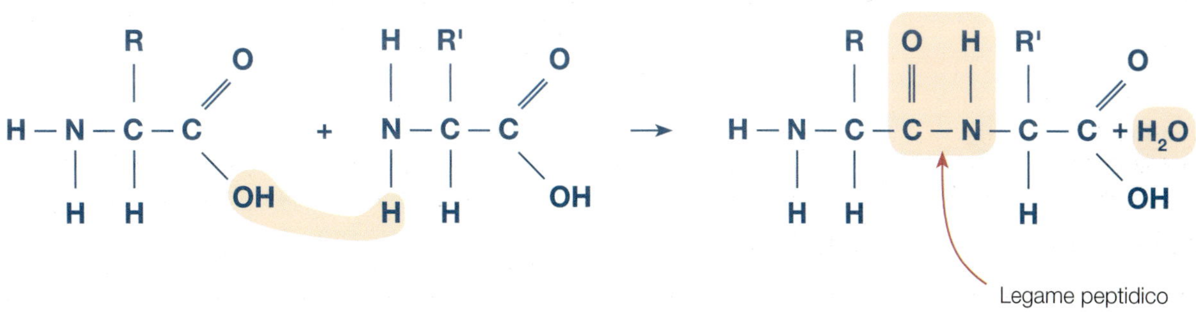

Le estremità libere del dipeptide formato possono legare altri amminoacidi (teoricamente all'infinito), costituendo una lunga catena di amminoacidi, legati da legami peptidici, che viene chiamata **polipeptide**.

Gli amminoacidi e il legame peptidico

Le **proteine**, importanti macromolecole costituenti fondamentali di tutti gli organismi viventi, sono formate da una o più catene polipeptidiche.

13. Come i mattoni sono le unità su cui si costruiscono grandi strutture murarie, così i monomeri si uniscono a formare macromolecole dette polimeri.

4 Polimeri naturali e sintetici

Le **proteine** e gli **acidi nucleici** (DNA e RNA) sono macromolecole formate dall'unione di unità più piccole saldate insieme: le **unità** che formano le proteine sono gli **amminoacidi**, quelle che formano gli acidi nucleici sono i **nucleotidi**.

In generale, un **polimero** è una macromolecola costituita da una serie di unità più piccole dette **monomeri** [13].

Anche i **polisaccaridi** (amido, glicogeno e cellulosa) sono polimeri, essendo formati da una continua ripetizione di **monosaccaridi** (glucosio).

4.1 Polimeri sintetici

L'industria chimica è in grado di produrre una varietà enorme di **polimeri sintetici**, che costituiscono la **plastica**, in tutte le sue forme.

La plastica, come dice il nome, è un **materiale** che può essere **facilmente modellato**, perché con il calore (a soli 100 °C) si ammorbidisce e può assumere la forma desiderata.

Anche i metalli sono plastici, ma fondono a temperature più elevate (dai 250 °C dello stagno ai 1500 °C del ferro), per cui la loro lavorazione è più costosa.

Al contrario, le materie plastiche sono **facili da produrre**, sono economiche, resistenti e inalterabili, non possono cioè essere degradate, distrutte dall'aria (mentre il ferro, per esempio, all'aria arrugginisce), dall'acqua, dai batteri.

Tuttavia, **non** essendo **biodegradabili**, proprio perché sono inattaccabili dai batteri, le materie plastiche, come rifiuti, restano per molti anni nell'ambiente, costituendo un serio problema di inquinamento.

... in English
polimeri sintetici
synthetic polymers
polimerizzazione
polymerization

Le materie plastiche sono costituite da molecole di enormi dimensioni (**macromolecole**, polimeri) formate da unità più piccole (**monomeri**), legate insieme mediante un processo di **polimerizzazione**.

In base al tipo di reazione di **polimerizzazione** distinguiamo **polimeri di addizione** e **polimeri di condensazione**, a seconda che dalla reazione si produca solo il polimero (addizione) o anche una molecola a basso peso molecolare, come l'acqua (condensazione).

Il più semplice polimero di addizione è il **polietilene**, che si ottiene dall'**etilene**, mediante rottura del doppio legame (operata da un **iniziatore**), con formazione di un radicale:

$$\text{Iniziatore} + CH_2=CH_2 \rightarrow In-CH_2-CH_2\bullet$$

$$CH_2 \not= CH_2$$

Questo radicale ha un atomo di carbonio con un elettrone spaiato (libero), pronto a reagire con un'altra molecola di etilene:

$$In-CH_2-CH_2\bullet + CH_2=CH_2 \rightarrow In-CH_2-CH_2-CH_2-CH_2\bullet$$

Tutti gli atomi presenti nel monomero etilene rimangono nel polimero, mentre nei polimeri di condensazione l'unione dei monomeri avviene mediante espulsione di 2 atomi di idrogeno e 1 di ossigeno che formano una molecola di acqua, come nella formazione del PET (PoliEtilenTereftalato), un polimero (**poliestere**) che si ottiene unendo due monomeri diversi, il **glicole etilenico** e l'**acido tereftalico** [14]:

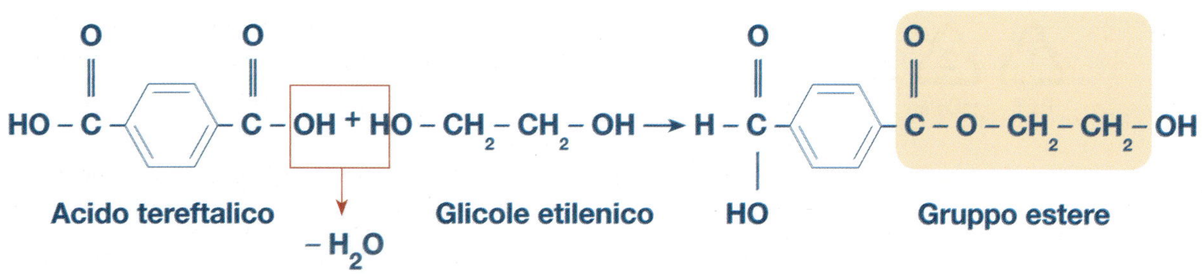

14. Il polietilentereftalato è il polimero artificiale più usato nella produzione di bottiglie per l'acqua minerale. La sigla PET è stampigliata sulla bottiglia per permettere di riconoscere il miglior tipo di riciclo.

Glossario

Iniziatore: è una molecola che si decompone mediante rottura di un legame, con la formazione di un radicale molto reattivo, che può legarsi a un monomero e iniziare così la polimerizzazione.

Nella seguente tabella ricordiamo i polimeri più noti [**15**].

Polimeri naturali e artificiali (sintetici)				
NATURALI		**ARTIFICIALI**		
Monomeri	**Polimeri**	**Monomeri**	**Polimeri**	**Sigla**
Glucosio	Amido/glicogeno	Etilene	Polietilene	PE**
Glucosio	Cellulosa	Cloruro di vinile	Polivinilcloruro	PVC
Amminoacidi	Proteine (copolimeri)*	Stirene	Polistirene (polistirolo)	PS
Nucleotidi	Acidi nucleici: DNA e RNA (copolimeri)*	Propilene	Polipropilene	PP
Isoprene	Caucciù (gomma)	Tetrafluoroetilene	Politetrafluoroetilene (teflon)	PTFE
		Glicole etilenico + acido tereftalico	PoliEtilenTereftalato***	PET
		Acido dicarbossilico + diammina	Poliammidi (nylon, Kevlar, Nomex)****	PA
		Acrilonitrile	Poliacrilonitrile (orlon, acrilan)	PAN
		Acido carbonico + bisfenolo	Policarbonato	PC
		Acetato di vinile	Polivinilacetato	PVA
		Propilene	Polipropilene	PP

* Costituiti da due o più monomeri diversi. Se è presente un solo monomero si chiamano omopolimeri.
** Distinto in HDPE (o PEHD), polietilene ad alta densità e LDPE (PELD), polietilene a bassa densità.
*** È un poliestere (polimero di condensazione di un glicole, contenente due gruppi OH e un acido bicarbossilico).
**** Derivano dalla condensazione di un acido bicarbossilico e una diammina.

15. La plastica trova impiego nei più svariati settori. In (a) i simboli dei più diffusi gruppi di polimeri, per esempio il polietilene, PE, impiegato nei sacchetti per alimenti (b), il polistirolo, PS, usato come isolante termico per l'edilizia (c) e i gomitoli di filati di poliammide, PA (d).

ESERCIZI di autoverifica

A Completa la seguente mappa concettuale inserendo le parole elencate

1. R-X
2. R-COO-NH_2
3. alogenuri
4. R-OH
5. R-O-R'
6. carbonile
7. carbossile
8. aldeidi
9. R-NH_2
10. R-COO-R'
11. R-CO-R
12. acidi carbossilici
13. amminico
14. ammidico

Le principali classi di composti organici

sono

....	alcoli	eteri	....	chetoni	....	esteri	ammine	ammidi
caratterizzati dal gruppo funzionale								
alogeno X (es. Cl,Br, I)	ossidrile	alcossile	carbonile	....	....	estereo	....	....
presentano le seguenti formule generali								
....	....	R-O-R'	R-CHO	....	R-COOH	....	....	....

B Se non lo sai, rileggilo alla pagina indicata

1. Come definiresti la Chimica organica? (pag. 221)
2. Quali caratteristiche permettono al carbonio di formare tanti diversi composti organici? (pag. 221)
3. Come sono classificati gli idrocarburi? (pag. 226)
4. Quali caratteristiche ha l'anello benzenico? (pag. 226)
5. A quale classe di composti appartiene l'etene? (pag. 229)
6. Che cos'è un gruppo funzionale? (pag. 233)
7. Quale gruppo funzionale è caratteristico di alcoli e fenoli? (pagg. 235-237)
8. Quale gruppo funzionale hanno in comune aldeidi e chetoni? (pag. 239)
9. Quali composti contengono gruppi carbossilici? (pag. 241)
10. Che cos'è un estere? (pag. 244)
11. Che cosa sono i trigliceridi? (pag. 245)
12. Qual è la formula generale degli amminoacidi? (pag. 249)
13. Che cos'è un polimero? (pag. 250)
14. Quali sono i due principali tipi di polimerizzazione? (pag. 250)

C Completa le seguenti frasi inserendo le parole mancanti, scegliendole nell'elenco sottostante

1. Il carbonio può legarsi ad altri atomi di carbonio, formando .... lineari o ramificate, più o meno complesse.
2. Gli .... sono composti che hanno la stessa .... chimica bruta, ma caratteristiche chimico-fisiche diverse.
3. Gli alcani sono idrocarburi ....
4. Quando gli idrocarburi presentano lungo la catena un .... legame carbonio-carbonio sono detti alcheni.
5. Gli idrocarburi .... sono caratterizzati dalla presenza dell'anello ....
6. Alcoli e .... sono caratterizzati dalla presenza del gruppo ....
7. Il gruppo C = O è presente nei chetoni e nelle ....
8. Un .... è formato da una molecola di glicerolo e .... molecole di acidi grassi.
9. Negli .... un atomo di carbonio è legato contemporaneamente a un gruppo carbossilico e a un gruppo amminico.
10. I grassi insaturi contengono uno o più doppi legami e sono in genere di origine ....

1. aromatici
2. fenoli
3. due
4. tre
5. trigliceride
6. aldeidi
7. multipli
8. animale
9. vegetale
10. addizione
11. formula
12. benzenico
13. saturi
14. insaturi
15. doppio
16. triplo
17. chetoni
18. OH
19. catene
20. amminoacidi
21. isomeri
22. alifatici

D Assegna il nome IUPAC ai seguenti composti

$CH_3 - CH_2 - CH_2 - CH_3$

1. ....

$CH_3 - CH_2 - CH_2 - CH_2 - CH_2 - CH_3$

2. ....

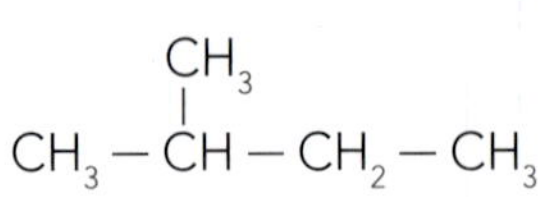

3. ....

$CH_3 - CH_2 - CH_2 - CH_2 - CH_2 - CH_2 - CH_2 - CH_2 - CH_3$

4. ....

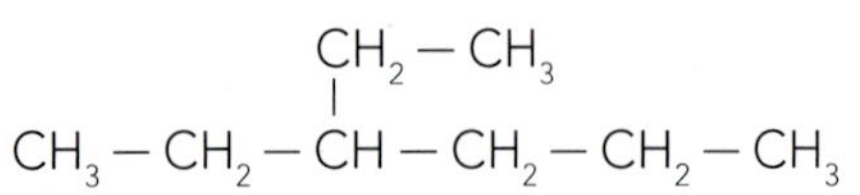

5. ....

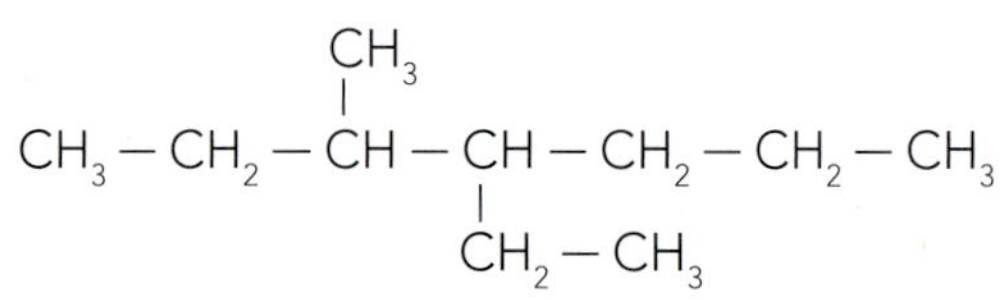

6. ....

E **Indica se le seguenti affermazioni sono vere (V) o false (F)** V F

1. I composti del carbonio sono tutti composti organici. ◯ ◯
2. L'elettronegatività del carbonio permette a questo atomo di stabilire legami ionici con atomi degli altri non metalli. ◯ ◯
3. L'atomo di carbonio forma catene lineari o ramificate. ◯ ◯
4. La formula bruta è molto efficace perché mette in evidenza i gruppi funzionali. ◯ ◯
5. Gli alcani sono composti insaturi. ◯ ◯
6. Metilpropano e butano sono isomeri. ◯ ◯
7. Alcheni e alchini sono idrocarburi saturi. ◯ ◯
8. L'ibridazione sp^2 del carbonio si trova nel benzene e nell'etene. ◯ ◯
9. I nomi degli alcheni terminano con la desinenza -ano. ◯ ◯
10. La molecola del benzene ha la forma di un pentagono regolare. ◯ ◯
11. Negli alcoli un atomo di carbonio è legato al gruppo funzionale –OH. ◯ ◯
12. Un alcol si dice terziario quando contiene tre ossidrili. ◯ ◯
13. Il metanale è un'aldeide. ◯ ◯
14. Il propanone è il nome IUPAC del comune acetone. ◯ ◯
15. Il glicerolo presenta due gruppi ossidrili –OH. ◯ ◯
16. Il gruppo –COOH è il gruppo carbonilico. ◯ ◯
17. Un esempio di ammina secondaria è rappresentato dalla formula $CH_3CH_2NHCH_3$. ◯ ◯
18. Un'ammide è rappresentata dalla formula CH_3CONH_2. ◯ ◯
19. Negli amminoacidi lo stesso atomo di carbonio lega un gruppo amminico e un gruppo carbossilico. ◯ ◯
20. Dalla reazione tra CH_3CH_2COOH e CH_3OH si ottiene un estere. ◯ ◯
21. L'acido oleico è un acido grasso polinsaturo. ◯ ◯
22. La più semplice ammina è la metilammina. ◯ ◯

F **Disegna la struttura corrispondente a ciascun nome IUPAC**

1. 2-esene
2. 1,3-esadiene
3. 2-butene
4. 4-cloro-2-pentino
5. 3-eptino
6. 1-bromo-5-etil-7-fluoro-2-ottene

Soluzioni

G Indica con una crocetta la risposta giusta tra quelle proposte

1. La formula bruta di una sostanza indica:
- **a.** la disposizione dei suoi atomi nello spazio
- **b.** i legami tra gli atomi che la compongono
- **c.** semplicemente la sua composizione
- **d.** nessuna delle risposte precedenti

2. Gli alcani sono idrocarburi:
- **a.** aromatici
- **b.** alifatici saturi
- **c.** alifatici insaturi
- **d.** ciclici

3. Gli idrocarburi sono:
- **a.** insolubili in acqua perché apolari
- **b.** solubili in acqua perché polari
- **c.** insolubili in acqua perché polari
- **d.** poco reattivi

4. Quali delle sostanze di formule:

A. CH_3CH_2Cl **B.** CH_3CHCl_2
C. CH_3CCl_3 **D.** CH_2ClCH_2Cl

sono isomere tra loro?
- **a.** A e B
- **b.** A e C
- **c.** A e D
- **d.** B e D

5. Quanti atomi di idrogeno sono presenti in una molecola di butene?
- **a.** 4
- **b.** 10
- **c.** 6
- **d.** 8

6. L'acetilene è:
- **a.** un alchino
- **b.** un alchene
- **c.** un idrocarburo aromatico
- **d.** un alcano

7. La formula generale degli alchini è:
- **a.** C_nH_{2n+2}
- **b.** C_nH_{2n}
- **c.** C_nH_{2n-4}
- **d.** C_nH_{2n-2}

8. Il gruppo OH è presente:
- **a.** negli alcani
- **b.** nei chetoni
- **c.** negli alcoli
- **d.** negli eteri

9. Il più semplice degli alcheni:
- **a.** metano
- **b.** etilene
- **c.** acetilene
- **d.** etino

10. Il più semplice degli idrocarburi aromatici è:
- **a.** l'etene C_2H_4
- **b.** il benzene C_6H_6
- **c.** il metano CH_4
- **d.** l'etino C_2H_2

11. Come si chiama il composto avente formula CH_3CH_2COOH?
- **a.** propanolo
- **b.** acido propanoico
- **c.** acido etanoico
- **d.** propanone

12. Le ammine sono composti organici formalmente derivati da:
- **a.** acido nitrico
- **b.** acido nitroso
- **c.** ammoniaca
- **d.** idrazina

H Indica tra i seguenti composti, quelli a catena lineare, ramificata, ciclica e ciclica ramificata

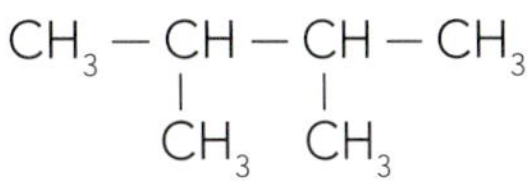

1. ....

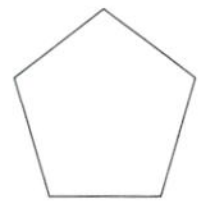

2. ....

$CH_3 - CH_2 - CH_3$

3. ....

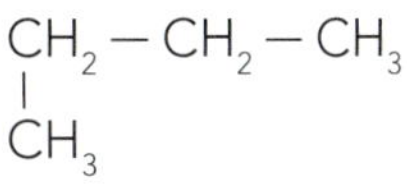

4. ....

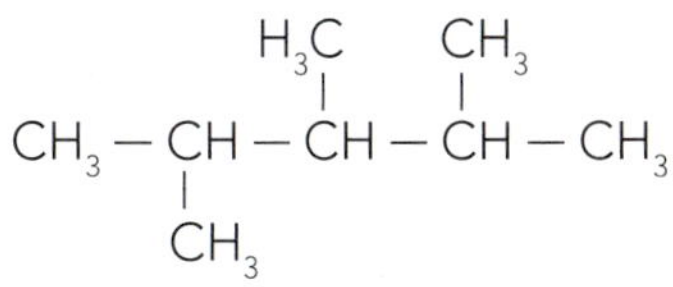

5. ....

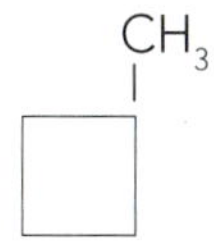

6. ....

I Scrivi tutti gli isomeri del pentano

L Assegna il nome IUPAC ai seguenti composti

COOHCOOH

1. ....

$CH_3CH_2CH_2NH_2$

2. ....

CH_3COCH_3

3. ....

$CH_3CH_2CH_2CH_2CHO$

4. ....

$CH_3CH_2CH_2OH$

5. ....

$CH_3CH_2CONH_2$

6. ....

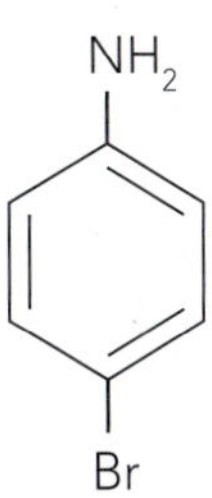

7. ....

$CH_3CH_2CH_2OCH_2CH_2CH_3$

8. ....

$CH_3COOCH_2CH_3$

9. ....

PDF **Soluzioni**

Indice analitico

D

E

F

Indice analitico

M

N

O

P

Indice analitico

TAVOLA PERIODICA DEGLI ELEMENTI

nome → ferro
numero atomico → 26
simbolo → Fe
massa atomica (u) → 55,85
1535 ← temperatura di fusione (°C)
2861 ← temperatura di ebollizione (°C)
1,83 ← elettronegatività (secondo Pauling)
7,86 ← densità (·)
+2+3 ← numeri di ossidazione
$[Ar]3d^{6}4s^{2}$ ← configurazione elettronica

(·) Per i solidi e i liquidi è espressa in g/mL a 20 °C; per i gas è espressa in g/L a 0 °C e a 1 atm.

Periodo	Gruppo	nome	numero atomico	simbolo	massa atomica (u)	temperatura di fusione (°C)	temperatura di ebollizione (°C)	elettronegatività	densità	numeri di ossidazione	configurazione elettronica
1	1 I	idrogeno	1	H	1,008	-259	-253	2,20	0,0899	±1	$1s^{1}$
1	18 VIII	elio	2	He	4,003	-272	-269	–	0,18	–	$1s^{2}$
2	1 I	litio	3	Li	6,941	181	1342	0,98	0,53	+1	$[He]2s^{1}$
2	2 II	berillio	4	Be	9,012	1288	2471	1,57	1,85	+2	$[He]2s^{2}$
2	13 III	boro	5	B	10,81	2300	3650	2,04	2,47	+3	$[He]2s^{2}2p^{1}$
2	14 IV	carbonio	6	C	12,01	3550	–	2,55	2,26	+2±4	$[He]2s^{2}2p^{2}$
2	15 V	azoto	7	N	14,01	-210	-196	3,04	1,25	+2±3+4+5	$[He]2s^{2}2p^{3}$
2	16 VI	ossigeno	8	O	16,00	-219	-183	3,44	1,43	-2	$[He]2s^{2}2p^{4}$
2	17 VII	fluoro	9	F	19,00	-220	-188	3,98	1,70	-1	$[He]2s^{2}2p^{5}$
2	18 VIII	neon	10	Ne	20,18	-249	-246	–	0,90	–	$[He]2s^{2}2p^{6}$
3	1 I	sodio	11	Na	22,99	98	883	0,93	0,97	+1	$[Ne]3s^{1}$
3	2 II	magnesio	12	Mg	24,31	650	1090	1,31	1,74	+2	$[Ne]3s^{2}$
3	13 III	alluminio	13	Al	26,98	660	2519	1,61	2,70	+3	$[Ne]3s^{2}3p^{1}$
3	14 IV	silicio	14	Si	28,09	1414	3280	1,90	2,33	+2±4	$[Ne]3s^{2}3p^{2}$
3	15 V	fosforo	15	P	30,97	44	280	2,19	1,82	±3+5	$[Ne]3s^{2}3p^{3}$
3	16 VI	zolfo	16	S	32,07	115	445	2,58	2,09	-2+4+6	$[Ne]3s^{2}3p^{4}$
3	17 VII	cloro	17	Cl	35,45	-101	-35	3,16	3,21	±1+3+5+7	$[Ne]3s^{2}3p^{5}$
3	18 VIII	argon	18	Ar	39,95	-189	-186	–	1,78	–	$[Ne]3s^{2}3p^{6}$
4	1 I	potassio	19	K	39,10	63	760	0,82	0,86	+1	$[Ar]4s^{1}$
4	2 II	calcio	20	Ca	40,08	842	1484	1,00	1,53	+2	$[Ar]4s^{2}$
4	3	scandio	21	Sc	44,96	1541	2836	1,36	2,99	+3	$[Ar]3d^{1}4s^{2}$
4	4	titanio	22	Ti	47,87	1668	3287	1,54	4,55	+2+3+4	$[Ar]3d^{2}4s^{2}$
4	5	vanadio	23	V	50,94	1910	3407	1,63	6,11	+2+3+4+5	$[Ar]3d^{3}4s^{2}$
4	6	cromo	24	Cr	52,00	1907	2672	1,66	7,19	+2+3+6	$[Ar]3d^{5}4s^{1}$
4	7	manganese	25	Mn	54,94	1244	2061	1,55	7,43	+2+3+4+6+7	$[Ar]3d^{5}4s^{2}$
4	8	ferro	26	Fe	55,85	1535	2861	1,83	7,86	+2+3	$[Ar]3d^{6}4s^{2}$
4	9	cobalto	27	Co	58,93	1495	2927	1,88	8,80	+2+3	$[Ar]3d^{7}4s^{2}$
4	10	nichel	28	Ni	58,69	1455	2913	1,91	8,90	+2+3	$[Ar]3d^{8}4s^{2}$
4	11	rame	29	Cu	63,55	1084	2567	1,90	8,96	+1+2	$[Ar]3d^{10}4s^{1}$
4	12	zinco	30	Zn	65,37	420	907	1,65	7,14	+2	$[Ar]3d^{10}4s^{2}$
4	13 III	gallio	31	Ga	69,72	30	2204	1,81	5,91	+3	$[Ar]3d^{10}4s^{2}4p^{1}$
4	14 IV	germanio	32	Ge	72,64	937	2830	2,01	5,32	+2+4	$[Ar]3d^{10}4s^{2}4p^{2}$
4	15 V	arsenico	33	As	74,92	817	–	2,18	5,73	±3+5	$[Ar]3d^{10}4s^{2}4p^{3}$
4	16 VI	selenio	34	Se	78,96	221	685	2,55	4,81	-2+4+6	$[Ar]3d^{10}4s^{2}4p^{4}$
4	17 VII	bromo	35	Br	79,91	-7	59	2,96	3,12	±1+3+5	$[Ar]3d^{10}4s^{2}4p^{5}$
4	18 VIII	kripton	36	Kr	83,80	-157	-152	3,00	3,75	–	$[Ar]3d^{10}4s^{2}4p^{6}$
5	1 I	rubidio	37	Rb	85,47	39	686	0,82	1,53	+1	$[Kr]5s^{1}$
5	2 II	stronzio	38	Sr	87,62	777	1384	0,95	2,60	+2	$[Kr]5s^{2}$
5	3	ittrio	39	Y	88,91	1523	3345	1,22	4,47	+3	$[Kr]4d^{1}5s^{2}$
5	4	zirconio	40	Zr	91,22	1852	4409	1,33	6,49	+4	$[Kr]4d^{2}5s^{2}$
5	5	niobio	41	Nb	92,91	2468	4742	1,60	8,57	+3+5	$[Kr]4d^{4}5s^{1}$
5	6	molibdeno	42	Mo	95,94	2617	4639	2,16	10,20	+1+2+3+4+5+6	$[Kr]4d^{5}5s^{1}$
5	7	tecnezio	43	Tc	98,91	2157	4265	1,90	11,50	+4+5+6+7	$[Kr]4d^{5}5s^{2}$
5	8	rutenio	44	Ru	101,1	2334	4150	2,20	12,5	+2+3+4+5+6+7	$[Kr]4d^{7}5s^{1}$
5	9	rodio	45	Rh	102,9	1966	3695	2,28	12,4	+3	$[Kr]4d^{8}5s^{1}$
5	10	palladio	46	Pd	106,4	1553	2963	2,20	12,0	+2+4	$[Kr]4d^{10}$
5	11	argento	47	Ag	107,9	962	2162	1,93	10,5	+1	$[Kr]4d^{10}5s^{1}$
5	12	cadmio	48	Cd	112,4	321	765	1,69	8,65	+2	$[Kr]4d^{10}5s^{2}$
5	13 III	indio	49	In	114,8	157	2072	1,78	7,31	+3	$[Kr]4d^{10}5s^{2}5p^{1}$
5	14 IV	stagno	50	Sn	118,7	232	2602	1,96	7,29	+2+4	$[Kr]4d^{10}5s^{2}5p^{2}$
5	15 V	antimonio	51	Sb	121,8	631	1587	2,05	6,68	±3+5	$[Kr]4d^{10}5s^{2}5p^{3}$
5	16 VI	tellurio	52	Te	127,6	450	988	2,10	6,24	-2+4+6	$[Kr]4d^{10}5s^{2}5p^{4}$
5	17 VII	iodio	53	I	126,9	114	184	2,66	4,93	±1+5+7	$[Kr]4d^{10}5s^{2}5p^{5}$
5	18 VIII	xeno	54	Xe	131,3	-112	-107	2,60	5,90	–	$[Kr]4d^{10}5s^{2}5p^{6}$
6	1 I	cesio	55	Cs	132,9	28	669	0,79	1,87	+1	$[Xe]6s^{1}$
6	2 II	bario	56	Ba	137,3	727	1897	0,89	3,59	+2	$[Xe]6s^{2}$
6	4	afnio	72	Hf	178,5	2233	4602	1,30	13,3	+4	$[Xe]4f^{14}5d^{2}6s^{2}$
6	5	tantalio	73	Ta	180,9	3017	5425	1,50	16,7	+5	$[Xe]4f^{14}5d^{3}6s^{2}$
6	6	tungsteno	74	W	183,8	3422	5655	2,36	19,3	+2+3+4+5+6	$[Xe]4f^{14}5d^{4}6s^{2}$
6	7	renio	75	Re	186,2	3186	5627	1,90	21,0	+4+6+7	$[Xe]4f^{14}5d^{5}6s^{2}$
6	8	osmio	76	Os	190,2	3033	5027	2,20	22,6	+2+3+4+6+8	$[Xe]4f^{14}5d^{6}6s^{2}$
6	9	iridio	77	Ir	192,2	2446	4550	2,20	22,5	+3+4	$[Xe]4f^{14}5d^{7}6s^{2}$
6	10	platino	78	Pt	195,1	1768	3827	2,28	21,4	+2+4	$[Xe]4f^{14}5d^{9}6s^{1}$
6	11	oro	79	Au	197,0	1064	2856	2,54	19,3	+1+3	$[Xe]4f^{14}5d^{10}6s^{1}$
6	12	mercurio	80	Hg	200,6	-39	357	1,90	13,6	+1+2	$[Xe]4f^{14}5d^{10}6s^{2}$
6	13 III	tallio	81	Tl	204,4	304	1473	2,04	11,8	+1+3	$[Xe]4f^{14}5d^{10}6s^{2}6p^{1}$
6	14 IV	piombo	82	Pb	207,2	328	1740	2,33	11,4	+2+4	$[Xe]4f^{14}5d^{10}6s^{2}6p^{2}$
6	15 V	bismuto	83	Bi	209,0	271	1560	2,02	9,8	+3+5	$[Xe]4f^{14}5d^{10}6s^{2}6p^{3}$
6	16 VI	polonio	84	Po	209	254	962	2,00	9,2	+2+4+6	$[Xe]4f^{14}5d^{10}6s^{2}6p^{4}$
6	17 VII	astato	85	At	210	302	337	2,20	–	±1+3+5+7	$[Xe]4f^{14}5d^{10}6s^{2}6p^{5}$
6	18 VIII	radon	86	Rn	222	-71	-62	–	9,72	–	$[Xe]4f^{14}5d^{10}6s^{2}6p^{6}$
7	1 I	francio	87	Fr	223	27	677	0,70	1,00	+1	$[Rn]7s^{1}$
7	2 II	radio	88	Ra	226	700	1140	0,90	5,00	+2	$[Rn]7s^{2}$
7	4	rutherfordio	104	Rf	261	2673	6073	–	–	+4	$[Rn]5f^{14}6d^{2}7s^{2}$
7	5	dubnio	105	Db	262	–	–	–	–	–	$[Rn]5f^{14}6d^{3}7s^{2}$
7	6	seaborgio	106	Sg	266	–	–	–	–	–	$[Rn]5f^{14}6d^{4}7s^{2}$
7	7	bohrio	107	Bh	264	–	–	–	–	–	$[Rn]5f^{14}6d^{5}7s^{2}$
7	8	hassio	108	Hs	265	–	–	–	–	–	$[Rn]5f^{14}6d^{6}7s^{2}$
7	9	meitnerio	109	Mt	268	–	–	–	–	–	$[Rn]5f^{14}6d^{7}7s^{2}$
7	10	darmstadio	110	Ds	271	–	–	–	–	–	–
7	11	roentgenio	111	Rg	272	–	–	–	–	–	–

Lantanidi

nome	numero atomico	simbolo	massa atomica (u)	temperatura di fusione (°C)	temperatura di ebollizione (°C)	elettronegatività	densità	numeri di ossidazione	configurazione elettronica
lantanio	57	La	138,9	920	3454	1,10	6,17	+3	$[Xe]5d^{1}6s^{2}$
cerio	58	Ce	140,1	798	3424	1,12	6,77	+3+4	$[Xe]4f^{1}5d^{1}6s^{2}$
praseodimio	59	Pr	140,9	931	3520	1,13	6,77	+3	$[Xe]4f^{3}6s^{2}$
neodimio	60	Nd	144,2	1010	3074	1,14	7,00	+3	$[Xe]4f^{4}6s^{2}$
promezio	61	Pm	145	1080	2457	–	7,22	+3	$[Xe]4f^{5}6s^{2}$
samario	62	Sm	150,4	1072	1778	1,17	7,54	+2+3	$[Xe]4f^{6}6s^{2}$
europio	63	Eu	152,0	822	1597	–	5,24	+2+3	$[Xe]4f^{7}6s^{2}$
gadolinio	64	Gd	157,3	1311	3273	1,20	7,89	+3	$[Xe]4f^{7}5d^{1}6s^{2}$
terbio	65	Tb	158,9	1356	3230	1,20	8,27	+3	$[Xe]4f^{9}6s^{2}$
disprosio	66	Dy	162,5	1409	2567	1,22	8,53	+3	$[Xe]4f^{10}6s^{2}$
olmio	67	Ho	164,9	1470	2720	1,23	8,80	+3	$[Xe]4f^{11}6s^{2}$
erbio	68	Er	167,3	1522	2868	1,24	9,05	+3	$[Xe]4f^{12}6s^{2}$
tulio	69	Tm	168,9	1545	1950	1,25	9,33	+2+3	$[Xe]4f^{13}6s^{2}$
itterbio	70	Yb	173,0	824	1427	1,10	6,98	+2+3	$[Xe]4f^{14}6s^{2}$
lutezio	71	Lu	175,0	1656	3315	1,27	9,84	+3	$[Xe]4f^{14}5d^{1}6s^{2}$

Attinidi

nome	numero atomico	simbolo	massa atomica (u)	temperatura di fusione (°C)	temperatura di ebollizione (°C)	elettronegatività	densità	numeri di ossidazione	configurazione elettronica
attinio	89	Ac	227	1051	3159	1,10	10,10	+3	$[Rn]6d^{1}7s^{2}$
torio	90	Th	232,0	1750	4788	1,30	11,7	+4	$[Rn]6d^{2}7s^{2}$
protoattinio	91	Pa	231,0	1572	3756	1,50	15,4	+4+5	$[Rn]5f^{2}6d^{1}7s^{2}$
uranio	92	U	238,0	1135	4131	1,38	19,0	+3+4+5+6	$[Rn]5f^{3}6d^{1}7s^{2}$
nettunio	93	Np	237	640	3902	1,36	20,4	+3+4+5+6	$[Rn]5f^{4}6d^{1}7s^{2}$
plutonio	94	Pu	244	641	3228	1,28	19,7	+3+4+5+6	$[Rn]5f^{6}7s^{2}$
americio	95	Am	243	1176	2011	1,30	13,7	+3+4+5+6	$[Rn]5f^{7}7s^{2}$
curio	96	Cm	247	1345	–	1,30	13,5	+3	$[Rn]5f^{7}5d^{1}7s^{2}$
berkelio	97	Bk	247	1050	–	1,30	14,8	+3+4	$[Rn]5f^{9}7s^{2}$
californio	98	Cf	251	1060	–	1,30	–	+3	$[Rn]5f^{10}7s^{2}$
einsteinio	99	Es	252	860	–	1,30	15,1	+3	$[Rn]5f^{11}7s^{2}$
fermio	100	Fm	257	1527	–	1,30	–	+3	$[Rn]5f^{12}7s^{2}$
mendelevio	101	Md	258	827	–	1,30	–	+2+3	$[Rn]5f^{13}7s^{2}$
nobelio	102	No	259	–	–	1,30	–	+2+3	$[Rn]5f^{14}7s^{2}$
laurenzio	103	Lr	262	–	–	1,30	–	+3	$[Rn]5f^{14}6d^{1}7s^{2}$